JN260157

メコンデルタの大土地所有

京都大学
東南アジア研究所
地域研究叢書
27

無主の土地から多民族社会へ
フランス植民地主義の80年

髙田洋子 著

京都大学
学術出版会

口絵1　クメール人のフランス植民地期

■バーデン山の伝説

　カンボジア領と接するタイニンは、仏領期のメコンデルタに拡大したカオダイ教の聖地である。省都からほど近いところにバーデン山（標高964 m）が聳える。この一帯はインドシナ戦争の激戦地だった。上の写真はその山を背にした19世紀末ののどかなスオイダー村である。(B(2)-262/3)。大きな湖に面してクメール人が暮らした。彼らは、山、平原、デルタで水牛や牛を飼い慣らし、牛車を使用した。

　バーデン山に纏わる伝説がある。理不尽な苦悩に耐えかねて崖から身を投げた美しい新妻の悲しみが、みるみるうちに黒い塊に変わりこの山となった。「バーデン」はベトナム語で"黒い夫人"を意味する。現代のバーデン山（右）はロープウェイで登ることができる。山寺の観世音菩薩像を拝み、周囲の地形を眺望できる観光地となった。写真は、1890年頃のタイニン省のクメール寺院。(B(2)-268/9)

■地方都市チャヴィンに残るクメール寺院の折衷様式

　1880年にフランスの文民統治が開始された頃、植民地政府はチャヴィン市の中心部を設計、建築した。碁盤の目の小さな官庁街が今も残っている（右）。最も経済的発展の著しかった1920年代、ベトナム各地で宗教建造物の煉瓦による改・修築が盛んに行われた。チャヴィンの由緒あるアン寺（建立は10世紀頃）にも、外壁がアーチ状のコロニアル建築が採り入れられた。1990年代半ばの平和な時代に入り、再び外資ブームの中で漆喰が塗り直された。

口絵2　20世紀のデルタ開発

■**開発前夜**

　メコンデルタのほとんどは海抜2m以下の低平地である。またモンスーン気候による雨季と乾季の降雨差が大きく，大地は浸水と水涸れの両極端を被る。水路は人や物の移動，飲み水や生活用水の確保，土地改良（灌漑・排水）などに役立つ。古くから人びとは自然河川を利用した大小の水路づくりを通して，入植や稲作地の拡大と社会形成に努めた。写真上はコンセッション制度による土地分配が始まる前夜の西部デルタ（1880年代，乾季のカマウ水路）。(B(1)-380/1)

■**浚渫機の導入**

　フランス植民地権力は，治安維持に加え，輸出米増産のための大規模開発をめざし，20世紀以降に本格的な運河建設に取り組む。当初，その労働力は村民の賦役，囚人労働等に依存したが，やがて近代的な掘削／浚渫機を導入した開拓が始まった。右の3枚の写真は，ラクザ・ハティエン運河（1930年開通）を建設する浚渫機と，浚渫機に取り付けられた，さまざまな大きさのバケット。（いずれもD-38/9）

■**現在の運河の浚渫**

　運河には川水が絶えず土砂を運んでくるので，定期的な浚渫が欠かせない。乾季のメコンデルタでは，現在でも，下のカラー写真のような浚渫船によく出会う（フンヒエップ・クァンロ運河　2012年3月筆者撮影）。

（1）水田面積の増大	105
（2）小規模払い下げ申請の活発化	111
（3）ミトー省の土地所有の事例	115
（4）ヨーロッパ人への払い下げと開発	118

第2節　メコンデルタ西部開発の本格化
　　　　── 20世紀初頭の国有地払い下げ　　　　　　　　　── 122

1.　幹線運河の掘削	123
2.　国有地払い下げの実態	126
（1）1899-1907年の期間における払い下げ認可令の事例	126
3.　デルタ西部の水田開発	138
（1）稲作地域の拡大	138
（2）新開地の開墾	144
（3）フランス人の水田	146

第3節　巨大地主化と農業不安の増大 ── 大戦間期の国有地払い下げ ── 148

1.　国有地払い下げ制度の展開	148
（1）1913年の統一令	148
（2）実施上の問題点と改訂，"成果"	150
2.　開発と土地集積	154
（1）1920年代半ばの開発ブームと大土地所有の実態	154
（2）世界恐慌の打撃とメコンデルタにおける農業不安	158
3.　1930年代における国有地払い下げの実態	161
（1）欧州人	162
（2）現地人	166
（3）欧州人と現地人の総計	171

第4節　「無主地」の国有化と払い下げ制度がもたらしたもの ── 171

第4章　巨大な土地集積とその担い手たち
── バクリュウ省の事例研究

第1節　植民地支配とバクリュウ地方　　　　　　　　　　　　── 180

1.　バクリュウ省の創設（1882年）	180
（1）バクリュウ略史	180
（2）住民構成	184

（3）村の創設と統廃合	—— 188
2. 19世紀末から20世紀初頭の農村の生産活動	—— 191
（1）納税にみる人びとの生業	—— 191
（2）耕地の等級別面積	—— 195
3. 農村の土地所有構造と新しい土地集積	—— 198
（1）土地所有の3類型	—— 198
（2）"ヨーロッパ人"による土地取得のブーム	—— 206
第2節　バクリュウ省の開発ブームと国有地払い下げ	—— 209
1. 開発時代 "mise en valeur" の到来	—— 209
（1）運河の掘削と水田開発	—— 209
（2）バクリュウ省の土地所有状況	—— 213
2. 国有地払い下げと大土地所有制の成立過程	—— 214
（1）バクリュウ省における両大戦間期の払い下げ状況再考（1929-1941年）	—— 215
（2）大規模払い下げの実態分析（1897-1941年）	—— 216

第5章　開拓のなかの農村
—— 植民地期の社会変容と諸民族

第1節　広大低地氾濫原の開拓史 —— トランスバサックの運河社会	—— 231
1. カントー省大運河周辺の臨地調査	—— 231
（1）調査村の決定	—— 231
（2）トイライ村とその周辺 —— ベトナム人の屯田村	—— 234
（3）自然河川と運河	—— 238
2. 文献にみるトイライ村の開拓	—— 239
（1）トイライ行政村の成立	—— 239
（2）20世紀初頭の開発 "mise en valeur" と停滞	—— 240
3. 集落の形成，開拓過程 —— 開拓・入植に関する聞き取り調査から	—— 242
（1）自然河川支流域	—— 242
（2）運河周辺	—— 248
4. 農業制度 ——「余剰米」の生産様式	—— 252
（1）タディエンの耕作	—— 252
（2）不在地主と仲介監督者	—— 255
（3）日雇い農業労働	—— 256
（4）大土地所有の実態	—— 257

第2節　海岸複合地形の砂丘上村落
　　　　── 先住クメール人古村へのベトナム人の進出 ── 265
1. チャヴィン省の農業社会 ── 266
　(1) 自然と稲作 ── 266
　(2) 民族分布 ── 268
2. ホアトゥアン村周辺の自然と農業 ── 270
　(1) 地形と土壌 ── 270
　(2) 土地利用 ── 273
　(3) 集落の形成と民族分布 ── 275
3. 多民族社会の形成と開拓 ── 280
　(1) 行政上の村落統合 ── 280
　(2) 植民地期の民族と開拓 ── 286
4. 土地集中とその解体 ── 291
　(1) 植民地期チャヴィン省の土地所有 ── 291
　(2) 独立戦争の帰結 ── 295

第3節　大土地所有と社会変容 ── 解放戦争を準備したもの ── 297

終章　大土地所有制と多民族社会の変容
── メコンデルタの社会構造の歴史的理解のために

1. 大土地所有制成立の国際的背景 ── 305
2. 水田開発の進展と土地分配，大土地所有制の成立 ── 306
　(1) 土地制度の確立と19世紀末までの水田開発 ── 小規模払い下げの展開 ── 306
　(2) 20世紀初頭の水田開発と国有地払い下げの新しい段階 (-1920年代) ── 307
　(3) 世界恐慌の影響と1930年代の国有地払い下げ傾向 ── 309
3. 大土地所有制の成立と国有地払い下げ ── 20世紀バクリュウ省の開発 ── 310
4. 村落からみる開拓と大土地所有 ── 310
　(1) トランスバサックの開拓村 ── 311
　(2) クメール人の古村とベトナム人の進出，大土地所有 ── 312

*****

[史料]　タディエンの日常世界 ── 聞き書きの集成

バサック川を越えた人びと（カントー省） ── 317

1. 一族の家譜から	—— 317
2. 氾濫原のなかの村	—— 319

砂の微高地に暮らす人びと（チャヴィン省） —— 367

1. 砂地の林とクメール人の伝統	—— 368
2. ホアトゥアン村のクメール人とベトナム人，華人	—— 369

引用・参考文献一覧	—— 417
あとがき	—— 434
索　引	—— 439

図　一　覧

図 2-1	インドシナの輸入貿易におけるフランスおよび仏植民地の輸入額（1886-1911 年）	42
図 2-2	インドシナの貿易額推移（1890-1945 年）	47
図 2-3	インドシナ貿易における対フランス＆仏植民地貿易の推移（1913-1946 年）	53
図 2-4	インドシナ貿易におけるアジア地域の輸出入推移（1913-1945 年）	53
図 2-5	サイゴン米・インドシナ米の輸出（1860-1940 年）	57
図 2-6	1880 年頃の水田分布	58
図 2-7	1900 年頃の水田分布	59
図 2-8	1920 年頃の水田分布	59
図 2-9	サイゴンにおける米価の推移（1913-1940 年）	61
図 2-10	1930 年頃の水田分布	61
図 2-11	輸出米の形態別数量変化（1860-1911 年）	63
図 2-12	インドシナ輸出米の形態別推移（1913-1940 年）	66
図 2-13	コーチシナにおけるコメの動き	67
図 2-14	コーチシナのコメ仕向地グループ別比率の推移（1866-1910 年）	74
図 2-15	インドシナのコメ輸出総量と仕向地グループ別比率（1913-1940 年）	77
図 2-16	フランス向けコメ輸出量（1880-1910 年）	82
図 2-17	中国および香港向けコメ輸出量（1880-1910 年）	83
図 2-18	ビルマ，インドシナ，タイのコメ輸出（1860-1940 年，5 年ごとの年平均）	85
図 3-1	稲作地コーチシナ概図（1912-1913 年）	92
図 3-2	コーチシナの稲作面積の推移（1868-1931 年）	106
図 3-3, 3-4	各省の水田面積推移（1888-1931 年）	108
図 3-5	コーチシナの人口の推移（1875/1894 年）	111
図 3-6	コーチシナの国有地無償譲渡の面積（1880-1899 年）	114
図 3-7	コーチシナの水田地帯の分布	125
図 3-8	払い下げの状況図	128
図 3-9	カントー省のヨーロッパ人払い下げ地の分布（1909 年頃）	135
図 3-10	開発過程を示す開拓村の地名群落モデル	143
図 4-1	バクリュウ省の位置	179
図 4-2	バクリュウ省の 5 郡	186
図 4-3	仏領期バクリュウ省の大規模払い下げ村落の位置略図	221

図 5-1	メコンデルタ地形区分と 2 村の位置	232
図 5-2	カントー省略図と予備調査	234
図 5-3	フランス植民地時代のトイライ村周辺（Thoi Bao Tho 郡）	235
図 5-4	トイライ村の 14 集落と河川・運河	244
図 5-5	チャヴィン省 7 県と調査村の位置（1995 年）	267
図 5-6	ホアトゥアン村周辺地図（1960 年）	271
図 5-7	ホアトゥアン村の地形（砂丘・低地・自然小河川）	272
図 5-8	ホアトゥアン村の 10 集落の位置	276
図 5-9	グエン朝期永利総（Vinh Loi Tong）9 村と茶平総（Tra Binh Tong）の村々の位置	281
図 5-10	ホアトゥアン地域絵地図（1870 年代史料）	283
図 5-11	Ky La，Da Can 両村の合併	285
図 5-12	フランス植民地期コーチシナ民族別人口比率の推移	287
図 5-13	チャヴィン省の民族別人口の推移	288

写 真 一 覧

　掲載した個々の写真の出典は，それぞれの写真説明の末尾に，原則として「N-9」等の形式で原掲載史料の書誌（略記号）と頁を示した。また撮影日を記したものは，筆者の撮影による。略記号については，下記の通り。

A: Agard, Addlphe, *L'Union indochinoise française ou Indochine orientale, Regions naturelles et Geographie économique*, Hanoi, 1935.
B(1): Baurac, J. C., *La Cochinchine et ses habitants, (Provinces de l'Ouest)*, Saigon, 1894.
B(2): Baurac, J. C., *La Cochinchine et ses habitans, Provinces de l'Est*, Saigon, 1899.
D: Gouvernement general de l'Indochine, *Dragages de Cochinchine, Canal Rachgia-Hatien*, Saigon, 1930.
N: La Cochinchine, *Album general illustre de 456 gravures sur cuivre, Edition Photo Nadal*, Saigon, 1926.

フランスによる植民と統治の開始	13
植民地政府による「文明」の移植	45
交易と商工業の街チョロン	55
コメの集積と輸出	65
華人移民と植民地統治	81
デルタ東部の街	109
サデック省の地方行政	113
地主階級の誕生	117
運河の完成と開拓	127
コーチシナの稲作	139
1920年代のヴィンロンの農村	145
1920年代のヴィンロンの街	153
1920年代のソクチャン省	157
多民族社会	159
1920年代のラクザー省	165
1920年代のチャウドック省	167
バクリュウの原風景	183
バクリュウの開発	199
20世紀のバクリュウ省	217
ベトナム人の入植	237
現代の運河の景観	243
1920年代のロンスウェン省	247
1920年代のチャヴィン	269
クメール人の村の日常	279

表　一　覧

表2-1	コーチシナの輸入貿易（1880-1882年）	39
表2-2	インドシナの輸入貿易におけるフランスおよび仏植民地の輸入額（1886-1911年）	42
表2-3	インドシナの主要輸入商品に占めるフランスおよび仏植民地商品の割合（1897-1911年）	43
表2-4	インドシナの貿易額推移（1890-1945年）	46
表2-5	インドシナの輸出貿易におけるコメ輸出の比率（1913-1940年）	48
表2-6	インドシナの地域別貿易収支（1911年）	50
表2-7	対フランスおよび仏植民地貿易の推移（1890-1900年）	50
表2-8	インドシナ貿易における対フランス＆仏植民地貿易の推移（1913-1946年）	51
表2-9	インドシナ貿易におけるアジア地域の輸出入推移（1913-1946年）	52
表2-10	サイゴン米・インドシナ米の輸出（1860-1940年）	56
表2-11	サイゴンにおける米価の推移（1913-1940年）	60
表2-12	インドシナ輸出米の形態別推移（1913-1940年）	64
表2-13	長期航路によるサイゴンからのコメと籾米の輸出（1866-1910年）	70
表2-14	コーチシナのコメ輸出市場　各年の年平均輸出量と仕向地グループ別の比率（1866-1910年）	74
表2-15	インドシナのコメ輸出市場（1913-1939年）	77
表2-16	コメの輸出税（1895年）	79
表2-17	フランス向けコメ輸出量（1880-1910年）	80
表2-18	中国および香港向けコメ輸出量（1880-1910年）	83
表3-1	コーチシナの地域別水田面積（1888/1898/1908/1931年）	107
表3-2	コーチシナの人口の推移（1875/1894年）	110
表3-3	コーチシナの無償譲渡面積（1880-1899年）	112
表3-4	Mytho省の経営規模別農家戸数（1900年頃）	118
表3-5	コーチシナのヨーロッパ人土地取得状況（1890-1899年）	120
表3-6	ヨーロッパ人入植者の職業別状況（1900年頃）	120
表3-7	コーチシナのヨーロッパ人入植の状況（1899.3.1現在）	121
(注)A表	Nhon Nghia村とTruong Long村に統合された旧Xuan Hoa村の地片（1907年Can tho省）	124
表3-8	国有地払い下げの件数[A][B]のケース（1899-1907年）	129
表3-9	20世紀初頭の省別国有地払い下げの状況（1899-1907年）	131

表 3-10	払い下げの規模（1899-1907 年）	——	133
表 3-11	規模別払い下げの件数と面積（フランス人　1899-1907 年）	——	134
（注）B 表	規模別払い下げ件数（複数のベトナム人）	——	134
（注）C 表	4 省の払い下げと 1 人あたり平均面積（複数のベトナム人）	——	134
表 3-12	規模別払い下げの件数と面積（現地人　1899-1907 年）	——	135
表 3-13	各省の払い下げ可能な国有地の面積（1910 年）	——	137
表 3-14	コーチシナ各省の民族別人口構成（1894/1913 年）	——	141
表 3-15a	メコンデルタ諸省の規模別土地所有の状況	——	156
表 3-15b	コーチシナ中西部諸省における規模別土地所有の占有面積（％）および人数	——	158
表 3-16	メコンデルタ諸省における国有地払い下げ（1929 年 1 月 1 日累計）	——	163
表 3-17a	メコンデルタ諸省における欧州人払い下げ：確定譲渡件数の推移（1928-1939 年）	——	164
表 3-17b	メコンデルタ諸省における欧州人払い下げ：仮譲渡件数の推移（1928-1939 年）	——	164
表 3-17c	メコンデルタ諸省における欧州人払い下げ：審理中の件数の推移（1928-1939 年）	——	166
表 3-18	現地人の払い下げ件数の動き（1928-1939 年）	——	168
表 3-19	メコンデルタ諸省における国有地払い下げ（1940 年 1 月 1 日累計）	——	169
表 4-1	村落数と民族別人口（1882 年）	——	186
表 4-2	納税状況（1882 年）	——	192
表 4-3	諸村落の民族・納税状況一覧（1882 年）	——	193
表 4-4a	バクリュウ省水田の等級別面積（1906 年）	——	197
表 4-4b	バクリュウ省畑地の等級別面積（1906 年）	——	197
表 4-5	土地所有構造の基本類型	——	200
表 4-6	土地所有構造の類型分析①〜⑫	——	201
表 4-7a	ヨーロッパ人所有水田の等級別面積（1906 年）	——	207
表 4-7b	水田以外のヨーロッパ人所有地の面積	——	208
表 4-8	バクリュウ省の水田面積の推移（1889-1954 年）	——	210
表 4-9a	バクリュウ省の規模別土地所有者数の状況（1920 年代）	——	214
表 4-9b	バクリュウ省の規模別所有地の占有率	——	214
表 4-10	バクリュウ省の国有地払い下げ：年代別・規模別の件数（1897-1941 年）	——	219
表 4-11	バクリュウ省の 1,000 ha 以上の譲渡が認可された 18 村落の年代別状況（1897-1941 年）	——	221
表 4-12a	An Trach 村の払い下げ状況（個人）	——	222
表 4-12b	Long Dien 村の払い下げ状況（個人）	——	222
表 4-12c	Phong Thanh 村の払い下げ状況（個人）	——	222

表 4-12d	Tan Loc 村の払い下げ状況 (個人)	——	222
表 4-12e	Tan Hung 村の払い下げ状況 (個人)	——	222
表 4-12f	Khanh An 村の払い下げ状況 (個人)	——	223
表 4-12g	Khanh Hoa 村の払い下げ状況 (個人)	——	223
表 4-12h	Tan Thuan 村の払い下げ状況 (個人)	——	223
表 4-12i	Thoi Binh 村の払い下げ状況 (個人)	——	223
表 4-12j	Vinh Loi 村の払い下げ状況 (個人)	——	223
表 4-13a	バクリュウ省のフランス人払い下げ地取得の状況 (1897-1941 年)	——	224
表 4-13b	バクリュウ省の払い下げ取得者規模順一覧 (仏人名を除く・1897-1941 年) [300 ha 以上]	——	225
表 5-1	Can Tho 省 Thoi Bao Tho 郡の村落人口 (1900 年前後)	——	240
表 5-2	トイライ村に所有地を持つフランス人リスト (1900-1906 年)	——	241
表 5-3	自然河川支流域・運河周辺の集落別戸数 (1996 年)	——	244
表 5-4	自然河川支流域の開拓・入植	——	245
表 5-5	運河周辺集落の開拓時期の推定	——	249
表 5-6	入植者の出身地	——	250
表 5-7	仏領期カントー省の規模別土地所有状況 (所有者数・所有面積)	——	258
表 5-8	フォンディン省 (旧カントー省) 53 村の収用地総面積 (1958/66 年)	——	259
表 5-9	トイライ村の規模別収用地片数 (1955-65/66 年)	——	260
表 5-10	収用地片の合計が 1 村で 100 ha 以上の者一覧 (フォンディン省 53 村) (1958/66 年)	——	261
表 5-11	チャヴィン省 7 県のコメ生産状況 (1990 年)	——	267
(注)	チャヴィン省における米生産 (1995-1998 年)	——	268
表 5-12	チャヴィン省の県別民族人口 (1995 年)	——	270
表 5-13	ホアトゥアン村の集落別農地面積と人口密度 (1995 年現在)	——	276
表 5-14	ホアトゥアン, ホアロイ両村の新集落別民族世帯の分布 (1998 年)	——	277
表 5-15	ホアトゥアン地域に現存する宗教・公共建築物の建設時期	——	278
表 5-16	1868 年永利総 Vinh Loi Tong の村一覧	——	281
表 5-17	フランス植民地期コーチシナ民族別人口推移	——	287
表 5-18	チャヴィン省の民族別人口	——	287
表 5-19	フランス植民地期のチャヴィン省稲作付面積の推移 (1888-1954 年)	——	289
表 5-20	チャヴィン省のコメ生産	——	290
表 5-21	チャヴィン省の農産物作付け一覧 (20 世紀初頭)	——	290
表 5-22	グエン朝期ホアトゥアン地域の農地面積推定	——	291
表 5-23	フランス植民地期のホアトゥアン地域の地主	——	292
表 5-24	各集落の 1 戸あたり平均農地面積	——	296
表 5-25	ホアトゥアン村土地使用規模別割合 (1995 年)	——	296

凡　例

1. ベトナム語表記は声調記号，二重母音表記はすべて省略した形のアルファベット表記とした。人名，地名の表記は，できるだけ標準語読みを原則にした。

2. 仏領期に用いられた地名で，本研究にとって特別なものは現代名に直さずに用いている。例えば，仏領期の「バサック川」は現代名のハウザン（後江）を指す。また現代は使われない「トランスバサック地方」は，メコンデルタ南西部，仏領期のバサック川以西一帯を示す。

3. 民族を示す表記は複雑である。フランス植民地政府はベト族を Annamite，クメール族を Cambodgien，中国人移民を Chinois，また現地人を Indigène, Cochinchinois などと表記した。現代のベトナムでは，ベトナム人をキン Kinh，クメール（カンボジア）人を Khmer ないし Khome，華人はホア Hoa と表記する。本書では，ベト族，クメール族は使用せず，それぞれベトナム人，クメール人，華人と表記する。ただし，臨地調査で収集した行政機関による表中の表記は，記載されたものをそのまま掲載したものもある。華人には「華僑」，「明郷（ベトナム人ないしクメール人との混血）」，「帰化人」などを含む上に，アイデンティティーの規定が可変的かつ複雑であるため，文脈に応じて筆者が最も妥当と思う語を用いた。

4. 度量衡について，コーチシナでのベトナム式 1 mau は郡によって異なるが約 4894 m^2（平均約 50 アール）。1 cong はその 5 分の 1 であるが，収穫時に用いる cong は 1250〜1300 m^2 など地域ごとに多様である。フランス法定では，1 mau tay＝1 ヘクタール，1 コン＝10 アール。1 ザー gia＝40 リットル，1 ピクル picul＝60 kg。籾の買い付けでは 1 ピクル 68 kg で換算。本書では原資料の換算表記に従っている。

第1章

土地は誰のものか，その根源的問いを求めて

メコンデルタ研究の意味

本書は，フランス植民地期を通して形成され，独立・解放闘争のなかで全面崩壊した（現ベトナム領）メコンデルタの大土地所有制を研究対象としている。「メコンデルタの大土地所有制」とは，19世紀末から20世紀前半のメコンデルタに成立した不在大地主制＝輸出米増産システムを指す。それは，フランス植民地体制のインドシナにおける経済的支柱であり，政治的・社会的支配の根幹をなすものであった。本書の目的は，メコンデルタにおける水田開発と大土地所有制成立の史的過程を解明してインドシナ社会経済史研究に貢献することにあるが，それらを通して近現代におけるメコンデルタ社会の特質および問題を浮き彫りにしたい。

　ベトナム北部の紅河デルタと南部のメコンデルタは，同じく稲作を主とするベトナム人の農村地帯であることから，しばしば比較される。北部農村はベトナム人の揺籃の地として歴史が古く，世界的にも稀な人口稠密地帯であり，強固な村落共同体を特徴とした。仏領期の北部では地主制がみられたものの，地主の土地所有規模はそれほど大きくはなかった。これに対してメコンデルタは，南下したベトナム人にとって最後の入植地であった。メコン川の流量は桁外れに巨大で，デルタの土地は広大である。原生林や沼沢地，改造の困難な強酸性・塩害土壌が存在し，雨季には浸水域が一面に広がる一方，乾季になればそこは水涸れの大地に変わった。海岸地帯と下流のメコン川支流はマングローブに覆われ，内陸と結ぶ小河川に沿って少しずつ異民族が移り住んだ。このように稲作社会成立の自然的・歴史的・社会的条件は，ベトナムの北と南では大きく異なる。

　ベトナム人がサイゴン周辺に勢力を伸ばすのは，17世紀後半である。さらにメコンデルタへの進出は18世紀に続く。その後の19世紀半ばに始まるフランス植民地支配は，先住クメール人，華人ほか諸民族の居住したメコンデルタ社会に，大きな変化をもたらした。19世紀後半以降のコメの海外需要の高まりを背景に，華僑の経済活動が活発化すると同時に，多数派となったベトナム人のメコンデルタ新田開発も盛んとなり，未耕地は急速にコメのモノカルチャー地帯に変わった。コメ輸出経済の発展のなかで著しい土地集中が生起し，中間介在者を置く大地主・小作制が半世紀ほどの間に急速に普及した。しかし，世界恐慌下の不況にみまわれた農村では，階級対立の激化から，やがて植民地体制そのものを終焉に導く社会変動が始まった。メコンデルタ社会は大土地所有制の崩壊過程に入り，約半世紀近くも域内の深刻な権力闘争と苛酷な

国際紛争の戦場と化した。メコンデルタ社会に安定と平和がもたらされたのは，1990年代以降のことである。

第1節　アジア近現代史のホットスポット —— 分析の視角

1. 無主の土地から巨大な不在大地主制へ —— 問題意識と研究の方法

　メコンデルタに成立した大土地所有制の成立と崩壊をめぐる問題は，ベトナム近現代経済史の重要なテーマであると同時に，インドシナ諸地域の脱植民地化，近代国家形成，そして民族間関係史をも含んだ広がりのあるイッシューである。そもそも第二次世界大戦後に，フランスがインドシナの植民地支配に復帰することを望んだ理由は「コーチシナ問題」とされるが，その目的の一つは植民地期のメコンデルタに築いた「フランスの権益」を守るためであった。メコンデルタの現場からみれば，独立戦争（第一次インドシナ戦争）はその攻防をめぐって闘われた。独立後の内戦からベトナム戦争（第二次インドシナ戦争）終結までの一連の時代においても，メコンデルタは地主の側にあった南ベトナム政府に抵抗する勢力の根拠地であった。その後，インドシナの社会主義諸国家間―カンボジア・ベトナム・中国の国境戦争が始まった時も，やはりメコンデルタは真の紛争発生地であった。カンボジアの初期ナショナリストをはじめクメール・ルージュの要人の多くは，ベトナム領メコンデルタの出身者である。20世紀のメコンデルタにおける著しい土地集中とその解体をめぐる歴史的経験は，何を意味するのだろうか。これは単にベトナム史の問題としてだけでなく，この地域の将来の発展のために解明されるべき重要な問題である。

　しかしながら，これまでのところ，ベトナム社会経済の歴史研究においてメコンデルタの大土地所有制の問題を正面から論じたものはほとんどない。メコンデルタの大土地所有に触れた少数の研究にしても，大概は1930年代初めに公刊されたイヴ・アンリ（Yves Henry）による農業調査の結果から読み取れる土地所有の状況を説明するだけにとどまり，その起源，成立および崩壊の過程を考察した研究は，管見の限り見あたらない。

本書は，大土地所有制の成立要因としてフランス植民地政府が確立した近代的土地分配システム＝コンセッション制度に着目した。植民地期の水田開発の展開と無主の土地譲渡に関わる諸資料の分析を通して，メコンデルタ不在大地主制生成の史的過程を明らかにすることを目指す。特に19世紀末から20世初頭に輸出米生産に特化する地域に光を当て，大規模な土地分配と水田開発の実態を明らかにして，巨大・大地主とタディエン（借田，小作人）の世界を描き出すことに努めたい。土地をめぐる植民地政策の研究の他に，急激な開発を牽引した国際的契機として，フランス植民地政府による貿易と関税の諸政策およびサイゴン米の世界市場の拡大過程も考察の射程に含めた。また，農村内部の社会的与件（自然環境・生産技術・社会諸制度・生産関係・権力主体等々）の諸変化，多民族間関係の諸相についても，大土地所有制成立の重要な背景として考察する。

　メコンデルタ大土地所有制の問題は，アジアにおけるフランス植民地主義を逆照射する。それは，ヨーロッパ近代の帝国主義国家＝フランスによるアジア多民族社会への介入・支配の本質を解明するための格好の素材となる。本書はフランス帝国主義の問題を正面から扱うものではないが，植民地支配を被ったインドシナの内部から，その特質を捉える努力をしている。ヨーロッパ人による帝国主義支配下で何が実施されたのか，その結果，メコンデルタ農村の内側ではどのような変化が生まれたのか，なぜ，どのようにして巨大地主が出現したかを追求する。フランス植民地政府のイニシアティヴによって開発された広大な土地には，先住民族のクメール人などが住んでいた。ベトナム人の移住はどのような変化をその社会に生んだのだろうか。

　また，その時代を生きた人びとの主体性を描くことにも注力する。植民地体制を受け入れて積極的に利用した人もいれば，適合を拒否する人びともいた。植民地社会の実相は複雑であり，一つの歴史社会像を切りとることは容易でない。

　フランスによる植民地化は，近代ヨーロッパとインドシナを，一時的であれ，一部であれ，さまざまなレベルで緊密に結びつけた。そのため地域社会の変化を解明するには，当時のグローバルな視野とミクロの視野は同時に不可欠である。本書は，国際関係学的視点と地域研究的視点の総合を目指し，フランス帝国主義によって形成されたメコンデルタ大土地所有制の構造に接近する。

＊＊＊

　ベトナムは，独立後も世界の冷戦体制のなかで大国との戦争に翻弄された。そのこともあって，フランス植民地期の行政文書は，冷戦が崩壊した1990年代以降にようやく外国人研究者にも公開されるようになった。ただし，土地所有の実態を示す地簿の開示は，外国人研究者にほとんど許可されていない。このことは，土地問題に関する研究が外国人にとって最も困難なテーマである所以である。その上に土地台帳等の重要文書類は革命と長期の戦争のなかで散逸したか，たとえ部分的に存在しても，封印されている。なぜなら「土地所有問題」は，社会主義体制下の現ベトナムにおいてタブー視される問題だからである。現地には，過去において民族の異なる先住民と新参者の土地をめぐる潜在的対立があり，仏領期の末期から独立戦争中の土地権移転，南ベトナム政府が実施した2度の農地改革による土地収用と土地証書の発行，ベトナム戦争終了後の土地国有化・集団化そして難民発生，土地使用権証の発行等々の複雑な歴史的経緯がある。したがって「土地所有を問う」ことは，国民紛争のパンドラの箱を開ける行為に等しい。こうした研究上の制約は，仏領期の歴史研究においてさえ同様の問題をもった。そのため本研究では，先述のようにフランス植民地政府が認可した個々の土地払い下げ令をできる限り収集し，それらの動向と特徴を詳細に分析することを通して，大土地所有制の歴史的展開に接近する方法を選択した。

　メコンデルタのなかでも本書では，とりわけメコンデルタ西部に着目し，研究対象を限定している。メコン川はカンボジアのプノンペンからメコン本流とバサック川に分かれてコーチシナに入り，南シナ海に注ぐ。本流流域に位置するメコンデルタ東部の水田地帯は，19世紀末までにかなりの程度は拡大されてベトナム人世界としての均質性を獲得していた。一方，メコンデルタ西部のバサック川流域と右岸一帯は，20世紀以降に本格的な水田開発が開始された。多民族的世界のなかで大土地所有制が顕著に発達したのは，このトランスバサック地方であった。

　幸運なことに，筆者は1990年代からベトナム政府が徐々に許可した調査（農業開拓に関する現地調査）を繰り返し行い，メコンデルタの稲作と農村の自然的社会的諸要素，民族間関係等についての知識を蓄積する機会に恵まれた。バサック川河口のチャヴィン省と右岸奥地のカントー省で実施した臨地調査では，受

け入れ機関であった国立カントー大学の支援によって各省の農業局を訪問し，地形，土壌，水文他の自然条件，人口，就業，民族等の社会的環境についてのレクチャーを受けた上で省内各地の農業現場を視察し，筆者自らが選択した村落で本格的調査に入った。農村では聞き取り調査を通して，植民地時代を生きた人びとからも直接に学ぶ機会を得た。臨地調査の成果と公文書館で閲覧した植民地行政文書・文献史料をつき合わせることによって，本書では2つの村における仏領期大土地所有制の存在形態を探究している。使用した史資料は，植民地政府の官報・統計・地方行政文書（南仏エクサンプロバンスおよびベトナム・ホーチミン市の植民地関係公文書館所蔵），同時代に刊行された研究書および雑誌論文，現代の欧米研究者の業績・博士論文等の他，科研費等による臨地調査，聞き取り調査で得られた証言等である。

2. 近代法の導入，外貨獲得とコメ輸出，土地分配の実態 ── 本書の構成

　本書は，上述のように，現ベトナム領メコンデルタ地域がフランス植民地権力によって開発され，その結果として多民族社会の構造に大きな影響を及ぼした経緯を分析するものである。この目的のために，筆者は，まずフランス権力がメコンデルタ地域をどのような意図で開発するに至ったのか，みておかなければならないと考えた。開発によって農村社会は変容を被ったばかりか，やがてベトナムの国民国家形成をもたらしたのである。本書の分析は，植民地社会の政治的，経済的，社会的構造のすべてをカバーしているわけではない。本書は，海外市場と結びついたメコンデルタのコメを考察の糸口にし，輸出米生産を目的とする開発のなかで出現した大土地所有制を論じる。

　大土地所有制は，広大な無主の土地が存在したトランスバサック地方において，近代法の枠組みによって土地が分配されるなかから出現した。したがって，こうした法的構造について，筆者は必要な限り言及している。本節に続く第1章第2節では，植民地における法の特質を考察した。近代法がインドシナ植民地に導入される背景および慣習法との関係性について論じた。

　第2章では，インドシナ植民地の貿易構造からみたコメ輸出を議論する。インドシナ植民地は宗主国の工業製品の独占的市場でなければならず，そのための外貨獲得はコメ輸出が主軸とされた。これによりメコンデルタへの輸出米増

産体制への傾斜がもたらされた。このような観点から，フランスおよびインドシナ植民地政府の貿易・関税制度を検証し，コメ輸出への影響を考察する。ここではこれまでほとんど明らかにされていないインドシナ米（大半がメコンデルタ産）の市場とその変遷を分析している。

　第3章は，水田開発を推進した土地制度，土地の分配制度の問題を扱う。フランス権力によるコーチシナ植民地の土地制度について，土地私有権の確立，土地登記と国有地払い下げ制度の推進過程を論じる。植民地政府が認可した払い下げの事例を収集・分析し，水田開発の量的，地理的民族別状況を考察した。可耕地を大規模に創出した幹線運河の掘削経緯，および運河周辺の新生地をめぐる土地分配の申請と認可事例の具体的分析を行っている。それらの結果と，メコンデルタにおける土地集積状況から，国有地払い下げ制度と大土地所有制成立の関係を実証するつもりである。

　続く第4章では，植民地期にメコンデルタの典型的な大土地所有の地に変貌を遂げたバクリュウ地方に光を当てる。フランス権力が創設した19世紀末のバクリュウ省の農村状況を植民地文書から再構成し，その後の20世紀における開発ブームの影響を考察する。同省の土地払い下げ状況を詳細に分析し，大規模な土地集積を果たした人物たちの出自，植民地権力との関係を検討する。そのことから，国有地払い下げの意義および本質を具体的に考察する。

　第5章は，これまで明らかにした土地分配と開発が，実際にどのような開拓社会と生産構造を創出したのか，臨地調査の結果に基づき検証する。調査村に関する行政文書等の諸資料とつきあわせて，考察を深めた。仏領期に運河の開削によって開拓地が著しく拡大し，大土地所有が顕在化するカントー省の「広大低地氾濫原」の村と，先住クメール人の古集落を多く含むチャヴィン省の「海岸複合地形」の村の事例を研究対象とする。

　最後に本書で明らかにしたことを時期区分に従って要約し，終章をまとめた。巻末にはインタビュー調査の記録を資料として掲載している。証言の多くは，植民地期にタディエンであった人びとのものである。仏領期の社会，暮らし，大地主，農業生産等の個別データを含む。農民の視点から，仏領期の大地主・小作制の階級社会と多民族関係を考察するための希少なデータと考え，本書でも活用している。聞き取りを行った2つの村に関する解説も付した。

3. フランスによるインドシナ支配 ―― 歴史的背景

(1) ベトナム人と土地

　1860年代から1870年代の仏領コーチシナ西部の社会状況を知るための第1級史料である *Excursions et Reconnaissances* 誌には，フランス人現地監察官ラビュスィエールによる「コーチシナにおける農村の土地所有に関する研究：とりわけソクチャン地方を中心に」と題する論文が掲載されている。その冒頭に，次のような一節がある[1]。

> 「……コーチシナ占領後，フランス行政がアンナン人＊の統治に代わったころ，サイゴンやビエンホアやミトーでは部分的な土地所有 propriété foncière がみられた。その後，アンナン人は，フランス国家が，正規の資格を備えた土地所有者に対して与える諸権利；土地の売却，贈与，交換，抵当等々に関する特権……を享受した。
> 　アンナン人は，土地に強く結びつけられている。自分が生まれ，家族が住み，先祖の墓がある村を，離れがたく感じている。そこには，彼が生きるために必要なものを生み出す土地がある。もし何事かが生じて村を去らなければならなくなったとしても，その問題が解決すれば，土地のある村に必ず戻る。初期の総督たちは，アンナン人の土地に対するこのような愛着をよく理解し，そのことによって占領と平定を容易に成しえたのである。フランス行政を確立するにあたって，総督たちはそこに配慮し……各人に自由で不可侵の土地所有権を保障してやることが（我々の統治のために［筆者注挿入］）有効であり，実効力を持つと考えていた……」
>
> ＊ベトナム人

　ラビュスィエールの論文は，バサック川河口のソクチャン地方における土地登記の進展状況を報告する目的で書かれたが，制圧した初期のフランス人為政者たちがベトナム人の土地への強い執着心に注目し，植民地行政を確立するために土地の私有権を保障する政策を重視すべきとしたことがわかる。土地に対するベトナム人の思いは，メコンデルタに暮らす他の諸民族との比較においても際立っていた。ベトナム人は，大河の洪水によって毎年水没する広大な大地の開発に，誰よりも積極的に挑んだ。稲作農民である彼らにとって，土地は生

---

[1] M. Labussière, "Etude sur la propriété foncière rurale en Cochinchine et particulièrement dans l'inspection de Soc-trang, *Excursions et Reconnaissances*," Tome II, 1889, p. 253.

きる基盤であり，最も大切な何かであった。だからこそ，土地をめぐる係争が政治・経済問題に顕在化した時，植民地体制そのものを打倒する革命へ，彼らは突き進んでいったのである。

(2) インドシナ侵略の端緒

　ベトナム北部の紅河デルタに誕生した人びとは，1000年に及んだ中国の支配を10世紀に脱した後，15世紀ころから南への膨張（南進）を開始する。彼らがインドシナ半島南端のメコンデルタに達し，現代のベトナムとほぼ同じ版図を獲得し始めたのは18世紀末であった。1802年にグエン朝の初代ザロン（嘉隆）帝は，古い歴史を持つ北部と新しい土地を含む南部の国家統一を目指して都をタンロン（昇龍：現在のハノイ）から中部のフエに移し，国名を越南（ベトナム）とした。しかし，その半世紀後には，統一事業半ばにして強大なフランスの干渉を被ることになった。

　当時のフランスは世界に植民地を築くイギリスと制海権を争い，自国の威信を世界に示す目的からアヘン戦争に関与したのち，中国侵略の足がかりとして隣国ベトナムの植民地化を押し進めた[2]。もっともフランス・スペイン連合艦隊によるダナンでの砲艦外交は，出先のフランス海軍将校たちの判断によるものとされる[3]。彼らは1858年，越南国のキリスト教徒弾圧を口実に都の置かれたフエ攻略を試みたが，ベトナム軍の抵抗にあい，交渉を拒否されて南下した。1859年2月，リゴール・ド・ジュヌイ（Rigault de Genouilly）海軍中将が率いたフランス軍は，スペイン軍とともにサイゴンを陥落させる。その後も1861年にパージュPage海軍少将がメコンデルタのミトーを，ボナール（Bonard）海軍少将がビエンホアを，そして1862年にはメコンデルタのヴィンロンを占領した。これによって第一次サイゴン条約が結ばれ，フランスはグエン朝政府に3省（越南国ナムキの東部地域）のフランスへの割譲を認めさせた。1863年にカンボジアがフランスの保護国になると，メコンデルタ西部（ナムキ西部3省）も次々と占領された。ゴコンは1863年，タップムォイは1866年，ラックザーは

---

[2] ジョージ＝ネーデル，ペリー＝カーティス編，『帝国主義と植民地主義』川上他訳，御茶の水書房，1983年，第5章を参照（原著 George H. Nadel & Perry Curtis (ed.), *Imperialism and Colonialism*, London, 1964）。

[3] Jean Ganiage, *l'Expantion Coloniale de la France sous la Troisième Republique (1871-1914)*, Paris, 1968, p. 29.

1868 年に陥落した[4]。その前年に，フランスは早々とナムキ全域における植民地権力の樹立を宣言した（1867 年仏領コーチシナ植民地の樹立）。1874 年に結ばれたフランスと越南国の条約によって，コーチシナ全域は正式にフランスの植民地になったのである。

ソルボンヌ大学教授レ・タン・コイは，植民地化以前の 19 世紀ベトナム・グエン王朝国家による専制体制および近隣諸地域（カンボジアおよびラオス）への膨張主義，対外的鎖国政策（商業・禁教等）の問題点を論じ[5]，為政者が招いた社会的危機を論じている。また第二次世界大戦後にオーストラリアの在プノンペン大使館で外交官を勤めたミルトン・オズボーンは，植民地化初期のころのベトナム人キリスト教徒の動きを詳しく描いた[6]。当時のメコンデルタ社会には，グエン王朝の異教徒弾圧に圧迫を受けたベトナム人キリスト教徒のフランスへの協力，デルタの先住民クメール人と新参ベトナム人の間にあった敵対意識，華人の交易・経済活動に対するグエン朝政府の干渉等の内部対立や分断的状況があり，そのことも植民地化を許した要因であった。先のラビュスィエールも，1860 年代末-1870 年代のバサック川河口における諸民族のモザイク的分布，時折衝突を繰り返していた状況を描いている。

(3)「仏領インドシナ連邦」の成立

ベトナム南部を皮切りに始まったフランスのインドシナ植民地化は，続いて，ベトナム北部・中部への干渉に向かった。コーチシナから派遣されたフランス海軍の 1872 年，1874 年の北部遠征を経て，1883 年にはハノイが陥落した。東アジア冊封体制の盟主であり，「安南国」に対する宗主権を主張していた清国軍との戦争（1884/5 年）にフランス軍が勝利すると，天津で条約が結ばれ，清国の安南（越南）国に対する宗主権は公式に無くなった。ベトナムは政体のそれぞれ異なる 3 つの邦 Pay（保護領トンキン［北部］・保護国アンナン［中部］・直轄地コーチシナ［南部］）に分断され，「仏領インドシナ」として再編された（1887 年）。カンボジア保護国および保護領ラオスが追加され，さらに広州湾のフランス租借地を含めて，19 世紀末に「仏領インドシナ連邦」が完成した。東南ア

---

4) *Annuaire général de l'Indochine, Cochinchine*, 1889, p. 21.
5) Le Thanh Khoi, *Histoire du Vietnam des origines à 1858*, Paris, 1981.
6) Miltone E. Osborne, *The French Presence in Cochinchina & Cambodia, Rule and Response (1859–1905)*, New York, 1969.

ジアの一角は，近代フランス帝国に包摂されたのである。

仏領インドシナ連邦の統治機構は，地域併合の歴史的経緯から当初は統一性を欠いていたが，世紀転換期に着任したポール・ドゥメール総督が手腕を発揮して，インドシナ総督を頂点とする連邦政府と5つの地方政府の中央集権体制を完成した。抜本的な財政改革も行われ，本国予算に依存した植民地体制からの脱却が目指された。インドシナ住民にとって，それはとりわけ徴税の強化，植民地支配のための収奪に他ならなかった。

フランス人の植民地統治には「遅れた原住民社会に対する"文明化の使命"」という修辞学が用いられたが，ベトナム各地の反仏・反植民地主義運動は東南アジアのどの植民地よりも激しかった。絶え間なく抵抗活動が起きる一方で，フランスほど住民を弾圧し虐殺の暴挙に出た植民地支配者はないと論じた研究者もいる[7]。

仏領インドシナに限らず，フランスは19世紀最後の四半世紀の間に膨張主義とナショナリズムの発意によって急速に広大な海外領土を獲得した。インドシナの被支配民の数は，フランス帝国内で最大規模であった。しかし，支配者として滞在したフランス人は1940年においても3万4000人ほどに過ぎない。それは仏領インドシナ連邦総人口2265万5500のわずか0.15％だった[8]。このことは，植民地支配を考察する上で示唆的である。現地人官吏の養成の在り方，社会経済の構造が，そこには深く関わっていると考えられるからである。

フランス帝国経済に関する研究者ジャック・マルセーユ（Jacques Marseille）によれば，フランスの海外投資総額に占める植民地投資額は1914-1940年の間に9％から45％に高まるが，植民地投資額の内訳は入植植民地であった北アフリカ向けがその6割を占め，その残りの4割をインドシナと西アフリカがほぼ2分した[9]。これをみれば，フランス本国にとって仏領インドシナ連邦の投資先

7) J. M. Pluvier, *South-east Asia from Colonialism to Independence,* Oxford University Press, 1974. (ヤン・M・プルヴィーア『東南アジア現代史 上 植民地・戦争・独立』長井信一監訳，東洋経済新報社，1977年，107-108頁）

8) 彼らの半数が植民地官吏である。1929年の数値では，それは6000人であった（Pierre Brocheux, Daniel Hemery, *Indochine, La Colonisation ambigue, 1858-1954,* Paris, 1995, p. 175)。1894年の *Annuaire général de l'Indochine, Cochinchine* 編によれば人口203万人に対して2700人(0.1％)，1913年は同様に287万人に対して1万人（0.3％）に過ぎない（高田洋子「メコン・デルタの開発」池端雪浦編『変わる東南アジア史像』山川出版社，1994年，252頁他，逸見重雄『佛領印度支那研究』日本評論社，1941年，48-49頁も参照）。

9) Jacques Marseille, "L'Investissement française dans l'Empire colonial, l'enquete du gouvernement

フランスによる植民と統治の開始

上 サイゴンのコーチシナ植民地行政府。(N-9)
中 ビエンホア駅：フランス人の多くは，サイゴンとその近郊のビエンホアやバリアなどコーチシナ東部に暮らした。(N-45)
下 フランス革命記念日の祝祭（トゥザウモの町）：釣り竿の先にぶら下がったコルク栓を口でとらえる遊びに興じる子どもたち。(J.Noury, *L'Indochine avant l'ouragan, 1900-1920*, 1984, p. 169)

第1章 土地は誰のものか，その根源的問いを求めて

としての価値は，それほど重要ではなかったといえるかもしれない。しかしながら，本書で明らかにするように，1870年代の不況期を経てフランスが植民地に本国のための商品輸出／投資市場，原料／食糧調達を求める傾向を強めた時，インドシナ経済はその影響を被った。また，1920年代のフランス民間資本のインドシナへの流入は，メコンデルタ地主階級の盛衰に少なからぬ影響を及ぼしたのである。

(4) メコンデルタにおける植民地体制の絶頂期とその崩壊過程

　仏領コーチシナは，インドシナのなかではフランスによる最も長い植民地支配を被った。しかも直轄地であるがゆえに，フランスの影響力は相対的に大きかった。連邦政府はハノイに置かれたが，仏領インドシナ経済の心臓部は，商業都市サイゴン／チョロンである。コメを中心とした商業／精米業の中心的担い手であった華人の約8割はコーチシナに居住した。肥沃なメコンデルタでは，広大な未耕地に開発権そして土地権が植民地権力によって分配され，植民地の首位輸出品であるコメの増産体制が編成されていった。その過程で，メコンデルタに特有の大土地所有制が拡大した。

　フランス植民地統治下の1920年代後半には，開発の時代 *mise en valeur* の絶頂期を迎えた。フランス資本は，メコンデルタ西部のコメ，コーチシナ東部の天然ゴム，そしてトンキンの石炭などの開発に向かった。しかし1930年に始まる世界恐慌の深刻な影響は，とりわけメコンデルタのコメに集中した。コメ輸出経済は海外市場の激変に大打撃を受け，植民地支配の構造は脆弱化を余儀なくされた。30年代のコーチシナでは，都市部も農村部も政治不安が巻き起こった。地主階層の政治的利害代表グループであった「立憲党」が衰退する一方で，メコンデルタ新開地の農村大衆を引きつけたのは，新興宗教団のカオダイ・グループ，ホアハオ・グループ，そして急進的な政治グループであった。

　その後の劇的な社会変動は，日本軍進駐の激震から始まり（サイゴンが日本軍の南方総司令基地となったのは1941年），これを機に結成されたベトナム独立同盟（ベトミン）に多くの人びとがさまざまな立場を越えて参集した。日仏の二重支配（1940–1945年）と日本軍によるクーデタ，それから5ヶ月後の日本の無条件降伏，ベトナム共産党が主導した8月革命，そして1946年に勃発する

---

de Vichy (1943)," *Revue Historique*, 512, oct-dec 1974, II 参照。

独立戦争（第一次インドシナ戦争 1946-1954 年）と続くなかで，メコンデルタには不在大地主の土地を占拠するタディエン（小作人・小農民）たちの解放区が広がった。フランス植民地経営の根幹を支えたメコンデルタのコメ輸出経済，そしてその基礎である大土地所有制が溶解する時がきたのである。

4. 大土地所有制の研究はなぜ等閑視されたのか
―― 仏領期メコンデルタ農村研究の周辺

次に，仏領期メコンデルタ農村研究の基礎的史料および大土地所有制をめぐる研究動向を検討し，本研究の位置づけを試みる。植民地化前後のメコンデルタ地方社会の状況は，仏領コーチシナの軍政期（1862-1879 年）および民政移行後の数年間にフランス海軍の監察官や現地人協力者が記した報告，官吏の視察記録および研究などからうかがい知ることができる（*Excursions et Reconnaissances* 誌のなかの Bounoist: 1879, Tran Ba Loc: 1879, Landes: 1880, Denis: 1882 など，また Baurac（1894: 1899）の視察記および Shreiner（1900-2）の研究他）。こうした史料は断片的なものも多いが，当時の状況を支配者の側がどのような視点で観察していたか，また政策決定の過程を類推することができる。後に，仏領コーチシナの地誌（A. Bouinais & A. Paulus: 1885）が刊行されると，侵略から 20 年ほど経過した社会の諸相を，統治体系・諸民族・宗教・産業などの項目から全体として捉えることができるようになる。19 世紀末にはサイゴンにインドシナ研究協会が組織されて，論説や研究が発表される。同協会が監修したメコンデルタ各省の地誌からは，歴史を含め有益な地域社会の情報を得ることができる。

コーチシナ植民地政府の統治に関する年鑑 *Annuaire de la Cochinchine*，また *Etat de la Cochinchine française pendant les années 1878 à 1902*（6 vols. Saigon）には，毎年の財政状況，官吏のリスト，省の民族別人口，村落数，市場，学校・生徒数等が掲載されている。1890 年代の *Annuaire (Générale) de l'Indochine Française; Cochinchine* には地方の省政府のみならず，郡長（末端官吏）の人名リストも掲載されている。毎年の総督令，政令ほかの認可令は *Bulletin administrative de la Cochinchine* にみることができる。*Nouveau Recueil de Législation Cantonale et Communale Annamite de Cochinchine*: E. Outrey 1913 はコーチシナ地方の基本法令集である。

1898年以降は，インドシナ総督府の経済官報 *Bulletin Economique de l'Indochine* が毎年刊行され，インドシナの経済状況（貿易，生産活動，近隣アジア地域の経済事情など）に関するさまざまな情報が得られる。そこにはコメ輸出統計やメコンデルタ各省の農業生産，毎年のコメ作況，洪水や干ばつ被害の報告などが屡々見いだせる。しかし総じていえることは，イギリス，オランダ植民地の政府刊行物と比べて，仏領インドシナの官報・経済諸統計は種類や数量，網羅性において充分ではない。メコンデルタの水田面積，人口などの基礎的統計について郡ないし村落ごとの詳細な年次経過をたどることは難しく，各省をひとまとめにした概数が時折掲載される程度でしかない。人口センサスが初めて実施されたのは1921年である。

　仏領インドシナにおける農業部門の現状を把握するために，初めて植民地政府が統計資料の収集と現地視察およびアンケート調査を大規模に行ったのは1925年，1929–1931年のことである。その成果は，イヴ・アンリによって集成された（Y. Henry: 1932）。すでに述べたように，メコンデルタ中西部の稲作地14省における大土地所有の実態は，この本によって初めて明らかになった。アンリは膨大な資料の集計を終えて，一つの提言を記した。「トンキンでは人口過剰によって極めて大量の無産農民階級が存在する一方で，コーチシナは未だ人口増加が微弱で未開発の土地が存在している。両者の問題を解決するには，ベトナム人の適切な移住政策が実施されるべきである」。アンリは紅河デルタの農民階級を一つの"社会的危険物"とみていた[10]。メコンデルタについては，蔓延する深刻な農村金融，華僑によるコメの流通独占，稲作の低生産性等を問題として指摘し，植民地政府の指導によって改善され得るとした。

　シャルル・ロブカン（ソルボンヌ大学教授）は，仏領インドシナ経済全般の現状と展望を論じる中でインドシナ経済にとってのコメの重要性を強調し，インドシナを本国に結びつけ中国・香港市場から遠ざける施策の問題性を批判した（Robequain: 1939）。また，メコンデルタのトランスバサック地方には勢力のある土着化した華人社会が存在すること，デルタの先住民クメール人とベトナム

---

10) トンキンのベトナム村落共同体については，長期にわたる現地調査と史資料，航空写真等を援用したピエール・グルーの研究（Gourou: 1936）や，村落の共有地（公田・公土，村落共有地等）の起源，歴史的変遷，法・行政制度，経済的社会的意義を論じたヴー・ヴァン・ヒエンの研究（Vu Van Hien: 1940）がある。それらに比べると，植民地期のフランス人研究者の新開地メコンデルタ農村への関心は低かった。

人の紛争に対して植民地政府は将来何らかの調整策を講じる必要があるとも記した。彼はそれらを同時代の重要な問題と捉えたが，その根拠やそれ以上の言及はしていない。その上，ロブカンはメコンデルタの大土地所有制への論及を避けている。

植民地解放戦争の時代に，フランス人マルクス主義歴史家のシェノーは，フランス帝国主義を糾弾し，「ベトナム民族の歴史への貢献」と題するベトナム通史 (Chesneaux: 1954) を発表した。彼はメコンデルタの大土地所有制は植民地政府が植民地体制を支持するベトナム人米作者に未開拓地を譲渡したものであり，"ラティフンディア"大土地所有制農業の下で土地を耕作したタディエン（借地人）は，ベトナム人地主，インド人金貸しそして華人の金貸しに搾取されたと述べた。しかし，シェノーの見解にはベトナム人中心主義の傾向がみられ，トランスバサックの「辺境」で進行していた多民族社会の変容への関心は薄い。

ベトナム戦争後のアメリカでは，マーティン・マレイが世界システム論の理論枠組みを用いて，植民地インドシナの資本主義発展を描いた (Martin Murray: 1980)。彼は植民地の資本蓄積過程を第一次世界大戦の前後2期に分け，第1段階では植民地政府による原始的蓄積の進行と貿易・米流通に関わる商業資本による収奪が，第2段階では生産手段（土地）から部分的に切り離された労働力の本国独占資本による収奪が軸になって展開したと論じた。ベトナム北・中部農村は資本制生産（とりわけ輸出向けの天然ゴムと石炭産業）に向けた労働力の供給地だが，それは再び村に環流する出稼ぎ型であること，ベトナム南部のメコンデルタ農村は世界経済の影響を直接に受けて非資本主義的生産様式の要素は速いペースで崩壊したが，農民は土地から充分には切り離されなかった。フランス資本[11]は主として天然ゴムなどの世界市場向け一次産品部門に集中投下された結果，インドシナ植民地経済の資本主義への移行は不均等かつ不完全であった。本国によって世界経済の周辺部に統合され，本国中枢に利益が環流するシステムが日本軍の進駐 (1940年) まで続いたとしている。

---

11) ほぼ同時代にフランスではマルクス経済学の手法を用いてホー・ハイ・クアン (Ho Hai Quang) が「ベトナム南部の資本制生産部門の生成におけるフランス資本の役割」と題する国家博士論文を Reims 大学に提出している。植民地コーチシナに向けられた資本の量，時期，部門ごとの状況を整理し，資本蓄積の条件，農・工など様々な部門に投下された金融資本の生産・商業資本への転化の有無，課税体系の変化による搾取の近代化，搾取される階級の分析等，個別事例を多く取り上げつつ資本制生産，資本家の成長の脆弱な実態を論じた。

仏領インドシナの発券銀行であったインドシナ銀行をめぐってその営業活動の歴史を研究した権上康男は，メコンデルタの大土地所有制との関連で重要な貢献をしている。1920年代のデルタ開発を促進したフランス資本の具体的な流入と，世界恐慌の影響下において銀行が行った地主救済事業の帰結を示唆したからだ（権上：1985）。インドシナ銀行は自己の経営利害を優先し，植民地政府の意図にも反して，巨大規模の土地集積者たちの利益を守ったのである。

　ベトナムの自国史・社会経済史研究分野では植民地期の問題はマルクス・レーニン主義的階級史観で記述され，同国の公文書館が大量に所蔵する仏領期の地方文書を駆使した研究はこれまで充分には行われてこなかった。しかし，近年のベトナム国家アカデミー史学院は，近代経済史部門の充実したシリーズ本を完成している（Vien Khoa Hoc Xa Hoi Viet Nam, Vien Su Hoc: 2007）。共産主義者の側から見た歴史の枠組みは不変だが，フランス語史料を大量に解読したタ・ティ・トゥイ（Ta Thi Thuy）らによる研究の刷新がなされている。同シリーズは歴史の全体像，概論を描くものであり，いわば現在のベトナムの国定歴史研究書である。この歴史観に沿って，ベトナム北部に倣った省，県，村落レベルの革命運動史の編纂が現在でもメコンデルタでは続けられている。

　ベトナムの民間人による南部の土地所有をめぐる研究では，グエン・ディン・ダウが19世紀グエン王朝期ナムキ6省のミンマン地簿（次節で論じる）を分類して，各省別の資料解読を載せたシリーズを刊行している（Nguyen Dinh Dau: 1994）。グエン朝期の開拓と土地所有を地簿に基づき論じたチャン・ティ・トゥ・ルオン（Tran Thi Thu Luong: 1994）の著作もあるが，地簿を歴史資料として用いる方法の難しさは乗り越えられていないように思われる。

　同じく南部人のメコンデルタ研究では，ソン・ナムの一連の著作がある。それらは，ベトナム共和国最後の時代にベトナム戦争下のサイゴンで発表された。最も注目するのは，『南部開拓史の考察』と題するものである（Son Nam: 1973）。フランス語，ベトナム語，漢文による資史料，またラクザー，バクリュウ，カントーなどミエンタイ（ベトナム人が使用する「メコンデルタ西部地方」の意）の人びととの若干の証言類も含め，ベトナム人のメコンデルタ開拓史の心象風景を文学的に表現したものである。

　ベトナム戦争後にサイゴンから難民としてアメリカに移住したファム・カオ・ズオンの研究は，仏領期の北・中・南部のそれぞれのベトナム農民の状況を論じている（Pham Cao Duong: 1985）。彼は，植民地権力が建設した支配の中

枢としての都市および西欧化された都市生活に対して，反仏・愛国主義の伝統は絶えずベトナムの農村部で培われ，再生産されてきたと主張し，植民地統治下の小農民階級の困窮状況を強調した。

しかし近代ベトナムの社会経済史研究において，植民地支配者と被支配者の功罪を明確に断じる研究はすでにトーンダウンしている。輝かしい革命や民族独立戦争に鼓舞された研究は遠のき，とりわけインドシナ諸国家間の紛争発生後は少なくなった。その一方でフランスのアナール学派や文化人類学者の貢献，アメリカにおける東南アジアの農民・農村研究の進展がめざましかった。なかでもベトナムをめぐるJ. スコットやS. ポプキンらの論争は注目された。植民地期東南アジアの農民の行動様式と農村の社会関係に倫理的規範が存在することを証明しようとしたスコットに対して，ポプキンはベトナムを例に挙げて，損得をはかり個別合理的に行動する普遍的人間としての農民像を強調した。しかし，その論争はデルタ社会の多様性や複雑な社会構成には立ち入らず，理念的な解釈論にとどまった。

アメリカの大学に提出された植民地期メコンデルタに関する博士論文のなかで本研究テーマと重なる内容には，ジョン・ルイス・バスフォードのものがある（Bassford: 1984）。コンセッション制度の理論と実態の乖離に着眼した論文で，運河建設の過程を丁寧に跡づけながら，19世紀末から1925年までの国有地払い下げの認可状況を集計し，分析した。問題発生の事例についても，植民地公文書館の史料を多く用いてまとめている。しかし1925年以降については，資料の未公開ゆえに扱われていない。

その他に，コーチシナの植民地化初期の時代に，フランス権力の協力者となってその政策決定に関与したベトナム人の存在をいち早く明らかにしたオズボーンの研究（Osborne: 1969）も刺激的である。彼らの行動と考えがフランス権力に影響を与えたこと，植民地地方行政の確立に向けてコック・ング（ベトナム語）教育の普及が重要な意味を持ったことも指摘した。またチュオン・ブウ・ラムの研究（Truong Buu Lam: 1982）も，西洋文化を取り込んだ第1世代の協力者が，通訳としてあるいは次世代のベトナム人に対する公教育を通して，植民地の末端公権力の担い手の養成に関わったことを論じている。1923年に南部の大地主ブイ・クワン・チュウらによって設立された立憲党に関するメガン・クックの研究もある（Cook, M.: 1977）。

植民地期のメコンデルタ研究の第一人者は，何と言ってもピエール・ブロ

シュである。彼は，フランス植民地支配の開始から1960年までの100年に及ぶメコンデルタ社会の諸変化を論じた。その研究の基礎は，1960年代末にサイゴンおよびフランスの文書館等が所蔵する植民地文書を豊富に参照して執筆した「コーチシナ西部の経済と社会 1860–1940年」(ソルボンヌ大学に提出した博士論文：第3課程) だが，さらに1940年から50年代の新興ホアハオ教団など反仏抵抗諸勢力に関する研究も加え，農民革命の性格を考察している(Brocheux: 1995)。ブロシュは，彼の師であるシェノーと同様に，デルタの大土地所有制をラティフンディア (*latifundium*) と表現し，とりわけ大地主 (ディエンチュ dien chu) と小作人 (タディエン ta dien) の関係を当初は温情主義的地主のパターナリズムから論じた。それは地主階級にみられる家族の連帯，団結を拡大解釈して捉えたものである。その後彼はホアハオ教団への論及を通して，村や儒教主義に依存も屈することもない，自律的で個人主義的考え方をメコンデルタ農民の特徴であるとした。またコメ・モノカルチャーの拡大によって形成されたデルタの「社会問題」，すなわち大土地所有や大地主の財の形成は，村落内の諸関係に起因するとみる。大土地所有については，シェノーと同様にフランスによる占領初期の協力者に対する (いわば) 封土に端緒があるとしか述べていない。クメール人とベトナム人の間の格差について，それは植民地化以前から存在した問題であり，フランスはそれを利用して「分割統治」をしたに過ぎない。結局のところ，フランスはメコンデルタ社会を (西洋社会に[筆者注])「同化」することを放棄せざるをえなかったと論じている。

　筆者は，仏領期の共同体性を欠く村落の状況，および調査の間に理解したメコンデルタ農民の行動様式やその背後にある思考について，ブロシュと同様の印象を持つ。いち早く地方レベルの植民地公文書をふんだんに駆使したブロシュの研究は他の追随を許さず，高く評価される。しかしながら，その研究は筆者が最も重要と考える大土地所有の形成過程に関する一貫した論証を欠いている。西部の大地主がいかに多くの所得税を払っていたか，あるいは巨大地主が叙勲を祝うために自宅で開催した数百人規模の会において振る舞った食事の内容をいかに詳しく示しても，広大な土地の私的集中に関する歴史的過程は具体的に究明されていない。諸民族の描き方についても，民族ごとにそれぞれを記述する植民地公文書の限界を脱し切れない。

　植民地期のメコンデルタの変容を前近代からの連続性のもとで解釈し直す研究として，メコンデルタの自然環境が社会形成に与える大きさを再認識し，フ

ランス植民地支配やアメリカの関与が結局は失敗した要因を再考したデイヴィッド・ビッグの著作がある（Bigg: 2010）[12]。彼はサスティナブルな自然観から運河建設の功罪を論じ，1930年代の植民地"改革"主義者（官吏）がメコンデルタの無主地の開発に紅河デルタ村落の歴史経験（いわば輪中形成）を導入しようと考え，北部ベトナム人の投入計画を策定したことを強調している。

　本書の文脈からみれば，すでに述べたように1920年代末の実態調査を通して植民地政府は紅河デルタのベトナム農村における深刻な社会的危機を認識していた。それを緩和するために，メコンデルタの辺境に残された土地の開拓に向けた"自作農の育成策"が必要とされた。メコンデルタに大土地所有制が蔓延する根本的課題に対処することなく，植民地政府は変容するトランスバサックの多民族社会に更なる不安定要因を付加しようとしていたのである。筆者は，メコンデルタの大土地所有制の形成と多民族社会の変容には，植民地支配の本質が密接に関わっていたと考えている。そのために，従来は充分に論じられてこなかったメコンデルタ大土地所有制の研究を通して，近代のメコンデルタ社会に生成し内包されてきた問題の構造と特質を明らかにしたいと考える。

第2節　法と植民地主義

　植民地期の大土地所有制の成立には，その基盤として私的土地所有権の法的確立がなければならない。土地の私的所有を保障する法は，近代の資本主義的生産活動の基盤であるが，植民地化以前のベトナム社会では全土は王に帰属した[13]。住民は未耕地の先取開墾権および世襲権を認められていたが，それは自

12）植民地化以前との連続性は，地主制や華人によるコメの流通活動についても議論されてきた。菊池道樹はベトナム南部のコメ輸出は植民地以前から華僑によって盛んに行われていたこと，フランス植民地権力がサイゴン港の開放によって自由主義的貿易をもたらした結果，華僑による米流通の独占的活動がいっそう拡大したと述べた（菊池：1988）。18世紀のメコンデルタにおいてコメは華僑を通して商品化されていたことは，藤原利一郎の研究（藤原：1986）が明らかにしている。近年にリ・タナを中心とした前近代ベトナム研究者たちも，この点を主張するようになった（Cooke and Li Tana: 2004）。余剰米を産すメコンデルタが「ベトナム史」の一部になったことの重要性，18世紀ベトナム史の"変化"が強調される。これに対して本書は，植民地期のコメ輸出の問題を「ベトナム史」の連続性からではなく，国際関係論的視点から論じている。

13）*Excursions et Reconnaissance*, No. 3, p. 258, P. Brocheux, *The Mekong Delta, Ecology, Economy,*

由な個人の土地所有権を国家が認める近代主義のそれとは異なるものである。また，ベトナムを含む東南アジアの家族制度や遺産相続，土地所有をめぐる慣習は，ヨーロッパのそれとも異なる。では，私的所有権をはじめとするヨーロッパ近代法は，ベトナムにどのように導入されたか。土地所有と法をめぐる一般的な植民地状況について，分析の基本的枠組みとなる点をあらかじめ検討しておきたい。

1. 前近代ベトナムの法 ── 嘉隆法典とその「近代的評価」

　元来，ベトナム人のものの考え方には，東アジアに共通する儒教主義の社会規範がみられた。それは，10世紀に独立する以前のベトナム人の社会が1000年に及ぶ中国支配を受けた歴史経験による。独立諸王朝は中国に類似した統治制度を取り入れ，他の東南アジア諸地域にはみることのない，成文化された漢籍法典を古くに編纂していた。15世紀の「黎朝刑律」[14]，19世紀の「嘉隆法典」がその代表例である。戦前の日本では，漢籍を解読できる中国法制史研究者たちによる「安南法」研究の蓄積があった。彼らは，安南国 Annam（ベトナム）[15] の歴史および法制度を，中国の周辺に存在した東洋世界の一部として解釈し，位置づけた。彼らは，黎朝刑律，嘉隆法典をローマ法や中国法と比較し，その類似点を指摘すると同時に，差違にも注目して，ベトナム社会への洞察を深めた。それらは世界レベルの研究水準にあるものである。これらの先行研究から，前近代ベトナム社会の法を考察する[16]。

---

　　and Revolution, 1860–1960, Center for Southeast Asian Studies, University of Wisconsin-Madison, 1995, p. 29.

14) 黎朝刑律研究の英文テキストとして，Nguyen Ngoc Huy & Ta Van Tai, *The Le Code, Law in Traditional Vietnam, A Comparative Sino-Vietnam legal Study with Historical-Juridical Analysis and Annotations*, Ohaio University Press, 1987 がある。

15) 「安南」には南を安んじる，という意の，中国の側からみたベトナム人国家への蔑視観を含む。戦前の研究者による「安南」表記をここでは「ベトナム」と表記する。

16) ベトナム前近代法研究に関する丁寧な紹介は，片倉穣『ベトナム前近代法の基礎的研究 ──「国朝刑律」とその周辺』風間書房，1987年を参照。同書は黎朝刑律の成立過程と内容の分析を通して，中国法の受容に際し，支配層がいかに固有法と伝統的慣習を尊重しながら法を秩序化しようとしたかの解明に努めている。

(1) 夫婦家産制および財産相続法・刑法および保障制

　前近代ベトナムにおける最古の法典は，15世紀黎朝を興した聖宗の在位，すなわち洪徳年間 (1470-1497) に制定された洪徳黎律ないし国朝條律である。洪徳黎律は，18世紀の後半に策定された諸律にも，その原律として現れることから，3世紀にわたって守られた法典といわれる。この法典の起源は，洪徳年間をもっと古くに遡ると主張する研究者もいる。黎律の法では，ベトナムの家産の所有者は父母であり，唐律にあるような父子ではない。夫婦の共産制を取っていること，子には家産に持ち分がない点も中国法と大きく異なる[17]。家産制における「個人専有産的」性格，妻の財産上の地位が高いことも研究者の一致した見解であった[18]。

　またベトナムでは財産相続が遺言状によってなされた。しかも，一般には生前贈与が行われた。遺言状は法定に則って作成され，代書者を証人とした。当人が識字者であれば，自ら書いた。遺言よりも法定相続制が一般的であった中国法とは違って，法定相続が補足的でしかない点は，ベトナム法の特徴である。相続が遺言を重視して行われる点は，日本法とも類似している。さらに，遺言能力が，ベトナム法では男に限らず婦女にも認められていたことは注目される。香火（祖先の祭祀のための割り増し相続）の配分の後，ベトナムでは遺産を性と年齢を問わずに均分に分配した。このことは，南宋時代を除いた中国法とは異なる。他方，ローマ法にみられる均分主義とは類似している。法典条文の解読のみにとどまらず，日本人歴史学者が戦前のベトナムから持ち帰った実際の財産相続文書等も分析の対象とされ，上記の諸点が実証された。

　遺言状がない場合の遺産相続については，死者の固有財産か，夫婦生活の後に得られた財産かを区別して規定が加えられた。死者の父母が生存していれば，固有財産は父母に戻され，生存していない場合には半分が配偶者のものへ，もう半分は死者の父系血族に与えられるとされた。また妻が再婚すれば，その権利は失う。夫婦が婚姻中につくった財産は，半分は死者の配偶者へ，もう半分は死者の墓をつくる費用か，死者の父母もしくは父系の血族に配分された。家産分割規定は，ベトナム法では中国法より詳しく記されたという[19]。

---

17) 牧野巽「安南の黎朝刑律にあらわれた家族制度」『支那家族研究』生活社，1944年，694-714頁。
18) 山本達郎「安南黎朝の婚姻法」『東方学報』東京第8冊，1938年，307頁；同「安南の不動産売買文書」『東方学報』東京第11冊，1940年，378頁。
19) 仁井田陞『補訂　中国法制史研究　土地法　取引法』1960年，536頁。

家族内の秩序においては，家父長の支配が尊重された。父母，家父長への子や妻による危害に対しては，厳罰が与えられた。しかし，立場が逆の場合には，加害者が罰せられない場合も認められた。家族主義の原則は一貫しており，祖父母や父母を大切に扱い，尊重することが，子どもの重要な義務とされた。これに違反する行為は，すべて法によって懲罰を加えられた[20]。
　しかし，19世紀初頭にグエン朝体制の下で編纂された皇越律令（嘉隆法典）(1812年)および大南会典事例（1843年，1851年）の財産相続法に関する内容には，15世紀洪徳法典との矛盾点が多くみられるという。つまり，中国法との差違に特徴を示したベトナム法の夫婦共産を建前とする規定，生前処分の諸規定などが，嘉隆法典では曖昧な性格になっているというのである。遺言を前提としない家産分割規定が記され，諸法に一貫性を欠いたものが多い。このために研究者は，グエン朝時代の法典は，中国清代における法典の引き写しであると断じ，そこには洪徳律にみられたベトナム固有法の独自性が消えたとしている。それらを法史研究の対象とすべきでないとする意見すら，出されたのである[21]。
　15世紀ベトナムの刑法は，唐や明律などの中国法の影響が色濃い。しかし黎律には，中国法と比べて，法定主義から離れる傾向があった。つまり法規に従わない臨時の処分規定や類推解釈などを許すことが多かった。その一方で，唐律にも明律にもない規定，たとえば重刑にさらに重ねて賠償金の規定（人命金制度）があり，姦夫・姦婦・奴隷に対する主人の私的制裁の認可，皇族やその親族の刑罰の減免などの規定があった[22]。
　国境を越えて外国に行くこと，外国人と通婚すること，外国人に土地，奴隷，象馬，武器，兵器などの材料を売ることも禁じられていた。刑法は具体的で，個別的な記述が多かった。同じ殺人罪でも，目的，方法，被害の量，被害者や加害者の身分による制裁の違いが細かく分かれていた。
　債務保証制度の研究からは，ベトナムでは中国の古い法律に類似した留住保証制がとられていたことが明らかにされた。たとえば，ベトナムの保証人は，債務者が逃亡した場合にのみ債務に応じれば良かった。しかし後の時代につくられた中国法では，債務者の債務不履行もしくは債務の支払い不能の場合は，

---

[20]　同上書，529-530頁。
[21]　同上書，536-537頁。
[22]　同上書，540-569頁。

直ちに債務者と共に同一の債務を負う義務があり，保証の負担はベトナムのそれよりは重かったとされる。私的差押制度についても，ベトナムの黎律は中国の古い法律の形を残しているという指摘もある。

これに関連して，ベトナムでは起源は不明だが質地抵当権付き土地所有の慣習が存在した。債務者の土地が債務の返済が終わるまで期限付きで，いわば「質入れ」した状態のまま置かれる。見かけ上は所有権者だが，債務者は債権者のいわば実質的小作人ないしは債務奴隷の状態に置かれる。アンリの農業調査の報告書にはそうした農民の状況を記述した箇所がある。また筆者が行ったメコンデルタの農業調査の際にも，その慣習を見聞きした経験がある。

(2) 前近代社会の法をめぐる評価

このように，日本の中国法制度史研究者たちは，戦前において，洪徳黎律を中国法，日本法，時にはヨーロッパ古代法との比較において分析した。しかもこのベトナム法の独自の面を，中国における法制度の歴史的変遷をふまえて考察した[23]。その結果，前近代ベトナムの黎律が，明や清の時代の中国法よりも，唐や南宋のそれとよく似ている点を指摘して，ベトナム法の特徴を理解したのである。清代の法典の引き写しが多いとした19世紀の嘉隆法典に対する彼らの評価には，厳しいものがあった。

実は植民地期のフランス人法学者たちも，現地社会の法体系を理解した上で政策に反映させるために，旧来のベトナムの法典を詳しく研究していた。そして西山党の乱が収束し，南北対立の続いたベトナムを統一したグエン朝が，社会の規律を整え，法の精神を樹立するために制定した嘉隆法典は，清朝法典の模写に過ぎない，とみていた。彼らは，嘉隆法典の訳および注釈を試み，内容の検討を深めるにつれて，その法体系の不統一，命令・律令・裁判の解釈などにみられる矛盾や混乱に気が付いた。その結果，彼らの嘉隆法典に対する評価も，日本人学者と同様に低かったのである。そして，法典の根本精神はそもそも「刑罰は統治を助ける手段」というものであって，近代法の精神とは異なる

---

23) 前近代のベトナム法に関して，Yu Insun, *Law and Society in Seventeenth and Eighteenth Century Vietnam,* Seoul, 1990 がある。日本における現代ベトナム法の研究は，アジアの社会主義法という視点から，稲子恒夫，鮎京正訓『ベトナム法の研究』日本評論社，1989年，また鮎京正訓『ベトナム憲法史』日本評論社，1993年。ベトナム民法典の部分訳として，鈴木康二『ベトナム民法』日本貿易振興会，1996年がある。

と認識したのであった[24]。

　フランス人法学者たちは，前近代ベトナムの法は，君主および官吏の地位保全と民衆管理のために存在していること，孝行や祖先の祭祀の実践を厳守させ，社会安寧を保つための法典であると捉えた。そこには近代社会が依って立つ個人（＝市民）は問題とされず，共同体が重視されていること，法は共同体の自治と集団生活の組織原理を人びとに強制する手段であった，と考えた。読み書きのできない民衆は法を知らず，人びとの実際上の「法」は，ただ道徳のみである，と理解した。そしてそのようなベトナム社会とは，権力者の威光の下に服従する社会であると結論づけた。

　フランス植民地の法学者が，嘉隆法典をこのように理解したことは，フランスのベトナム支配にも重大な影響を与えた。すなわち，植民地権力はベトナム社会をフランス本国とは異なる規範と社会組織に基づく「固有社会」であることを根拠に，そのような遅れた東洋社会にはヨーロッパ近代法は適さないとして，近代的フランス法の導入を限定的なものに留めた。そのことを，次にみることにしたい。

2. フランス近代法の導入
　── 伝統的統治形態の温存と新たな国有地払い下げ制度

(1) 仏領コーチシナの土地法

　土地法の制定は，植民地政府の重要な課題であった。コーチシナ植民地の政策策定者たちは，現地人と移民者（フランス人）の利害が土地問題をめぐって相対立する危険性があること，現地人の土地所有に関する概念はヨーロッパの近代的土地所有権のそれとは異なること，さらに農村における土地共有権の尊重などにも注意を払うべきであると慎重に考えていた[25]。

i. 地簿

　フランス側が注目したのは，グエン朝支配下で用いられていた収税の台帳

---

24) Dureteste, Andre, *Cours de Droit de L'Indochine*, Paris, 1938（二木靖訳）『仏領印度支那ノ司法組織並ニ東京安南民法ノ概要』東亜研究所，1940年，39頁。

25) Rolland, Louis & Pierre Lampue, *Precis de Legislation Coloniale*, 2e ed., 1936（東亜経済調査局編訳『仏蘭西植民地提要』1937年，232-233頁）。

「地簿 Dia Ba」[26]であった。1836年に明命ミンマン（在位1820-1840年）帝の統治下で整備されたとされる地簿は，その後のグエン朝国家における租税徴収の基礎であった。コーチシナでは当初，フランス植民地時代の土地法の出発点として，この明命地簿が利用された。詳しくは第3章で扱うが，グエン朝期の地簿の専門家グエン・ディン・ダウ（Nguyen Dinh Dau）の研究から，ここでは19世紀のグエン朝国家が把握していた土地情報（地簿の項目）を挙げてみよう。次は，ナムキ（南部）6省のなかの永隆ヴィンロン（Vinh Long）省の事例である[27]。

ヴィンロン省の土地総面積は18万2364マウ（mau）（8万9249 ha）（1 mau＝約0.4894 ha）で，そのうち「使用地」は17万9673マウ，「荒蕪地」は2691マウである。使用地の内訳は，①作付け耕地　17万8678マウ（作付け田13万7078マウ・作付け畑4万1600マウ），②宅地　984マウ，③その他官用地10マウ，である。荒蕪地の内訳は，①休耕地2287マウ，②荒れ地403マウ，である。これを別のカテゴリーから眺めると，耕地は「公田・公土」と「私田・私土」の2つに分けられる。ヴィンロン省では①公田・公土：2万2739マウ（13％），②私田・私土：15万5938マウ（87％）であった。主権者への税は，公田・公土に対して，村に課せられる。国家の徴税の村内配分は，村落の自治に委ねられる。もう一つのカテゴリーとして，米作地の区分に「草田」と「山田」の2つがある。草田の方が良田であり，税率が高い。①山田：11万5293マウ（83％），②草田：2万1783マウ（17％）と記されている。

ダウの研究では，現存する旧ヴィンロン省の地簿は111束，360冊を数えた。村ごとに村の位置（東西南北に接する村名）が示される。米作地（草田・山田の別に）と畑作地の各面積，またそれぞれ公田・公土および私田・私土の別による

---

26) 南部の地簿は，現在，前植民地期ナムキ6省26県1715村のものをハノイのハンノム院 Institute des Etudes Han-Nom と国家公文書館が保存する。1836年ミンマン地簿は南部地簿全体の95.6％を占める（Phan Huy Le, Vu Minh Giang, Vu Van Quan, Phan Phuong Thao, *Dia Ba Ha Dong, He Thong Tu Lieu Dia Ba Viet Nam*［『ベトナム地簿史料集成：ハドン省地簿』No. 1, Hanoi, 1995, p. 42］）。Tran Thi Thu Luong によれば，これらは何万頁にも及び，それぞれが個人の土地所有に関して，土地の位置（隣接する東西南北を表記），面積，形状，所有者名，生産物，耕作方法などを一定の形式で，毛筆を用いて記している。

27) Nguyen Dinh Dau, *Nghien Cuu Dia Ba Trieu Nguyen, Vinh Long*, 永隆（*Ben Tre, Vinh Long, Tra Vinh*）, Nha Xuat Ban Thanh Pho Ho Chi Minh, 1994, pp. 175-177. 南部のグエン朝時代の土地制度，地簿に関する研究では，Nguyen Dinh Dau, *Tong Ket Nghien Cuu Dia Ba, Namb Ky Luc Tinh*［『南圻6省の地簿研究概論』］, Nha Xuat Ban Thanh Pho Ho Chi Minh, 1994, Tran Thi Thu Luong, *Che Do So Huu va canh Tac, Ruong Dat o Nam Bo nua Dau The Ky XIX*（『19世紀初頭の南部における土地所有および土地開拓の制度』）, Nha Xuat Ban Thanh Pho Ho Chi Minh, 1994 を参照。

面積が記載されている。近代以前の時代にこのような村落ごとの土地台帳を有し，土地をさまざまな範疇に分類し，面積を記載した東南アジア社会は他にはないと思われる。

植民地政府は占領過程で散逸した村の地簿を再興することを試みた[28]が，グエン朝の地簿は，「およそ……近代的な不動産登記簿を意味するものではない。それは地租の台帳に過ぎず，したがって，村ごとの税が一定に確保されれば，村落内部にどのような所有権の移転があろうとも，国家の関知するところではなかった」のである[29]。実際のところ，ミンマン地簿は測量も改訂も行われずに，権力による公田の実態把握もなされていなかったとみられる。

そこで植民地政府は住民に対して，「私有地」の登記を命じる法令を何度も出し，彼らの耕作する田土の権利はフランス法に基づいて保護されると強調した[30]。所有地をフランス語と中国語で土地台帳に登記することを命じ，押収や補償金の支払いなくして土地を徴収することはない，と繰り返し伝えたのである[31]。当時の土地法が本当に実施されたのかを検証するのは不可能だが，ホーチミン市の植民地期公文書館には植民地期に作成された村の土地登記台帳の一部が所蔵されている。それらの資料から，植民地権力は，60年代および1870年代には未だ土地登記を十分浸透させるに至らなかったが，80年代以降においては，土地登記台帳へのノタブル（村の有力者，代表）による住民の記載を通して，不完全ではあるが，一応の土地所有者の確定と土地私有制の確立をみたと考えられる[32]。

---

28) Lu Van Vi, *La propriété foncière en Cochinchine*, Paris, 1939, pp. 64-66.

29) 桜井由躬雄『ベトナム村落の形成 —— 村落共有田＝コンディエン制の史的展開』創文社，1987年，365頁。19世紀のベトナム全土には，広範な無登録田＝漏田があった，とされる。

30) Labussière, "Etude sur la propriété foncière rural en Cochinchine et particulièrement dans l'inspection de Soctrang," *Excursions et Reconnaissances*, No. 1889, p. 253.

31) Bouinais, A. & Paulus, A., *L'Indochine française contemporaine, Cochinchine,* Paris, 1885, pp. 154, 363.

32) 松尾信之「土地台帳からみた植民地期土地政策」ベトナム社会文化研究会編『ベトナムの社会と文化』No. 2，風響社，2000年を参照。19世紀末から20世紀初頭に作成された土地台帳などの史料状況については大野美紀子「フランス軍政期ベトナム南部における村落史料」『立命館東洋史学』No. 20, 1997；また山本達郎「安南の不動産売買文書」『東方学報』東京　第11冊，1940年，および同「フランス支配時代における南部越南の土地契約文書」『市古教授退官記念論集　近代中国』1981年では，ベトナム北部と南部の仏領期土地売買文書の分析を通して，フランス法がどの程度現地社会に浸透したかを検討している。

ii. 共有地

　村落共同体が歴史的に形成されてきたベトナム北部および中部は，土地は狭隘かつ人口稠密地帯であり，自給的農業生産が営まれた。前近代の時代において，土地は基本的にすべて主権者のものであり，農民は使用権を付与される見返りとして，主権者に公田・公土の税を納めた。村落は貧農に生存保障を提供する共有地を多く確保して，割替制度を維持した[33]。植民地期においても，公田・公土そして村落の共有地の存在，あるいはその利用方法が重要な村内政治の関心事であった。

　南部（コーチシナ）も基本的にはこれに倣ったが，メコンデルタ地方は18世紀以降にベトナム人の入植が始まるフロンティアである。広大な未耕地を目指す入植や開拓は，個々の農民の比較的自由な意志で進んだ。まとまった人数を集めて創村の申請をすれば，新しい村が誕生した。異民族の先住民世界に向かって，王朝はベトナム人の屯田制による集団開拓も後押ししていた。開墾を前進させるためには，労働力を既存の村に滞留させない方が理にかなう。したがってメコンデルタ地方の村々は共同体規制をゆるくし，余剰労働力を村外に輩出しやすい構造を持つと考えられる。そのことは一般に村落の共有地の存在意義やそこでの割替制度が，北・中部の村落とは異なることを意味している。1930年代前半，グルーはトンキンの公田面積は紅河デルタの水田の約20％に及ぶとした。これに対してアンリの農業調査の結果に基づけば，コーチシナの公田は耕地のわずか3％を占めるに過ぎなかったのである。1930年代の社会不安の発生に際し，当局は新開地に共有地を再興して社会を安定化させることを目指すが，人びとの受け入れるところとはならなかった。

iii. 国有地払い下げ制度

　1890年代以降，フランス植民地政府は，トランスバサック地方（コーチシナ西部）に眠っていた低湿地帯（広大低地氾濫原）に，農業用排水運河の掘削を本格化させ，20世紀初頭には広大な可耕地を創出した。そこは輸出米を生産するための絶好の場となった。近代的な土地制度が積極的に導入されたのは，コー

---

33) ベトナム村落の公田他共有田に関する研究では，Vu Van Hien, *La Propriété communale au Tonkin, Contribution a l'étude historique, juridique, et économique des Con-dien et Cong-tho en pays d'Annam*, 1940. また桜井由躬雄，前掲書に詳細に研究されている。

チシナ西部である[34]。無主の未登記地，および運河の建設によって創出された「国有地」を，申請者に分配する手続きが国有地払い下げ制度である。開発権および所有権を申請者に認可するという方式によって，国有地払い下げ制度は後にみるように，土地集積の手段になった。その結果，それまでのベトナム社会ではみることもなかった巨大規模の土地集中が起きた。土地を譲渡されてから所定の期間内に所定の耕作をなせば，地税を払う義務と同時に土地の譲渡は確定される。植民地政府は，国有地払い下げ制度を，土地登記制度と並んで，植民地土地政策の基本的な柱とした。

(2) 徴税と村落統治法

　直轄地コーチシナの統治 (1862-1954) は，当初約20年間はフランス海軍省の管轄下に置かれた。軍政末期，コーチシナは4つの管轄区 (circonscription) に分けられ，各区に現役のフランス海軍士官が政務監察官として任命された。その監督下にベトナム人が登用されて，地税，人頭税他の徴税，行政，民兵の徴収業務などを行った。

　1877年の公的記録によれば，コーチシナの村落数は2435，人口は約152万であった[35]。4管轄区は19の省 (arrondissment) に区分けされ (のちに20省となる)，フランス人の省長が配置された。グエン朝時代には省 (tinh) —府 (phu) —県 (huyen) —社 (xa) —村 (thon) —邑 (ap)，坊 (Phuong) ……と複雑な組織であったものを，省の下に数個の郡 (canton) ［府・県］，各郡には数村 (village) ［社・村］に再編し，村の下位に邑 (ap) を包含させた。郡長 (正総 cai tong) は郡内の村の代表者から推挙され，下級官吏として当局の俸給を受けた。

　1880年以降に文民統治が始まると，植民地政府は，村の人頭税対象者を旧来の丁簿の「登録民」から村内の全青年男子に対して押し広げた。また，村の自治は，従来，登録民から選ばれた先の名士会［大郷職 (huong truc lon) と小郷

---

34) 高田洋子「メコン・デルタの開発」池端雪浦編『変わる東南アジア史像』山川出版社，1994年。
35) 村落・人口数については *Etat de la Cochinchine, 1877*, 参照。南部はベトナム人にとって17世紀末以降の新しい入植地であったが，その入植の形態は主として屯田や民間人による開墾によった。入植者のグループが村の創設の許可を官吏に申請すると，成年男子の戸籍簿への登録，また私田，公田および村有田などを土地台帳である地簿に記載し，徴税に関する取り決めがなされた。この新村設立の申請の制度はフランス植民期においても基本的に継承された。屯田制については，M. E., Descheseaux, "Note sur les anciens Don Dien annamites dans la Basse-Cochinchine," *Excursions et Reconnaissances*, Tome 14, No. 31, pp. 133-140 など。

職（huong truc nho）から構成］が担ったが，1882 年以降植民地政府は，下級の小郷職であるサチュオン（xa truong）［村長］を，村とフランス行政機構の仲介役として任用しようとした。ところが，このような政策は，実際上の村の支配者であった大郷職の権威を失墜させると同時に，彼らの自治への非協力を招いた。植民地政府による村の長老支配に対する不信感が，その背景にあったとされる[36]が，こうしたフランスによる近代的政策は，村落内の慣行的自治機能の低下，並びに村落秩序の攪乱を招く結果をもたらしただけだった。当局にとって，村落組織が，人頭税を含め，その収税機能を弱体化することは深刻な問題だったのである。実際，19 世紀末には，サチュオンが任務を果たせなくなり，逃亡する者すら出始める。コーチシナでは 20 世紀初頭には村落解体の危機が懸念されるようになった。

　そこで植民地政府は，1903 年，失墜した郷職の特権をある程度の範囲で復活させるための調査委員会を発足させて，コーチシナ東部の比較的古い村落において郷職の序列や慣行の実態を研究した。これを基に翌年，村落支配層の序列を定め，自治の役割分担を細かく成文化した村落統治法令を布告した[37]。村落の再編を法的に規定し，地方統治の最末端行政機構に組み込んだのである[38]。

(3) インドシナ住民の法的地位と慣習法の立法化

　フランス革命の理念に基づくフランス近代法は，植民地の有色人種に対しても，等しくフランス市民としての法的地位を与え，適用された歴史はある（1833 年 4 月 24 日付法）[39]。しかしこの同化主義（assimilation）の原則は，19 世紀後半

---

36) 村落内の郷職に対する当局の不信感は，彼らの不正から村の共有地を守るために，ミンマン帝時代と同様の「公田の不可譲渡性を強調する法令」が 1880 年に出されていたことからもわかる。しかし，共有地に対する行政当局の対応は，その後は転換した。当局の許可があれば，売買や 3 年以上に及ぶ賃貸も認めるようになった（1892, 1904 年法令）。その結果，これらの土地利用の共同体的性格はますます消滅する方へ向かった（高田「植民地コーチシナにおける国有地払い下げと水田開発：19 世紀末までの土地政策を中心に」『国際関係学研究』No. 10, 1984 年, 83-84 頁。

37) *Arrêté concernant la réforme communale en Cochinchine*, Saigon, 1928, pp. 13-24.

38) トンキンでは，コーチシナよりかなり遅く，1920 年にほぼ同様の地方統治令が公布された。Outrey, *Nouveau recueil de législation cantonale et communale annamite de Cochinchine,* Saigon, 1913, pp. 109-111, および Lu Van Vi, *op. cit.*, pp. 58-67.

39) 植民地住民が一律にフランス市民とされた地域は a. アンティーユ群島, 仏領ギアナ, レユニオン島 b. サン・マリー島（マダガスカル島）c. セネガル 4 都市 d. タヒチ諸島 （福井勇二郎「仏印に於ける原住民の身分について (1)」『法学協会雑誌』第 62 巻第 4 号, 1944 年, 445 頁。

第 1 章　土地は誰のものか，その根源的問いを求めて　｜　31

以降のフランス植民地の拡大とともに衰退し，自治 (autonomie) 主義，協働 (collaboration) 政策，協同 (association) 政策の名の下に，現地社会の固有法や慣習を「尊重」する原則 (principe du maintien des institutions juridiques indigènes) に転換された。法は伝統，歴史文化，宗教などによって形づくられた社会生活の実態に添うべきであって，本国の法を一方的に植民地に押しつけるべきではない[40]。このような考え方は，植民地ベトナムにおいても採用された。

それは，インドシナに在住する人びとの法的地位に，端的に現れた。インドシナの住民は，法律上は (a) フランス国民と (b) 非フランス国民に大きく分けられた。そして前者 (a) は公民権を持つ市民 citoyen (＝公民) と隷民 sujet (＝籍民) に，また，後者 (b) は外国人と被保護民 protégé (トンキン・アンナン) に分類されて，別々の規定で取り扱われた[41]。つまり，公民権を持つ市民はヨーロッパ人に限られた。直轄植民地コーチシナおよび直轄都市 (ハノイ，ハイフォン，ツーラーヌ) に住む現地人 sujets は「フランス国民」ではあるが，フランス法ではなく，土着法および現地の司法制度が適用されたのである。なぜなら彼らは近代法が前提とする「市民」ではない。ヨーロッパとは異なる規範，組織および制度を持つ土着社会の現地人は，身分法に基づく法的地位に従った固有社会の法しか与えないというわけである[42]。

先述のベトナムの古法＝黎律 *Code des Le* や嘉隆法典 *Code de Gialong*, 明命・紹治・嗣徳の諸帝の発布した勅令などは，もともと公法的規定が多く，民事に

---

40) ただし，「同化主義」の原則は，19 世紀末に本国と植民地の貿易関係を強化する目的で導入された関税法の部門においては，当時のコーチシナ経済に重要な影響を与えた (高田洋子「第一次世界大戦前における『コーチシナ』の米輸出とフランスのインドシナ関税政策」津田塾大学『国際関係学研究別冊』，1979 年)。

41) 刑部荘「sujet という身分について」『国家学会雑誌』第 57 巻第 8 号，1943 年，976 頁。

42) 現地人がフランス市民 citoyen français の資格を獲得するには，フランス語の十分な能力やフランス文化の修得，10 年以上の官職，十分な学歴，フランス人の養子，フランス人女性の夫，法・文・理大学の学位，称号，勲章などを得ていることが必要だった。保護民が市民になるには，保護国のフランス人理事長官を介して国王の許可までも必要とされていた (福井，前掲論文，445-452 頁)。東洋の外国人のうち，日本人はヨーロッパ人と同様の法的地位が与えられた。これに対して華人は 1930 年の南京条約が結ばれるまで，ふつうの外国人としての資格を与えられず，原住民法の適用を受けた (江川英文「仏印に於ける原住民の適用法規」『法学協会雑誌』第 62 巻第 4 号，1944 年，433 頁)。フランス人と現地人の間の混血にはフランス国籍が与えられた。他方，華人と現地人の混血の場合は 1933 年以降に原住民とみなされる法令が出たが，それ以前の状況は複雑で，華人と扱われていた例も多かった (福井勇二郎「一夫多妻制に関する安南の慣行について」『法学協会雑誌』第 62 巻第 1 号，1944 年)。

関するものは少なかった。個人の社会生活を規制する諸慣習は成文化されていなかった。そのために家族制度を基盤とする婚姻，財産，相続などに関する民事部門は，固有の現地法や慣習法の立法化が目指されることになった。前近代の時代から引き継がれた特徴的な慣習法，つまり，一夫多妻制，家産の夫婦共産制，相続における遺言の原則，法定相続の場合の均分主義，祖先崇拝のための香火の維持などが成文化されることになった。民事以外の分野で固有法を適用することによって問題解決に欠陥があるとみなされた場合には，速やかにフランス法が拡大適用された。コーチシナでは，グエン朝時代の刑法は，19世紀末までにフランス刑法に替えられた。文民統治が開始されると，1883年にコーチシナでは応急的に「安南法綱要」（*Précis de la législation annamites*）が編纂された。しかし，それは不完全な法典でしかなかった。そのために大半はフランス民法の一部をそのまま援用し，規程にないものは嘉隆法典に準拠したともいわれる。1931年には「トンキン民法（1455ヶ条）」，1936年から39年に「安南民法（1709ヶ条）」がそれぞれ編纂された[43]。

こうして植民地ベトナムには2つの法体系が併存した。植民地在住のヨーロッパ人にはフランス法が，現地人には固有法が原則的に適用された。しばしば両者が係争の当事者となる場合，先のように2つの体系の狭間で法の植民地

---

43) トンキン民法と安南民法（皇越法戸 Hoang Viet Ho Luat）は民法の全域を網羅し，固有法の伝統を十分に組み入れた法典となった。トンキン民法は，15年の歳月をかけて編纂された。1917年に総督令を以て民法典編纂委員会が設置され，はじめに人事篇と財産篇を内容とするトンキン民法第1篇が完成した。1921年にはこれを試験的にハドン Ha Dong 地区で施行した（仏領期のベトナム北部における女性の財産上の地位に関して当時の慣習調査に触れたものに，宮沢千尋「ベトナム北部における女性の財産上の地位──19世紀から1920年代末まで」（研究ノート）『民族学研究』60-64頁，1996年がある）。

次いで1927年に安南法諮問委員会（Comite consultatif de jurisprudence annamite）がハノイに発足し，大規模な慣習調査が3年間続けられた。そして1930年8月に設置された民法典編纂委員会がその調査資料を十分に分析研究した上で，ついにトンキンの現地人裁判所で用いるべき民法典（*Code civil a l'usage des juridictions indigènes du Tonkin*）の編纂は完了した。同民法は，1931年3月30日付トンキン理事長官令を以て公布された（Dureteste, A., *Cours de Droit de l'Indochine*, Paris, 1938. 東亜研究所訳『仏領印度支那ノ司法組織並ニ東京・安南民法ノ概要』1940年，51-52頁。福井，前掲論文，5頁）。トンキン民法の構成はフランス民法をモデルとし，仏語とベトナム語で書かれた。解釈について争いが生じた場合は，フランス語版によるとされた（福井勇二郎「仏印に於ける現行原住民司法の仏蘭西化について──東京民法を中心に」『法学協会雑誌』第62巻第12号，1944年，570頁）。トンキン民法は，ベトナム民主共和国の独立後1959年までも，その効力を持った（武藤司郎『ベトナム司法省駐在体験記』信山社，2002年，参照）。

的抵触（conflit colonial）が発生すると，フランス法が優先された[44]。植民地支配者の側からすれば，社会活動の最も根底にある家族の習慣（祖先崇拝，家系継続，儒教道徳など）を尊重することは，植民地体制の安定に繋がる。「家族と共同体はインドシナにおける基本的制度として存続すべきものである。もしこれを法律によって改編し，そこに個人主義を導入するとすれば，フランスの統治は一大混乱に直面する」[45]と，考えられたのである。

　結局，植民地統治下のベトナムにおいて，フランスの近代法は，西洋近代社会が生み出した法概念や法体系を欠いたまま，植民地支配に都合の良いものだけが限定的に導入された。新開地にもたらされた近代的土地法は，開発を促進し，新しいエリート＝巨大地主層を誕生させ，彼らの無制限な欲望に突き動かされた経済行為を拡大させて，社会矛盾を噴出させた。しかしその一方で植民地支配者は，西欧とは異なるベトナム社会の固有の土地法・法律・慣習を適所で温存した。なかでも村落制度と伝統的家族，共同体は植民地社会の基本制度として存続させた。近代法が依って立つ公正自由な個人主義は植民地の統治に深刻な事態を引き起こすとして，取り入れられることはなかったのである。
　その結果，フランス近代法が部分的にしか導入されなかったベトナム植民地の法制度は，不均一で折衷的な性格を持った。儒教的な祖父母・父母を大切にする規範，家族主義，婚姻等の風習にみられる本質は残り，家産制における個人の専有産的性格や夫婦の共産，妻の財産上の地位の高さ，財産の生前贈与，均分相続，債権保障の慣行も継続した。メコンデルタにおける土地所有の問題を分析する際に，こうした伝統的慣習をふまえる必要がある。本書では，土地集積とその解体に，それらがどんな影響を及ぼすことになるかも考察することにしたい。

---

44) 江川，前掲論文，423，431頁。
45) Dureteste, *op. cit.*, 参照。

第 2 章
コメと植民地主義

インドシナ半島に暮らす人びとの主食はコメである。フランス植民地化以前の19世紀初頭に，国内の米価高騰の原因を調査したベトナムのグエン王朝は，禁輸のコメが華僑を介して南部地方から海外に移出されていた事実を知るが，地方役人と華僑の結託による密貿易に有効な対策を講じることはできなかった[1]。

フランスによるサイゴン港からのコメ輸出解禁後，コメの輸出量は年々増大した。コメは仏領インドシナの主力商品となり，メコンデルタは世界の三大コメ輸出地域の一つとみなされるまでになった。コメ輸出はインドシナ植民地の経済発展を牽引する重要なものとなり，その輸出動向は植民地経営の盛衰にも大きな影響を及ぼした。

フランスは貿易・関税政策を通してコメ輸出に干渉し，その支配力を強めようとした。インドシナがフランス工業製品の市場に再編される過程で，サイゴン米の仕向地は変化した。植民地統治とコメ輸出にはどのような関係があっただろうか。第1節ではインドシナの貿易構造と植民地関税政策の関連を検討する。次に第2節で米輸出の推移と市場の変遷実態を分析し，これらを通してメコンデルタにおける輸出米増産の国際的背景を明らかにしたい。

第1節　東南アジアのモノカルチャー化とコメ需要の増大
　　　── インドシナ貿易のなかのコメ輸出

1. インドシナ植民地関税政策の変遷と機能

(1) 自由主義的自主関税制度から保護主義的同化関税制度の導入へ

フランスのインドシナ植民地に対する貿易・関税政策は，1887年以降を転換点として自由主義的自主関税から本国中心主義の保護関税に転換する。

1860年の英仏通商条約によって承認された「自由通商体制」は，アジアの植民地に自主関税をもたらした。コーチシナでも1862年東部3省が領有されると，

---

[1]　藤原利一郎『東南アジア史の研究』法蔵館，1986年，283-285頁。

すぐにこの自主関税制度が導入された（1863年10月6日付法令）[2]。これにより，本国産，外国産にかかわらず，また一次産品，工業製品の如何を問わず，物品輸入税が課されることとなった。関税率の細目は1866年に決定された[3]。植民地時代の関税法の専門家であるラウル・L・M・コラ（Raoul L. M. Colas）は，1887年以降の関税制度と比較して，この物品輸入税制度を収入関税としての性格が強かったと述べている[4]。

　コーチシナ植民地政府は，1871年以降に財政の新たな収入源として輸出税の新設を検討した。そして，特定の輸出品に1律5％の従価税を課す計画を持ち出した[5]。米の輸出税導入は，サイゴン商業会議所の反対を受けて難航したが，1874年の米の不作によって減少した税収を補う目的を掲げて提案され，1878年に開始された[6]。1880年代初頭のコーチシナ植民地の財政収入のうち，第1位のアヘン税に次いで，米の輸出税は全体の約2割を占めた[7]。米輸出税は植民地経営の大切な収入源となった。

　その当時，つまり1870年代のヨーロッパは「大不況」の時代に向かっていた。影響はフランスにも及び始め，1875年以降に不況は深刻化する。そうしたなかでフランスの鉄鋼，石炭，綿紡績などの資本家グループの間に，保護主義の要求が高まった[8]。やがてフランス植民地に対するフランス商品の市場拡大を

---

2) Colas, R. L., *Les relations commerciales entre la France et l'Indochine*, Paris, 1933, pp. 11-12.
3) Girault, Arthur, *Principes de colonisation et de législation coloniale*, tome II, 5e ed., Paris, 1930, p. 520. この物品輸入税の決定は，本国政府の干渉なしに総評議会 les Conseils généraux の権限にゆだねられた。ただし，その税率は本国参事院 Conseil d'Etat の勅令として執行された（*Ibid.*, p. 520）。
4) Colas, R. L. M., *op. cit.*, p. 12.
5) Coquerel, A., *Paddys et Riz de Cochinchine*, Lyon, 1911, p. 186.
6) 1879年1月1日より，仕向地の区別なく輸出米1ピクル（60.4 kg）あたり0\$10（従量税）の輸出税が課せられた。ただし，籾の場合はこれの4分の3と決められた（*Ibid.*, p. 187）。
7) 1884年のコーチシナ植民地財政収入総額499万90ピアストルのうち，米の輸出税収入は90万8650ピアストル（18.2％）を占めた（Bouinais, A. et Paulus T., *L'Indochine française contemporaine, Cochinchine*, Paris, 1885, pp. 158-169を参照）。
8) 権上康男「フランス植民地帝国主義（1881-1914）——問題点と若干の回答の試み」『エコノミア』1974年2月を参照されたい。フランスの不況は1878年以降の「フレシネ・プラン Plan Freycinet（財政投資による公共・土木事業計画）」の実施で一時回復をみせるが，1882年を転機に再び深刻な不況に落ち込んでいた。フランスの80年代における政界，経済界では「不況」と「保護主義」が主要な関心事であり，1892年の関税法設定に向けて，保護主義勢力は議会の内外で着実に地歩を固めていったという。

表2-1 コーチシナの輸入貿易（1880-1882年）　　　　　　単位：ピアストル

	年度	1880年	1881年	1882年
長期航路	中国	3,366,807 (42.2%)	2,784,033 (35.0%)	4,037,167 (38.6%)
	シンガポール	2,623,959 (32.9%)	2,779,695 (34.9%)	3,437,141 (32.8%)
	フランス	999,450 (12.5%)	846,591 (10.6%)	1,298,492 (12.4%)
	アンナン	281,009 (3.5%)	16,438 (0.2%)	5,215 (－%)
	トンキン	0	418,104 (5.3%)	696,321 (6.7%)
	ロンドン	0	0	33,801 (0.3%)
	その他	49,015 (0.6%)	665,924 (8.4%)	458,063 (4.4%)
	華人のジャンク船	66,723 (0.8%)	73,793 (0.9%)	73,450 (0.7%)
	ベトナム人の小舟	585,531 (7.3%)	372,802 (4.7%)	429,055 (4.1%)
	合計	7,972,504 (100%)	7,957,382 (100%)	10,468,705 (100%)

資料：Bouinais, A. et Paulus, A., *L'Indochine française contemporaine, Cochinchine*, Paris, 1885, p. 403 より。

目的とした本国一般関税採用の動きが，表面化し始める[9]。

　インドシナ植民地も例外ではなかった。19世紀半ば以降，フランスはイギリスの海外進出に対抗し，中国への進出の足がかりとしてインドシナ領有を果たしたが，直轄植民地コーチシナにおいてさえ，フランス商品の市場拡大は容易でなかった。1880年代初めのコーチシナ輸入貿易の状況を表2-1でみておこう。同表によれば，コーチシナの対フランス輸入貿易は全体の10-12%を占めるに過ぎない。これに対して，中国（香港）とシンガポールからの輸入は，この2地域だけで全体の約7割を占めている。自由主義的な植民地の自主関税に任せていたのでは，本国＝植民地間の貿易の進展は望めなかった。イギリス植民地の中継港を経由して，安価なイギリス工業製品がインドシナに流入することを，阻止できなかったのである。こうした状況が，本国一般関税制度のインドシナへの導入をもたらすことになった（表2-1注：1880-82年の1ピアストルの換算率は4.655-4.705フランの間である）。

　いわゆる関税の同化主義 L'assimilation douanière des Colonies à la Metropole の原則[10]がインドシナに確立されたのは，1892年1月11日の法令によってである。しかしこれに先立ち，本国で台頭した保護主義のイデオロギーは，「ト

---

9)　1884年には砂糖の輸入に関して，本国一般関税が3つの植民地グアドゥループ，レユニオン，マルチニクに適用され，同年12月29日にはアルジェリアに同化関税が設けられた（Girault, Arthur, *op. cit.*, pp. 522-523）。

10)　関税の同化主義とはいわば植民地をフランスの国土の延長と考え，本国の関税制度をそのまま植民地に適用させるというものである（Girault, Arthur, *The Colonial Tariff Policy of France*, Oxford, 1916, p. 9）。

ンキン攻略の代償」という名目を得て，すでに1887年には新たな関税法を成立させていた[11]。この急激な本国関税制度の適用は完全に失敗した。当時インドシナの輸入商品は近隣諸国産の茶，薬，食料品などの占める割合も大きく，これらの商品に対する輸入税の引き上げによって貿易量は縮小し，その結果インドシナ経済は混乱した。結局，1887年法は2年後の1889年に修正，緩和されることになった[12]。

1890年代に入り，フランス植民地政策には植民地はフランス商品の販路débouchéであるべきとする考えがますます重視されるようになった。実際，当時のフランス植民地の貿易状況は，依然として輸入貿易における本国の比率の低さが指摘され，フランス国内の不満を増大させていた[13]。

1890年，関税委員会を代表して，フランス農工協会会長メリーヌMélineはこう発言している。

「本国にとっての外国産商品は，植民地にとっても同様の外国産商品であって，本国と同じ輸入税が課せられるべきである。我々の植民地は，フランス商品にとっての販路の役割を担うべきである。このことなしに植民地政策はあり得ない[14]。」

この同化主義思想を掲げた本国産業の保護主義は，1892年の関税法に結実

---

11) コーチシナ植民地評議会が1884年に本国の意向を受け入れる（Colas, R. L. M., *op. cit.*, p. 13）とルアンの綿工業資本の代弁者，保護貿易主義下院議員M. Waddingtonらによって提出された修正案が1887年2月26日に議会を通過してこの法令は制定されることになった（Girault, A., *Principes de colonisation et de législation coloniale*, pp. 523-524）。1887年の法令は次のような内容であった。①コーチシナ，カンボジア，アンナン，トンキンの輸入品については1887年6月1日より本国の一般関税を適用する。②一般関税以外の特別関税の対象となる品目の決定および保税倉庫の設置可能な場所の選定に関しては行政がこれを決定する。この結果，たとえば，絹織物については，本国から輸入する場合，無関税であるのに対して，本国以外の諸外国から植民地が輸入する場合には10-20％の輸入税が課せられた。砂糖は諸外国からの輸入は禁じられた。また茶，薬，食糧などの中国産商品にはそれぞれ，10，14，23％の輸入税が課せられた（Colas, R. L. M., *op. cit.*, p. 14）。

12) 1887年の輸入は前年の5950万フランから4250万フランに減少し，1889年前半期の輸出は前年より1600万フラン減少した。サイゴン，チョロンの2市で営業税を納めた人の数は，1886年の6850人から5年後には4314人に減少した。倒産件数も1887年には3件であったが，1888年上半期には17件になり，地方予算も著しい縮小と赤字を招いた（*Ibid.*, pp. 15-16）。

13) たとえば，1890年のフランス植民地の輸入総額2億1000万フランに占めるフランス商品の輸入額は7000万フラン（33.6％）に過ぎなかった。同じく輸出総額1億9200万フランのうち，本国向け輸出額は1億フラン（53.5％）であった（Girault, A., *op. cit.*, p. 525）。

14) Colas, R. L. M., *op. cit.*, p. 17．1892年関税法は成立の立役者の名をとりメリーヌ関税と呼ばれる。

することになる。インドシナ植民地もフランスの同化植民地に規定された[15]。

(2) 同化関税制度の影響
1892年の法律は，インドシナの輸入について次のように定めた。

> 「インドシナは本国の一部であるという原則（同化主義）の下に，フランスから輸入される商品およびフランス同化植民地からの輸入商品は，すべて無税とされる。これに対し，外国商品には1892年，本国議会で決定した一般関税法を適用する。例外として，その一般関税率は植民地政府の申請もしくはインドシナ総督府会議 Conseil de Gouvernement de l'Indochine の意見と参事院の同意を得て議会で可決された場合に限り，特別関税率に置き換えられる（二重税率制度）[16]。」

その例外とは，1887年法の導入による経済的混乱の反省をふまえて，主として現地住民向け商品（乾魚，酒，生糸，糸，陶磁器，紙，靴，扇，干物，薬，蔬菜など）数十品目を対象とした。例外措置法は1898年に決定したが，それらはほとんどが中国または日本産品であった[17]。しかしながら実際には，特別輸入税率採用の申請は本国の閣議まで上っても政府の反対で許可されることはなく，1910年には廃止されてしまった[18]。

1892年の一般関税法がインドシナの輸入貿易に対して持った機能は，①フランス商品の輸入促進，②近隣諸国産品輸入の抑制に要約される。では，それらの影響を明らかにしておこう。

---

15) この時，同化植民地とされたのは，la Reunion, Mayotte, l'Indochine francaise, la Nouvelle-Caledonie, Quatre colonies d'Amerique, le Gabon, 非同化植民地とは，la Cote occidentale d'Afrique, Obock, Diego Suarez, Nossi-be, Sainte-marie de Madagascar, l'Indo, Tahiti などである（Girault, Arthur, *op. cit.*, p. 525）。
16) *Ibid.*, p. 527. および Colas, R. L. M., *op. cit.*, p. 18 を参照されたい。
17) 日本商工会議所『仏国及仏領印度支那の関税政策』（調査資料8），1930年，143頁。
18) Robequain, Charles, *The Economic Development of French Indo-China*, translated from French by I. W. Ward, London, 1944, p. 130. 浦部清治訳『仏領印度支那経済発達史』日本国際協会，1941年 109-110頁。特別課税率の採用が許可されるには，商工大臣，植民地大臣の連署が必要とされていたが，1894年には参事院の連署も必要となった。内閣の責任は植民地大臣に置かれていた。それが1910年3月29日以降には，通産大臣の意見が最も重視されるようになり，またそれぞれに拒否権も与えられて，植民地の要求が本国の諸勢力の動向によって簡単に阻止されるシステムになった。そして，綿糸，米の耕作にあてられる農業用機械，鉱物油の輸送に用いられるケース，中国製のさまざまな小間物細工などに適用されていた比較的低率の特別税率の制度は廃止された（Colas, R. L. M., *op. cit.*, pp. 20, 22）。

表 2-2　インドシナの輸入貿易におけるフランスおよび仏植民地の輸入額
（1886–1911 年）　　　　　　　　　　　　　　　　　　単位：1,000 フラン

年	輸入総額	フランスおよび仏植民地からの輸入額（％）
1886	85,808	15,513 (18.0)
1888	67,630	16,249 (24.0)
1890	61,850	18,486 (29.9)
1892	68,650	19,468 (28.4)
1894	67,883	20,144 (27.7)
1896	81,084	30,547 (37.7)
1898	102,444	44,415 (43.4)
1900	186,044	74,226 (39.9)
1902	215,162	108,222 (50.3)
1904	184,995	86,501 (46.8)
1906	177,215	86,729 (48.9)
1908	221,126	93,703 (42.6)
1910	191,350	81,523 (42.6)
1911	194,640	89,183 (45.8)

資料：Cornillon, "Rapport sur la navigation et le mouvement commercial de l'Indochine pendant l'année 1911," *Bulletine éonomique de l'Indochine*（以下，*BEI* と略），Vol. 15, 1912, pp. 285–288 より作成。

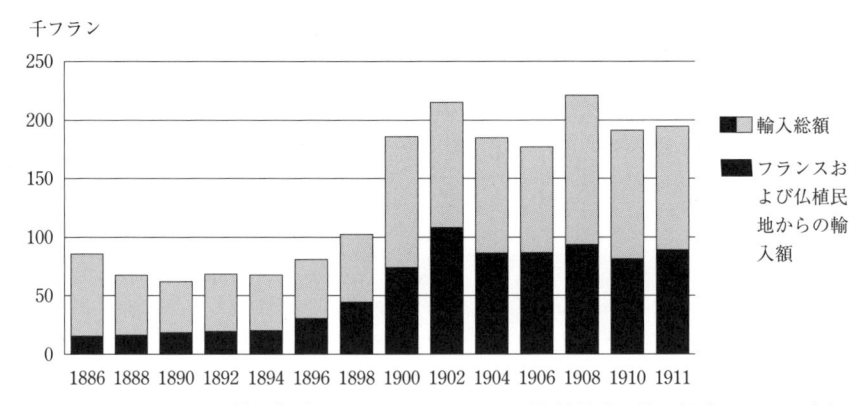

図 2-1　インドシナの輸入貿易におけるフランスおよび仏植民地の輸入額（1886–1911 年）

インドシナの輸入総額の推移を表 2-2・図 2-1 でみると，先の 1887 年関税法の影響を受けて 1888 年から 1896 年まで低迷し，やや持ち直すものの，1886 年のレベルを超えるまでに 10 年以上を要したことがわかる。同表で輸入総額に占めるフランスおよびフランス植民地比率の動きをみると，保護主義の関税法制定から，明らかに上昇傾向を示している。関税法制定以前の 18.0％ から，1902 年には 50.3％ に達した。特に世紀末から 20 世紀初頭に，フランス工業製

表 2-3　インドシナの主要輸入商品に占めるフランスおよび仏植民地商品の割合
（1897-1911 年）

単位：1,000 フラン

主要品目	期間（年平均）	フランスおよび仏植民地からの輸入額（％）	輸入総額
織物	1897-1901	17,609（56％）	31,407（100％）
	1902-1906	19,021（53％）	36,110
	1907-1911	25,884（53％）	48,988
金属製品	1902-1906	21,294（85％）	25,059
	1907-1911	12,010（69％）	17,422
金属	1902-1906	10,326（50％）	20,577
	1907-1911	6,142（37％）	16,636
綿糸[1]	1902-1906	2,115（20％）	10,518
	1907-1911	2,187（23％）	9,540
酒類	1902-1906	11,178（92％）	12,180
	1907-1911	9,119（93％）	9,757

資料：*Ibid.*, pp. 302-308 より作成。
注 1）麻糸，生糸も含まれる。

品の輸入総額は一挙に 3 倍以上となった。こうして 1880 年代末から第一次世界大戦前までの時期に，フランスおよびフランス植民地からの輸入額は，インドシナの輸入貿易全体に占める比率を高めたのである。

表 2-3 には，19 世紀末から 20 世紀初頭のインドシナの主要輸入商品のなかのフランスおよびフランス植民地商品（ほとんどフランス商品と考えてよい）の状況をまとめた。織物，金属製品などフランス工業製品の輸入シェアは 5 割から 8 割を占めている[19]。フランスワイン，コニャック，リキュールなど酒類は，インドシナ在住のフランス人（帰化人も含む）が主に消費した[20]。

同表によれば，インドシナの綿糸輸入におけるフランスおよびフランス植民地の割合は他の品目と比べて低い（20-23％）。輸入綿糸はもともとインドシナ

19) *BEI*, no. 15, 1899, p. 471. 20 世紀初頭，帝国主義段階のフランスの輸出工業製品のうち，インドシナにおいて綿織物製品も相当に多かった点は興味深い。19 世紀後半から 20 世紀初頭のフランスの貿易構造の変化を考察した，千葉通夫「金融資本成立期におけるフランスの貿易構造」『愛知教育大学歴史研究』19, 1972, 132-185 頁を参照されたい。I. Norlund, "The French Empire, the colonial state in Vietnam and economic policy: 1885-1940," G. D. Snooks, A. J. S. Reid and J. J. Pincus eds, *Exploring Southeast Asia's Economic Past*, Australian Economic History Review XXXI: 1, 1991, Melbourne, pp. 72-89 も参照。

20) *BEI*, no. 15, 1899, p. 476.

の手工業的家内工業によって綿製品に仕上げられ，住民の需要のかなりの部分をみたしていた。綿糸の輸入先としては，英領インド，中国，日本が挙げられる。ところが前述した1910年の特別税制度の廃止に伴い，中国および日本産の綿糸には，高率の輸入関税が設定された。これに対してフランス産の綿布，綿糸は無税で輸入され，20世紀初頭に設立されたインドシナのフランス系織布会社の原料とされた[21]。こうした近隣アジア諸国産品への高率関税は，たとえば1907年の日仏宣言においても解消されず，常に日本側の不満を強めていった[22]。

2. インドシナの貿易構造とコメ輸出

(1) インドシナ貿易の概要

　仏領インドシナの輸出入総額の推移（表2-4・図2-2）は，日本軍の仏印進駐が始まる1940年まで全体としてほぼ拡大基調にあった。貿易総額は特に第一次世界大戦後に急増し，1920年代に未曾有の拡大が続いた。その後は世界恐慌の影響で，1930-1935年ころまでは低迷し，1937年から再び1920年代半ばの水準に近づいた。

　貿易収支はほぼ黒字基調であった[23]。ただし，1900年から1908年の9年間は連続して赤字である。当時は仏領インドシナ連邦の統治体制が体系的に確立された時期にあたる。ドゥメール総督（1897-1902年在職）は抜本的な財政改革を行うとともに，植民地公債を発行してハノイの首都建設および連邦政府と各地方政府間の統合と開発を目指す基盤整備（鉄道建設並びに運河開削事業等）を推進した[24]。そのために，この時期にはフランスから鉄鋼・機械他の建築関連資財，工業製品等が大量に輸入された。当時の貿易赤字は，たとえば1905年にはその年の貿易総額の35％，1903年のそれの27％に達する。

21）逸見重雄『仏領印度支那研究』日本評論社，1941年，315頁。
22）日本商工会議所，前掲書，162-178頁。
23）Robequain, Charles, *op. cit.*, pp. 306-307.
24）ホー・ハイ・クアンの研究によれば，1896-1909年の間に植民地公債はフランス国内市場で名目4億6000万フランが発行されたが，そのうちコーチシナに使われたのは10％のみであったという。それはサイゴンからカインホア（タンアン省）までの鉄道敷設事業に費やされた (Ho Hai Quang, *Le Role des investissements français dans la creation du secteur de production capitaliste au Viet Nam méridional*, Thèse pour le Doctorat d'Etat, Université de Reims, 1982, pp. 43-46.)

植民地政府による「文明」の移植
上 サイゴン川に架かるチョドン鉄橋：鉄道はメコンデルタのミトーまで敷設された。大小の鉄橋，また可動式の簡易な橋がデルタ各地に建設された。その資材は輸入されたフランス鉄鋼製品である。(N-45)
下 海辺の保養地（バリア省）：コーチシナの欧州人たちは，熱帯の厳しい気候をしのぐため中部高原のダラットや南シナ海に臨むこのサンジャック岬（現ヴンタオ）を別荘地に開発し，1年の数ヶ月から半年以上をそこで過ごした。(N-57)

第2章 コメと植民地主義　45

表2-4　インドシナの貿易額推移（1890-1945年）　　単位：100万フラン

年	輸出額	輸入額	貿易収支	貿易総額
1890	58.2	62.4	−4.2	120.6
1891	72.5	68.5	4.0	141.0
1892	94.4	69.0	25.4	163.4
1893	86.3	69.7	16.6	166.0
1894	103.0	68.6	34.4	171.6
1895	94.9	89.4	5.5	184.3
1896	87.7	82.2	5.5	169.9
1898	125.5	102.4	23.1	227.9
1899	135.0	115.4	19.6	250.4
1900	151.3	186.0	−34.7	337.3
1901	159.4	202.4	−43.0	361.8
1902	183.9	205.1	−21.2	399.0
1903	117.3	204.2	−86.9	321.5
1904	152.7	184.9	−32.2	337.6
1905	122.0	254.5	−132.5	376.5
1906	147.3	177.2	−29.9	324.5
1907	218.2	226.3	−81.0	444.5
1908	151.5	221.1	−69.6	372.6
1909	208.1	208.0	0.1	416.1
1910	249.2	191.3	57.9	440.5
1911	207.5	194.6	12.9	402.1
1912	200.1	201.8	−1.7	401.9
1913	310.0	270.0	40.0	580.0
1914	280.0	250.0	30.0	530.0
1915	310.0	230.0	80.0	440.0
1916	330.0	230.0	100.0	560.0
1917	330.0	245.0	85.0	575.0
1918	500.0	290.0	210.0	790.0
1919	860.0	530.0	330.0	1,390.0
1920	2,170.0	1,590.0	580.0	3,760.0
1921	1,220.0	900.0	320.0	2,120.0
1922	1,000.0	880.0	120.0	1,880.0
1923	1,500.0	1,500.0	0.0	3,000.0
1924	1,770.0	1,370.0	400.0	3,140.0
1925	2,460.0	1,750.0	710.0	4,210.0
1926	3,850.0	2,790.0	1,060.0	6,640.0
1927	2,980.0	2,620.0	360.0	5,600.0
1928	2,940.0	2,460.0	480.0	5,400.0
1929	2,610.0	2,570.0	40.0	5,180.0
1930	1,840.0	1,800.0	40.0	3,640.0
1931	1,120.0	1,290.0	−170.0	2,410.0
1932	1,020.0	940.0	80.0	1,960.0
1933	1,010.0	910.0	100.0	1,920.0

(表 2-4 の続き)

年	輸出額	輸入額	貿易収支	貿易総額
1934	1,060.0	910.0	150.0	1,970.0
1935	1,300.0	900.0	400.0	2,200.0
1936	1,710.0	980.0	730.0	2,690.0
1937	2,590.0	1,560.0	1,030.0	4,150.0
1938	2,900.0	1,950.0	950.0	4,850.0
1939	3,500.0	2,400.0	1,100.0	5,900.0
1940	3,959.0	2,040.0	1,919.0	5,990.0
1941	2,870.0	2,000.0	870.0	4,870.0
1942	2,470.0	1,460.0	1,010.0	3,930.0
1943	2,126.0	1,685.0	441.0	3,811.0
1944	865.0	651.0	214.0	1,516.0
1945	179.0	174.0	5.0	354.0

資料：J. P. Bassino, J. D. Giacometti, K. Odaka eds., *Quantitative Economic History of Vietnam 1900-1990, An International Workshop*, Institute of Economic Research, Hitotsubashi University, 2000, p. 305 から作成。

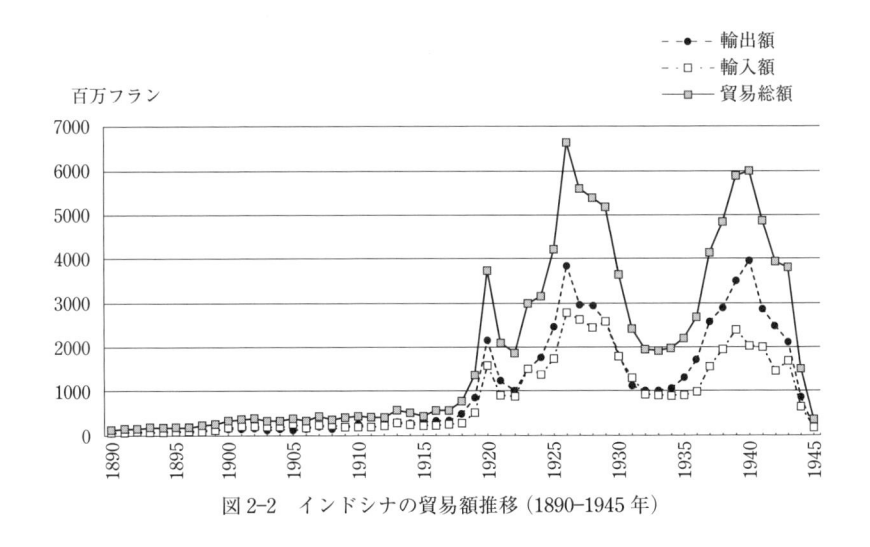

図 2-2　インドシナの貿易額推移（1890-1945 年）

　こうしたインドシナ貿易の拡大と収支バランスを支えたものが，最大の外貨獲得源であったコメ輸出の増大である。仏領インドシナの輸出貿易に占めるコメの割合は，19 世紀には毎年 7 割以上であった。輸出産品が多様化した 20 世紀初頭にコメ輸出額はやや比率を落とすが，それでも表 2-5 に示すように，第一次大戦中も 6 割から 7 割以上，戦後も毎年 7 割を超え続けた。1920 年代にも総輸出額の 6 割強を占め，外貨獲得の主力商品として，コメの圧倒的な地位

表2-5 インドシナの輸出貿易におけるコメ*輸出の比率
(1913-1940年)

年	%
1913	61.7
1914	66.5
1915	65.7
1916	62.2
1917	70.6
1918	76.1
1919	67.1
1920	70.0
1921	74.5
1922	70.4
1923	56.6
1924	62.4
1925	63.5
1926	68.2
1927	63.8
1928	69.0
1929	65.3
1930	65.1
1931	54.3
1932	59.2
1933	47.1
1934	42.5
1935	51.3
1936	44.7
1937	41.5
1938	34.8
1939	36.0
1940	44.1

資料：*Ibid.*, p. 306 より引用。
＊すべての形態のコメを含む。

は1930年まで揺らぐことはなかった。未曾有の貿易発展，20年代の植民地経済の繁栄を牽引したのは，コメ輸出であったと述べてさしつかえないだろう[25]。

(2) 地域別貿易収支

さらに地域別貿易収支の面からコメ輸出の貢献をみておこう。地域別の貿易

---

25) *BEI*, no. 23, 1900, p. 238; no. 33, 1901, p. 274; 15e, 1912, pp. 285-288 などから概算した。

収支の基本的構造は，端的に述べれば，対フランスおよびフランス植民地，対ヨーロッパそして英領インドとの貿易で生じた赤字を，近隣アジア諸地域との貿易黒字が相殺するものであった。そして，それらの地域（香港，シンガポール，インドネシア，フィリピン，日本）からインドシナが稼ぎ出す各地域との貿易黒字は，もっぱらコメ輸出が担っていた（表2-6）。

インドシナの輸出総額に占めるフランス帝国圏への輸出の割合は，保護主義の台頭によって同化関税法が適用され始めた1890年代に，4.1％から1900年には22.4％に高まった（表2-7）。

続いて，それはとりわけ1920年代から1930年代に毎年平均20％から6割を超えるまでに拡大した。しかしインドシナとフランス本国の貿易は，インドシナからみれば輸入額に見合うほどには輸出額が伸びず，常にインドシナの赤字であった。とりわけ植民地支配の絶頂期とされる1920年代の対フランス貿易赤字の規模は大きかった（表2-8，図2-3）。

これに対して，対アジア地域の貿易収支は常にインドシナの黒字（1945年を除く）であった（表2-9，図2-4）。アジア地域の貿易黒字は，1911年のインドシナの地域別貿易収支でみる（表2-6）と，その主要な黒字相手国は，香港，日本，フィリピン，シンガポール，インドネシア，中国などである。対フィリピン貿易を例に取れば，インドシナのフィリピンからの輸入額は記載されないほど少額である。しかも，これらフィリピン，インドネシア，日本等へのインドシナからの輸出に占める米の比重は非常に高い。

先述の1887年以降の本国同化主義に基づく関税法は，近隣アジアとりわけ極東地域には関税障壁として機能していた。また，後述するように，東南アジア地域の米需要は当該諸地域のモノカルチャー経済の進展とともに高まっており，いわばインドシナの「片貿易」によって，近隣アジア諸国からは多額の受け取り超過がもたらされていたのである。フランス商品の輸入増によって生じる対フランスおよびフランス植民地貿易の赤字は，1930年までは基本的にこうして近隣諸国への米輸出によって相殺された。なお，フランス以外の先進資本主義列強の工業製品は，同化関税の導入後に無税で輸入されるようになったフランス商品に押されて，シェアの低下を余儀なくされていたのである。

表 2-6　インドシナの地域別貿易収支（1911 年）　　単位：1,000 フラン

相手国	輸出額	輸出に占める コメの割合（%）	輸入額	収支
フランス	56,882	47	82,197	−25,315
イギリス	3,757	42	3,820	−63
ドイツ	1,843	93	2,929	−1,086
フランス植民地	1,913	96	6,986	−5,073
香港	68,386	62	57,569	10,817
シンガポール	18,484	48	10,818	7,666
フィリピン	20,419	83		
中国	13,570	11	11,557	2,013
日本	13,317	99	2,463	10,864
インドネシア	4,523	99	2,179	2,344
シャム	1,864	—		
英領インド	176	—	7,719	−7,543
計	207,785	57	194,640	13,145

資料：*BEI*, Vol. 15, 1912, pp. 601-604 より推計。
注：フィリピンおよびシャムの輸入額は少額のため記載されていない。そのため収支も未記入。

表 2-7　対フランスおよび仏植民地貿易の推移（1890-1900 年）　　単位：1,000 トン

年	フランスおよびフランス植 民地向け輸出の割合（%）	インドシナの対フランスおよ びフランス植民地貿易の収支	インドシナの貿易収支
1890	4.1	−18,205	−6,895
1891	8.5	−15,989	813
1892	10.2	−8,694	26,440
1893	12.3	−7,452	25,786
1894	11.2	−8,456	35,476
1895	13.2	−15,765	6,203
1896	11.4	−20,403	7,725
1897	13.9	−19,725	27,579
1898	23.3	−15,217	23,108
1899	17.1	−31,634	22,512
1900	22.4	−39,264	30,292

資料：*Ibid.*, Vol. 4, 1901, p. 274 より作成。

表 2-8 インドシナ貿易における対フランス＆仏植民地貿易の推移（1913-1946 年）

単位：100万ピアストル

年	輸出額			輸出総額に占める%	輸入額			輸入総額に占める%	収支
	フランス	仏植民地	計		フランス	仏植民地	計		
1913		32	32	26		47	47	43	−15
1914		32	32	27		42	42	40	−10
1915		27	27	21		25	25	26	2
1916		23	23	21		19	19	24	4
1917		15	15	17		17	17	24	−2
1918		6	6	5		7	7	10	−1
1919		19	19	14		12	12	15	7
1920		23	23	13		36	36	26	−13
1921		21	21	12		40	40	31	−19
1922		23	23	15		53	53	41	−30
1923		34	34	19		86	86	48	−52
1924		35	35	19		72	72	51	−37
1925		51	51	24		80	80	53	−29
1926		51	51	22		87	87	51	−36
1927	47	2	49	20	99 (48%)	5 (2%)	104	50	−55
1928	48 (21%)	3 (1%)	51	22	83 (42)	7 (4)	90	46	−39
1929	50 (22)	3 (1)	53	23	95 (42)	8 (4)	103	46	−50
1930	44 (24)	4 (2)	48	26	99 (55)	8 (4)	107	59	−59
1931	36 (28)	1 (1)	37	29	63 (49)	6 (5)	69	54	−32
1932	37 (36)	2 (2)	39	38	52 (55)	5 (5)	57	60	−18
1933	48 (47)	3 (3)	51	50	49 (54)	3 (3)	52	57	−1
1934	52 (49)	5 (5)	57	54	53 (56)	2 (2)	55	58	2
1935	43 (33)	6 (5)	49	38	50 (51)	3 (3)	53	54	−4
1936	94 (55)	11 (6)	105	61	52 (53)	3 (3)	55	56	50
1937	120 (46)	15 (6)	135	52	84 (54)	5 (3)	89	57	46
1938	137 (47)	16 (6)	153	53	102 (52)	7 (4)	109	56	44
1939	113 (32)	17 (5)	130	37	133 (55)	8 (3)	141	58	−11
1940	68 (17)	19 (5)	87	22	77 (38)	6 (3)	83	41	4
1941	16	21	37	13	29	4	33	17	4
1942	0	10	10	4	1	5	6	4	4
1943	0	6	6	3	0	0	0	0	6
1944	0	0	0	0	0	0	0	0	0
1945	0	0	0	0	0	0	0	0	0
1946	352	22	374	54	116	8	124	40	250

資料：Bassino, Giacometti, Odaka eds., *op.cit.*, pp. 320-321, pp. 322-323 から作成。

表2-9 インドシナ貿易におけるアジア地域の輸出入推移(1913-1946年)

単位:100万ピアストル

	輸出額	輸入額	収支
1913	70	51	19
1914	68	50	18
1915	78	58	20
1916	72	45	27
1917	63	36	27
1918	94	46	48
1919	99	54	45
1920	101	74	27
1921	143	76	67
1922	112	70	42
1923	129	77	52
1924	133	57	76
1925	173	59	114
1926	133	70	63
1927	167	90	77
1928	157	92	65
1929	153	84	69
1930	127	49	78
1931	69	36	33
1932	59	27	32
1933	46	27	19
1934	39	32	7
1935	66	30	36
1936	46	34	12
1937	78	50	28
1938	80	58	22
1939	141	69	72
1940	224	82	142
1941	220	108	112
1942	237	136	101
1943	222	159	63
1944	80	63	17
1945	14	17	−3
1946	104	101	3

資料:*Ibid.*, p. 320, p. 322 から抜き出して作成。

図2-3　インドシナ貿易における対フランス＆仏植民地貿易の推移（1913-1946年）

図2-4　インドシナ貿易におけるアジア地域の輸出入推移（1913-1945年）

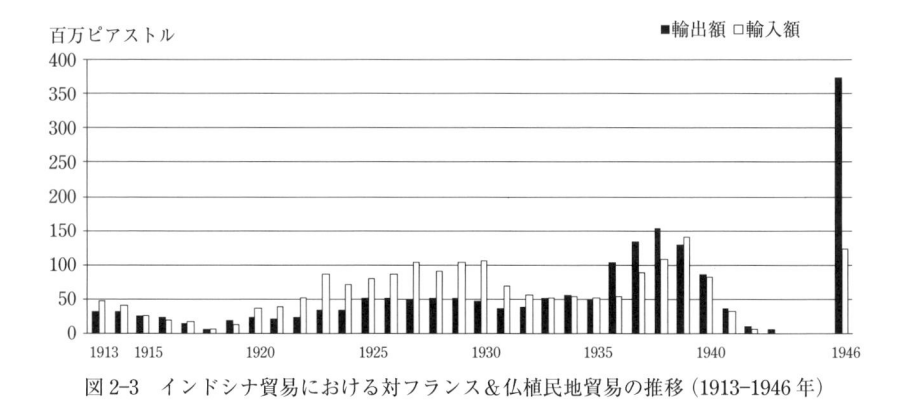

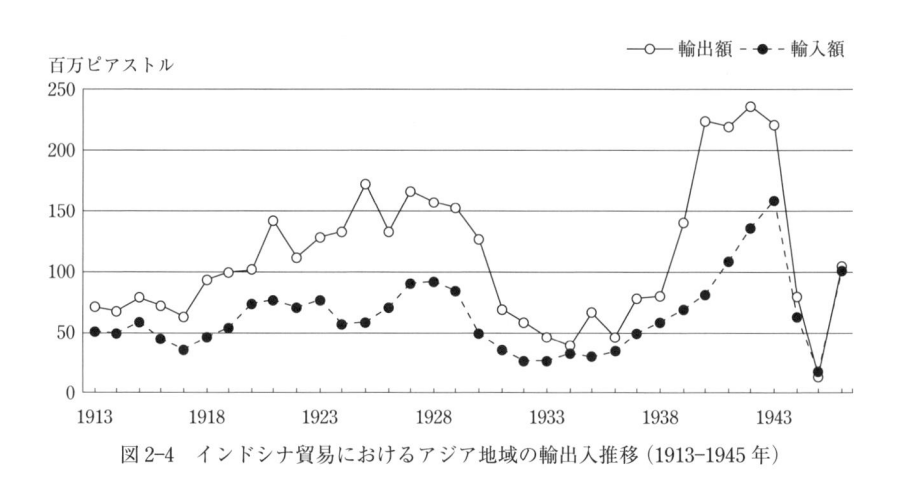

第2節　メコンデルタのコメと海外市場

1.　コメ輸出貿易の発展

　開港後のサイゴンには貿易会社などのヨーロッパ人や華僑が訪れるようになり，船舶の往来は年々増大した。サイゴン商業会議所のドゥニ A. Denis によ

れば，当初は傭船の費用 les frets が非常に割高だったので，商取引は十分発展できなかったという[26]。しかし，当時の交通革命，つまりスエズ運河の開通および蒸気船の普及・改良により定期航路が開設されるようになって，遠隔輸送の低廉化と安全性の向上が実現された[27]。これらを背景に，コメの輸出貿易は，アジア域内を越えて，世界市場に拡大していった。

仏領インドシナから輸出される米の9割以上は，サイゴン港から運ばれたコメであった。カンボジアで生産されたコメの一部もチョロンで精米されて輸出されたので，それらもサイゴン米の輸出統計に含まれるが，その量は不明である[28]。またメコンデルタ産米がサイゴンを通らず海外に移送される場合も，統計を追うのは困難である。たとえば第4章にみるように，カマウからはシャム湾にある程度の規模のコメが移送されていた様子は観察されている。

サイゴン米の輸出量は，天候や作柄の他さまざまな要因によって毎年かなり変化した。輸出形態は時代によって変化する上に，統計の欠落も多く，籾換算は容易でない[29]。植民地支配の開始から20世紀初頭のサイゴン米の輸出統計に関しては，サイゴン商業会議所に勤務したコクレル Coquerel による数値が利用できる[30]。仏領インドシナ連邦が成立する前後から1940年までは，植民地政府によるインドシナ米の輸出量を参照できるが，メコンデルタ以外の生産地（トンキン，アンナンなど）から移出されるコメも若干だが含まれる（表2-10，図2-5）。

26) 1882年3月10日，サイゴン商業会議所の会頭 A. Denis がサイゴン港の輸出品目と仕向地の詳細をコーチシナ総督に報告した文の一節による（A. Denis, "Chambre de commerce de Saigon," *Excursions et reconnaissances*, Tome 4, no. 12, 1882, p. 426）。
27) 猪谷善一『貿易史』文化書房博文社，1968年，第2版，34-37頁参照。
28) 通称サイゴン米とは，サイゴンを経由して積み出された輸出米のことで，仏領コーチシナおよび一部カンボジアで生産された米も含まれている（斉藤一夫『米穀経済と経済発展 —— アジアの米作国の経済発展に関する研究』大明堂，1974年，54頁参照）。
29) 籾 Paddy と白米 White の容積比は100対50。重量では100対60-65が普通である［ヴィッカイザー＆ベネット『モンスーンアジアの米穀経済』1958年，日本評論新社，72-73頁］。
30) インドシナの経済統計 *BEI* は1898年から刊行された。したがって，1897年以前の米輸出に関する諸統計は乏しい。この欠落を補完するのが，サイゴン商業会議所が公表した統計である（*BEI*, no. 23, 1900. p. 320）。この史料はサイゴン商業会議所の資料統計局員 Secretaire-archiviste であった A. Coquerel による前掲書とその巻末資料である。なお，ウッドサイドによれば，同書の内容は，第一次世界大戦前にサイゴンのベトナム語新聞に連載された（A. Woodside, *Community and Revolution in Modern Vietnam*, Boston, 1976, p. 125）。

交易と商工業の街チョロン

上　サイゴン港から右岸のチャイナ水路を遡れば，チョロンに着く。町は1777年のベトナム・タイソン軍による華僑の虐殺事件後，1784年に再建された。仏領期には米輸出の一大集散地に発展し，ベトナム最大の物流センターとなった。1920年代の人口は22万人以上に達し，約半分を華人が占めた。零細な工場や店がひしめき，人口稠密で活気溢れるチョロンは1931年にサイゴンと合併され，東南アジアの一大都市に変貌する。
（A-313）

下　1920年代のチョロン中央市場正面の賑わい。写真の前方右を辮髪の華僑が歩いている。立ち並ぶ商店には漢字の看板，店先には日差しを避ける大きなきれが下がっている。
（N-22）

表 2-10 サイゴン米・インドシナ米の輸出 (1860-1940 年)　　　単位：トン

年	A（サイゴン米）	B（インドシナ米）	年	A（サイゴン米）	B（インドシナ米）
1860	58,045		1901	780,483	912,434
1861	75,719		1902	991,844	1,115,601
1862	39,841		1903	591,246	676,019
1863	10,897		1904	875,675	965,607
1864	62,067		1905	510,400	622,037
1865	50,760		1906	714,343	740,484
1866	137,828		1907	1,264,143	1,428,121
1867	197,889		1908	981,402	1,234,003
1868	133,168		1909	901,802	1,095,855
1869	162,526		1910	1,108,561	1,269,516
1870	230,031		1911	651,917	858,453
1871	299,422		1912	551,302	817,173
1872	235,395		1913	1,179,684	1,286,804
1873	279,775		1914	1,293,364	1,418,968
1874	187,734		1915	1,091,437	1,373,239
1875	341,272		1916	1,245,203	1,345,359
1876	344,673		1917	1,247,570	1,366,748
1877	312,878		1918	1,443,907	1,619,715
1878	219,765		1919	753,804	966,861
1879	376,081		1920	939,191	1,188,828
1880	294,563		1921	1,516,792	1,720,417
1881	258,368		1922	1,260,374	1,439,995
1882	372,773		1923	1,145,315	1,339,503
1883	539,369		1924	1,102,706	1,230,206
1884	532,451		1925	1,246,372	1,519,880
1885	463,893	501,382	1926	1,403,370	1,597,311
1886	486,335	495,792	1927	1,493,327	1,665,354
1887	496,174	533,949	1928	1,694,063	1,797,682
1888	524,453	569,145	1929	1,242,532	1,471,643
1889	302,894	349,364	1930	1,058,410	1,121,593
1890	548,135	566,729	1931	961,206	959,504
1891	439,339	463,265	1932	1,191,649	1,214,000
1892	589,435	654,315	1933	1,220,988	1,289,000
1893	658,103	779,740	1934	1,575,539	1,513,000
1894	600,048	735,173	1935	1,718,013	1,748,000
1895	613,399	679,259	1936	1,711,775	1,763,000
1896	557,249	568,996	1937	1,548,359	1,529,000
1897	637,567	775,369	1938		1,054,000
1898	732,182	804,579	1939		1,673,000
1899	812,207	894,954	1940		1,587,000
1900	747,644	915,637			

図 2-5　サイゴン米・インドシナ米の輸出（1860-1940 年）単位：トン

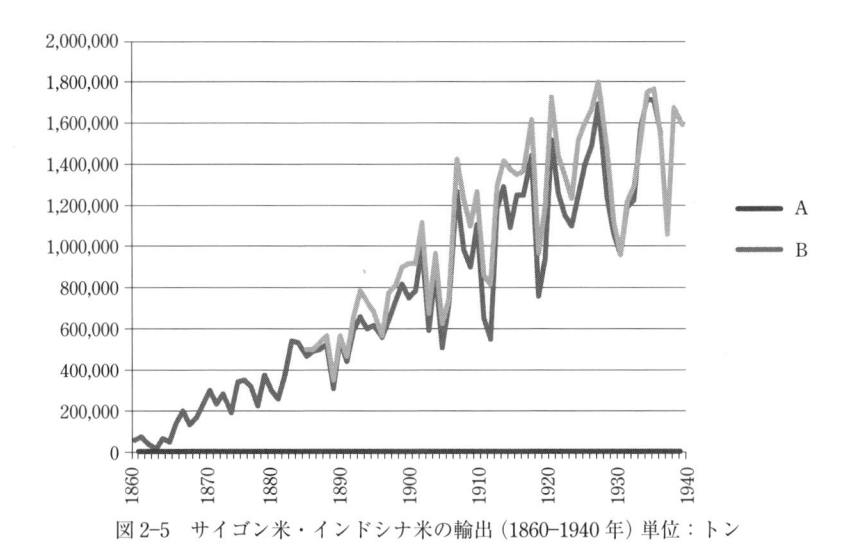

資料：A：1860-1910 年は Coquerel, *op. cit.* 巻末表，1911-1937 年は *BEI*, 41e, 1938, p. 199. B：1885-1931 年は *BEI*, 1932, 1932-1940年はGouvernement général de l'Indochine, *Résumé statistique de relatif aux années 1913 à 1940*, p. 30.
注：A：サイゴン米の輸出量（長期航路で輸送された籾米・玄米・白米・砕米・米粉の合計。ただし 1877 年以前の数値には砕米・米粉は含まない）B：インドシナ米の輸出量，全形態の輸出米を含む。

（1）コメ輸出量の推移

ではサイゴン米の 80 年間の輸出推移を 5 期に分けて，稲作地帯の拡大図とともに概観することにする。

i.　第 1 期（1860-1870 年代）

フランス植民地支配の開始から 20 年間に及んだ軍政期の植民地政府は，各地で起きる反仏蜂起の鎮圧や軍事用水路の掘削，各地の監察，また土地台帳の整備などに追われ，積極的な開発政策を打ち出してはいなかった。コメの 20 年間の輸出量は，年平均約 16 万 t 程度であった（図 2-6）。

ii.　第 2 期（1880-1890 年代）

1879 年になると文民総督が派遣され，80 年代には省境が決まって各省の地方行政制度が確立された。これ以降に，フランス植民地権力はデルタの農村社会の統治と開発に始動することができるようになった。19 世紀末までには，広大な低湿地を除くグエン朝時代からのメコンデルタ東部のベトナム人社会で

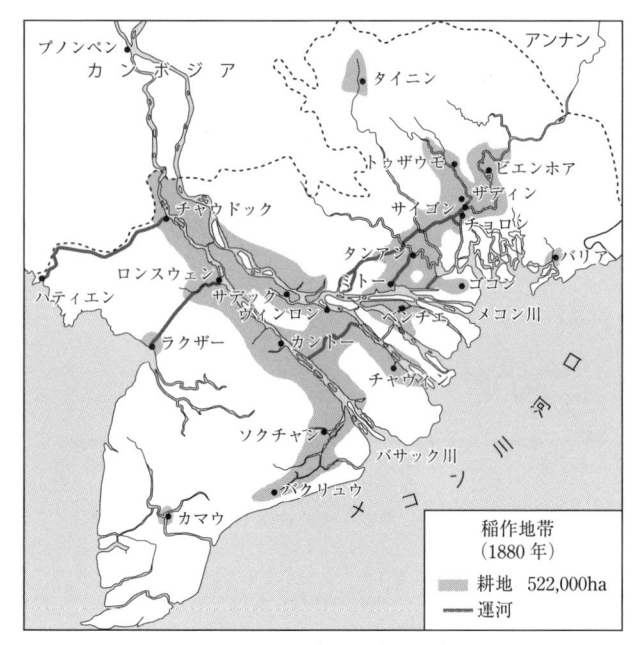

図 2-6　1880 年頃の水田分布
資料：Gouvernement général de l'Indochine, Inspection générale des Travaux publics, *Dragages de Cochinchine, Canal Rachgia-Hatien*, Saigon, 1930, 巻末.

は，かなりの部分に米作地が拡大した。葦の平原（ドンタップムオイ）を除いて，バサック川左岸以東の諸省および右岸流域における水田地帯は，仏領期の最大面積に達する 1930 年時点のほぼ 8 割から 9 割までの面積が開発された。水田面積の順調な拡大により，19 世紀最後の 20 年間で，コメ輸出量は年平均 52 万 t 以上になった。第 1 期の 3 倍以上の増大である（図 2-7）。

iii.　第 3 期（1900-1910 年代）

　20 世紀初頭のデルタ開発には，バサック川以西の広大低地におけるフランス植民地政府による大規模排水運河の建設が重要な意味を持った。運河沿いの土地は，国有地払い下げ制度を通して，大規模に申請者に提供された。それらの土地は典型的な米単作栽培地域として開発され，輸出米の増大を実現した。20 世紀初めの 10 年間の米輸出量は年平均 83 万 t 以上，1910 年代には毎年 100 万 t を超える規模の輸出量となった（図 2-8）。

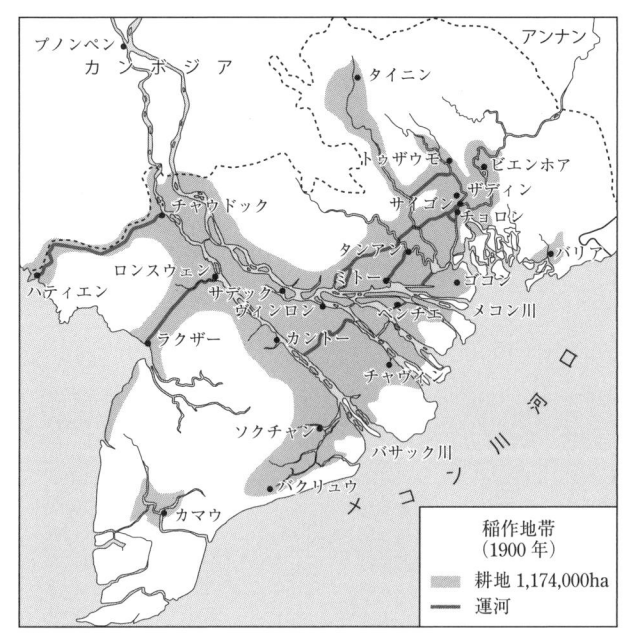

図2-7　1900年頃の水田分布

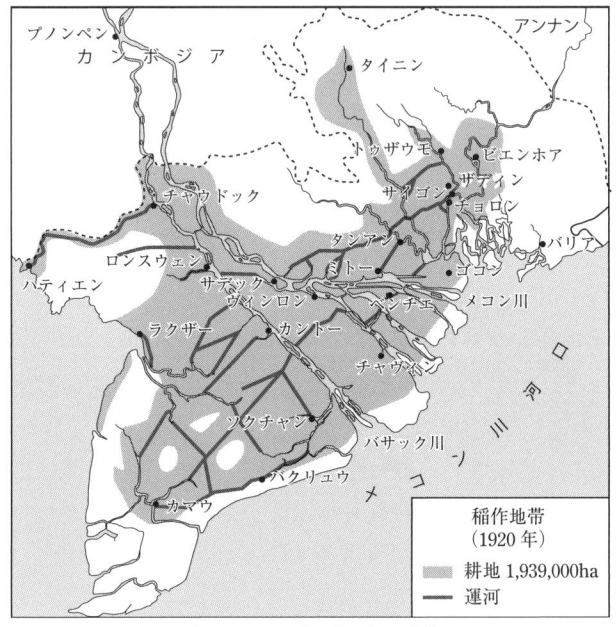

稲作地帯
（1900年）
耕地 1,174,000ha
運河

図2-8　1920年頃の水田分布

稲作地帯
（1920年）
耕地 1,939,000ha
運河

表 2-11　サイゴンにおける米価の推移（1913-1940 年）　　単位：100 kg あたりのピアストル

年	籾米価格	白米価格
1913	3.81	
1914	3.54	
1915	3.69	
1916	3.52	
1917	3.03	
1918	3.57	
1919	6.69	
1920	6.48	12.7
1921	4.31	8.7
1922	4.39	8.2
1923	5.52	9.26
1924	6.41	10.54
1925	5.9	10.04
1926	6.55	10.95
1927	6.15	10.63
1928	5.55	9.58
1929	7.11	11.58
1930	6.9	11.34
1931	3.86	6.72
1932	3.1	5.49
1933	2.29	4.07
1934	1.88	3.26
1935	2.48	4.19
1936	2.99	4.97
1937	4.74	7.86
1938	6.61	10.63
1939	5.56	9.27
1940	7.56	13.2

資料：GGI., *Résumé statisitique de relatif aux années 1913 à 1940*, Hanoi, 1941, p. 30.

iv. 第 4 期（1920 年代）

　第一次世界大戦直後の不景気後に，植民地期最大の開発 *mise en valeur* の時代を迎え，メコンデルタのコメ作付面積は増加し続けた。米価が第一次大戦後から 20 年代を通して高値で推移した（表 2-11・図 2-9）ことを受け，フランス資本のインドシナ農業部門への大量投下による新田拡張ペースは仏領期ピークに達した。水田総面積は仏領期最大の 226 万-230 万 ha を突破していた。サイゴン米の 1920 年代の輸出量は，年平均 132 万 t 以上を推移した[31]（図 2-10）。

---

31)　イヴ・アンリは政府による水利事業の推進によって水田面積は大いに拡大したにもかかわらず，第一次世界大戦後から 13 年間の米輸出量の低迷に注意を向けるべきと指摘している（Henry,

図 2-9　サイゴンにおける米価の推移（1913-1940 年）

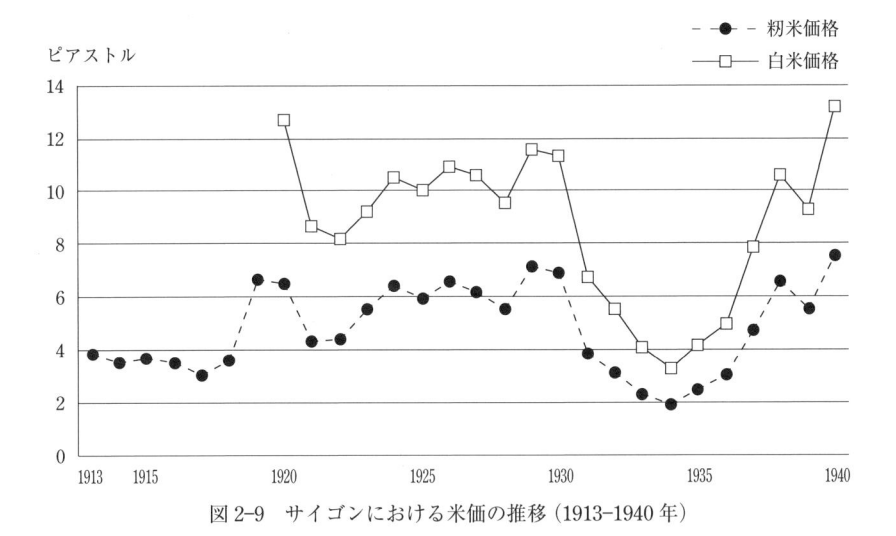

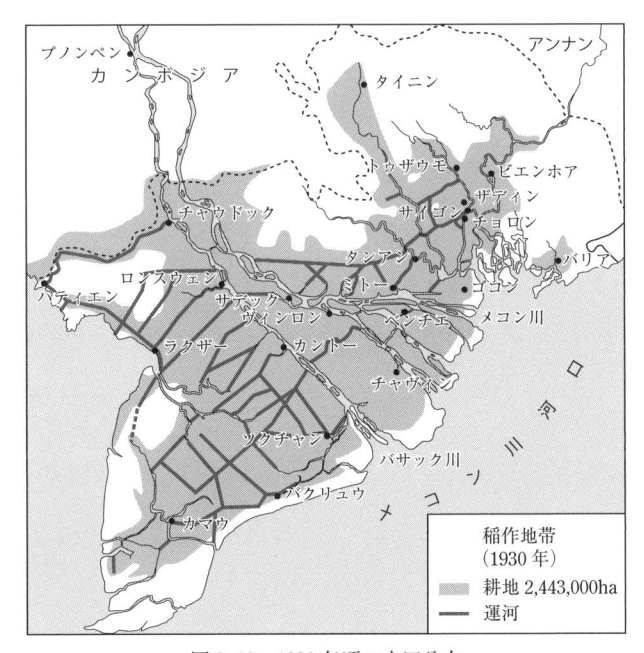

図 2-10　1930 年頃の水田分布

Economie agricole de l'Indochine, Hanoi, 1932, p. 363)。

v. 第5期（1930年代）

　1929年は洪水被害と華僑の信用不安，翌年末からは世界恐慌の影響が及び，インドシナの米価暴落の時が始まる。まずサイゴン・チョロン地区から発した信用危機により華僑の倒産件数が急増し，輸出量が減少した。恐慌下の国際米価は，直前の11.34ピアストルから1934年に3.26ピアストル（100 kg当たりの白米価格）と底値を記録する。インドシナ米の輸出量は1931年に，96万tまで減少したが，すぐに121万t台に戻った。価格は低下しても輸出量は増し，1935-1936年に176万3000tに達する。1930年代の米輸出量は年平均143万t以上である。日本軍の進駐後の1941年以降は，輸出統計および水田面積の数値ともに得られなくなる。

(2) 輸出米の形態別変化

　輸出米の形態は，精米度と混米状況等により複雑に分類されていた[32]。精米度の低い順に，籾米，玄米，白米の形態別がある上に，それぞれが品質によって数段階に分かれた。その他，砕米と粉米の輸出量も無視できない。コメ輸出の実態にさらに接近するには，この点も検討する必要がある。20世紀初頭のヨーロッパ人輸出商人が分類する方法は，大きく分けて以下の8つとされた[33]。

1. 玄米；Riz Cargo 20％の籾米が混入しているもの
2. 玄米；Riz Cargo 5％の籾米が混入しているもの
3. 並の白米2号；Riz blanc No2　砕米を含む
4. 並の白米2号；Riz blanc No2（3より上等）
5. 白米1号；Riz blanc No 1
6. 白砕米1号，2号，3号；Brisures blanches No1, No2, No3
7. 玄米粉；Farines Riz Cargo
8. 白米粉；Farines Riz blanches

　玄米（上の1と2）は移出された先で籾の分離と，脱皮・搗精などの精米行程が行われる。籾殻の排除と研磨によって白米となるが，含まれる砕米の比率によって製品の価値が決まる（3・4・5）。砕米の高級品は人間の消費に耐えるが，等級の低いものは工業用および飼料の配合用に用いられる（6）。この他に粉米

---

32) Coquerel, *op. cit.*, p. 131.
33) *Ibid.*, pp. 131-132.

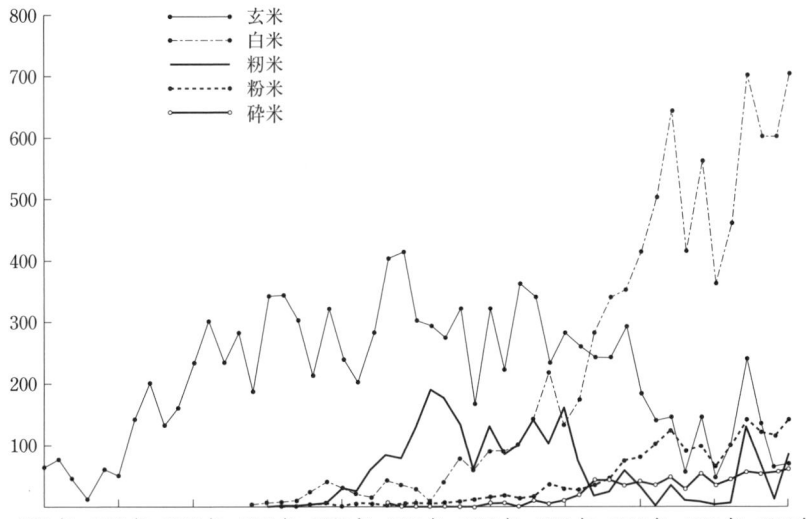

(単位：1,000 t)

図2-11　輸出米の形態別数量変化（1860-1911年）

注：玄米　riz cargo　……籾殻をおとした米（5〜20%の籾米を含む）。
　　白米　riz blanc　……白米1号，並2号，屑米を含む並2号。1874年以前については不明。
　　籾米　paddys　　……籾殻のついた米。1877年以前については不明。
　　粉米　farines　……玄米および白米の粉。
　　砕米　brisures　……精米の途中で分けられる。
出所：Coquerel, A., *Paddys et riz de Cochinchine*, Lyon, 1911. 巻末のグラフより。

や糠（7と8）が生じ，輸出先では大部分が牛，豚，家禽の飼料として消費された[34]。

　先のコメ輸出の時期区分ごとに，輸出米の形態別種類をみていこう。図2-11は輸出米の形態別に，前記の1-8を5種にまとめて，毎年の推移を示している。コメ輸出の**第1期**には，籾を一定程度含んだ玄米riz cargoがほとんどである。1878年以前の輸出米riz cargoには，籾米および砕米などの配合の割合や質について，何の法的規制も実施されていなかった。取引ごとにさまざまで，しかも物価が上昇すると華人商人は籾米の割合を随意に増やした。このことは，輸出市場におけるサイゴン米の地位を低める原因となった。そこで当局は，1878年3月8日付け法令でriz cargoに含まれる籾米の最大の割合を15%

34）ヴィッカイザー，前掲書，74-77頁。

表 2-12　インドシナ輸出米の形態別推移（1913-1940 年）　　　　単位：1,000 t

年度	籾米	玄米	砕米	粉米	白米
1913	6	52	86	152	991
1914	44	36	148	160	1,031
1915	59	13	143	123	1,036
1916	19	139	137	131	919
1917	6	61	120	120	1,059
1918	5	69	140	125	1,281
1919	1	21	82	63	800
1920	18	22	125	84	940
1921	120	72	213	135	1,180
1922	163	74	180	116	906
1923	157	65	218	97	802
1924	105	47	172	124	781
1925	119	38	263	136	963
1926	22	41	223	121	1,190
1927	63	69	266	129	1,139
1928	93	67	380	164	1,093
1929	17	85	234	140	996
1930	10	33	160	96	823
1931	19	39	204	66	631
1932	80	71	211	95	757
1933	87	84	260	79	778
1934	143	29	288	90	979
1935	321	26	226	108	1,085
1936	226	43	318	123	1,071
1937	141	65	303	132	906
1938	38	70	177	100	680
1939	327	91	212	92	970
1940	61	123	217	54	1,148

資料：Gouvernement général de L'Indochine, Direction des services économiques, *Résumé statisitique de relatif aux années 1913 à 1940*, Hanoi, 1941, p. 25.

に定めた[35]。

　第 2 期になると，玄米の輸出は停滞し，他の形態が次第に伸びて，全体として種類はかなり多様化した。コメ輸出の第 2 期の前半，つまり 1880 年代には，まず籾米の輸出が大きく伸びた。籾米はヨーロッパ人輸出商の輸出米分類に含まれていないので，華人輸出商の一手に握られていたものと考えられる。とりわけ香港および中国向けである。

---

35)　Coquerel, *op. cit.*, p. 205.

コメの集積と輸出

上 チャイナ水路に面した精米工場：メコンデルタ各地から移送されたコメの多くは，第一次大戦前まではほとんどがチョロンで精米され，サイゴン港から輸出された。蒸気動力の工場の多くは華人が経営した。(N-25)

中 華人のジャンク船がチョロンに着くと，米袋は人夫に担われて埠頭にうずたかく積み上げられた。メコン川のミトーに行く定期船もこの埠頭から出航した。(N-24)

下 コメの移送を終えたジャンク船を曳航する蒸気船（バサック川）。(D-32/3)

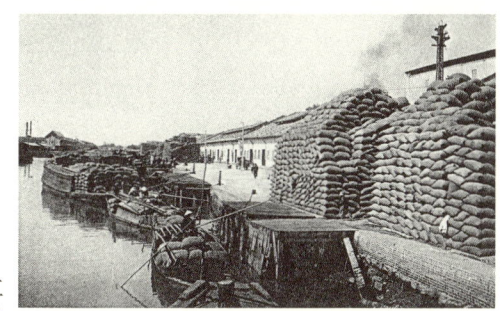

第2章 コメと植民地主義

図 2-12　インドシナ輸出米の形態別推移（1913-1940 年）

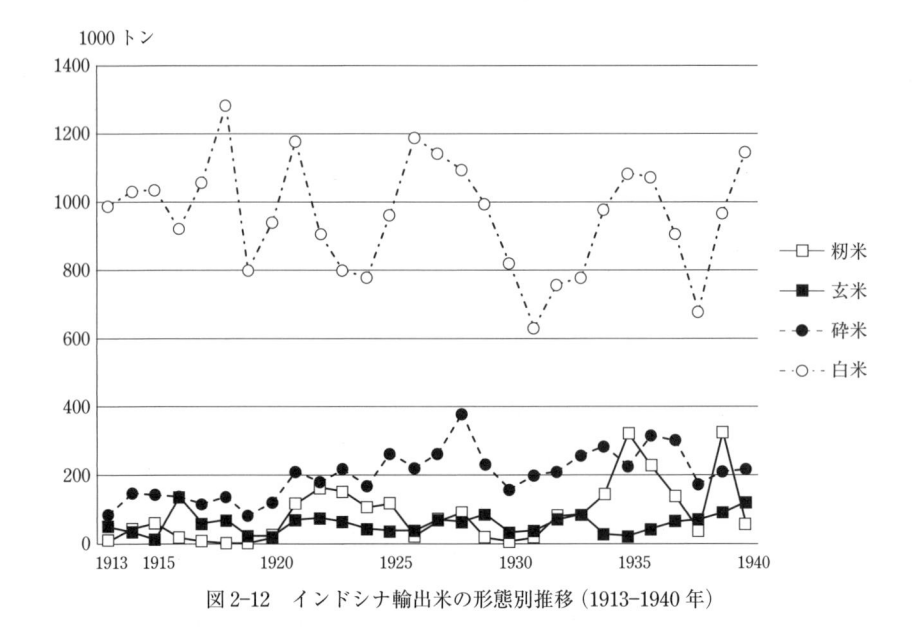

　しかし籾米の輸出量は後半の 90 年代には停滞し，96 年ころからは激減している。後述するように，これはフランス植民地政府の関税政策の影響が顕著に現れたからである。他方，白米の輸出は次第に増大し，籾米の急減とほぼ反比例して，1896 年以降は急速に伸びた。
　第 3 期以降は，白米輸出が圧倒的割合を占めるに至った。米粉は精米の過程でできる副産物であるため，白米輸出の増大に伴ってこの時期からかなり増えた。米粉や砕米は，家畜の飼料や食糧の他工業用原料などに消費された。
　こうした輸出米の形態変化は，華僑による籾米の流通独占，商慣行，海外市場の要請，近代的精米機の導入，精米工業の発展などを背景にしていた[36]。

36) *Ibid.*, pp. 87-89. 1880 年以前は，無数の手押しの大きな杵臼や籾摺機が各地にあった。これが第 1 期で明らかにした輸出用玄米製造の大部分を担っていた。しかし，蒸気力を用いた精米機が出現すると，それらは次第になくなってしまった。輸出向けに何千 t もの籾米を精製する近代的工場は，近隣のコメ輸出地域（ビルマやシャム）でイギリス人によってもたらされた精米機を手本に設立された。1869 年にチョロンでスプーナー・アール会社 Spooner R. et Co が，また 1870 年にはサイゴンでカユザック Cahuzac がそうした精米機を導入した。さらに 1877 年には，チョロンで華僑資本がそれらに続いた。1883 年には，1 日に 200 t の処理能力のある工場が現れた。ヨーロッパ資本による近代技術の導入を皮切りに，ヨーロッパ系工場の技術にも規模にもおとらない精米工場が，その後も華僑によってチョロンに設置された。1 日で 600-1000 t の籾米を 450-750 t

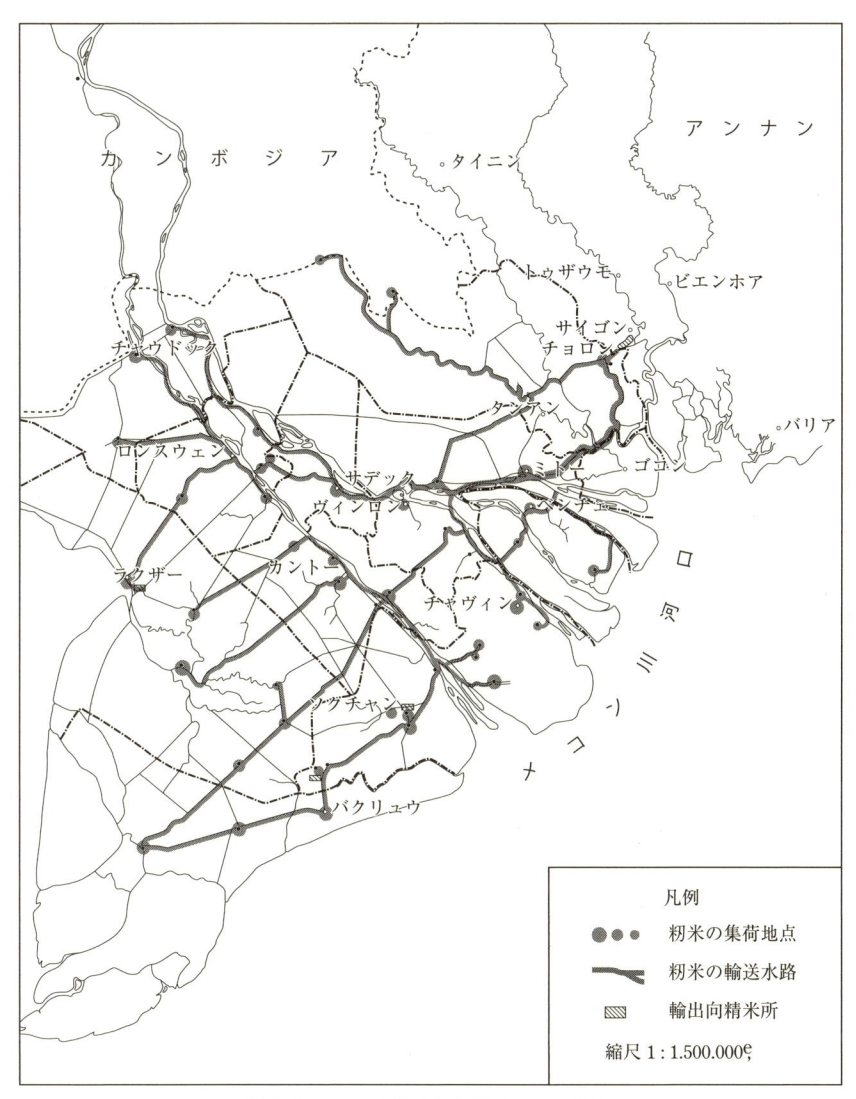

図 2-13　コーチシナにおけるコメの動き
資料：Henry, *op.cit.*, p. 351

の白米にすることのできる大工場が，20世紀初頭のコーチシナに10工場ある内の8工場を，華僑たちは所有していた。繁忙期には工場で600-800人の労働者が毎日6時間交替で昼夜就業した。19世紀後半からの近代精米技術と白米輸出の増大を論じたものに次がある。高橋塁「コーチシナ精米業における近代技術の導入と工場規模の選択 ── 玄米輸出から精米輸出へ」『アジア経済』XLV Ⅱ-7, 2006年。

第2章　コメと植民地主義 | 67

表2-12・図2-12は1913年以降のインドシナ輸出米の形態別推移である。第3期の後半（1910年代の後半）になると，白米輸出はその他の形態米合算値の3倍以上となった。**第4期**に至るとメコンデルタの主な籾集散地に精米所が次々に建設された。図2-13はメコンデルタの各地からサイゴンに向けたコメ運搬ルートを示す。この時期の輸出形態は再び多様化した。1919年から20年代の前半に白米輸出はやや減少したのに対して，一時的に籾米の輸出が復活した。砕米も増大している。白米輸出は1926-1928年の3年間，植民地期最大規模の平均114万t台を達成した。

続く**第5期**の1930年代も同様である。白米輸出は乱高下を繰り返し，砕米は安定的に増加傾向をみせ，そして30年代半ばに再び籾米の急増が確認できる。これらは，輸出先の変化，市場の不安定性に関わる問題である。次に，輸出市場の状況をみることにしよう。

2. 主要な輸出市場とその変化

表2-13は，先述のコクレル（A. Coquerel）の著作 *Paddy et Riz de Cochinchine*, Lyon, 1911の巻末に収められた統計表を基に，1866-1910年における各年のサイゴン米仕向地別輸出量を示したものである。コクレルによる市場分類では，アルファベット順にアフリカ地域，アメリカ地域，アジア地域，ヨーロッパ，オセアニアと並び，それぞれの地域がさらにいくつかの国，港，占領地等にまとめられている。輸出商品となったコメは，1860年代から，東アジアに加えて太平洋やインド洋を越えて，遠くアフリカやアラブ地域，ヨーロッパ諸港，さらにはカリブ海や南米，オーストラリア，南太平洋などへも運ばれていたことがわかる。地中海に面したエジプトの国際貿易都市アレキサンドリア，紅海沿岸のいくつかの仏領地，マダガスカル島やレユニオン島，ヌーメア等などのフランス植民地の各地に向けられた。20世紀初頭にはアフリカ諸地域に年間10万t前後のサイゴン米がもたらされた。

サイゴン米の仕向地はこのように世界各地にあるが，主要な仕向地として，次の3地域を中心に考察を進めたい。すなわち，①東アジア ── 香港が最も重要だがその他に中国，日本および朝鮮などを含む，②東南アジア ── フィリピン，インドネシア，海峡植民地（主としてシンガポール），③フランスおよびフランス植民地（アンナン，トンキンは除く。マダガスカル島，レユニオン諸島

などの仏領東アフリカ海岸，ヌーメアなど）である。香港およびシンガポールは中継港であるので，その先の再輸出先はわからない。前述の輸出数量に基づく時期区分ごとに，市場の推移を明らかにしたい。

(1) 時期区分ごとの市場の推移

表2-14・図2-14は，1866年から1910年の5年ごとの白米，玄米および籾米の仕向地別年平均輸出数量を示している。ただし，この表の数値は長期航路によって輸出されるものしか含まれていない。これとは別に，華人のジャンク船やベトナム人の小舟で香港および中国等に積み出されるコメがあった。その数量についてコクレルは，1860-1880年までは年平均約1万-2万5000 t，1880-1890年については毎年約3000-5000 tほどとした。その後も減少し続けて20世紀には数量が把握できない程度になったとしている[37]。

表2-15は，同様に1913年から1939年までのインドシナのコメ輸出市場の年平均数量を，同様の市場グループに分けて示したものである。

i. 第1期（1860-1879年）

米輸出が解禁された当初の1860年代には，サイゴン米市場の70％を東アジアが占めていた。表2-13でさらに詳しくその内訳をみると，1860年代後半は香港が44％，日本・朝鮮が23％を占める。ただし，日本・朝鮮向けは，1870年代には激減してほぼゼロ近くになった。その背景は，近代日本の幕開けとともに始まる地租改正等の維新の変革にあたり，国内の米価の高騰を防ぐために日本政府が米の輸入を増やしたことにあった。したがってそれは一時的なものである。その後，香港向けは1880年に至るまで，単独で全体の63-64％を占め，他の追随を許さなかった。1870年代以降には，近隣の東南アジア市場（フィリピン，とりわけインドネシアと海峡植民地向け）が拡大し，全体の2割を超す第2の顧客となった。

ii. 第2期（1880-1899年）

1880年代に，香港向け輸出量は単独で全体の6-7割を超える圧倒的な市場となった（表2-14）。80年代後半に，それは年平均約540万ピクル（約33万t）

---

37) Coquerel, *op. cit.*, p. 204（毎年の輸出量の表の注釈）.

表 2-13　長期航路によるサイゴンからのコメと籾米の輸出（1866-1910年）　　単位：ピクル（1ピクル＝0.0607 t）

仕向先	1866	1867	1868	1869	1870	1871	1872	1873	1874	1875
アフリカ：										
マダガスカル, マハジャンガ, トアマシナ, ディエゴスアレ										
オボック, ジブチ, レユニオン, アデン, モーリス	29,391	163,901	289,794	348,115	127,457	47,950	8,300	67,912	76,743	5,600
ポートサイド, アレキサンドリア										
アメリカ：										
南米諸国		15,091	7,300			17,302	21,161	49,125	60,955	90,184
カリブ海諸島；キューバ, グアドゥループ		10,825				13,778	13,583	22,365	22,500	10,000
アジア：										
アンナン, トンキン				4,000	8,840					
中国：諸港	44,936	171,202	57,469	133,289	28,220	50,500	95,349	261,683	1,100	56,524
日本, 朝鮮半島			69,712	36,656	1,013,789	2,052,841	499,602		20,600	
イギリス領：										
海峡植民地	214,683	360,965	306,606	299,991	166,534	213,975	194,657	548,244	526,198	489,983
ホンコン	1,866,534	2,085,426	743,443	344,576	1,235,430	3,945,410	3,266,475	2,408,758	1,086,148	3,542,306
英領インド						6,710		61,400	700,477	
ロシア領：										
ウラジオストク										
その他の諸港	115,110	152,305	67,250	17,104	25,283	74,954	91,880	13,000		
ヨーロッパ：										
フランス		38,591	18,149	18,197	28,456			40,970	43,039	12,000
フランスほかの諸港		168,571	436,050	462,131	111,421	40,050		43,428	281,960	70,948
その他：イギリス, ベルギー, オランダ, オーストリア, ドイツ, イタリア		12,600	152,835	27,709					14,000	
オセアニア：										
イギリス領　オーストラリア		6,000	63,389		8,000	12,500		21,700	4,806	4,200
アメリカ領（スペイン領）フィリピン諸島			11,945		6,000	5,089	102,309	137,060	140,553	31,789
オランダ領東インド				3,800		5,000	84,300	933,510	113,743	1,308,743
フランス領　ヌーメア										
合計（ピクル）	2,270,654	3,255,189	2,193,886	2,677,541	3,789,642	4,932,820	3,878,014	4,609,155	3,092,822	5,622,277
合計（トン）	137,828	197,589	133,168	162,526	230,031	299,422	235,395	279,775	187,734	341,272

1876	1877	1878	1879	1880	1881	1882	1883	1884	1885	1886	1887
72,345	63,972	10,646	90,697					25,499	118,913		40,782
											161,827
35,326	43,343	19,161	79,775	11,592	10,960			21,303			
9,800	24,500	10,600		12,294							
		12,796	96,459		144	9,019	49,077	8,405	17,944	33,315	252,095
226,600	342,100	9,035	118,515	47,749	29,765	135,544	181,828	131,825	60,084	97,491	143,300
			56						16,636		
296,017	366,037	293,671	788,355	503,811	552,551	406,615	982,696	1,015,610	442,886	30,010	281,970
4,206,397	3,533,805	3,035.07	2,810,308	2,307,178	2,516,955	4,922,356	5,424,993	3,272,887	5,680,155	7,327,846	6,098,119
	85,428	503	4,495	2,390	205	723	4,669	156	313	40	1,000
			331		10						
45,024	22,678	19,207	48,299	24,340	70,123	4,517	79,719	196,521	5,713	85	41,494
36,700	11,133		692,430	231,548	13,084			1,218,537	400,106	3	94,314
			133,555	61,220		567		455,158	27,476		44,527
	4,000					10,104	1,777	2,590			
	260,200	105,144	509,164	130,823	55,913	183,890	733,905	1,602,144	357,545	426,315	852,268
750,107	334,160	90,834	637,835	1,400,377	879,760	402,475	1,189,579	629,509	374,103	26	
5,678,316	5,091,356	3,606,663	6,010,274	4,733,322	4,129,470	6,075,810	8,648,243	8,580,144	7,501,874	7,915,871	8,011,696
344,673	309,045	218,924	364,823	287,312	250,658	368,801	524,948	520,814	455,363	480,493	486,310

仕向先	1888	1889	1890	1891	1892	1893	1894	1895	1896	1897
アフリカ：										
マダガスカル，マハジャンガ，トアマシナ，ディエゴスアレ										37,098
オボック，ジブチ，レユニオン，アデン，モーリス		30,575		16,572	26,433	255			37,465	176,768
ポートサイド，アレキサンドリア	568,717	135,277	242,105	123,808	926,619	642,469	202,178	201,109	171,744	1,207,542
アメリカ：										
南米諸国		16,840	7,887	19,336		55,413				
カリブ海諸島；キューバ，グアドゥループ										
アジア：										
アンナン，トンキン	421,359	1,836	104,141	8,363		107,818		1,663	157,163	24,710
中国：諸港	163,989	33,796	105,081	2,538		534,732	132,538	52,157	122,997	
日本，朝鮮半島			790,666	51,693	3,380	29,153	27,596	190,361		780,328
イギリス領：										
海峡植民地	793,332	680,371	438,555	768,738	1,595,929	1,225,833	962,698	521,810	697,772	1,848,248
ホンコン	5,173,564	2,745,162	5,651,700	4,091,987	3,704,805	5,082,841	4,691,718	6,858,754	5,575,072	1,738,315
英領インド	1,157	6								32,948
ロシア領：										
ウラジオストク										
その他の諸港		6,000								
ヨーロッパ：										
フランス	125,886	10,861	110,204	380,884	727,560	990,164	1,042,316	960,756	631,778	1,128,579
フランスほかの諸港	200,512	93,800	107,221		719,616	211,558	74,360			
その他：イギリス，ベルギー，オランダ，オーストリア，ドイツ，イタリア	296,266	36,201	111,223		570,538	123,263	46,311			963,933
オセアニア：										
イギリス領 オーストラリア								41,086		
アメリカ領（スペイン領）フィリピン諸島	734,668	875,632	1,045,017	1,134,091	850,676	548,847	602,524	239,453	321,086	18,119
オランダ領東インド		89,137		24,693	66,122	721,279	1,018,298	266,867	525,845	819,814
フランス領 ヌーメア				6,654	8,752	14,070	13,215	17,921	45,781	15,483
合計（ピクル）	8,479,450	4,755,544	8,713,800	6,629,357	9,200,430	10,287,695	9,061,752	9,351,937	8,286,703	8,792,885
合計（トン）	514,704	288,661	528,927	402,401	558,466	624,463	550,048	567,670	503,005	533,660

資料：Coquerel, *Ibid.* 巻末の表
注：砕米および粉米は含まない。

1898	1899	1900	1901	1902	1903	1904	1905	1906	1907	1908	1909	1910
50,246		20,641	238,234	258,672	35,533	238,168	78,563	52,113		658	988	164
337,724	176,800	296,538	383,984	79,979		60,197	134,084	76,518	364,133	546,867	480,856	341,070
73,721	417,462	477,196	1,182,979	730,067		345,434		294,660	718,778	1,105,170	792,535	118,072
99,486	60,098	2,190	7,411	58,217	1,465	2,190	24,331	74,544	7,889			12,553
50,938	236,307	130,922	146,225	250,395		76,745	4,957		18,080,957	121,168		833,657
2,042,820		164,644		428,919	1,242,205	1,267,063	965,219	904,528	1,447,639	1,822,170	606,306	444,365
379,748	599,436	572,091	278,514	129,453	85,022	223,178		10,839	218,185	771,432	1,201,135	1,349,568	817,248
4,103,454	5,370,406	3,389,640	1,296,172	3,223,069	1,843,341	2,589,319	777,475	2,460,109	7,109,199	2,636,746	1,273,408	3,371,070
					312						115,748	
							34,644	58,992	61,943			50,609
	22,815											13,212
1,932,303	1,323,908	1,895,258	1,509,172	2,410,543	1,068,530	2,915,190	1,508,184	2,095,415	1,926,257	1,520,210	2,397,886	3,029,456
297,805	1,032,980	608,662	358,233	262,321		427,690	112,651	368,135	601,925	454,281	915,399	596,194
											20,296	
56,300	1,455,308	1,870,948	2,424,378	3,666,532	3,353,422	2,901,281	2,447,144	1,654,175	1,646,766	1,742,574	1,854,182	2,283,228
720,789	760,791	857,279	2,835,892	1,946,980	248,679	682,255	627,245	1,150,937	1,127,129	2,055,640	2,165,448	2,986,556
14,366	19,107	16,475	1,712	22,667	24,611	24,775	23,161	11,726	22,173	23,886		17,578
10,159,700	11,475,418	10,302,484	10,635,906	13,467,814	7,902,808	11,753,797	6,748,497	9,420,037	17,614,220	13,230,505	11,972,620	14,915,033
616,696	696,557	625,361	645,602	817,496	479,702	713,458	409,636	571,804	1,069,192	803,092	726,746	905,343

表2-14　コーチシナのコメ輸出市場　各年の年平均輸出量と仕向地グループ別の比率
　　　　（1866-1910年）
単位：ピクル（60.7 kg）・%

年度	輸出量	①	②	③	④	⑤	⑥	⑦
1866-1870	2,837,382	7.6	9.7	70.0	9.6	0.1	3.2	0.2
1871-1875	4,427,018	1.7	2.0	68.8	21.8	0.0	4.5	1.1
1876-1880	5,023,986	1.8	4.6	66.3	25.8	0.4	0.4	0.7
1881-1885	6,987,108	1.4	6.1	63.9	30.8	0.2	0.1	0.1
1886-1890	7,575,272	3.9	2.6	74.8	16.4	2.2	0.0	0.1
1891-1895	8,906,234	13.0	3.9	57.7	23.7	0.3	0.1	0.2
1896-1900	9,803,238	21.4	5.9	48.4	23.5	0.7	0.1	0.0
1901-1905	10,101,764	26.3	2.3	27.9	43.3	0.2	0.1	0.0
1906-1910	13,430,483	23.7	4.4	37.0	34.3	0.1	0.5	0.0

仕向地：①フランスおよび仏領植民地　②フランスを除くヨーロッパ　③香港・中国・日本・朝鮮　④海峡植民地・フィリピン・蘭領印度　⑤アンナン・トンキン　⑥その他アジア（ウラジオストクを含む）　⑦南アメリカ

資料：Coquerel, op. cit., 巻末の表から作成。
注：5年ごとの年平均総量を算出。仕向地は各年合計から年平均を産出し比率を記した。粉米，砕米は含まない。
　　長期航路貿易のみ。
　　仏領植民地は，マダガスカル・レユニオン・仏領東アフリカ海岸・ヌーメアなどを含む。

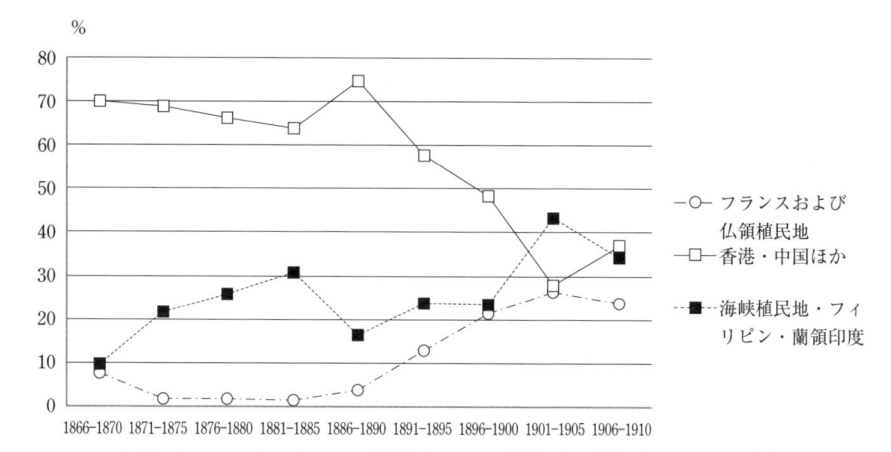

図2-14　コーチシナのコメ仕向地グループ別比率の推移（1866-1910年）

に達した。東アジア市場は全体の74.8%を占めたのである。しかしこれを頂点にして，その市場は90年代以降少なくとも1910年まで，絶対量およびシェアともに減少した。これは，前述の籾米輸出の減少とも関連している。

　これに代わって増大したのが，東南アジア地域向け輸出である。80年代前半には，海峡植民地，フィリピン，インドネシアの3地域で約216万ピクル（13

万 t），30.8％に高まった。フィリピン市場は1880年代から次第に輸出市場としてのシェアを拡大した。旧来の稲作地が甘蔗生産に転換するなかで米不足が発生し，コメの輸入が増えた。1890年代初頭のネグロス島では，サイゴンから毎年大量のコメが輸入されていた[38]。

インドネシアへの輸出は70年代から1割以上の市場としてあったが，80年代後半にいったんは激減した後，1890年代には再び増大に転じた。急増の背景として，オランダの植民地支配下のジャワ島およびスマトラ島でのプランテーションの発展があった。農園で雇用された外国人労働者の食糧として，コメ需要が高まった。インドネシア（オランダ領インド）の農地は，輸出用作物生産（甘蔗栽培等）に占められるようになったからだ。インドネシア経済の構造転換期であったのである[39]。海峡植民地も，スズ鉱山およびゴム農園の開発が進み，インドネシアと同様にこの時期の顧客となり始めている[40]。

ところで，第2期の特徴として，1890年代に入ってフランスおよびフランス植民地市場が急に拡大した。90年代以前にはせいぜい平均29万ピクル（4％以下）であったが，90年代には一挙に125万ピクル（13％から21.4％）に増大し（表2-14），世紀末には平均210万ピクル（12万7000 t）となった。フランスおよびフランス植民地向けの米輸出量は，東南アジア地域の合計にさえ匹敵するほどになる[41]。その要因として，ここでもフランスの対インドシナ関税政策があったことは後に述べる。

---

[38] 永野善子『フィリピン経済史研究』勁草書房，164頁。スペインの支配下にあったフィリピンでも1850年代まで米は輸出農産物であったが，砂糖の輸出が増加するのに伴い，1860年代から次第に輸入量は増えていった。

[39] オランダの支配下にあったインドネシアでは19世紀半ば，米は極めてわずかしか輸入されていなかった。しかし，ここでもとりわけ甘蔗栽培の発展によって食糧作物の生産は急減した。1870年代以降のインドネシア経済の構造的転換期が始まったとされる（Lewis, W. Arthur ed., *Tropical Development, 1880–1913*, London, 1970, pp. 260–261. Furnivall, J. S., *Netherlands India, A Study of Plural Economy*, Cambridge, 1939, pp. 207, 215）。

[40] 次の論文では，19世紀後半の東南アジア各地域におけるモノカルチュア型輸出貿易の特質が総合的に捉えられ，かつ輸出商品としての米の重要性が強調されている。山田秀雄「19世紀後半の東南アジアにおけるモノカルチュア型輸出貿易の発展」『経済研究』第28巻第2号，1977年4月，142-155頁。

[41] 輸入米は当時次第にフランス農業の飼料として消費されるようになった（Girault, Arthur, *The Colonial Tariff Policy of France*, Oxford, 1916, p. 205）。

iii. 第3期（1900年代，1910年代）

次の20世紀に入ると，これらの傾向はさらに強まった。表2-14・図2-14によると，東アジア市場は総輸出量に占める比率をさらに下げ（27.9％），これに対して海峡植民地（シンガポール）以外の東南アジア地域への輸出は徐々に増大した。とりわけフィリピン市場の増加が著しかった。フィリピン革命のなかで，農村の危機と食糧不足が顕在化した時，仏領インドシナのコメが大量に輸入された[42]。結局，1900年代前半には，東南アジア市場のシェアは43.3％と第1位の市場になった。1900年代後半も持ち直した東アジア37％に対して，東南アジアは34.3％と拮抗したのである。一方，1890年代後半から徐々に拡大しつつあったフランスおよびフランス植民地も，1900年代には平均25％程度まで伸びてきた。

しかし次の1910年代後半には，再び東アジア市場が首位を取り戻す（表2-15・図2-15）。1915年には一時的に激減するが，ヨーロッパが第一次大戦中および戦後の不況にある間の数年間は，6割近くのシェアに上昇したのである。この時期には，東南アジア地域は28.5％から24.6％台までやや比率を下げた。フランスとその植民地は，1914年まで2割を維持したが，第一次世界大戦中および直後には半減する。これらの地域の減少した分は，東アジア市場がそれを埋め合わせるように急増した。

iv. 第4期（1920年代）

この時期には，東アジア市場のなかの日本等への輸出が減少する一方で，もっぱら香港市場が再び全体の6割近くを単独で占めた。東南アジアは減少して2割を下回るようになる。またフランスおよびフランス植民地，その他のヨーロッパ市場については，第3期の縮小がやや快復の兆しをみせつつある。

20年代の好況を示すものは，米価の高騰である。サイゴンにおける米価の動きをもう一度先の表2-11でみておこう。1913-1918年までは3ピアストル台を推移していた籾米価格は，第一次世界大戦終了後の1919年から急上昇し，

---

42) Legarda, B. F. Jr., *Foreign Trade, Economic Change and Entrepreneurship in Nineteenth Century Philippines*, Unpublished Ph. D. Dessertation, Harvard University, 1955, p. 283. Lewis, W. Arthur, ed., *op. cit.*, p. 294. 19世紀末から20世紀初頭のフィリピンでは，スペインとの独立戦争の混乱のなかで，米および甘藷栽培に使われる水牛が農村で70％近くも疫病死したため，食糧生産が危機に陥った。その結果食糧需要は非常に高まったという（永野善子，前掲書から引用）。

表2-15　インドシナのコメ輸出市場（1913-1939年）　　単位：1,000 t・%

年度	総量	①	②	③	④	⑤	⑥
1913-1915	1,360	22.3	6.2	27.3	28.5	1	0
1916-1920	1,298	10.1	1.9	58.7	24.6	4.4	0
1921-1925	1,450	12.3	4.3	60.1	19.9	3.6	0
1926-1930	1,531	15.8	5.7	55.6	17.5	3.6	0
1931-1935	1,345	38.6	4.5	43.3	9.0	4.0	1.6
1936-1939	1,505	53.8	6.5	20.4	6.9	7.8	5.1

資料：Jean Pascal Bassino & Bui Thi Lan Huong, "Estimates of Indochina's and Vietnam's International Trade (1890-1946)," J. P. Bassino, J. D. Giacometti and K. Odaka eds., *op. cit.*, p. 319 から作成．

注：①フランスおよび仏領植民地　②フランス以外のヨーロッパ　③香港・中国・日本　④シンガポール・フィリピン・蘭領インド　⑤英領印度　⑥その他

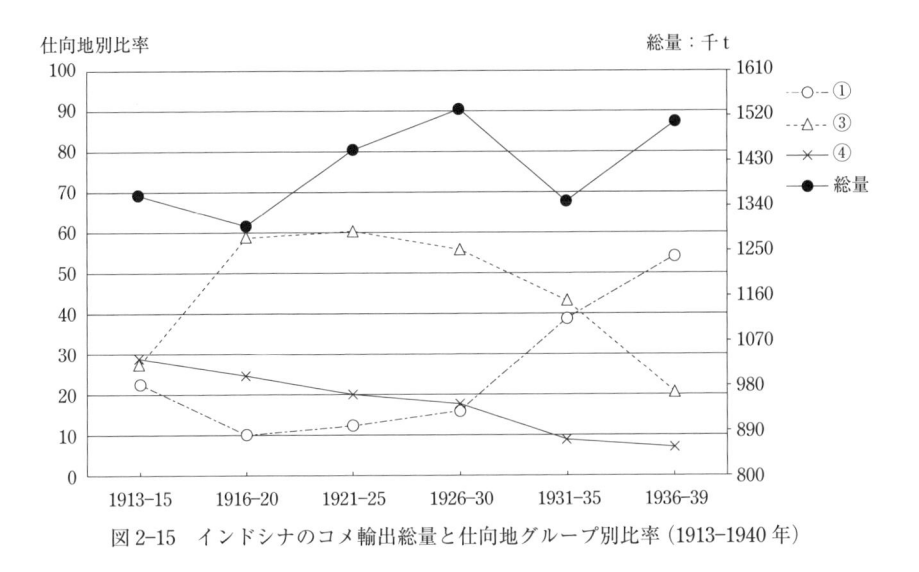

図2-15　インドシナのコメ輸出総量と仕向地グループ別比率（1913-1940年）

1920年代を通して6-7ピアストル前後の水準を維持した．白米の価格も10ピアストル前後の高価格傾向を示した．米価の高騰は，ロシア革命後に一斉にロシアから引き上げられたフランス資本を，すでに触れたようにメコンデルタ新田開発に投入させた要因である．

v. 第5期（1930年代）

　世界恐慌の影響がインドシナに及ぶと，メコンデルタにとって重要な香港市場が急激な縮小を示す．また東南アジア地域向けも激減した．インドシナと同

第2章　コメと植民地主義　|　77

様に,輸出産品価格の暴落による深刻な影響を被った東南アジア地域では,先述のように輸出の減少に応じた食糧自給の施策が進められていたのである。この時市場を拡大したのが,フランスおよびその植民地である。1934年までにシェアを急速に伸ばし,1930年代後半には53%以上を占めるようになる。ヨーロッパ市場もやや高まった。英領インドはフランスを含めたヨーロッパ諸地域と同様の動きを示している。第5期にインドシナの米輸出市場は従来からの東および東南アジア市場を一気に狭め,フランス帝国圏およびヨーロッパ市場に依存する状況となった。

(2) コメ輸出をめぐる関税政策の影響と限界
i. フランス向けコメ輸出の増大

1890年代よりフランス向け米輸出量が増大した要因として,次の2つの関税措置を挙げることができる。それは,第1にフランスがインドシナ米以外の外国産米に対して課す自国の輸入税を引き上げたこと,第2にインドシナで徴収される前述の米輸出税がフランス本国向け輸出には関税の免除によって相対的に有利であったことによる。

1887年の本国一般関税率の導入に際して,コーチシナにおいてそれまで反対を続けていたサイゴン商業会議所が本国の意向に沿ってこれに同意したことが,この法令の制定に繋がった。フランスはこのことと引き替えに,商業会議所の要請に応えて,1890年,本国の外国産米輸入税をそれまでの2倍以上に引き上げることを決定した[43]。この結果,すでに同化関税によって輸入税が免除されたインドシナの米は,高率の輸入税を課せられる外国産米よりも有利にフランスに輸入されたのである。

次に米の輸出税は,1879年1月1日より仕向け先の区別なく,一般的な米については1ピクルあたり (60 kg400) 0$10ピアストル,籾米についてはこれの4分の3として課された。この税率はその後フランスおよびフランス植民地向け以外のものについては,次第に引き上げられていった。特に1887年には米の輸出税を含む関税が同化主義に基づき免除措置を被ることになったことか

---

43) フランスは,米の輸入に際して33%以上の籾米を含む玄米 riz cargo には2フラン,白米に3フランの輸入税を課していた。1890年7月8日付法令で,インドシナ米以外の外国産米に対しては,籾米に3フラン,砕米に6フラン,白米および粉米に8フランに一般関税は修正された (Coquerel, *op. cit.*, p. 207,また Girault, *op. cit.*, p. 205)。

表 2-16 コメの輸出税（1895 年）　　　　　単位：ピアストル

輸出米の形態	仕向地	輸出税額（100 kg）
コメ・籾米	極東アジア	0 $ 31
	ヨーロッパ アメリカ アフリカ オーストラリア	0 $ 26
	フィリピン	0 $ 25.8
	フランスおよびフランス植民地	0 $ 17
粉米・砕米	極東アジア	0 $ 05
	ヨーロッパ，アメリカ，オーストラリア	無税

資料：Coquerel, *op. cit.*, p. 195 から作成。

ら，フランスおよびフランス植民地向けの米輸出税は，その他の諸地域向けの3分の1に押さえられた[44]。1895年の米輸出税は米の形態別および仕向地別に，表2-16のように決められた[45]。フランスおよびフランス植民地向けの米輸出税は，この表から明らかなようにかなりの優遇を受けた。これに対して近隣のアジア向けはいかに差別的に関税を徴収されたかがうかがえる。

このような関税の優遇諸政策に支えられて，コーチシナのフランス向け米輸出量は，表2-17・図2-16が示すように1891年から増大した。それは1890年にはまだ米輸出数量の1.6％に過ぎなかったが，徐々に増大し，世紀転換期には10万tを超す年も出始め，先にみたように20世紀初頭には全輸出量の20％を占めたのである。

ii. 中国および香港向けコメ輸出の停滞

先述の80年代における籾米輸出の一時的な急増とその後の減少，および香港市場が相対的に縮小していったこととの間には関連性がある。精米度の低い輸出米の主要市場が，実は香港および中国だったからである。表2-18・図2-17から，中国および香港向け輸出量の推移をみておこう。表には玄米と籾米の比率，全体の輸出に占める中国・香港向け輸出の数量と比率も同時に示して

---

44) Coquerel, *op. cit.*, pp. 187-190.
45) フランスおよびフランス植民地向け以外の米輸出税については，1899年以降仕向地別の差は取り払われた（*Ibid.*, p. 197）。

表 2-17　フランス向けコメ輸出量（1880-1910 年）単位：t

年	コメの輸出量（％）
1880	1,477　(0.5)
1885	346　(0.1)
1887	2,511　(0.5)
1889	611　(0.2)
1890	8,547　(1.6)
1891	23,228　(5.8)
1892	43,309　(7.7)
1893	60,258　(9.6)
1894	63,268 (11.5)
1895	58,318 (10.3)
1896	38,349　(7.6)
1897	68,505 (12.8)
1898	117,291 (19.0)
1899	80,362 (11.5)
1900	115,043 (18.4)
1901	91,607 (14.2)
1902	146,342 (17.9)
1903	64,852 (13.5)
1904	176,953 (24.8)
1905	91,547 (22.3)
1906	127,198 (22.2)
1907	116,924 (10.9)
1908	92,277 (11.5)
1909	145,652 (20.0)
1910	183,888 (20.3)

資料：*Ibid.*, p. 207 より作成。
注：（　）内はコメ輸出量全体に占めるフランス向けの比率。

ある。1880 年では，籾米の輸出量は中国および香港向け総輸出量の 9％に過ぎなかったが，80 年代後半から 90 年代前半までは香港向けコメ輸出の 4 割前後を占めるほどに比率を高めていたことがわかる。また籾米の輸出が増大した年は，サイゴン米総輸出量に対する中国および香港市場が 79％，68％，74％と高い占有率をみせている。米の需要の急拡大に精米工場の処理能力が追いつかず，籾米のままに輸出されたことも想定できる。ところが，1896 年に精米度の低い形態の米に対して，植民地政府が大幅な輸出税の引き上げを実施して以

華人移民と植民地統治

上 中国南部からの移民は主に単身の出稼ぎ者たちであったが,1920年代には家族同伴の広東人が多く流入した。広東通りの門に「恭祝(中華)民国万歳」がみえる。植民地政府は華僑のナショナリズム運動がベトナムに飛び火することを恐れていた。(N-27)

下 辮髪の兄弟は華僑である。植民地政府は華僑に対する課税を厳しくして,インドシナへの流入を抑制した。コーチシナの富裕な華人の一部はフランス国籍を取得し,カトリック教に改宗する例もあった。1900年以降,明郷(現地人との混血)は現地人国籍とみなされた。植民地政府はグエン朝に倣った幇制度を継承し,流入する華僑を方言の異なる出身地別の5幇[Congrégation](広東・福建・潮州・客家・海南)に組み入れて統治した。(B(1)-56/7)

第2章 コメと植民地主義 | 81

図 2-16　フランス向けコメ輸出量（1880-1910 年）

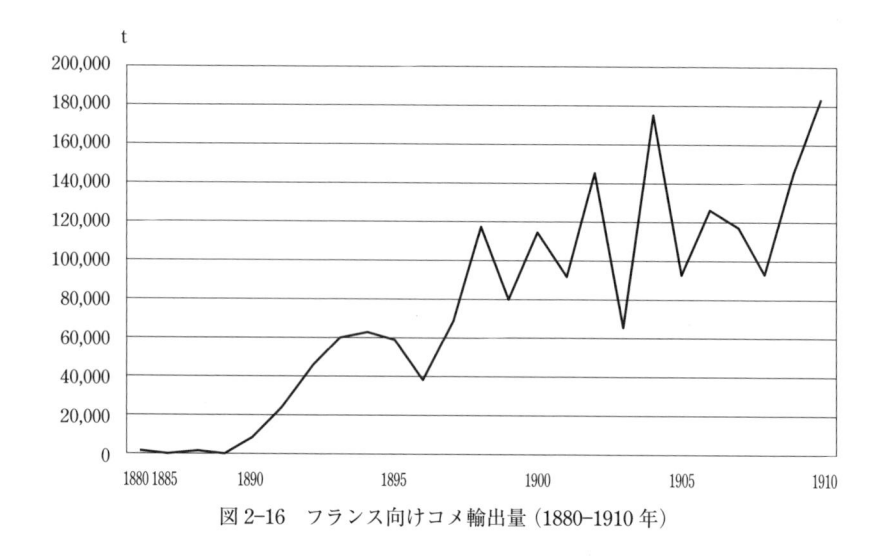

米中国および香港向けの籾米輸出は激減した[46]。

　精米度の低いコメ輸出に対する規制的措置は，フランスおよびフランス植民地向けの米の輸出税が低額であったことと，まさに対照的である。そもそも 1878 年に新設されたこの輸出税について，植民地評議会は，財政収入の増大のために，税額の引き上げ要求を出していたが，ヨーロッパ人貿易・精米業者の利益を代表するサイゴン商業会議所は，反対を表明していた。一方，1880 年代以降には，もっぱら華僑が取り扱う中国向け籾米の輸出が急増したことについて，サイゴン商業会議所は植民地評議会に再三苦情を呈するようになった[47]。従来，国際市場におけるサイゴン米の品質の悪さには定評があり，その要因のうち，先述の通り，精米技術の低さ，華僑による米の流通独占の結果もたらされる混合米の問題に，当局は有効な解決策を打ち出せなかったのであるが，この時植民地政府は，税収のアップを中国・香港向けのコメ輸出に負荷をかけることで達成しようとし，またサイゴン商業会議所は籾米の集散・流通を牛耳る華僑への負荷を期待して，当局といわば手を打ったのである。それはヨーロッパ人精米業者の望むところとも一致した。このようななかで，1896 年 1 月から，籾米および籾米 33％以上を含む精米度の低い玄米類の輸出税は，82

46）　*Ibid*., p. 205.
47）　*Ibid*., pp. 186-196 を参照。

表 2-18　中国および香港向けコメ輸出量（1880-1910 年）　　　単位：1,000 t

年	中国および香港向け数量			サイゴン米輸出総量（％）
	玄米・白米（①%）	籾米（②%）	合計（③%）	
1880	130 (91)	13 (9)	143 (50)	287 (100)
1885	216 (60)	144 (40)	361 (79)	455
1890	223 (62)	138 (38)	362 (68)	529
1892	128 (54)	107 (46)	235 (42)	559
1894	185 (61)	119 (39)	303 (55)	550
1895	257 (61)	163 (39)	420 (74)	568
1896	273 (79)	73 (21)	346 (69)	503
1897	96 (83)	20 (17)	116 (22)	534
1898	230 (91)	22 (9)	252 (41)	617
1899	282 (83)	58 (17)	340 (49)	697
1900	187 (88)	27 (12)	214 (34)	625
1901	84 (98)	2 (2)	86 (13)	646
1902	176 (83)	35 (17)	211 (26)	817
1903	100 (89)	12 (11)	112 (23)	480
1904	152 (94)	10 (6)	162 (23)	713
1905	47 (98)	1 (2)	47 (12)	410
1906	142 (95)	7 (5)	149 (26)	572
1907	426 (79)	116 (21)	541 (51)	1,069
1908	116 (69)	51 (31)	167 (21)	803
1909	69 (90)	8 (10)	77 (11)	727
1910	196 (77)	59 (23)	255 (28)	905

資料：*Ibid.*, p. 206.
注：①と②各輸出米形態の比率。③は輸出総量に占める割合。

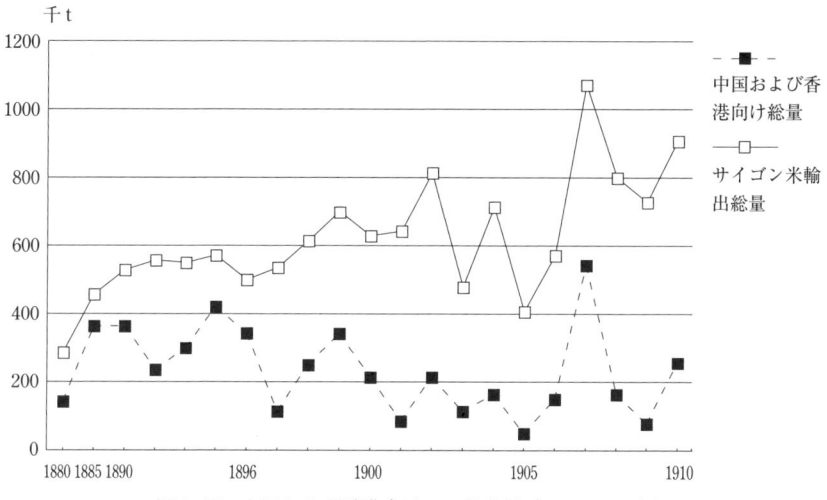

図 2-17　中国および香港向けコメ輸出量（1880-1910 年）

第 2 章　コメと植民地主義

年の段階の4倍以上にまで引き上げられたのであった[48]。

この議定の衝撃は同表(2-18)から明らかである。これを契機に，中国・香港向け米輸出量は世紀転換期には全体として停滞もしくは減少し，すでに論じたように，米輸出第3期の20世紀には，コーチシナの米輸出総量の20％台にまで，シェアの低下を余儀なくされたのである。このことはまた，19世紀からの重要な仕向け先であった近隣東アジア・中国市場を，タイ米に奪われていくきっかけになったと考えられる。

(3) 英領ビルマ米，タイ米との比較

第二次大戦前のインドシナ半島には，世界の米輸出地域のビッグ3が並び立った。仏領インドシナと英領ビルマ，シャム(後にタイ国)の3地域を比較すると(図2-18)，これらビッグ3のなかで，ラングーンから輸出される英領ビルマの米輸出量は仏領インドシナの約2倍の規模である。輸出米の産出地域であった下ビルマの米作地は400万haを越えていたからだ。一方，19世紀の仏領インドシナの米輸出量はシャムより多かった。しかしその差は第一次大戦後から次第に狭まり，1930年以降には，インドシナ米は3位に転落する。バンコックから輸出されるタイのコメはその後も勢いを増し続け，ついに1940年代前半には戦禍でダメージを被ったビルマも追い越して，世界第1位となる[49]。

まず，3地域の輸出米の等級はそれぞれに定められ複雑であるが，価格について比較すると，一般に最も高いのがタイ米，次いでビルマ米であり，インドシナ米は最も安価とされた。3つのなかでインドシナ米はやや低級品という評価を受けていた。モンスーンアジアの米穀経済について研究したヴィッカイザーらは，米穀商の間で行われていた3地域のコメの混合問題を指摘している。華人商人が，インドシナから送られてきたコメを香港でビルマ米やタイ米と混

---

48) 籾米および33％以上の籾米を含むriz cargoの輸出税は1882年以降0.03ピアストル(100kg当たり)であったが，1895年12月27日，植民地評議会は0.09ピアストルに増額することを決定した。この法令は1896年1月1日から実施された(*Ibid.*, p. 195)。

49) Y. Takada, "Rice and Colonial Rule, A Study on Tariff Policy in French Indochina," *Institute of Environmental Studies*, No. 3, 1995の仏領インドシナのコメ輸出市場の推移を英領ビルマ，タイと比較して論じた箇所も参照。ビルマ米とタイ米の戦前の輸出について，次の研究書で検討されてきたが，インドシナの米輸出については19世紀の資料が乏しいことから充分には把握されなかった(真保潤一郎『十九世紀後半のインドシナ』世界歴史21，近代8，岩波書店，1974年，137頁，および斉藤一夫『米穀経済と経済発展 ── アジアの米作国の経済発展に関する研究』大明堂，1974年，第2章)。

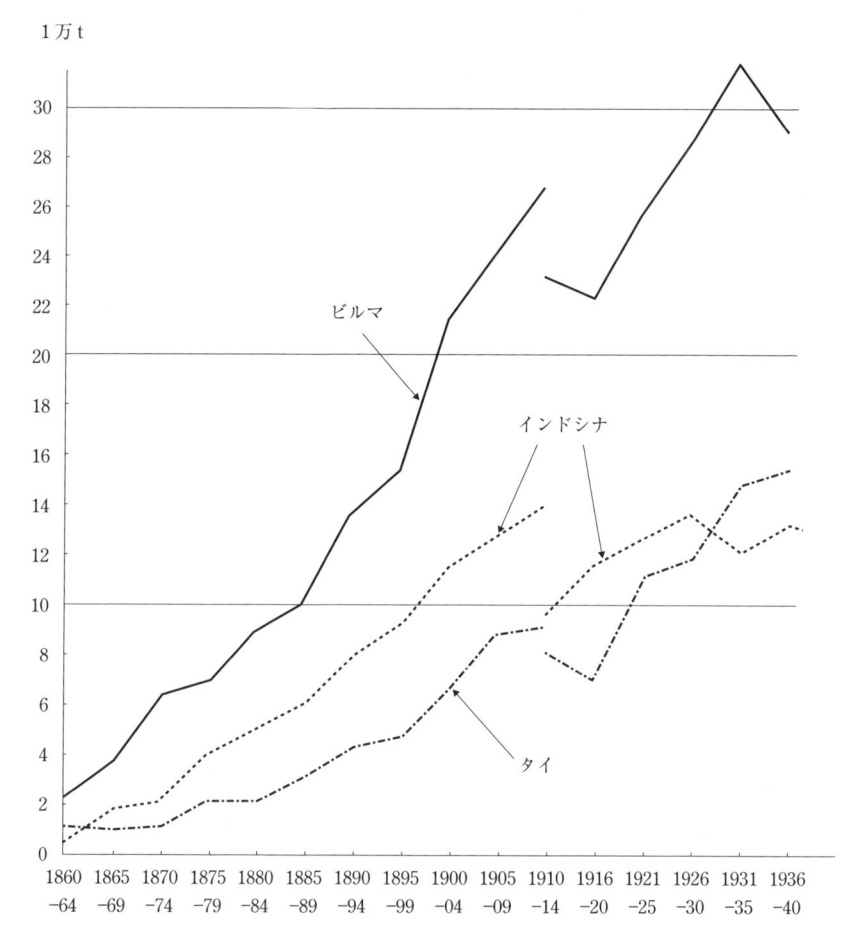

図 2-18　ビルマ，インドシナ，タイのコメ輸出（1860-1940 年，5 年ごとの年平均）
資料：斉藤一夫『米穀経済と経済発展 ―― アジアの米作国の経済発展に関する研究』大明堂，1974 年，46 頁。

合する結果，インドシナ米は等質性が低いということになるのだという。シンガポールでは，「タイ米のブランド」を利用し，ラングーンやサイゴンから来た米をタイ米に混ぜて，「タイ米」として販売していたという[50]。多種の品種米

---

50) モンスーンアジアの米穀経済についてのヴィッカイザーらの研究によれば，インドシナ半島はモンスーン地域であるために，コメの移送は降雨の始まる前に集中して行われていた。ビルマ米は 2 月から 5 月，タイ米は 1 月から 4 月に集中し，そのピークは 3 月であったという。ラングーンは遠洋航路の定期貨物船の寄港地であった。バンコックは河口が浅瀬であるために，大船舶は

の混合,銘柄の不足,精米・輸送技術の低さ,移送行程上の問題がある上に,このような米流通の特殊性（ブレンドの無規制等）から,上記の3地域産の米価格には,多かれ少なかれ,不透明な操作が行われていたことが想像される。

ビルマ,インドシナ,タイの輸出米市場は,いずれも19世紀末の段階から20世紀初頭まで,全体としては中国を含むアジアが重要な市場であり,そこでは3地域の間で競合が起きていた。コメ流通を牛耳る華僑の活動が主流であるなか,インドシナ米は,前述のようにフランスによる植民地関税政策の干渉を被っていたこともあり,次第に東アジア市場におけるシェアを不安定化させていったのである。

その結末は,困難な恐慌期に出現した。恐慌期以降の対応を3地域でみれば,ビルマ米は輸出市場をインド,セイロン,シンガポールなどのイギリス帝国圏内に確保することができた。次にタイ米は,従来はサイゴン米の主要な市場であった香港および中国市場を優勢に獲得するようになった。一方,オランダ領インドやアメリカ領フィリピンでは,恐慌後,それぞれの植民地政府が不況の衝撃を乗り越えるために植民地の食糧自給政策を打ち出した結果,サイゴン米の顧客であったこれら東南アジア諸地域の市場は失われた。

これらに代わって1930年代にサイゴン米を買い支えたのは,フランスおよび帝国圏内の植民地であった。米価が下落した1931年から,本国およびフランス植民地向けのコメ輸出は,1936年には100万t以上に達し,1938年には輸出全体の6割以上を吸収した。その結果,これまで述べてきたところの,フランスおよび植民地に対する貿易赤字をアジア諸国へのコメ輸出による黒字貿易で補填していたインドシナの貿易構造は,土台から転換を余儀なくされて変質した。一時的な輸出先の緊急避難の域を超えて,インドシナ植民地貿易および植民地経済は,フランス帝国圏への直接的なブロック化に巻き込まれたのである。

19マイル離れた島に碇泊し,無数の小舟でバンコックから運ばれる積み荷を受け取っていた。サイゴン港は大船舶と不定期の多数の小型船の両方が使用された（ヴィッカイザー他著,前掲書,98-101頁参照）。

第3節　アジア市場から分離されるインドシナ
── フランス植民地主義のビジョンと矛盾

　本章では，インドシナ植民地貿易の展開とそこでのコメ輸出の重要性を明らかにすると同時に，フランスの関税政策による干渉と支配について論じた。フランスのインドシナ植民地に対する関税の同化主義，すなわち本国商品の輸出拡大のための保護関税の導入は，対フランスおよびフランス植民地貿易の赤字をコメ輸出に基づく近隣諸地域との黒字貿易で相殺する構造を有したインドシナ植民地の貿易構造上，不可避的にコメ輸出を増大させ，ひいては輸出米の生産拡大を促進させた。

　コメ輸出の発展過程において，コーチシナがフランスの軍政下にあった19世紀70年代まで，輸出米はほとんどが（精米度の低い）籾米を含む玄米の形態であり，仕向地の6割以上が香港・中国および日本等の東アジアであった［輸出第1期］。その後，文民統治に転換した1880年代から19世紀末まで米輸出量は順調に増大したが，輸出米の形態は急速に白米に転換していった［輸出第2期］。植民地政府は財政収入の確保を目指して，コメの輸出税をコーチシナのフランス人精米・輸出業者を利する方向で，精米度の低いものに集中的に課した。その結果，ホンコンおよび中国市場は縮小され，以後は不安定性が招来された。米流通における華僑の力量に対する警戒ないしは不信感を根底に，結局はサイゴン米のアジア市場におけるシェアを低下させる結果をもたらしたのである。同化関税は，コメのフランスおよびフランス植民地への輸出も拡大した。

　東南アジア諸地域がサイゴン米の顧客となった背景には，1870年代以降にこれらの地域がコーヒー，砂糖，煙草，天然ゴム，スズなどのいわば熱帯の輸出品，欧米諸国の工業原料，嗜好品等の生産基地に再編成されたことがあった。こうした農園・鉱山等の開発に伴い投入されたアジア人労働者の食糧として，米の需要は著しく高まった。サイゴン米輸出の急増は，植民地支配下に置かれた東南アジア諸地域のモノカルチュア経済，輸出向け生産構造への転換に，自らもリンクしてその一部となった証左である。それゆえ，輸出米の増産体制を目的としたメコンデルタ新田開発も，当時の帝国主義的世界貿易の拡大によっ

て引き起こされた経済現象の一環に位置づけることができる［輸出第 3 期］。

　インドシナ植民地経済が最も繁栄し，フランスによる植民地統治体制が不動のものになった 1920 年代［輸出第 4 期］，香港市場の復活と世界市場の多様化がみられた。サイゴン米の市場変化をよく観察すると，主要な 3 地域のそれぞれの比率の変化には法則性を見いだせる。フランスおよび近隣東南アジア市場が拡大すると，東アジア市場は縮小し，他方，前 2 者の市場が縮小すると，それを補うようにすぐにも香港・東アジア市場が復活してくる。しかし 1930 年代には，東南アジア市場と東アジア市場の双方が縮小した結果，フランスおよびフランス植民地市場が前面に出てきた［輸出 5 期］。インドシナはフランスを中心とするヨーロッパ市場（英領インドも含む）に支えられ，近隣のアジア市場からは遊離した。またサイゴン米はインドシナ半島の英領ビルマおよびタイの輸出米と比べて低価格だったこと，イギリス植民地帝国内の市場を容易に担保されたビルマ米，あるいは相対的に高級米とされたタイ米との競合に負けて，国際コメ市場では厳しい状況にあった。

　本章を通して，東アジアの周辺域として近隣地域との経済的繋がりを保持していたインドシナを本国中心主義の帝国圏に取り込もうとするフランス植民地主義者のビジョンと矛盾は透視されるが，そこには限界もあった。次章では，コメ輸出第 3 期以降に，より露わになる帝国主義支配の実態をみることにしたい。20 世紀初頭のメコンデルタ開発は，西部地域における大規模排水運河の掘削，インドシナ全域に及ぶ租税体系の確立，村落再編等を経て，新たな展開をみることになるのである。

第3章
植民地統治下のメコンデルタ水田開発

土地の分配システム

これまで論じてきたように，19世紀後半以降のベトナム南部メコンデルタは，海外における米需要の高まりを背景に，東南アジア大陸部チャオプラヤ，イラワジ両大河デルタとほぼ時を同じくして，世界の米の三大輸出地域の一つに変貌を遂げた。本章では，輸出米の増産を実現させた新田開発とコーチシナ植民地政府による土地政策の関係を考察する。コーチシナにおけるフランス植民地政府の土地政策を，新田開発の視点からみると，次の3つの機能を有したと筆者は考える。第1に近代的土地私有権の確立であり，第2に無主地の分配のための国有地払い下げ制度の確立である。そして第3には，運河の掘削事業による無主可耕地の創出である。

　フランス植民地権力は，コーチシナ領有後に，所有地の登記を命じ，未登記の無主地を植民地政府の「国有地」として接収した。無主地の開墾は，国有地払い下げを通して初めて認可された。デルタ西部に眠っていた広大な低地浸水地帯は，20世紀初頭以降に植民地政府が掘削した運河によって，人びとの新しい入植地に変わった[1]。そのような土地はやがてフランス人もしくは一握りの現地人による大規模な土地取得の対象となった。こうして，植民地の土地制度は，コーチシナ経済・社会の変容と変動の重要な枠組みをつくり出したのである。

1）　高谷好一・海田能宏・福井捷朗によるメコンデルタの自然環境と米作の研究では，水田立地の視点からデルタの地域区分が次のように示されている。まず，1. メコン川とバサック川が平行して流れる中流域：両川の自然堤防 Levee と後背湿地 Backswamp が組み合わさった氾濫原 Flood Plain では浮き稲栽培。2. 両川は下流に行くにつれて幾筋もの支流に分かれ烏足状の新デルタ Modern Delta となる。氾濫原よりずっと小規模な自然堤防と後背湿地の組み合わせがモザイク状に密に分布。この地域では，初歩的な道具と材料で雨季の開始とともに稲の全生育期間にわたって適度の湛水状態を保つことができる。2回移植稲栽培。3. 海岸域に近い沿岸複合地形 Coastal Complex は比較的標高のある（2-5 m）古い時期の海岸線の隆起帯と，沿岸低地および潟の組み合わさった地域で，多かれ少なかれ土壌は砂質であり塩分を含む土壌問題がある。4. 氾濫原や新デルタより西部では，広大な平原低地が広がる。起伏が少なく，排水が困難なために，降雨流出水によって，雨季には全く浸水する。ここでは，運河の掘削により人工的に築かれた土堤の上に初めて人間の居住が可能となり，運河の排水作用により可耕地域になる。詳しくは3氏による "Natural Environment and Rice Culture of the Mekong Delta," Reprinted from *Tonan Ajia Kenkyu*, Vol. 12, No. 2, 1974 を参照。

第3章　植民地統治下のメコンデルタ水田開発　｜　91

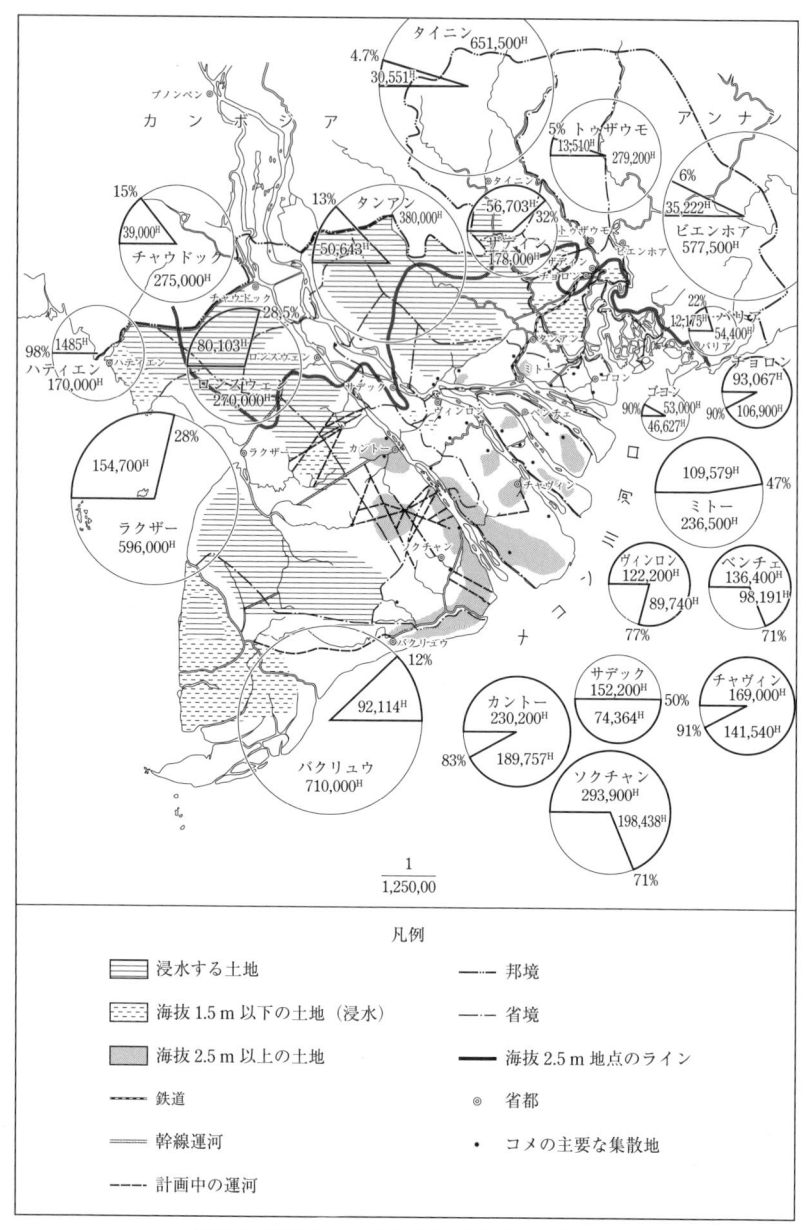

図 3-1 稲作地コーチシナ概図（1912-1913 年）

円の大きさは各省の総面積を，太枠は課税された水田面積を表わしている。
史料：Brenier, H., *Essai d'Atlas statisitique de l'Indochine française*, Hanoi, 1914, pp. 148-149.

第1節　仏領コーチシナの土地制度と水田開発

　輸出米の増産を果たしたコーチシナの米生産力の上昇は，もっぱら水田の外延的拡大，すなわち耕作面積の増大によるものであり，土地生産性，労働生産性の向上とは無縁であった。メコンデルタの稲作地域は，ベトナム人の進出に伴って，彼らの入植の歴史の比較的古いコーチシナ東部あるいは中部から，20世紀にデルタ開発の中心となる西部地域に向かって拡大していった。

1. フランス占領当初の所有地の確定

　コーチシナにおける土地制度全般を本格的に分析するにあたっては，グエン朝から継承したベトナム社会の法制度上の土地所有関係，並びにベトナム人，クメール人，チャム人の村落における土地所有状況をふまえ，さらにフランス占領時の混乱やフランス土地法の適用範囲の実態等を考慮して，慎重に検討する必要がある。しかしながら，この点は本書のテーマを超え，筆者の力量も及ばないものである。さしあたって本節では，国有地払い下げを実施するための前提となる私的所有地の確定をめぐって，フランス植民地政府はどのような方策でそれに対処したかを考察することから始めたい。

(1) 占領，土地没収

　フランスのコーチシナ占領の端緒は，第二次アヘン戦争の終了後，先述のようにフランス海軍中将リゴール・ド・ジェヌイーがトゥーラーヌ港を攻撃した1858年9月初めに遡る。彼らは翌59年2月にドンナイ河口の要塞を攻め上り，サイゴンを陥落させた。さらに1861年には，ミトー，ビエンホアを，1862年にはヴィンロンを占領した[2]。同年にベトナム・グエン朝との間で第一次サイゴン条約が結ばれ，旧ナムキ東部3省がフランスに割譲された。翌63年には，反仏的な行為者の土地をすべて没収するという命令が出された[3]。

---

[2] *Annuaire de l'Indochine Française, Premiere Partie; Cochinchine et Cambodge, Ephemerides, 1890*, Saigon, Ephemerides を参照。

[3] Murray, M., *The Development of Capitalism in Indo-China (1870–1940)*, California U. P., 1980, p.

1863年は，カンボジアがフランスの保護領となった年でもある。隣国シャムでは，すでに下ビルマを領有したイギリスが，ボーリング条約を締結していた。当時，中国市場をめぐってイギリスとの対抗関係にあったフランスによるコーチシナ侵略の最大のねらいは，雲南貿易路としてのメコン川ルートの探索，確保にあったといわれる。その計画の元で流域のカンボジアの支配権が求められていた。しかしまた，カンボジアのノロドム王との同盟は，メコンデルタに広がった抗仏蜂起の鎮圧に有利であった。1867年6月にはヴィンロン，ハティエンの要塞および両省の要所を占拠したグランディエール（Grandiere）海軍中将は，ここに西部を加えたコーチシナ全域の永久的占領と全無主地の接収を宣言した[4]。

　フランスのコーチシナ占領は，こうしてわずかの期間に進んだ。所有権を主張されない土地，林野は無主地とみなされ，国有地に編入された。入植者が開拓地を得る方法は，法律上は国有地の払い下げ認可令によることになった。

(2) 地簿 Dia bo (Dia ba) の再興

　フランス植民地政権は武力で土地の占領と接収を進める一方で，「平和的に」植民地体制を樹立するために，村落の一般住民に対しては，彼らの耕作する田土の権利をフランス法に基づいて保護することを強調した[5]。所有地をフランス語と中国語で土地台帳に登記することを命じ，従来ベトナム法で禁じられた押収や，公的目的のために補償金の支払いなく土地を徴収することはない，と繰り返し伝えた[6]。私有地および共有地の登記令はその後も繰り返し出され，国有地払い下げ政策を進めるための所有地の確定が急がれた。

　では，1870年代末までのフランス海軍による軍政期[7]において，土地所有状

56.

4) *Ibid.*

5) M. Labussière, "Etude sur la propriété foncière rurale en Cochinchine et particulièrement dans l'inspection de Soctrang," *Excursions et Reconnaissances*, no. 3, 1889, p. 253.

6) Bouinais, A., & Paulus, A., *L'Indochine Francaise Contemporaine, Cochinchine*, Paris, 1885, p. 363.

7) 　仏領コーチシナの軍政時代について，地方行政を述べておきたい。1876年1月5日の arrete によって，バース・コーシャンシーヌは Saigon, Bienhoa, Mytho, Vinhlong, Chaudoc, Hatien の4つの Circonscription（軍の管轄区）に分けられていた。それぞれはいくつかの Arrondissement（省）から構成された。Saigon 軍管区は Saigon, Tayninh, Thudaumot, Bienhoa, Baira の諸省に，Mytho 軍管区は Mytho, Tanan, Gocong, Cholon の諸省に，Vinhlong 軍管区は Vinhlong, Bentre, Travinh, Sadec の諸省に，Bassac 軍管区は Chaudoc, Hatien, Longxuyen, Rachgia, Canto, Soctrang の諸省

況は当局にどのように把握されていたのであろうか。占領直後の混乱のなかで，各地で文書は散乱ないしは紛失等によって壊滅状態に置かれていた[8]。フランス土地法を導入し，ベトナム王に取って代わったフランス国王の権威をして土地台帳を全土的に書き改めさせることは，困難であった。むしろ植民地当局は，グエン朝ミンマン帝の治世に作成された地簿を，土地政策の遂行に利用したのである[9]。

　ベトナム皇帝の奨励の下に，南部へのベトナム人の入植が本格的に進展するのは，19世紀以降のことである。旧サイゴン周辺のザディン（Gia-Dinh），ビエンホア（Bien Hoa）の歴史は比較的古いが，デルタ中部のミトー省においては，19世紀前半に創設された村落も多い。フランスが植民地化した19世紀半ば，グエン王朝の旧6省で構成するナムキ（南部）の各省に統治機構が置かれていたとはいえ，メコンデルタ西部には先住民族のクメール人およびチャム人ほかの村落は多く存在し，ベトナム人の入植はまだその途上にあった。デルタ西部の砂質の微高地（Giong）上にクメール人は居住し，稲作を営み，収穫物を華人のもたらす日常品などと交換していた。バサック川下流のソクチャン（Soc Trang）ではベトナム人は土地を所有せず，漁業で生計を立てた[10]。

　ベトナム人の入植の形態は，主として屯田や民間人のグループによる開墾によって，徐々に進んでいた。入植者のグループが村創設の許可を官吏に申請すると，成年男子の戸籍簿への登録，また私田，公田および村有田などを土地台帳である地簿に記載し，徴税に関する取り決めがなされた[11]。この新村設立の

に分けられた（Le Comite Agricol et Industriel de la Cochinchine, *La Cochinchine française en 1878*, Paris 1878, pp. 66-88）。同年6月2日の decre では，19の各省ごとにそれぞれ監察局（Inspection），省行政の中心となる役所，定められた任務を持つ3名のフランス人行政官の宿舎を設置するとした。現地人の諸事に関わる監察官は，各軍管区の行政監督を担った。郡（Canton）の郡長は郡行政を，村長は村落行政（郷職会議，村会議など）を担う。監察局は，植民地防衛の最も重要な拠点であり，フランス軍が駐屯した。その他では現地人の植民地軍が配置されていた。各監察局はサイゴンと電信で結ばれ，すべてのステーションにはフランス人が雇用されていた。毎日，郵便物が鉄道，船，馬，徒歩などで届けられた［*Ibid.*, pp. 66-67］。1882年に新たに Baclieu 省が創設された（第5章では Baclieu 省の創設を扱う）。

8）　Lu Van Vi, *La Propriete Fonciere en Cochinchine*, Paris, 1939, p. 66.
9）　*Ibid.*, p. 64.
10）　Labussière, *op. cit.*, p. 254.
11）　Landes, "La commune annamite," *Excursions et Reconnaissances*, Tome 2, 1880-1881, pp. 101-102. また Outrey, E. *Nouveau Recueil de Législation Cantonale et Communale, Annamite de Cochinchine*, Saigon, 1913, p. 20.

申請の制度は，フランス植民地期においても基本的には継承された。

伝統的な村落には戸籍簿に載る登録民の他に，独立した生計手段を持たない住民 —— 非登録民が多数存在した[12]。中央権力は村落ごとに収税の義務を負わせ，村落内での税負担の分配に関しては，村の支配層ノタブル (notable) である郷職 (Huong Chuc) の自治を黙認した[13]。

1863年1月に，ナムキ東部3省において植民地当局は地簿に基づく地租の徴収を命じている[14]。地簿は，第1章で触れておいたようにミンマン帝が土地調査と財政基盤の確立を目指して1836年に村ごとの耕地状況を記載させた土地帳である。調査には多数の高位のマンダリンがサイゴンに派遣され，各省の官吏 (Quan Bo) による監督の下で村落ごとの登録が進められたとされている。地簿には，課税対象となる耕地のみについて，それらの土地所有の起源，境界，所有者名，面積，作物などが明記された。土地の開墾後は，自発的に地簿への記載を申請する，というものであった[15]。

先述のようにフランス植民地当局は，地簿の再興を意図したが，当初はその実施は困難を極めた。しかし，1870年代に入ると，リュロ (Luro)[16]，フィラストル (Philastre) らによる現地住民社会の諸制度に関する研究が進み，彼らを中心に従来の慣習に従って村落の土地台帳の修復，訂正，調査が本格的に着手された。これは1871年5月20日付け法令に表現されたが，以後この明細登記帳 (un cahier de description) が新しい地簿と呼ばれた。

1871年の法令によれば，各村は地簿にその村の土地区画図を付け，それぞ

---

12) 登録民は原則として21歳以上の家長で土地所有者，暮らし向きのよい独立した生計を持つ者たちが含まれ，彼らは村の成員 citoyen du village である。人頭税，兵役，賦役の義務があるが，年寄りや官吏，兵士などはそれらを減免ないし免除された。これに対して非登録民は別の村から来た住民 (dan ngoai) と dan lau の二種類があり，後者は無産者であり，生存手段を特定個人や村落自体に依存する者たちである。村落の役務や国家の賦役を登録民に代わって行い，生活の資にする。村落内の流動民であるが，その一方では登録民数の減少をカバーする予備軍にもなった (Landes, *op. cit.*, pp. 103–104)。

13) *Ibid.*, pp. 104–111.

14) Bouinais, A. & Paulaus, A., *op. cit.*, p. 154.

15) Lu Van Vi, *op. cit.*, pp. 58–59.

16) 1864年にコーチシナへ赴任した Luro はフランス人のベトナム社会研究の第1世代といえる。1875年にはフランス人の行政官育成学校 Cours d'Administration を創設し，そこでベトナム人の村落組織，国家との関係，税制，司法などを講義した。そのテキストが *Cours d'Administration annamite* である。彼はその後，*Le Pays d'Annam* (1897) を執筆し，これはベトナム社会研究の史料として有名である。

れの区画について所有者名，おおよその面積，耕作の分類を明記するよう命じられた。新しい地簿には耕地のみでなく，村落内の未開墾地，無主地，耕作の放棄された土地などについても，記載することが義務づけられた。村落は省長の監督と省の現地人役人の検証の元で，この土地帳への記載を行わねばならなかった[17]。また，その後次第に増加するヨーロッパ人の所有地についても，それが位置する村落の登記帳に載せる，とされた（1875年4月7日付け法令）[18]。

このように，フランス植民地化の初期において，当局は村落の自治機能を容認し，従来の伝統的村落機構で営まれていた土地台帳への記載と収税慣習を利用する方向に傾いていった。この政策理念は，現地事情監察官（Inspecteur des affaires indigènes）であった先のリュロが提督にあてた提言のなかにも，垣間みることができる[19]。

1870年代のコーチシナ各地では，集団で新しい土地に移住し，村落を創設する社会現象が激発した。廃村寸前の村落が再生したり，既存の村の一部もしくは集落が別の新村として分離したり，複数の村落の村境地域が合併して新村が誕生した。1870年代の新しい共同体（commune）に関する条例で，このようにさまざまな形態はあるが，村落創設の認可令は非常に多くみられる[20]。1880

---

17) Lu Van Vi, *op. cit.*, pp. 58–67.
18) Outrey, *Nouveau recueil de législation cantonale et communale, Annamite de Cochinchine*, Saigon, 1913, p. 107.
19) 彼の書簡および覚え書きを集めた Taboulet, G., (ed.), "Jean-Baptiste Eliacin Luro," *Bulletin de la Société des Etudes indochinoise de Saigon*, XVe, 1940, p. 44 から彼のベトナム人村落に対する考えを示すと思われる文章を次に掲げる。
　「……村の諸権限のなかから村長を出させなくともよいのです。むしろ，その風習や慣習をそのままにしておいたがよいのです。その影響力と富の故に，村の統率者である大ノタブル（les grands notables）たちに常に責任を負わせるべきです。……ある村を全くの個人が委任されることを想定すると，その者は，まず村人の非常に強固な組織にぶつかります。だから私は村落の無条件の維持，すなわち慣習法の尊重を要請します。……開墾を請け負う貧しく勤勉な耕作者を国家が援助できるかどうかという問題は，非常に解決が困難です。思うに，国家の介入は全く効力のないものです。……このまま，自然に貧しい耕作者が創出されるような，経済革命を待つべきです……。」
　ここから，リュロがみたコーチシナの村は次のようにイメージされるだろう。集団としての村は，有力者たちによる寡頭支配の下におかれ，フランス植民地権力はその内部への介入を慎重に避けようとしていること。干渉はせず，慣習法による「伝統」社会を尊重するが，しかし，村組織が内部に貧困な農民を抱え込んでいる状況は把握し，将来における彼らへの施策はなにがしか想定されている。それは，自作農育成への展望であった。
20) 新村の創設許可令に関しては，*Bulletin officiel de l'Expediton de Cochinchine*（1861–1882）などを分析した結果，得た結論である。

年代の初めまでに，少なくともコーチシナで 80 以上の新村認可令が出された。地理的にみれば，こうした新村は，チャウドックやソクチャンなどの西部にも少しはあるが，一般的にはまだバサック川以西の諸省を除いた地域に多かった。たとえば，1877 年の 1 年間に，サデック省（メコン川本流とバサック川に挟まれた中流域）では，12 以上の新村が創設された[21]。籾輸出が自由になり，籾米の買い付けが盛んになるに従い，村落内の未耕地の開墾や，抵抗や社会的混乱によって荒廃した土地の再開発に向けて，人びとは積極的に取り組んでいた証左と考えられる[22]。

しかし，活発な創村認可の申請に伴う開墾地の地簿への登記や，フランス人による部分的ではあったが土地調査の進行過程で，たとえばソクチャン省でのラビュスィエールの報告にあるように[23]，植民地権力は，村落の郷職であるノタブルが土地台帳に基づく徴税額より多めに耕作者から取り立て，土地所有の不正申告や共有地などをめぐり私腹を肥やしている事実を把握し，次第に彼らの存在を批判的にみるようになる[24]。同時代人であったランド (Landes) のベトナム村落研究によると，共有地は賃貸され，公田 (cong dien) であるべき土地が村有田 (bon thon dien) として登録され，郷職の権限の下で譲渡される例もあった[25]。また，私的所有権の明確でない土地が共有地として登記され，実際上は，郷職の支配下に置かれることもあった。このために，植民地政府は，グエン朝時代に出された公田の不可譲渡性を強調する法令を，1880 年と 1883 年の 2 度にわたって公布し，対応したのであった[26]。

フランス法に基づく私的所有権の確定を目指した植民地当局も，当面はベトナム村落の自治への干渉を避けざるを得なかった。公田の不可譲渡性を強調する伝統的統治形態を継承せざるを得なかった点が，この時期の植民地土地政策の限界を端的に示している。

21) 同上。
22) 先の Landes によれば，こうして新村の数が増大した。当時のコーチシナには約 2400 村が存在していた (Landes, *op. cit.*, p. 102)。
23) Labussière, *op., cit.*, pp. 253-266 を参照。
24) Bouinais, A. & Paulus, A., *op. cit.*, p. 159.
25) Landes, *op. cit.*, p. 105.
26) Outrey, E., *op. cit.*, p. 112.

2. 土地登記令の強化

やがて水田面積が拡大するにつれて、植民地政府がそれに見合う地租収入の増大を求めるようになると、地簿の登記の不備を補う必要が生じた。植民地行政がフランス海軍による軍政から文民統治に転換した 1880 年以降、植民地政府は村落の支配層による不正の横行に、積極的対応をみせるようになった。村落に対する直接的介入は、このころから始まるのである[27]。

土地政策の観点からは、ノタブルによる土地登記の統制強化を通して、植民地政府の監視の目が厳しいものとなった。以下、80 年代の地簿および土地登記に関する土地法令をみていくことにする。

1871 年の地簿の再興令は、1885 年 11 月 27 日付法令によって再びコーチシナ全土に命じられた。これは、ノタブルによる村落内各地所の地簿への登記とその方法を簡潔に示すものである。従来通り、地所ごとの所有者、面積、耕作の種類（水田かその他の作物かの区別）の並記を求めているが、その際には、村

---

[27] この立役者は初めての文人総督ル・ミル・ドゥ・ヴィレ（Le Myre de Vilers）とロンスウェン省生まれのカトリック教徒で、有名な協力者のチャン・バ・ロック（Tran Ba Loc）であった。この点は、Osborne, M., *The French Presence in Cochinchina and Cambodia, Rule and Response (1859-1905)*, NY., 1969, Chap. 6-7 に詳しい。Le Myre de Vilers はこの協力者の意見を入れてコーチシナの課税慣習を変更することを考えた。郷職（ノタブル）の不正を廃止させ、税収入を増大させるために、従来行ってきた村の慣行通りに村ごとで税を納める方法を改め、徐々に村落内の非登録民のカテゴリーを消滅させる方向が示された（全住民の登録義務令 1880 年 9 月 15 日付法令）。また村の健康な全青年男子に 3 フランの人頭税の義務［同じく 1880 年法令］などにその方針がみられる。そしてこの全成年男子の登録名簿、および土地所有者名簿に基づき、直接税のうちの 2 大柱である人頭税と地税が確立され、次第に植民地地方財政の基盤になるのである。Vu van Hien, "Les institutions annamites depuis l'arrivée des française, L'impot personnel et les corvées des 1862 à 1936," *La Revue indochinoise juridique et économique*, 1940, p. 86, p. 90 参照。

また村落内の自治に対する干渉としては、1882 年 12 月 28 日付法令が挙げられる。これは専売政務（アヘン・酒の収税）をサチュオンの義務とし、従来は村落の小郷職でしかなかったサチュオンをフランス植民地政府の下級官吏に統合することを目指すものであった（Osborne, M., *op. cit.*, p. 146 参照）。その後、20 世紀初頭、P. Doumer は、M. Beau との談話のなかでコーチシナの村落解体の危機を憂えている（Doumer, *Situation de l'Indochine*, p. 90）。1903 年には、失墜した郷職の特権をある程度の範囲で復活させるために郷職のヒエラルキーの調査委員会が発足し、翌年再編令が出された。こうして 20 世紀初頭には郷職組織は村落行政における地位をフランス植民地政府によって再び認められることになった（*Arrete concernant la reforme communale en Cochinchine*, Saigon, 1928, pp. 13-24 によって法令の内容を知ることができる）。

の保管する文書や証言に基づくことが義務づけられた[28]。1883年10月13日付法令によると，地簿の記載は村落の責任の下でなされると定めた上で，正規の権利により所有を証明しない個人に対しては，ノタブルにこの記載を拒否する権限を与える内容もみられる[29]。また，基本的にはミンマン17年の地簿の記載内容を尊重するが（1884年6月12日付法令），その後のベトナム皇帝によって耕作を許可された土地および封土などは，フランス植民地権力に所有権が戻されるべきであると強調され，土地の払い下げは，フランス植民地政府によって厳格なる手続きを経て初めて正式に与えられると謳われた（1887年4月7日付法令）[30]。

　地簿の登記に関する変更事項には厳しい規定も設けられた。たとえば，水田，その他の作物栽培，もしくは荒れ地などの土地分類に関して，異議が生じた場合には（耕作分類別に課税額が異なるため），省の参事官（conseiller），省長およびその土地の位置する村落の，行政府の任命した3名のノタブルから構成される委員会によって処理されなければならない（1891年3月6日付法令）[31]。とりわけノタブルに対しては，登記の形式を遵守することを命じ，台帳上の記載の改変は，次の場合を除き禁じられた（1885年11月27日付法令）。改変が認められる場合とは，土地相続，土地売却，土地放棄により土地所有に何らかの変更があった時のみで，それらは詳細にわたり規制を加えられた[32]。

　1887年の土地登記令は，さらに次のように述べている。土地を登記せず占有する者は，地簿への登記を定められた期限までに申請し，これに関する異議申し立てが行政もしくは裁判所に提出されない場合に，所有権が確定される。これにより，正式の権利証書や地税の義務を負う土地の明記された書類が交付される。1ピアストルを支払えば，地簿の抄本も得ることができる。こうしてその土地は，フランス法の適用を受けられる，とある。ノタブルの義務は，その権利証書に記載された事項を村落の台帳に正確に写し，村落で保管することである。責任不履行の場合には，罰せられるとされた[33]。この法令にも，土地登記を強制する一方で，土地の私的所有権を明確化し，土地所有に関するノタ

---

28) Outrey, *op. cit.*, p. 107.
29) *Ibid.*, p. 107.
30) *Ibid.*, p. 109.
31) *Ibid.*, p. 107.
32) *Ibid.*, pp. 109–111.
33) *Ibid.*, p. 189.

ブルの不正や干渉を排除しようとする植民地権力の意図を，読み取ることができる。1887年の登記令と同様の内容の法令は，1908年3月にも出されている。地簿に登記し，地税を速やかに支払うことにより，正規の私的土地所有権が付与される，と強調している[34]。

1880年代は地簿の充実に向けて，このような土地法令が集中的に発布された。その結果，後述するように，統計上の水田面積は80年代に入り著しく増大した。課税を免れていた水田の把握に，土地登記令はかなりの効果をもたらしたのであった。

次に，公田および村落共有地に関する植民地政府の態度も，土地法を通じて1890年代に修正されていったと考えられる。行政側の許可があれば，売買や3年以上に及ぶ賃貸も認められ（1892年，1904年法令）[35]，従来のこれらの土地利用の共同体的性格は次第に消滅する方向に向かった。

19世紀末に近づくにつれ，70年代にみられた新村の増加は数の上ではほとんどなくなり，むしろ村落数は合併により減少する。行政村としての再編化が進んだとみてよいであろう。

植民地の中央権力による在地村落支配層への規制の強化，近代的土地登記令の採用，共有地利用の規制緩和，そして先の村落統合などを通じて，19世紀末までにコーチシナ社会はかなりの変動を生じたと推察される。この点は国有地払い下げ政策を分析することによっても同様の結論が得られるであろう。国有地払い下げ制度も，1880年代以降に大きく変化した。それは，所有地の確定と国有地払い下げ政策が，植民地土地政策の両輪であった証拠でもある。次に，国有地払い下げ制度について検討することにしたい。

3. 国有地払い下げ制度の確立

最も早い時期の国有地払い下げに関する法令は，1865年の公開競売令にみることができる。この法令から第一次世界大戦前までに払い下げ法は変更を繰り返した。しかし，大きく捉えれば，まず1880年代に基本的な変化が生じている。はじめに，60年代，70年代までの状況について明らかにする。

---

34) *Ibid.*, p. 190.
35) *Ibid.*, p. 112.

(1) 1860年代および1870年代

　1865年3月30日付の法令によれば公開競売は，3ヶ月前に宣告され，1 haあたりの価格は10–70フランの枠に定められ，譲渡が決定すれば5フランの登記税が課せられるとある[36]。同年9月，まずヨーロッパ人が，サイゴン付近に払い下げ地を得て農業開拓を始めたが，失敗して土地は返還された[37]。当初の払い下げは，このように有償であった。とはいえ，有償の国有地払い下げ制度は，十分機能してはいなかった。実際は，フランス人や親仏的ベトナム人，カトリック教徒に対して，協力への報酬として土地が無償で譲渡されていたようである[38]。

　1870年代に，「国土のいかなる譲渡も提督の許可なくなされてはならない」と再度法令が出されたものの，現実には無効に等しかった[39]。新田の開発は植民地政府の「許可なく」行われ，稲作地域は西へ向かって拡大していた。先にみた新村認可令の増加は，その現実を当局が認容せざるを得なかった結果に他ならない。

　払い下げ制度の下で，未耕の無主地の開拓を促進させるために，当局は1874年ころから，現実を追認するように，国有地の無償払い下げの方向を検討し始めている[40]。1878年には，農村の資本のない人びとに土地所有の機会を与える目的で，また地税の義務を逃れている土地の登記を促進させるねらいも含めて，払い下げ地は譲渡価格の支払いを免除する，という法令が出された[41]。その後，払い下げ制度は無償化，並びに手続きの簡易化に向けて，より現実的なものに変わっていったのである。

(2) 1880年代–1913年

　植民地政府が，耕地の拡大に向けて，払い下げ制度を通して積極的な関わりを持つようになったと考えられるのは，1880年代以降のことである。それは，無償払い下げが実施されたことによる。

---

36) Labussière, *op. cit.*, p. 225.
37) *Ibid.*, p. 256.
38) Lu Van Vi, *op. cit.*, p. 84.
39) Labussière, *op. cit.*, p. 256.
40) Girault, A., *Principes de colonisation et de législation coloniale*, Tome II, Paris, 1927, p. 388.
41) Labussière *op. cit.*, pp. 257, 264.

まず，1880年に発足したばかりの植民地評議会が[42]，20 ha以上の未耕地を無償で払い下げる権限を持つことを決定した[43]。払い下げの規模の上限は，500 haに定められた。さらに1882年には，国有地の無償払い下げ制度の基本的枠組みとなる法令が布告された。この法令は，コーチシナの土地を3つに分離している。(1) 第20区（サイゴン）以外の区域内の未耕地，(2) 都市の土地および農家の所有地——つまり収穫のある耕地や農園，第20区にある未耕地，(3) 公共の利益，福祉のために保有された土地，である。このうち(3)は譲渡の対象にはなりがたい。はじめの(1)は無償で，(2)は有償で土地譲渡される。(2)の土地は公開競売され，決定価格の半分は現金で支払い，残りの半分は2回に分けて年々支払う。完済後に初めて所有権が付与される[44]。

　新田開発と関連の深いものは，(1)である。無償払い下げの許される土地は，未耕地および収穫物や採油可能な樹木等の生育していない土地に限られる。申請者にはフランス人，現地人，外国人の区別なく無償で認可される。払い下げの規模が10–500 ha未満のものは，緊急の場合を除き，植民地評議会で認可される。10 ha未満のものは，各省の行政長官によって，耕作の許可もしくは仮の権利 titres provisoires が付与される（1886年6月9日付法令）。行政長官は，村落での公的な測量調査の後に，仮の権利証書を交付する権限を有する。しかしながら，この仮の許可は，できるだけ短い期間内に，正式のものにしなければならない。仮の所有権を持って占められた土地の確定的所有権 la propriété définitive を唯一付与することができる者は，コーチシナ総督代理官 Lieutenant Gouverneur である（1909年7月26日付法令）[45]。

　1890年の法令では，払い下げを受けると（10 ha以上の払い下げの場合），毎年，払い下げ地の5分の1ずつの開墾および耕作に着手し，5年後には完全に耕地化が終了していなくてはならない。毎年末に払い下げ委員会の調査を受け，条項の不履行の土地は植民地政府に返還されなければならない。この委員会報告

---

42) 1880年2月8日の法令で創設された。コーチシナ予算に関する決議権を持ち，メンバー（16名）の任期は4年と定められた。16名のうちコーチシナ総督，副総督の他6名はフランス人もしくはフランス国籍を持つものの間で選挙された。その他6名は市町村の代表者による互選で選挙され，フランス植民地政府が任命する仏領アジア人で構成する。さらにフランス人官吏およびサイゴン商業会議所からの代表者各1名も加わった（Girault, A., *op. cit.*, tome II, pp. 197, 254）。

43) Bouinais, A., & Paulus, A., *op. cit.*, p. 364.

44) Girault, A., *op. cit.*, tome II, p. 389.

45) Outrey, *op. cit.*, p. 177.

に従って,初めて払い下げ地は終局的譲渡が確定される。払い下げの認可後5年間に払い下げを受けた者が所有権の確定も待たずに土地を抵当に入れたり,第3者に譲渡することは許されない[46]。10 ha 未満の払い下げについても土地のすべてが開発されたのちに所有権が認められるが,この場合には3年が期限とされた(1891年11月6日付法令)[47]。

このように国有地が譲渡されてから所定の期限内に速やかに完全に耕作されると,所有権の付与に対して異議が出されない限り,払い下げは確定的権利(Le titre définitif de concession)になり,税の支払い義務が直ちに生じる(1906年4月11日付法令)[48]。

また払い下げ申請者は,土地の広さと境界線をできるだけ正確に描いた図面を提出し,20 ha を超える面積のものについては,1 ha 当たり20サンチームと行政側の調査費用の合計額を負担しなければならない(1905年法令)[49]。

無償払い下げ制度の内容は以上のような手続きであるが,必ずしも厳しい規定ではなく,その時々の状況に符合させて,変更や修正も加えられていたようである。たとえば無償払い下げ面積の最高限度500 ha の規定は1890年には廃止され,1899年2月13日付法令により,総督の許可があれば500 ha 以上の払い下げ申請も可能になった。

後述するように,1890年代には,運河の掘削によって広大な可耕地が生まれ始めていた。そのような土地の払い下げと開墾を促進させる必要から,法令が改正された。ただし,払い下げ申請中の現地人によって占められた土地,も

---

46) *Ibid.*, p. 177.
47) *Ibid.*, pp. 180–181.
48) *Ibid.*, p. 181.
49) この費用は1911年には払い下げ申請面積に応じて1 ha あたり次のように細かく定められた(*Ibid.*, p. 178 参照)。

20 ha〜100 ha	0$80
100 ha〜200 ha	0$80 (100 ha 以下の分)
	0$60 (100 ha を超える分)
200〜500 ha	0$80 (100 ha 以下の分)
	0$60 (100–200 ha の分)
	0$45 (200 ha を超える分)
500 ha 以上	0$80 (100 ha 以下の分)
	0$60 (100–200 ha の分)
	0$45 (200 ha を超える分)
	0$30 (300 ha を超える分)

しくはその地域住民の尽力によって開墾中の土地に関しては，第3者にこれを払い下げてはならないとした[50]。植民地政府は，土地の投機的な取得を目的とした払い下げ申請を規制しようとしたとみることができる。

開墾を終えなければならない期限については，付与条件を緩和することもある。また延長が認められる傾向もある。1897年には，払い下げ地の開墾は一定の期限を持って強制されないが，できるだけ早く開墾し，地税を支払うことが望ましいという表現の法令も出現している[51]。土地の分配を進めて開発を促進させようとするねらいがうかがわれる。

またヨーロッパ人を対象とする国有地譲渡には，明らかに優遇政策が講じられている。地税の支払い義務の生じる時期が現地人と比べて遅いといった特例や，規模が大きいために開墾終了期限が長期に及んで認められたことなどが挙げられる[52]。状況に応じて各地で変更や修正を繰り返した国有地払い下げ制度は，1913年にはベトナム3邦における統一令として改訂をみた[53]。

4. 19世紀末までの水田開発の進展

これまでフランス領有以後のコーチシナ植民地政府の土地政策を，所有地の画定過程と無主地の分配制度の2つの側面から検討してきた。こうした土地政策が水田開発の進展とどのような関連を持ってなされていたのだろうか。本節では，この問題を19世紀末までについて考察する。

(1) 水田面積の増大

これまで述べてきたように，地簿の再興，登記令の強化策の遂行により，統計上の水田面積は1880年代の前半かなり増加した。とはいえ20世紀になっても登記漏れの水田は存在し，それらが発覚して数値が著しく増大することも頻繁にあった。また天候の不順やネズミ，カニ，昆虫の害，疫病の流行などによって毎年相当の作付けされない土地も生じていた。これらは，仏領インドシナ総督府の経済誌（*Bulletin économique de l'Indochine*）（月刊 *BEI* と略記）上の毎年の省

---

50) *Ibid.*, p. 178.
51) Girault, A., *op. cit.*, p. 389.
52) Lu van Vi, *op. cit.*, p. 88.
53) *Ibid.*, pp. 89–90.

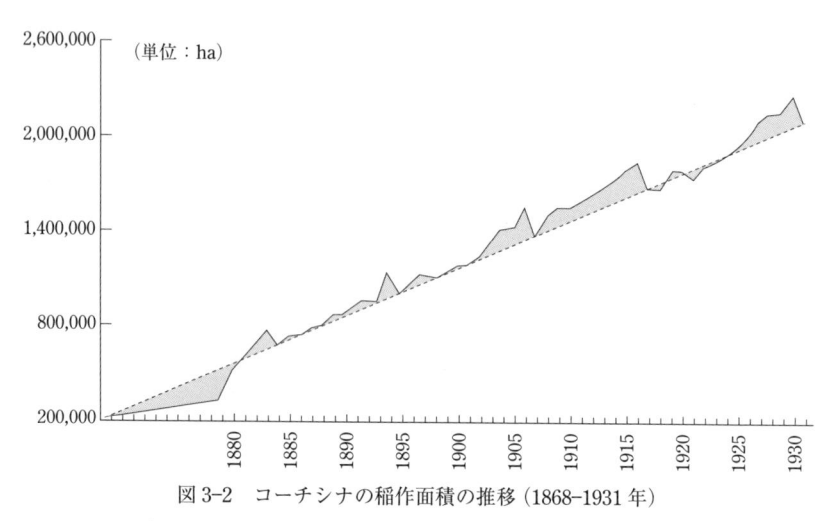

図 3-2　コーチシナの稲作面積の推移（1868-1931 年）
出所：Y. Henry, *Économie agricole de l'Indochine*, Hanoi, 1932, pp. 272-273.

別作柄状況の報告に具体的にみることができる。このため，地域別には毎年かなりの変動はあるが，しかし数値の信憑性の極めて薄い 1870 年代と比較すれば，1880 年以降の稲作付面積は次第に現実を反映するようになり，また一定の増大傾向を明らかに示している（図 3-2 参照）。

コクレル（A. Coquerel）は，1881 年以降の数値について，それらは耕作者によって大抵は低めに申告されがちなので，実際の耕地面積をそこから想定するには，統計に表された数値の最大 75% を付加しなければならないと述べている[54]。このように 70 年代の数値の変化は，実際の水田の拡張の結果か，登記令の急速な浸透の結果かの判断は難しい。それゆえに，ここでは先にみた 1887 年登記令施行後の 1888 年以降の各省別水田面積を，1898 年，1908 年および 1931 年のそれらと比較しておきたい（表 3-1 参照）。

まず，1888 年のコーチシナにおける水田総面積は約 80 万 ha である。それは 98 年には 110 万 ha，1908 年は 148 万 ha，1931 年には 226 万 ha に増大した。1931 年の数値を 100 として，各年の水田面積の推移を指数で表せば，36（1888 年）→ 49（1898 年）→ 66（1908 年）→ 100（1931 年）となる。19 世紀末の段階で植民地期ピーク時（1920 年代末）の約半分に達していたことがわかる。

---

54) A. Coquerel, *Paddys et riz de Cochinchine,* Lyon, 1911，巻末の表（1868-1881 年コーチシナ水田面積）脚注より。

表 3-1　コーチシナの地域別水田面積（1888/1898/1908/1931 年）　　　単位：ha

省名	1888 年	1898 年	1908 年	1931 年
〈西部〉				
バクリュウ	18,985 (7)	50,175 (19)	74,379 (28)	270,420
ラクザー	29,403 (9)	70,331 (22)	138,214 (43)	319,960
ソクチャン	75,381 (39)	141,410 (72)	175,672 (90)	195,200
カントー	80,838 (45)	120,670 (67)	166,200 (92)	181,100
ロンスウェン	39,776 (27)	42,360 (29)	68,100 (46)	147,500
チャウドック	10,335 (8)	15,302 (12)	32,612 (25)	131,300
ハティエン	―	―	1,424 (23)	6,140
小計	254,718	440,248	656,601	1,254,620
〈中部〉				
チャヴィン	108,798 (68)	116,788 (73)	135,770 (85)	160,530
ベンチェ	13,596 (13)	78,186 (75)	100,259 (96)	104,060
ヴィンロン	69,713 (76)	77,394 (84)	90, *88 (―)	92,080
サデック	46,041 (51)	61,500 (68)	70,700 (78)	90,200
タンアン	39,031 (52)	41,872 (56)	56,311 (75)	74,900
ミトー	84,602 (53)	90,894 (57)	125,714 (78)	160,150
ゴコン	36,714 (79)	37,152 (80)	43,989 (95)	46,200
チョロン	57,032 (62)	59,184 (64)	81,957 (88)	92,620
ザディン	39,762 (67)	45,400 (77)	53,172 (90)	59,000
小計	495,289	608,370	757,964**	879,740
〈東部〉				
タイニン	10,334 (23)	13,675 (31)	17,961 (41)	44,000
トゥザウモ	8,865 (33)	10,984 (41)	11,763 (44)	26,600
ビエンホア	26,996 (61)	23,534 (53)	29,160 (66)	44,200
バリア	7,035 (52)	7,574 (56)	10,995 (81)	13,600
小計	53,230	55,767	69,879	128,400
合計	804,154 (36)	1,106,971 (49)	1,484,440 (66)**	2,262,760 (100)

資料：1888；*BEI*, no. 17, 1889, p. 67. 1898；*Ibid.*, no. 17,1899, p. 607. 1908；*Ibid.*, no. 82, 1910, p. 17. 1931；Y. Henry, *op. cit.*, pp. 267–272.
注：1888、1898、1908 各年の（ ）は 1931 年を 100 とした時の指数を算出したもの。*100 位の数字が不明。
　　**注 1 の 100 位を 0 として算出。

　省別にみていくと，1888 年にはチャヴィン省が 10 万 ha を超える最大の水田面積を持つ省である。次いでミトー省の 8 万 4000 ha，カントー省の 8 万 ha が並ぶ（当時の行政区分は現在と異なる。各省の省境は現在のように川ではない。仏領期は川の両岸は同一の省である場合が多かった）。同様に，1898 年には面積の大きい順に，ソクチャン省 14 万 ha，カントー省 12 万 ha，チャヴィン省が 11

図 3-3, 3-4　各省の水田面積推移（1888-1931 年）

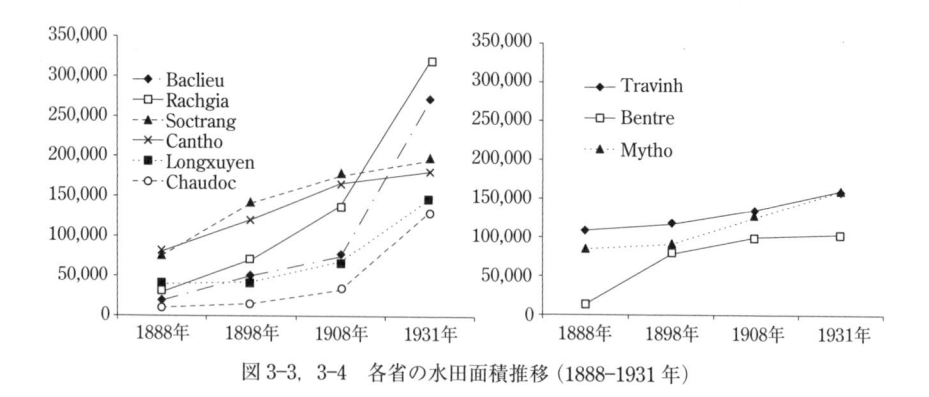

万 ha となった。1908 年は，ソクチャン（17 万 6000 ha）に並びカントー（16 万 6000 ha），そしてラクザー（13 万 8000 ha）が急増した。20 世紀に入ると，トランスバサックの西部諸省の拡大が著しくなることがわかる。後にコーチシナでも最大の米作地帯となるラクザー省，バクリュウ省の西部 2 省は 1931 年を 100 とすれば，19 世紀末にはまだ 20 前後という段階であった。本書の第 4 章で詳しく明らかにするが，こうした地域の本格的な開発は，20 世紀以降に始まるのである（図 3-3，3-4 参照）。

中部諸省（メコンデルタ東部）のヴィンロン，ゴコン，チャヴィン，ベンチェ，ザディンなどの諸省は，19 世紀末から世紀転換期に，1931 年時点の水田面積の 8 割から 9 割はすでに開発を終えていた。ザディン省のモノグラフ（1902 年）によると，沼地および土地の肥沃な微高地はほとんどすべて水田もしくは菜園として耕作されており，全体として土地の細分化が進み始め，土地価格も高かった。ザディン省の開墾地アンティット郡（An thit）では，1880 年には 500 ha に過ぎなかった耕地が，3000 ha に，またカンジョー郡（Can gio）でも 1880 年に 280 ha だった耕地が 2000 ha にまで増大したと報告されている[55]。1888 年に中部諸省の合計は約 50 万 ha，これはコーチシナの水田総面積の 62% を占めたが，1898 年には約 61 万 ha となり，その比率は 55% に低下した。それに対して，西部諸省の比重が高まる傾向（32%→40%）がみえる。

次に，水田開発の関連から，人口の推移をみることにしたい（表 3-2，図 3-5）。

---

[55] La Société des études indochinoises, *Géographie physique, économique et historique de la Cochinchine, Monographie de la province de Gia-dinh*, Saigon, 1902, pp. 43-45.（以下 *Monographie de la province* 〜 と略）

デルタ東部の街

ヴァムコ川河口のゴコンは，稲作に基盤を置く豊かな土地である。昔からゴコン米は，バイサオ米（ソクチャン産）と並ぶ良質米として海外にも知られた。グエン朝嗣徳帝の母方となった高位の王族・親族の墓がある。バオダイ帝の后ナムフォンもゴコンの大地主の娘。19世紀に掘削された省内の小運河にはエッフェル式の鉄橋が架かり，また写真にみる仏教寺院の建築，櫓を配した町の集会所，川岸の光景にもベトナム南部社会の文化が根づいている。その様式には中国・ベトナムそして西洋風が融合していた。(B(2)-48/9)(B(2)-62/3)(B(2)-68/9)

表 3-2　コーチシナの人口の推移 (1875/1894 年)

省名	1875 年	1894 年
(西部)		
バクリュウ	*	39,961　(2)
ラクザー	19,433　(2)	42,176　(2)
ソクチャン	56,263　(5)	77,663　(4)
カントー	53,770　(5)	136,268　(7)
ロンスウェン	38,971　(3)	94,477　(5)
チャウドック	77,995　(6)	91,320　(4)
ハティエン	5,525　(−)	10,465　(1)
小計	251,957 (18)	492,330 (25)
(中部)		
チャヴィン	64,861　(4)	125,621　(6)
ベンチェ	157,210 (11)	162,738　(8)
ヴィンロン	122,429　(8)	124,916　(6)
サデック	110,319　(7)	136,312　(7)
タンアン	54,382　(4)	64,945　(3)
ミトー	162,161 (11)	226,078 (11)
ゴコン	41,223　(3)	68,258　(3)
チョロン	150,531 (10)	163,045　(8)
ザディン	234,197 (15)	193,449 (10)
小計	1,097,313 (73)	1,265,362 (62)
(東部)		
タイニン	18,175　(1)	43,883　(2)
トゥザウモ	45,676　(3)	77,603　(4)
ビエンホア	60,775　(4)	90,584　(4)
バリア	21,683　(1)	65,471　(3)
プーロコンドール	**	190
計	1,515,579 (100)	2,035,323 (100)

資料：1875 年：*Annuaire de la Cochinchine*, 1877, p. 165-195 より作成。1894 年：*Annuaire général de l'Indochine, Cochinchine*, 1894, p. 347.
注：＊バクリュウ省は 1880 年にソクチャン省とラクジャ省から分離されたので 1875 年の数値はない。＊＊不明である。

　1875 年と 1894 年を比較すると，人口は約 150 万から 203 万に増大し，約 20 年間に 1.4 倍に激増した。各省別に各年度のコーチシナ総人口に占める割合を括弧に示している。中部の人口は比重を 73％ から 62％ に減少，他方の西部地域は 18％ から 25％ に高まった。とはいえ，依然として中部諸省の人口集中は維持されていたといえる。バサック川以西の地域（トランスバサック）は，自然

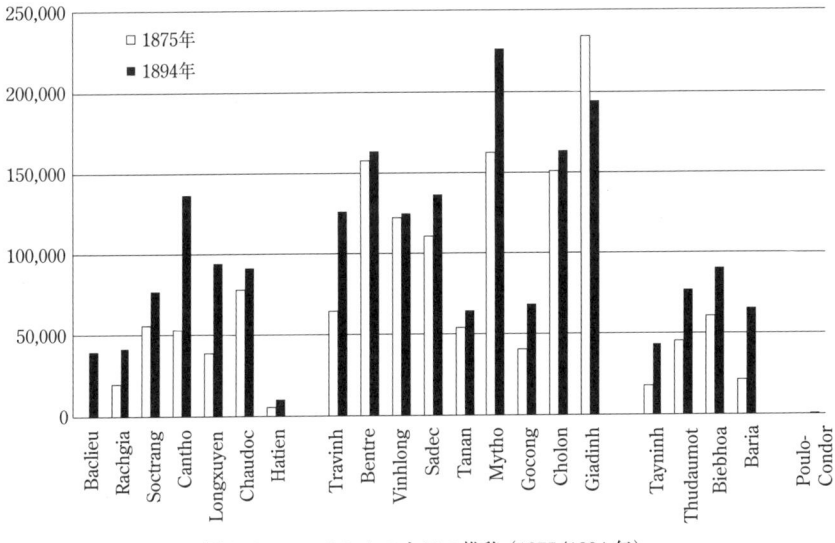

図3-5 コーチシナの人口の推移（1875/1894年）

河川沿いに次第に多くの移住者を受け入れ始めていた[56]。後述するように，西部開拓の労働力不足は彼らによって埋められたのである。移住者たちの出身地は，後述するようにコーチシナの中部諸省が多かった。

以上のように，19世紀末までの水田開拓は，コーチシナ中部諸省が中心であったが，バサック川右岸流域一帯にまで進みつつあったといえるだろう。

(2) 小規模払い下げ申請の活発化

次に，水田面積の変化と国有地払い下げの関係を考察したい。オズボーン（M. Osborne）の研究によれば，19世紀末までに無償で譲渡された土地は約31万ha以上であるが，このうち80年代にはまだ5万3000haに過ぎず，90年代に入って約26万haも急増した（表3-3, 図3-6）。

コーチシナの水田面積は，1881年には約60万haであるが，世紀末には表3-1でみたように110万haとなった。年平均2万5000haの水田が拡大されたことになる。世紀転換までの20年間に50万haもの増大はどのようにして可能となったのか。

---

56) *Monographie de la province de Can-tho*, Saigon, 1904, p. 33.

表 3-3　コーチシナの無償譲渡面積（1880-1899 年）　単位：ha

年度	面積
1880	200
1881	881
1882	435
1883	6,876
1884	不明
1885	11,724
1886	9,037
1887	4,946
1888	9,037
1889	10,045
1880 年代計	53,181
1890	9,037
1891	11,941
1892	35,749
1893	35,648
1894	72,639
1895	25,066
1896	13,618
1897	12,848
1898	11,199
1899	32,178
1890 年代計	259,923

資料：Osborne, M., *The French Presence in Cochinchine and Cambodia, Rule and Response (1859-1905)*, Cornell U.P., N.Y., 1969, p. 289.
注：1. 1884 年は不明。2. 1886 年と 1888 年は同じ数値だが，誤りの可能性がある。3. *Etat de la Cochinchine française* からの概算によるもの。

　地理的な拡大傾向は先にみた通りである。19 世紀末の水田面積はチャヴィンやミトーの地域を中心にこれらの地方の水田が仏領期ピーク時の 8 割から 9 割を達成しつつ，西部のバサック川河口地方に開拓の最前線が移っていくプロセスを示していた。50 万 ha の拡大のうち小規模払い下げ申請にみる 31 万 ha の未耕地分配の持つ意味はどのように捉えたらよいだろうか。

　同時代人のボリ（J. Borie）は，トンキンとの比較研究のなかから，コーチシナで行われていた無償払い下げ制の導入とその手続きの簡易化が，水田面積の拡張に十分な効果を生んだと重視している。ボリによれば，たとえばサデック省では 1890 年に現地の住民により，1 万 1300 ha の小規模譲渡の申請が提出

サデック省の地方行政

上　19世紀末のサデック省庁舎：庁舎前の桟橋に停留中の小艇には，ワクチン接種を任務にデルタ各地を旅した Baurac 医師が乗っている。1903年のインドシナ官報によると，サデックの地方行政はフランス人駐在官（省長と2名の副省長），現地人行政官3名（うち2名はフランス国籍），5名の文官と1名の書記官，郡長10名・副郡長10名，4華僑団体（Congrégation）の代表および副代表が担い，さらに各郡1名ずつの諮問委員が選出されていた。(B(1)-280/1)

下　20世紀初頭のサデック省庁の役人たち。(N-130)

図3-6 コーチシナの国有地無償譲渡の面積 (1880-1899年)

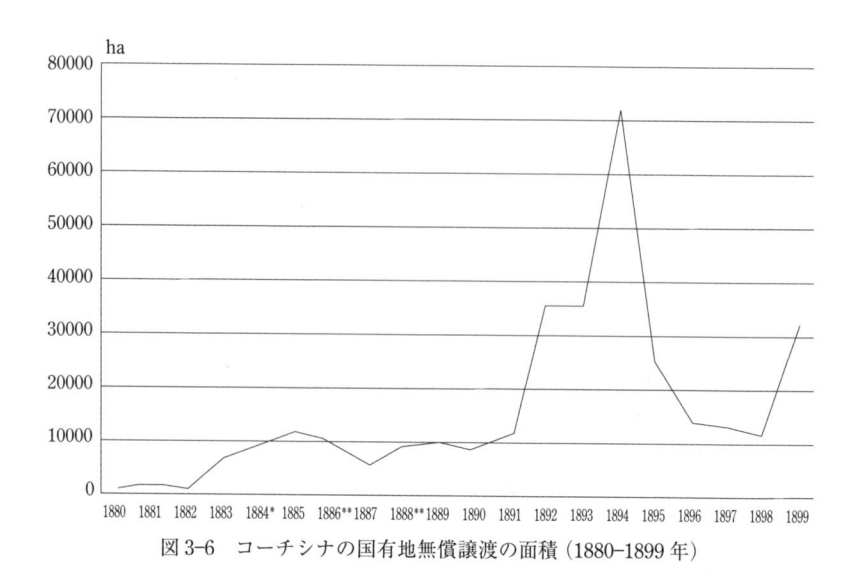

された。これは決して特殊な例でなく，当時のコーチシナでは一般的現象だったのだという[57]。先にみたように，サデック省では1870年代に新村の認可令が多く出ていた。同省はメコン川本流とバサック川にはさまれた中州にあるが，精米工場のあるチョロンとバサック川以西を連結する運河が19世紀末までに複数完成し，アクセスもよくなっていた（ラップヴォ運河など）。サデックの水田面積は80年代末から90年代末の10年間で1万5000ha以上増大し，1908年までに植民地期ピーク時の約8割の開発を終えたとみることができる。

1890年代には村落の分割・合併，村名変更が相次ぎ，行政の再編過程が進行した。サデックでは相次いで行政枠組みの変化が生じており[58]，このことは無償払い下げの申請とそれに伴う水田開発が活発に進行していたことを推察させる。

メコン川本流は，ミトー，ヴィンロンあたりで3本の支流に分かれる。そのうちの最も南を流れるコチエン Co Chien 川とバサック川にはさまれ，南シナ海に臨んだチャヴィン省でも，19世紀末までに沼地を排水するための小運河が掘削されて，現地住民による開墾が進んだ。同省では潮水の浸入により海抜の低位な土壌が塩分を含むため，土地を所有する農民は自ら，畦や堰などをつ

---

57) Borie, J., *Métayage et la Colonisation agricole au Tonkin*, Paris, 1906, pp. 54-55.
58) *Monographie de la province de Sadec*, Saigon, 1903. pp. 10-15.

くって水田を改良した。1903年に出版されたモノグラフには申請した土地を開墾する小規模耕作農民たちが，その後ついに払い下げ地を手に入れた，と記述されている[59]。

前述の通り，国有地払い下げ制度は1880年代に小規模の払い下げ申請の簡易化および無償化を確立した。その結果，90年代に無償払い下げ面積は急増し，小規模払い下げの申請は活発に行われるようになった。80年代の払い下げ制度の変化は以上のことから，水田面積の増加を大いに促進したと判断してよいと考える。

(3) ミトー省の土地所有の事例

植民地政府の払い下げ無償化のねらいは，農村の資本を持たない人びとへの土地所有の機会を提供することにあった。人口密度が低く，広大な未耕地の存在したメコンデルタにおいて，土地開発のために自作農の育成が目指された。では，植民地へのこの制度の導入は，自作農の育成にどの程度の効果をもたらしたのであろうか。

1885年に公刊された植民地政府の出版物によれば，当時のコーチシナ全体としては小土地所有および小規模耕作が支配的であった，としている[60]。しかし，この場合の「小土地所有」，「小規模耕作」がどの程度の規模のものかを示す数値は明記されていない。ところが，さらに同史料には，開発の進展に伴い，小規模耕作者の困窮化 ── それにより土地を手放す農民の増大がみられるという記述がある。続いて，それは日常時における村の寡頭支配 ── 郷職の不当な横領あるいは貨幣不足，利子率の高さによるものである[61]，という。また，ゴコン省やタンアン省では大土地所有者も見受けられる[62]とある。ゴコン省は表3-1にあるように，20世紀初めには省内の耕地はすでに1930年ころの95％にまで達した比較的ベトナム人の古くからの居住区である。タンアンは西ヴァムコ川を越えて現在の国道1号沿いに広がる省である。現在では，メコンデルタで最も生産性の高い水田地帯といえる地区である（ただし，タンアン省にはカンボジア国境方面のドンタップ平原も含む）。農民層分解の過程がこの書物にある

---

59) *Monographie de la province de Tra-vinh*, Saigon, 1903, p. 25, pp. 33-34.
60) Bouinais, A. & Paulus, A., *op. cit.*, p. 314.
61) *Ibid.*, p. 363.
62) *Ibid.*, p. 373.

ように進行していたとするならば，19世紀末には払い下げ制度の影響はどのように及んだのであろうか。

19世紀末におけるコーチシナの土地所有全般を示す史料は発見できないため，ここでは手元のいくつかの史料に基づきながら，この問題を考察する手がかりとしたい。その一つの事例は，ミトー省（タンアン省に隣接）[63]のそれである。

ミトー省の水田面積は，1881年には7万3000 haであったが，1898年に9万ha以上に拡大していた（表3-1）。世紀末の17年間に17000 ha，つまり毎年平均1000 haの増大となる。1902年にインドシナ研究協会によって出版された同省の地理・経済・歴史に関するモノグラフに，土地所有および農業経営について極めて興味深い記述がなされている。それによれば，まず同省は小土地所有者が非常に多いと述べられている。10 ha未満の土地所有者数は2万8500で，土地所有者の96％の人がこの範疇に属す。10 haから100 ha未満のそれは1106（3.7％），さらに500 ha以上の土地所有者が10人存在した[64]という。

詳しい農家経営の規模は表3-4にみることができる。1-5 haの規模の者が最も多く，農家戸数の33.7％であるが，1 ha未満も31％である。コーチシナでは当時1 ha当たり収量が良田とされるところでも，平均1.7 t（籾米換算）程度であった。1人当たり年間消費量を170 kgと推計しても，耕作経費を差し引き，税を支払えば，1 ha未満の土地経営のみでは小作農の範疇に含まれる可能性が高い。

同じ史料のなかで，耕作形態は次のように述べられている。1万7226の農地は直接経営であり，その面積は3万1096 haである。管理人（regisseur）をおいて経営されている土地は1377あり，面積は1341 haとなる。分益小作人（colonatsもしくはmétairie）は1万1839で，面積は3万3381 haであり，定量小作（ferms）は5557で，その面積は2万6148 haである。このうち1-3年契約のものが数の上で93％，面積の75％で最も多く，契約期間の長いものは数が

---

63) ミトー省は17世紀末に中国明朝の遺臣が，ベトナムのグエン家の許可を得て移住・開拓を始めた史実で有名。その後18世紀にはベトナム人の移住が進み，先住のクメール人を後退させ，明郷 Minh Huong（華人とベトナム人もしくはクメール人の混血）の混在する農村社会が形成された。ミトーの省都から西へ37 kmのロイトゥアン郡 Loi Thuanでは，メコン川本流に注ぐ支流に18世紀末に建設された2村が立地していたが，その川を遡るにつれ，ほとんどの村落は19世紀グエン朝時代に創設された。1860-1870年代にかけて，同省では抗仏蜂起の火の手が燃えさかり，仏軍やその協力者たちを手こずらせたが，80年代には鎮圧された。以上の記述は，*Monographie de la province de My tho*, Saigon, 1902, pp. 73-76 および表13による。

64) *Ibid.*, p. 43.

地主階級の誕生

上 大富豪の洋館：タンアン省（現ロンアン）。大地主や裕福な華僑の子弟はサイゴンのリセに進学後フランスに留学ないしは遊学した。ロンアン出身の著名な共産党活動家チャン・ヴァン・ザウ氏（元ハノイ総合大学歴史学教授）もその一人。(N-82)

中・下 17世紀末に明の遺臣の一群がベトナム・グエン氏の認可を得て入植したのがミトーで，後にデルタ東部の中心地となった。写真中はミトー駅前の通り (N-90)，写真下は，メコン川本流をデルタ西部に向かって出航する定期船。(N-88)

表 3-4　Mytho 省の経営規模別農家戸数 (1900 年頃)

経営規模 ha	農家戸数
1 ha 未満	7,333 (31.0%)
1–5 ha	7,977 (33.7%)
5–10 ha	3,818 (16.1%)
10–20 ha	1,521　(6.4%)
20–30 ha	1,130　(4.8%)
30–40 ha	882　(3.7%)
40–50 ha	887　(3.8%)
50–100 ha	56
100–200 ha	15
200–300 ha	8
300–500 ha	9
500–1,000 ha	5
1,000 ha 以上	5
計	23,641

出所：*La Societe des etudes Indo-Chinoises, Geographie phyique, économique et historique de la Cochinchine, Monographie de la Province de Mytho*, Saigon, 1902, p. 43.

少ない[65]。

　フランス時代のコーチシナでは 10 ha 以上を所有すると一般に小作に出す[66]。ミトー省のモノグラフの記述に従えば，10 ha 以上の土地所有者 1116 人は地主である。直接自分で耕作する土地（自作農）は全水田面積の 3 分の 1 であるのに対して，残りの 3 分の 2 は他人労働に依存する小作地と考えられる。ミトー省の水田は 1880 年代から 19 世紀末までの 20 年間に約 1 万 7000 ha 拡大されていた。この面積増加分が自作農育成に貢献したと仮定しても，このように，なお 3 分の 2 は小作地であった。水田開発が相対的に古くから進んでいた地域でも，土地所有の不平等と他人労働の搾取は厳しいものであった。このことが農村の過剰人口を不断に「新天地」に押し出す構造的要因であり，また上層地主の払い下げ地獲得熱および西部地域の開発過程にみられる不在大地主制拡大の背景であったと考えられる。

(4) ヨーロッパ人への払い下げと開発

　では，払い下げ制度において，いくつかの優遇措置を講じられたヨーロッパ

---

65) *Ibid.*, p. 46.
66) Henry, *op. cit.*, p. 53.

人に対する19世紀末までの払い下げの状況をみておくことにする。表3-5 はヨーロッパ人の土地取得を示している。これによれば，1890年以前には，4346 ha に過ぎない。これらは買い入れによって取得された[67]。それでも1890年代には取得地はかなり増え，1899年までに約6万 ha に達した。先述の通り，コーチシナの無償譲渡総面積は19世紀末までに31万 ha であった。ヨーロッパ人の払い下げがすべて500 ha 以下の無償払い下げであったとしても，無償譲渡総面積に占めるヨーロッパ人の土地の割合は，多くても20%に達しない。

次に表3-6 は，払い下げを受けたヨーロッパ人の職業別の状況および所有規模を示している。入植者の職業では，植民地の官吏が82人で全体の半分以上である。次いでカトリック教団関係が25人だが，農業開発会社も含めて専門の農業従事者は14人で1割にも満たない。入植者数と比べて開発数が多いことから，入植者は複数の地所を有していたことになる。所有規模は50 ha 以上の者が96%を占めている。50 ha はすでに大土地所有の範疇に入る。官吏の取得地は2万7000 ha 以上で，そのほとんどが大土地所有の傾向を示すのに対して，カトリック教団のそれは6857 ha であり，比較的50 ha 未満の規模のものが多いといえる。

さらに表3-7 は省別の払い下げ，買い入れなどの取得方法，および実際の耕作状況を示す。ヨーロッパ人の住居は，ほとんどがサイゴンか地方の省都に限られるため，土地譲渡の制度上，買い入れによる土地取得もかなりあるのは当然である[68]。払い下げ，買い入れによる件数の多い省は，サイゴン近郊のジャディン省（Gia Dinh）とその隣のビエンホア省（BienHoa），西部のカントー省とソクチャン省（Soc Trang）などで，それぞれ20件を超えている。しかし面積でみると，カントー省，サデック省では最も多く，1万 ha 以上となっている。ところが実際の耕地面積では，全体でも1万4000 ha にみたず，耕地化率は22%にとどまっている。とりわけ先のカントー，サデック省では，4-5%という低さである。耕地の85%は水田だが，1万1936 ha に過ぎず，その他は胡椒127 ha，コーヒー169 ha などである。

では，開発の低迷はどのような理由によるのであろうか。1900年代初めに出版されたジャディン省のモノグラフは，同省の34人のヨーロッパ人による農業開発の状況を示す比較的詳しい一覧表を掲げている。これによれば，1880

---

67) *Bulletin économique de l'Indochine*, no. 25, 1900, p. 331 の表注。
68) 前述の払い下げ法を参照されたい。

表 3-5　コーチシナのヨーロッパ人土地取得状況（1890-1899 年）

年度	件数	所有面積（ha）
1890 年以前	100	4,346
1890	11	4,318
1891	2	548
1892	38	1,401
1893	22	4,990
1894	38	12,885
1895	20	10,043
1896	24	4,312
1897	26	678
1898	52	18,466
1899	22	1,986
計	355	63,973

出所：*BEI*, no. 25, 1900, p. 331.
注：1890 年以前のものは買い入れによる所有地が多い。

表 3-6　ヨーロッパ人入植者の職業別状況（1900 年頃）　　　　単位：人・件・ha

職業	入植者の数	開発数	規模別	
			50 ha 以上	50 ha 未満
総代理人	2	2	723	
商人	10	16	4,923	139
弁護士	4	11	6,926	3
農園主	12	25	3,643	187
会社従業員・監督者	3	6	5,285	25
企業家	1	1	2,284	
官吏	82	123	26,306	780
実業家	1	1		1
医者	3	5	2,226	
宣教師・宣教団	25	148	5,287	1,570
薬剤師	2	4	1,601	5
著述家	1	1	1,000	
僧侶	4	6		83
無職	3	4	798	25
農業開発会社	2	2	158	
合計	155	355	96%	4%
			61,160	2,818

出所：*BEI*, no. 25, 1900, pp. 328-329.

表 3-7　コーチシナのヨーロッパ人入植の状況（1899.3.1 現在）　　単位：件数・ha

省名	件数			A 払い下げ・買入れ面積	B 実際の耕地面積	B/A×100
	払い下げ	買い入れ	計			
Baclieu	0	0	0	0	0	0
Rachgia	4	1	5	669	369	55％
Soctrang	10	11	21	5,890	3,295	56％
Cantho	17	4	21	15,370	566	4％
Longxuyen	4	7	11	1,187	1,037	87％
Chaudoc	2	12	14	364	364	100％
Hatien	3	3	6	2,831	144	5％
Sadec	14	0	14	12,696	600	5％
Tanan	0	1	1	97	97	100％
Mytho	6	4	10	2,016	1,020	51％
Vinhlong	0	0	0	0	0	0％
Travinh	4	4	8	2,627	2,072	79％
Bentre	1	3	4	847	656	77％
Gocong	1	0	1	9	9	100％
Cholon	5	1	6	5,102	250	5％
Giadinh	16	12	28	7,255	2,064	28％
Tayninh	2	5	7	925	67	7％
Thudaumot	0	0	0	0	0	0％
Bienhoa	14	9	23	3,718	1,269	34％
Cap-St. Jacque	4	3	7	792	81	10％
計	107	80	187	62,404	13,968*	22％

出所：*BEI*, no. 18, 1899, p. 692.
注：Baria 省の数値は不明。＊このうち水田は 1 万 1936 ha（85％）を占めた。その他は胡椒（127 ha），コーヒー（169 ha）など。

年代以前に始められたものは，ほとんどが放棄されてしまっている[69]。1890 年代に払い下げにより土地を取得し，かなりの成功を得た者は 9 名で，全員が 50 ha 以上の大規模なものである。そのうち 100 ha 以上の耕地を持つものは 5 名である。水田経営がほとんどだが，直接経営とあるのが 4 名，土地を賃貸しているものが 4 名，小作経営を行ったものは 1 名である。

モノグラフによれば，現地農業に従事するヨーロッパ人経営には 2 つのケースがある。一つは，すでに耕地となった土地を入手する場合，もう一つは未耕地の開墾から始めた場合である。前者のリスクは少なく，かなりの収益もある。しかし後者の場合には，開発者は現実の困難にぶつかることが多い。とり

---

[69] *Monographie de la province de Gia-dinh,* Saigon, 1902, pp. 94–95.

わけ水田には開発資金の出費に多くをさかねばならず，湿地帯では開発当初，数年間の収穫量はあまり期待できないからである，としている[70]。

このようにヨーロッパ人は大規模に土地を入手しながら，彼らの職業がもともと農業とはかけ離れた職業であり，また充分な開発資金の準備もなかったことから，開発を進め得なかった。次節で明らかにするように，20世紀初頭に展開される国有地払い下げは，件数においても，規模の大きさにおいても，フランス人の比重が著しく高まった。しかしながら，19世紀にみられたヨーロッパ人の土地投機の傾向は，20世紀の初頭におけるその問題点を，すでに表しているといえる。

第2節　メコンデルタ西部開発の本格化
　　　── 20世紀初頭の国有地払い下げ

筆者は，20世紀初頭が仏領メコンデルタにおける稲作変容の重要な画期であったと考えている。フランス植民地支配の下で，不在大地主制に基づく典型的な稲単作栽培地域として発展するデルタ西部の開発がまさにこの時期に本格化したからである。当時デルタ西部の氾濫原と広大低地一帯は，稲作どころか人間の居住すら困難な土地であったが，19世紀末から20世紀初頭以降の開発によって「余剰米」の増産地域として変貌を遂げた。そこでの植民地政府による可耕地の分配のありかたは，メコンデルタに特有の大土地所有制成立の枠組みを準備した。

創出された土地の分配に関して，これまで史料的裏付けがないままヨーロッパ人およびベトナム人協力者に多く与えられたとしか論じられてこなかった。あるいは，1920年代の農業開発ブームが強調されすぎて，デルタの水田開発史における20世紀初頭の位置づけが充分になされていない。本節では20世紀初頭の国有地払い下げの実態を解明し，デルタ西部における新たな時代の幕開けを論じる。

---

70)　*Ibid.*, p. 93.

1. 幹線運河の掘削

　前節で明らかにしたように，ベトナム人の稲作地帯は，入植の歴史の比較的古いコーチシナ東部あるいは中部から，19世紀末までにはバサック川流域地帯に急速な拡大をみせつつあった。水田面積は1881年から19世紀末に，約60万haから110万ha以上へと増大した。さらに第一次世界大戦直前には，約170万haにまで拡大された[71]。図3-7は拡大した水田の分布を大まかに示している。稲作地域は，20世紀初頭以降はとりわけバサック川以西のデルタ西部で著しく拡大されたことがわかる。すでにみたように，サイゴン米の輸出量は19世紀末の20年間に年平均52万tであったが，20世紀に入ると増大ペースはさらに速まった。1900年代は83万t，1910年代には100万t以上に達していた[72]。

　西部開発の一大契機は，フランス植民地政府によって推進された幹線運河の掘削にある。その結果，20世紀初頭に国有地払い下げの大々的実現がもたらされた。それは，ラネッサン (Lanessan) 総督（在位1891–1894年）のもとで立案された工期10年の大計画に端緒があった。この大工事はモンヴヌ会社が請け負って進められていたが，1900年に工事の経過を調査する委員会が開かれ，ここで運河の排水効果によってデルタ西部の低地浸水地帯への入植および稲作の可能性が明らかにされた。急遽，計画は組み直され，新たに極東工業会社 (La Société Française Industrielle d'Extreme-Orient) が加わり，浚渫工事は活気づいた[73]。

　では，デルタ西部低地の水田開発の突破口を開いたサノ (Xa-no) 運河の例を次に挙げる。1903年のサノ運河開通は，後に明らかにするフランス人の国有地払い下げ取得熱を急上昇させた顕著な例といえる[74]。サノ運河は，カントー省ディン・バオ郡ニョオン・アイ村とニョオン・ニア村の沼地を貫いてラク

---

71) Henry, Y. *Economie agricole de l'Indochine,* Hanoi, 1932, pp. 272–273.
72) P. P, "Les exportations cerealaires de la Cochinchine," *BEI*, 1938, p. 199.
73) Gouvernement général de l'Indochine, *Dragages de Cochinchine,* Saigon: Inspection général des travaux publics, 1930, pp. 15–16.
74) La Societe des Etudes Indo-Chinoises, *Geographie physique, économique et historique de la Cochinchine, Monographie de la Province de Can-tho,* Saigon: Imprimerie commercial Menard & Rey, 1904, p. 32.

ザー省カイロン川に達する全長 40 km, 川幅 (水面) 45 m, 水底幅 15 m, 水深 4.5 m の大運河である。サノ運河の建設の誓願は, この付近にすでに国有地の払い下げを受けていた 2 人のフランス人, デュヴァル (Duval) とゲリー (Guery) によって, 1900 年に提出された。この提案は関係諸省の支援により, 先の公共土木局の建設再計画に組み入れられ, 1901 年 1 月に総督の許可を得た。運河の開通時にカントー省の植民地行政官は, 同省に 1 万 ha, 隣のラクザー省に 1 万 ha の土地がこの結果可耕地となり, やがて水田に変わるであろうと予想した。1 年を通してジャンク船や蒸気船の航行も可能となり, サイゴンから直接にシャム湾に抜けられるようになった[75]。

この時期に完成した主な運河には, たとえばソクチャン省の沼地を走るドゥ

---

[75] "Note sur le canal du Bassac au Cai-Lon (Cochinchine)," *BEI*, 1903, pp. 638-641. サノ運河の掘削によって消滅した村落がある。植民地文書 IA13/253 (3) から引用しておく。それは 1907 年 12 月 11 日の植民地評議会第 2 臨時会で報告された。新しい運河がカントー省スアンホア村を貫通して完成し, 周辺にヨーロッパ人の大規模なコンセッションが認可された。同年に発生した洪水により, 同村の 90 人の登録民全員が窮地に追いやられた。カントー省行政官は住民の保護をコーチシナ政府に要請したが, 同村は結局, 周辺のニョンニア村, チュオンロン村に吸収合併され, 閉村されることになった。周辺村落に所属が移転する旧村スアンホアの分割された地片の規模を分類して示したものが A 表である。全地片の面積を合計すると 1708 ha 以上である。そのうち 6.6 % (112.36 ha) がチュオンロン村に統合され, 残りはニョンニア村に統合された。ニョンニア村に統合された土地には, 100 ha ほどの大規模な 4 つの地片 (おそらく国有地払い下げで取得された土地) が含まれた。分割された地片ではあるが, その規模は 5-6 ha のものが全体の 28 %, 4-5 ha が 15 % を占め, これらで全体の 4 割を超えた。新運河の開削によって逆に浸水の危険が増した上, 一つの村が消滅させられたのである。運河建設には, このような行政区画の再編等による農村生活の変動を伴ったことを, この事例は示している。

A 表　Nhon Nghia 村と Truong Long 村に統合された旧 Xuan Hoa 村の地片 (1907 年 Can tho 省)

地片規模 ha	Nhon Nghia 村	Truong Long 村
0-1	11	0
1-2 ha	8	4
2-3 ha	9	2
3-4 ha	8	1
4-5 ha	26	1
5-6 ha	49	1
6-7 ha	13	1
7-8 ha	9	1
8-9 ha	4	0
9-10 ha	8	5
10-50 ha	3	2
50-100 ha	5	0
計	157	16

史料：IA13/253 (3)

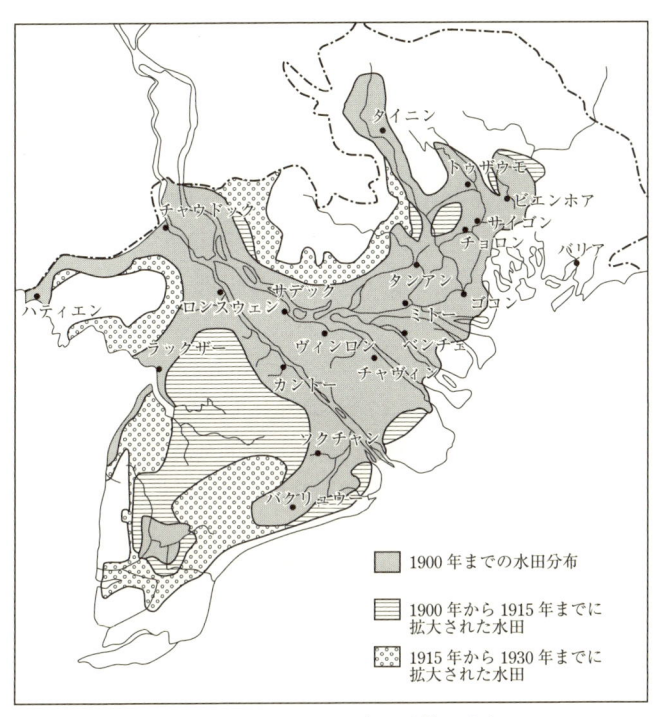

図 3-7　コーチシナの水田地帯の分布

出所：GGI, *op. cit.*, pp. 25-26.

　ラヌエ（Delanoue）運河[76]の他チョロン省とジャディン省の間のカウアンハ平原を走る運河（1900年開通）[77]，ロンスウェン省とヴィンロンを結ぶサデック省のラップヴォ（Lap-vo）運河の修復（1907年完成）[78]などがあった。運河の年平均浚渫量は，1890年代の82万 m^3 が，1900年代には3倍以上の270万 m^3 に増大した。また，運河の全長も1900年の164 kmが，1910年には415 kmに延長された[79]。新運河の周辺地帯は無主の可耕地として，次々と国有地払い下げの対象地となっていった。次に，この実態を考察する。

---

76) "Travaux de dragages en Cochinchine," *BEI*, 1904, p. 35
77) "Le canal de Cau-an-ha (Cochinchine)," *BEI*, 27, 1900, p. 522.
78) "Les pays de l'Union Indochinoise, Situation politique, économique et financiere, au debut de l'année 1908," *AGIC*, 1908, pp. 263-264.
79) Gouvernement général de l'Indochine, *op. cit.*, p. 24.

2. 国有地払い下げの実態

19世紀の国有地払い下げは有償から1880年代には500 ha 未満の規模であれば無償譲渡にかわり，かつ10 ha 未満の小規模なものは払い下げ手続きが容易になった[80]。このため90年代に入ると無償譲渡は急増し，19世紀末までに約31万 ha にのぼった。そのうちの少なくとも約25万 ha は10 ha 未満の小規模な譲渡とみられ，現地住民が享受していた。これに対してヨーロッパ人への土地譲渡は50 ha 以上の大規模なものがほとんどで，合計値はおよそ6万 ha だった。ヨーロッパ人の実際の水田経営面積はそのうちの1万 ha ほどであり，19世紀末までは新田開発に，ヨーロッパ人の参加は極めて少なかった。しかし，20世紀初頭の国有地払い下げはこの傾向を一変させたのである。

(1) 1899–1907年の期間における払い下げ認可令の事例

発刊当初の BEI には，*Journal officiel de l'Indochine française* と *Bulletin administratif de la Cochinchine* に公表された農・工・商業に関する総督令および省令の一覧が，掲載された。本節では，BEI 誌上から，払い下げ認可令の事例を抽出して整理・分析する。筆者が入手することのできた払い下げ認可令は，全部で602件にのぼる。これらは1899年から1907年までの約9年間のケースに限られる。

まず，払い下げ令は各件に次の①–⑦に関する記載を含んでいた。すなわち，①命令，総督令の登録番号，②承認された日付，③期限付き譲渡（仮譲渡）か確定譲渡かの区別，④有償・無償の区別，⑤譲渡地の存在する省名，郡名，村落名，⑥おおよその面積，地所の数，⑦払い下げを受ける者の氏名，職業，人数などである。ただし，記述の一部に省略も多々あった。また，払い下げの申請が承認された場合だけでなく，すでに払い下げられた土地の権利移転（名義変更）や譲渡地の返還命令も同様に掲げられていた。払い下げ制度の規定に基づき，払い下げが認可されて所定の期間に開発が進められない場合には，譲渡

---

[80] 国有地払い下げ制度の詳しい規定は，重複を避けるために前節を参照。開墾期限は普通5年であるが，10 ha 未満の払い下げについては3年とされた（1890，1891年法令）。この期間は仮の譲渡権を与えられたに過ぎず，開発が承認されて初めて終局的な確定譲渡となる。

運河の完成と開拓
上　カウアンハの試験農場：東ヴァイコ川とサイゴン川を繋ぐカウアンハ運河の完成によって，チョロン省北部のドゥックホアに，試験農場（灌漑田）が造られた。（N-29）
下　広大な水田と灌漑水路の世話をする農民。（A-Planche XVIIb）

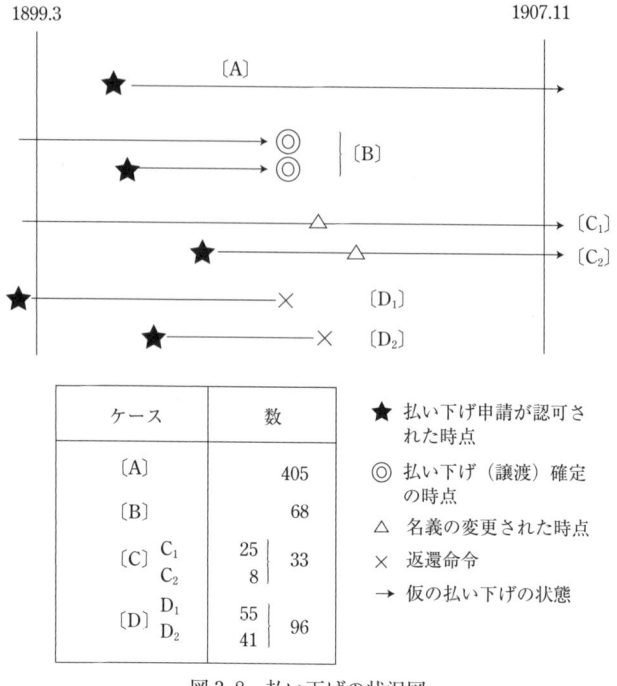

図3-8　払い下げの状況図

ケース		数	
[A]		405	
[B]		68	
[C]	C₁	25	33
	C₂	8	
[D]	D₁	55	96
	D₂	41	

★ 払い下げ申請が認可された時点
◎ 払い下げ（譲渡）確定の時点
△ 名義の変更された時点
× 返還命令
→ 仮の払い下げの状態

注：*BEI* に掲載された1899年3月-1907年11月の期間の払い下げ命令を筆者が抽出，整理したもの。

地は植民地政府に返還されなければならなかったからだ[81]。

　払い下げの事例は，4つのケースに分類できる（図3-8を参照）。[A]はこの期間にみられた無償・有償の払い下げのケース（405件），[B]はこの期間に払い下げが確定譲渡となったケース（68件），[C]は払い下げ地の名義変更のケース（33件），[D]は払い下げ地の返還命令を受けたケース（96件）である。以下，件数，面積，規模の順に検討する。

i.　件数

　表3-8は，図3-8の[A]と[B]のケースについて，年度ごとの状況を示したものである（表3-8から表3-12は，払い下げ命令の集計・分析により筆者が作成

---

81) 1913年までの払い下げ制度に関する法令の内容は前節で検討している。

表3-8 国有地払い下げの件数 [A] [B] のケース（1899-1907年）

単位：件数

年度 省名・民族	1899 仏	1899 現	1900 仏	1900 現	1901 仏	1901 現	1902 仏	1902 現	1903 仏	1903 現	1904 仏	1904 現	1905 仏	1905 現	1906 仏	1906 現	1907 仏	1907 現	1899～1907 仏	1899～1907 現	計
Baclieu	0	0	0	0	0	0	0	0	0	4	2	3	0	0	1	1	0	0	3	13	16
Soctrang	8	0	0	0	1	4	2	12	3	7	4	8	1	1	1	3	1	2	21	37	58
Cantho	0	4	2	0	1	0	2	3	1	2	3	0	18	3	1	0	1	5	29	17	46
Rachgia	3	0	2	4	0	1	9	27	3	5	5	5	1	2	2	8	7	3	32	50	82
Hatien	0	0	0	0	0	0	0	0	0	0	0	0	0	0	0	0	1	1	1	1	2
Chaudoc	0	0	0	0	0	1	1	0	0	0	1	4	0	1	0	0	1	2	1	2	3
Longxuen	0	0	0	2	0	0	0	0	0	0	0	4	1	0	0	0	3	8	4	14	18
Sadec	0	0	0	0	2	0	5	0	0	2	1	4	0	4	0	0	0	0	8	10	18
Tanan	0	0	0	0	0	0	0	1	0	0	26	13	5	3	1	0	1	1	33	18	51
Mytho	0	0	0	0	0	0	6	7	3	0	1	2	1	0	0	0	1	2	12	11	23
Vinhlong	0	0	0	1	0	0	0	0	0	0	0	0	1	0	0	0	0	1	1	1	2
Bentre	0	0	0	0	0	0	2	0	2	0	0	2	1	3	0	0	0	4	5	9	14
Travinh	0	0	0	0	0	0	1	0	0	0	0	1	0	0	0	0	0	3	1	4	5
Gocong	0	0	0	1	0	0	5	1	1	0	4	1	2	0	0	1	0	0	13	3	16
Cholon	0	0	2	0	0	0	1	0	0	0	1	1	4	9	1	0	0	6	9	16	25
Giadinh	0	0	0	0	0	0	2	0	1	0	1	1	1	0	1	0	1	0	6	1	7
Baria	0	0	0	0	0	0	0	0	2	1	0	1	0	0	0	0	4	3	6	4	10
Bienhoa	0	0	0	0	0	0	1	0	2	1	1	0	1	0	0	0	2	0	7	1	8
Tayninh	0	0	0	0	0	0	0	0	0	0	0	3	1	0	0	0	0	0	1	3	4
Thudaumot	0	0	0	0	0	0	0	0	0	0	1	4	0	1	0	0	1	1	3	5	8
合計	11	4	7	7	4	6	37	51	18	22	50	52	37	26	9	13	23	39	196	220	416

＊仏…フランス人　現…現地人

したものである）。省と国籍の別が不明なものは，この表には含まれていない。民族の別は申請者の氏名，もしくは土着民（indigène）という表記に基づき分類したが，フランス帰化人と記されていても明らかに現地人の氏名を持つ者は現地人に含めた。ただし，クメール人もしくはベトナム人と明記された例は数件しかなく，現地人の詳しい民族別の状況はほとんど不明であった。

　表3-8の払い下げ認可令416件に関していえば，払い下げの集中した年度は1902年（88件），1904年（102件）である。件数の多い地域は，ラクザー省82件，ソクチャン省58件，カントー省46件などのデルタ西部と，葦の平原 Plaine des Joncs（地形区分では「閉じられた氾濫原」）を含むタンアン省51件が目立つ。反対に少ないのはハティエン省2件，ヴィンロン省2件，チャウドック省3件，チャヴィン省5件の他，ジャディン省および東部4省などである。つまり，払い下げは，デルタ西部および1年の半分以上が沼地となる先の幹線運河の開通した地域に，集中的に急増している。

　同表で民族別の合計をみると，フランス人196件に対して現地人は220件である。現地人がフランス人より多いが，フランス人の払い下げが現地人の数に迫る状況にあることがうかがえる。省別に詳しくみると，フランス人の払い下げが多い省は，カントー省，タンアン省など全20省のうち7省を挙げることができる。

ii．払い下げ総面積

　表3-9は，払い下げ面積を省別・民族別に集計したものである。図3-8の4つのケースが含まれる。なぜなら，再び国有地への返還，あるいは名義の変更があっても，払い下げの対象地に変更はないからである。名義変更の場合は，もとの払い下げ対象者の国籍（民族）を採用した。民族別分類の不明の欄は，払い下げを受けた者が複数で，かつ国籍が2つ以上，もしくは明記されていないケースの合計面積である。

　表3-9によれば，この期間の払い下げ総面積は約33万ha以上もあったことがわかる。1890年代の10年間の無償譲渡面積は約26万haであったが[82]，20世紀初めのそれは90年代を上回るスケールとペースであったといえよう。払い下げ面積の合計が大きい省は，ラクザー省，カントー省，ロンスウェン省，

---

82) Osborne, M., *The French Presence in Cochinchina and Cambodia, Rule and Response (1859-1905)*, New York: Cornel University Press, 1969, p. 289.

表3-9 20世紀初頭の省別国有地払い下げの状況（1899-1907年）

単位：ha

民族別対象者 省名	フランス人			現地人			不明	計
	個人・会社	複数	小計	個人	複数	小計		
Baclieu	994	0	994	2,963	2,860	5,823	2,588	9,405
Soctrang	5,268	0	5,268	2,250	20,318	22,568	848	28,684
Cantho	30,283	0	30,283	2,417	404	2,821	2,565	35,669
Rachgia	16,289	2,245	18,534	16,891	26,356	43,247	12,659	74,440
Hatien	3,500	0	3,500	112	0	112	0	3,612
Chaudoc	82	0	82	14	183	197	0	279
Longxuyen	716	28,252	28,968	1,267	3,143	4,410	0	33,378
Sadec	9,316	0	9,316	2,174	17,397	19,571	0	28,887
Tanan	30,858	0	30,858	3,926	12,138	16,064	17,981	64,903
Mytho	4,140	0	4,140	1,728	2,460	4,188	0	8,328
Vinhlong	102	0	102	0	153	153	0	255
Bentre	827	0	827	697	4,912	5,609	0	6,436
Travinh	900	0	900	11	895	906	0	1,806
Gocong	5,457	0	5,457	125	471	596	0	6,053
Cholon	6,790	0	6,790	311	1,357	1,668	92	8,550
Giadinh	7,381	0	7,381	896	994	1,890	0	9,271
Baria	2,970	0	2,970	73	12	85	0	3,055
Bienhoa	4,779	1,719	6,498	73	0	73	0	6,571
Tayninh	85	0	85	69	0	69	0	154
Thudaumot	302	0	302	217	0	217	0	519
複数省にわたるもの	0	1,581	1,581	0	463	463	2,962	5,006
計	131,039	33,797	164,836	36,214	94,516	130,730	39,695	335,261
（割合）			49%			39%	12%	100%

第3章　植民地統治下のメコンデルタ水田開発

ソクチャン省などの西部をはじめ、タンアン省、サデック省にも多い。反対に面積の小さい省はチャウドック省、ヴィンロン省、タイニン省、トゥザウモ省などである。つまり、払い下げ件数の多かったデルタ西部の沼地や運河掘削地域に、やはり払い下げ面積も大きいといえる。これに対して、稲作には適していない地域や開発される未耕地の少ない省には、払い下げはわずかしかない。

次に民族別の状況では、フランス人への払い下げ総面積は約16万5000 haで、全体の49％を占める。現地人のそれは約13万1000 ha (39％) となった。残りの12％は民族別が不明である。フランス人への払い下げは前世紀までに6万haであったので、これと比較すると、この時期に激増したことが明らかである。フランス人への払い下げが多い諸省は、カントー、ロンスウェン、タンアン、ジャディン、チョロンなどであった。しかし、現地人の払い下げもラクザー、ソクチャン、サデック諸省などでは非常に大きかった点も見落とせない。

iii. 個人への払い下げの規模

フランス人への比重が高まったばかりでなく、それが大規模であったことが重要である。まず、民族の別を問わず大規模な払い下げの様子を示すことにする。

表3-10は、表3-9の1個人もしくは1法人への払い下げの事例（フランス人・現地人）を取り出し、規模別に分類してそれぞれの払い下げ件数を示した。表3-10で分析される対象面積は16万7270 haであって、払い下げ総面積（表3-9）の約50％にあたる。残りの50％は個人への払い下げ規模が不明のため、分析は不可能である。また、ひとりで複数の払い下げを受けた場合については、それらの面積の合計値で分類した。したがって、ここでの払い下げ数は払い下げを受けた人数に一致する。

表3-10の払い下げ対象者351人のうち、約半数は50-500 haの規模に集中している。その払い下げ面積の合計（最下段）は、ここでの全体の23％を占める。1000 ha以上の巨大な規模の合計は、全体の面積の54％に達している。これに対して、50 ha未満の払い下げは、わずかに面積では1％に過ぎない。大規模な払い下げの傾向は、これより明らかである。地域別では、500 ha以上の大規模な払い下げが比較的多いのは、ラクザー省、カントー省、タンアン省であろう。

表 3-10 払い下げの規模（1899-1907 年）　　　　　　　　単位：人

省名 \ 土地の規模 ha	～50	50～500	500～1,000	1,000～	計
（西部）					
Baclieu	4	4	1	1	10
Soctrang	14	19	4	1	38
Cantho	9	22	7	10	48
Rachgia	4	26	10	12	52
Longxuen	6	8	0	0	14
Chaudoc	1	1	0	0	2
Hatien	0	1	1	1	3
（中部）					
Sadec	5	10	3	2	20
Tanan	5	22	10	9	46
Mytho	1	16	3	0	20
Vinhlong	0	1	0	0	1
Bentre	4	5	1	0	10
Travinh	1	1	1	0	3
Gocong	2	5	2	2	11
Cholon	9	9	2	2	22
Giadinh	4	10	6	1	21
（東部）					
Baria	4	3	0	1	8
Bienhoa	2	4	2	1	9
Tayninh	3	1	0	0	4
Thudaumot	7	2	0	0	9
規模別払い下げ数（人数）	85	170	53	43	351
	24%	48%	15%	13%	100%
規模別払い下げ地合計（ha）	1,922	38,420	36,504	90,424	167,270

　次に，民族別の払い下げ規模の傾向を検討する。表 3-11 と表 3-12 は，払い下げ面積の大きかった 9 省を取り出し，規模の明らかなものについて民族別に示したものである。これらの 2 表を比較すると，フランス人の払い下げは，300 ha 以上の規模について現地人よりかなり多い傾向があり，他方，現地人は 50 ha 未満の規模のものが件数では比較的多いといえる[83]。

83）現地人への払い下げについて，次の点を付け加えておきたい。規模の分析に先立ち断ったように，ここでは複数の者に対する払い下げは分析対象からはずした。ところが，ベトナム人個人への払い下げは全体の 3 割程度であり，むしろ複数のベトナム人向けの払い下げ認可例では，1 件

表 3-11 規模別払い下げの件数と面積（フランス人 1899-1907 年）　　単位：件数・ha

規模 省名	50 未満		50-100		100-200		200-300		300-500		500-1,000		1,000-		計	
	件数	面積	件数	面積	件数	面積	件数	面積	件数	面積	件数	面積	件数	面積	件数	面積
Rachgia	2	67	2	131	4	627	6	1,633	7	2,395	4	2,354	4	9,082	29	16,289
Tanan	1	24	0	0	2	284	2	571	9	3,069	9	6,175	8	20,735	31	30,858
Cantho	6	72	0	0	4	535	4	1,298	7	2,100	7	4,940	9	21,338	37	30,283
Longxuyen	0	0	0	0	2	318	0	0	1	398	0	0	0	0	3	716
Sadec	1	24	0	0	0	0	0	0	1	301	3	2,413	2	6,578	7	9,316
Soctrang	2	76	3	213	3	438	1	240	4	1,240	3	1,641	1	1,420	17	5,268
Baclieu	0	0	0	0	0	0	0	0	0	0	1	994	0	0	1	994
Mytho	0	0	0	0	3	506	0	0	7	2,146	2	1,488	0	0	12	4,140
Giadinh	1	31	1	51	2	304	1	220	2	730	6	4,790	1	1,255	14	7,381
規模別件数	13		6		20		14		38		35		25		151	
規模別面積計	294		395		3,012		3,962		12,379		24,795		60,408		105,245	

につき 500 ha 以上になるものもある。たとえば，その例をB表に掲げた。これらは村落の連名形式による払い下げの申請か，また 10 ha 未満の小規模なもので，省庁の耕作許可を得た払い下げ地の合計が，改めて法令で認可されたものである。たとえば，B表に含まれる大規模な4件の事例について人数を示し，1人あたり平均面積を算出するとC表のようになる。

B 表　規模別払い下げ件数（複数のベトナム人）

省名	50 未満	50～100	100～200	200～300	300～500	500～	1,000～	計
Rachgia					1	8	6	15
Baclieu							2	2
Soctrang	1		3	1	3	3	3	14
Cantho			1	1				2
Longxuyen		1	1			1	1	4
Sadec				1			5	6
Tanan			2			1	3	6
Mytho	2	1				3		6
Giadinh			2		2			4
規模別件数	3	2	9	3	6	16	20	59

C 表　4省の払い下げと1人あたり平均面積（複数のベトナム人）

省名	払い下げ面積 (ha)	人数	1人当たり平均面積 (ha)
Baclieu	1,570	38	41
Soctrang	4,663	79	59
Rachgia	1,582	24	66
Mytho	964	63	15

表3-12 規模別払い下げの件数と面積（現地人 1899-1907年）　　単位：件数・ha

規模	50未満		50-100		100-200		200-300		300-500		500-1,000		1,000-		計	
省名	件数	面積	件数	面積	件数	面積	件数	面積	件数	面積	件数	面積	件数	面積	件数	面積
Rachgia	2	58	0	0	2	340	3	824	2	704	6	3,750	8	11,215	23	16,891
Tanan	4	91	2	123	5	703	2	535	0	0	1	540	1	1,934	15	3,926
Cantho	3	71	2	147	0	0	1	291	4	908	0	0	1	1,000	11	2,417
Longxuyen	6	113	0	0	1	110	4	1,044	0	0	0	0	0	0	11	1,267
Sadec	4	139	2	164	3	447	2	598	2	826	0	0	0	0	13	2,174
Soctrang	12	305	3	140	3	426	0	0	2	807	1	572	0	0	21	2,250
Baclieu	4	127	0	0	2	322	1	219	1	448	0	0	1	1,847	9	2,963
Mytho	1	19	1	95	3	416	2	548	0	0	1	650	0	0	8	1,728
Giadinh	3	48	0	0	3	508	0	0	1	340	0	0	0	0	7	896
規模別件数	39		10		22		15		12		9		11		118	
規模別面積計	971		669		3,272		4,059		4,033		5,512		15,996		34,512	

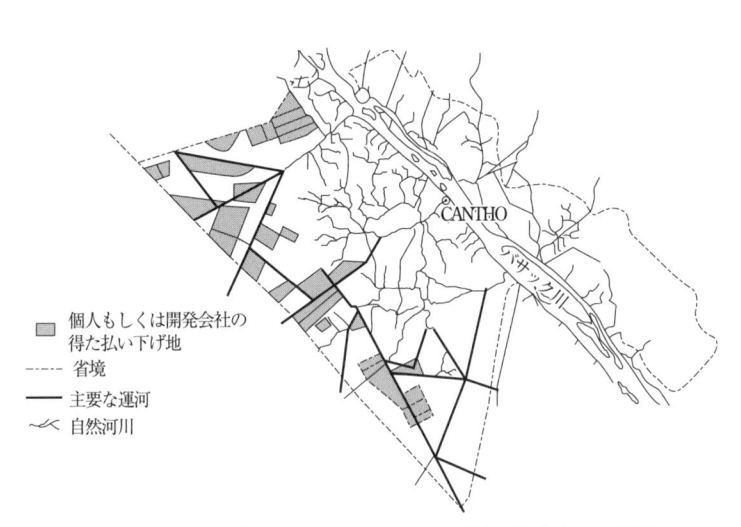

図3-9 カントー省のヨーロッパ人払い下げ地の分布（1909年頃）

資料：*AGI*, 1910, p. 637 参照。

　また，大規模な払い下げの件数の多い前述の3省（ラクザー，カントー，タナン）のうち，表3-11からカントー省とタンアン省は，フランス人の大規模な払い下げの顕著な傾向がみられる。

　BEI の払い下げ認可一覧（1904年）には，第5章第1節で取り上げる調査村

第3章　植民地統治下のメコンデルタ水田開発　135

トイライ地域において，サイゴン在住の弁護士サンビュック（Sambuc）が7000 ha以上を，同様にサイゴンに住むブラン（Belin）が2000 ha以上の国有地を有償で払い下げられた例があり，フランス人の大規模払い下げ認可の極めてはっきりとした特徴を有している（図3-9参照）。カントー省の現地人への払い下げは合計2800 haほどしかなく，他省と比べて非常に少ない。これとは逆に，表3-12のラクザー省の例のように，現地人への大規模な払い下げの多いところもある。1000 ha以上の払い下げを獲得した現地人が，同省のフランス人4人に対して8人を数える。ラクザー省のこの特徴は，現地人への払い下げ規模が一般には50 ha未満のものが多い傾向のなかで注目される。

iv. その後の国有地払い下げ

では，20世紀初頭数年間における大々的な国有地払い下げの実施後，コーチシナ各省にどれくらいの払い下げ可能な国有地が存在したか，みることにする。表3-13は，1911年の *BEI* 誌上で報告された「コーチシナにおける開発の進展と可能性」[84]のなかの表から引用した。これによれば，払い下げられる国有地が大量に残る諸省は，東部のビエンホア省（ここにはゴム栽培適地帯が含まれる），西部のラクザー，ロンスウェン，チャウドック，タンアン，バクリュウ省などである。ハティエン省にも多いが，ここは水田適地ではなく，むしろ胡椒，ヤシ，ゴム栽培の適地（フーコック島）であろう。これに対して，カントー省にはわずかに，4000 haしかない。前述の通り，カントー省では20世紀初頭の数年間に払い下げが集中して行われ，そのほとんどはフランス人への大規模な国有地譲渡であった。したがって，同省内の未開墾無主地は，この時期までの急激な払い下げの進展によってほぼ土地分割を完了したと考えられる。この事例はデルタ西部における20世紀初頭の払い下げの重要性を端的に示しているのである。

しかし，稲作適地のデルタ西部に集中したフランス人の払い下げの先の傾向は，1910年前後から早くも変化する。フランス人の国有地払い下げの主要な対象地域が，このころにはゴムのプランテーションに適したコーチシナ東部地帯に移るからである[85]。1913年の *BEI* によれば，1912年の初め数ヶ月の間に

---

84) "Developpement de la colonisation en Cochinchine et ses possibilities," *BEI*, 1911, pp. 73-75.
85) ゴム栽培のための土地払い下げ申請は，1905年ころから出始めた。有名なスザンナ農園が開設されたのは1907年である（逸見重雄『仏領印度支那研究』日本評論社，1941年）。ゴム農園の

表 3-13　各省の払い下げ可能な国有地の面積（1910 年）単位：ha

省名	国有地総面積
Baclieu	100,000
Soctrang	10,696
Cantho	4,032
Rachgia	502,154
Chaudoc	121,654
Longxuyen	146,000
Hatien	163,810
Sadec	16,923
Tanan	116,215
Mytho	32,478
Vinhlong	280
Bentre	1,000
Travinh	17,514
Gocong	1,000
Cholon	7,333
Giadinh	60,000
Baria	30,000
Bienhoa	1,047,092
Tayninh	3,150
Thudaumot	66,900
計	24,448,231

出所：*BEI*, 1911, p. 74.

　承認されたコーチシナの払い下げ面積は 7 万 1000 ha であった。このうちの約半分（3 万 3000 ha）はフランス人がゴム農園の開設のために申請した。残りの 3 万 8000 ha が水田開発を目的とする申請の認可であった。フランス人はそのうち 8000 ha を占めたに過ぎない[86]。この数年前と比べて，フランス人はデルタ水田地帯での払い下げへの関心を低下させたと推測される。
　次節で詳しくみるが，1921 年から 30 年までに，仮譲渡および確定譲渡を含

発展については，Murray の研究［*The Development of Capitalism in Colonial Indochina (1870-1940)*, California: University of California Press, 1980: Chapter 6］が概説としてまとまっている。労働問題に焦点を置いた筆者によるゴム農園の発展過程の論考として［高田洋子「フランス植民地インドシナゴム農園における労働問題 ── 1920 年代末のある契約労働者の体験を中心に」『総合研究』2，津田塾大学国際関係研究所，pp. 47-95］も参照。

[86]　"La colonisation europeenne en Indochine en 1912," *BEI*, 101, 1913, pp. 242.

めて，フランス人は31万8600 haの払い下げを受けたが，このうち1926年から1929年の払い下げ面積21万5000 haは，ゴム栽培用の土地であった[87]。ゴム栽培は第一次大戦後の経済的停滞期を脱すると急速に発展し，2度目のゴム・ブームを迎えていた。1920年代のフランス人への払い下げは，したがって最大でも10万haがデルタの水田開発に向けられたと考えることができる。前述の通り，1899年から1907年の9年間のそれは16万haを超えていたのであるから，フランス植民地期を通してみても，20世紀初頭にフランス人への払い下げがいかに集中して大量に行われたかがわかる。

3. デルタ西部の水田開発

では，20世紀初頭の水田開発は，実際にどのように進んでいたのであろうか。まず西部の稲作地域の拡大状況を述べ，次に新開地の状況について明らかにしたい。

(1) 稲作地域の拡大
i. 余剰米の生産地域

表3-1（前節）が占めすように，コーチシナの水田面積は1898年から1908年の10年間に約38万ha増大した。この時期に著しく増大したのは，ラクザー省（6万8000 ha増加），カントー省（4万6000 ha増加），ソクチャン省（3万4000 ha増加）の西部3省である。これら3省の増加分の合計面積は，先のコーチシナ全体の増加分（38万ha）の約4割に達している。

ボノー（L. Bonneau）はコーチシナ各地域の生産量から人口に見合った消費量を差し引いた「余剰米」の推計値を算出したが，それによれば，1913年にバサック川西部（ソクチャン，ラクザー，バクリュウの諸省全域とカントー，ロンスウェン各省のバサック川以西）の「余剰米」は82万t以上に達し，コーチシナ全体の「余剰米」の55％を占めた。同様にそれ以前の1901年から1906年の年平均余剰米を算出すると，この比率は36％であった[88]。彼の推計によれば，1906年から1913年の間に，バサック川西部の余剰米生産力は急速に高まったといえよ

---

87) Henry, *op. cit.*, p. 224.
88) Bonneau, L., "Production, consommation et transport du paddy en Cochinchine," *BEI*, 113, 1915, pp. 358–359.

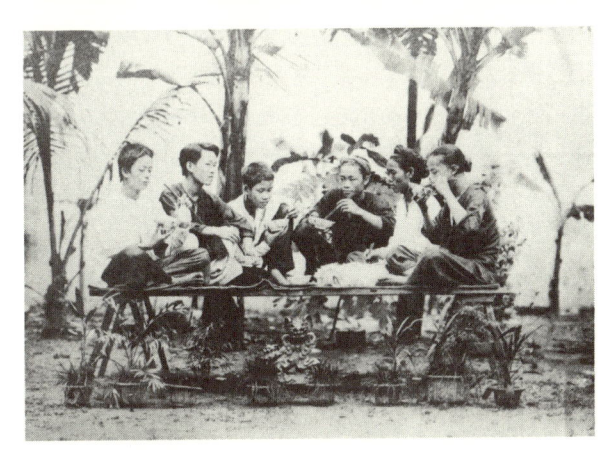

コーチシナの稲作
上　水田耕作にはインド式に2頭牽きの水牛を使役する。(A-Planche XIa)
中　苗を抜くのは男たち，田植えは女たちの仕事。(A-Planche XIa)
下　若いベトナム人家族の食事：男女ともあぐらをかくか片足の膝を立てて座り，中央に置いた数種類のおかずを，茶碗の中に箸でとって食べる。撮影のために庭に出ているのだろうが，後ろには植えられたヤシ，手前には盆栽が置かれている。(B(1)-64/5)

第3章　植民地統治下のメコンデルタ水田開発

う。

　このように，バサック川以西の諸省に拡大した水田地帯は，20世紀初頭にコーチシナの主要な輸出米生産地域になった。とりわけカントーとソクチャンの両省は，1930年ころを水田拡大の到達点とみれば[89]，新田開発はこの時期までにほぼ9割以上を達成していた。

ⅱ．人口増加と開拓村落

　表3-14は，コーチシナ各省の人口の推移を示す。1894年から1913年の約20年間に総人口は200万人から280万人以上（前節でみた19世紀後半と同様に1.4倍）に急増した。人口増加率の高い省は，デルタ最西部ラクザー，バクリュウの2省である。西部ではハティエン省以外の各省でこの時期に4-5万人以上増大している。1904年に出版されたカントー省のモノグラフは，同省の人口急増の要因として，（1）死亡率を上回る出生率（自然増加）と，（2）東部（コーチシナ中部，東部）からの多数の移住者の流入を指摘している[90]。西部地域の開発が始まると，人口希薄なこれらの新開地は，新たな労働力の投入を必要とした。前節で論じたように，19世紀のフランス植民地政府の諸政策，とりわけ土地政策と課税政策が旧来の村落社会に与えたであろう影響は疑いえない。新しい開発のための労働力は，コーチシナ域内で中・東部諸省から西部地域に小農民が移動したことによって供給された。その構造的背景は先述の通りである。小農民は金を稼ぐ目的から，苦境を逃れるために，また土地所有者となる期待を持って，西部へ向かった。西部では，開拓の"古い"省（カントー，ソクチャン，ロンスウェンなど）から，さらに"新しい"省（ラクザー，バクリュウ）に移動す

---

89) 第二次世界大戦後，メコンデルタの稲作付面積は，1930年ころを大きく下回った。1950年前半の作付面積は110-170万haまで落ち込み，1956年にようやく200万haに回復した［木村哲三郎，「南ベトナムの土地改革」『東南アジアの農業・農民問題』滝川勉編，亜紀書房，1974, p. 150］。植民地期の20世紀初頭に始まる急速な西部開発は，ベトナム人研究者の指摘するように，灌漑技術の導入はなく，浸水や潮水に耐える長日性の雨季稲品種と降雨にのみ依存し，その土地生産性は極めて低位であった。開拓を促進した運河についても，定期的浚渫のための維持費がかさむ上，乾季には平野の窪地に浸入する海水によって土壌の質が低下するなどの問題も多く含んでいたのである［Kim Khoi, "Qua trinh khai thac nong nghip dong bang song Cuu Long," *Nghien cuuu Lich su* (201), 1981, pp. 25-35］。

90) La Societe des Etudes Indo-Chinoises. 1904. *Geographie physique, économique et historique de la Cochinchine. Monographie de la Province de Can-tho*, Saigon: Imprimerie commercial Menard & Rey, 1904, p. 33.

表3-14 コーチシナ各省の民族別人口構成（1894/1913年）

単位：100人

年度	1894年						1913年					
民族	ベトナム	クメール	中国	その他アジア	ヨーロッパ[4]	省別計	ベトナム	クメール	中国	その他アジア	ヨーロッパ[4]	省別計
西部												
Longxuyen	911	19	15		[32]	945	1,431	22	25		[83]	1,480
Baclieu	305	60	34		[32]	400	725	157	51		[67]	934
Rachgia	176	236	10		[12]	422	538	298	19		[40]	855
Soctrang	330	400	49		[33]	777	768	501	72	1	[156]	1,344
Cantho	1,118	214	31		[22]	1,363	1,600	148	55	1	[82]	1,804
Hatien	66	20	19		[16]	105	80	25	12	2	[35]	119
Chaudoc	679	172	12	50[1]	[45]	913	1,075	265	15	55[3]	[158]	1,411
中部												
Travinh	670	544	42		[30]	1,256	999	880	50	1	[53]	1,929
Bentre	1,613		14		[28]	1,627	2,507		22		[99]	2,530
Vinhlong	1,225	6	18		[36]	1,250	1,285	5	23		[86]	1,315
Sadec	1,347		16		[39]	1,363	1,660		19		[56]	1,680
Tanan	642	2	6		[15]	649	880		5		[27]	885
Mytho	2,241		18		[89]	2,260	2,719		30	1	[207]	2,751
Gocong	677		5		[16]	683	849		7		[25]	856
Cholon/Giadinh	3,262		270	10	[2,202]	3,564	5,005	1	218	18	[8,508]	5,332
東部4省	2,261	57	29	429[2]	[145]	2,775	3,048	139	35	245	[498]	3,473
民族別計	17,522	1,726	588	489	[2,706]	20,353	25,135	2,442	658	327	[10,557]	28,698

原史料：1894: AGI, 1894, p.347, 1913; AGI, 1913, pp.299-337.
＊この表の数値はすべて原史料から得た数値の10位を四捨五入している。したがって、各項目別の数値の合計は、この表の集計欄の数値とは必ずしも一致しない。
注：1）チャム人が多く含まれる。2）チャム人、モイ人を含む。3）チャム人が含まれる。4）［ ］内の数値は100人でなく原数値。

第3章　植民地統治下のメコンデルタ水田開発 | 141

る人びとが観察されたのである。

　表3-14でさらに民族別構成比をみておこう。デルタの先住民族であったクメール人はチャヴィン，ソクチャンの両省に特に多い[91]。19世紀末にはソクチャン，ラクザーの2省で彼らは省人口の5割以上を占める多数民族であった。しかし1913年の人口比はどちらも30％台に低下している。19世紀末から20世紀初頭にかけて，コーチシナにおけるベトナム人の人口上の地位は全省で首位となった。全体としてみれば，西部の新田開発は，ベトナム人のコーチシナ東・中部からトランスバサック地方への移住を促進させた。ベトナム人の歴史的「南進」はこの時ついに完了したのである。

　籾および小商品の流通を占有する華人は，チョロンやサイゴンを除くと，デルタ西部の海岸に近い諸省（チャヴィン，バクリュウ，ソクチャン，カントーの諸省）に多く居住した。たとえばソクチャン省の10の籾集散地には必ず多数の華僑や混血ミンフォン（Minh-huong）たちが住み，フランス人監察官によれば，彼らはその富と文化的影響力によって20世紀初頭にはソクチャンの重要な勢力グループを形成していた[92]。

　次に，開通した幹線運河周辺地域の開拓集落について地図上から検討しよう。1928年のインドシナ総督府地理局測量のカントー省10万分の1の図に記された村落（Xa）の名称，集落（Ap）の名称には，開発の進行過程を示すと思われる次のような傾向がある（図3-10参照）。バサック川の支流を遡ると，その分流との合流点に立地する中心的母村落（A）がある。その周辺にはA村落を構成する複数の集落が位置する（a1, a2, a3など）。さらに上流へ遡った自然河川の合流点に，A村落から派生したと思われる分村落（A'）とその集落（a'1, a'2, a'3など）が存在する。

　さらに支流の途切れるあたりから掘削された運河の周辺にも，分村A'の集落（これも母村落Aの名に類似した名を有す）が地名群落をなしている[93]。これら

---

91) ソクチャン省では同省の全9郡93村のうち，純粋にベトナム人の起源を持つと明記される村落は28村であり，残る65村はクメール文字の村名で示された［La Societe des Etudes Indo-Chinoises, *Geographie physique, économique et historique de la Cochinchine, Monographie de la Province de Soc-trang*, Saigon: Imprimerie commercial Menard & Rey, 1904, pp. 26–43］。

92) *Ibid.*, pp. 45–47, 77–78.

93) ベトナムの村落名は2つの漢字から成っているが，1つの村から2つの村に分かれる時，新しい村は古い方の村落名の一字を残す慣習がみられる。たとえば，（永利）Vinh Loi村が2つに分離する時，それぞれVinh-Tanh（永盛），Vinh Tri（永治）となる［Landes, A., "La Commune annamite," *Excursions et Reconnaissances*, 5, 1880, pp. 102］。

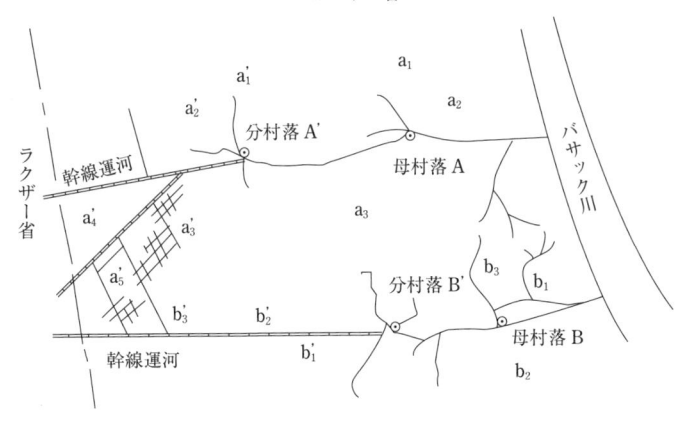

図3-10　開発過程を示す開拓村の地名群落モデル

母村落A　A村の集落 $a_{1\sim3}$, A村の分村 A'　A'村の集落 $a'_{1\sim5}$, B, b, B', b' は A, a, A', a' に準じる。

の集落群の位置する地域が，大規模な払い下げが認可された地域と考えられる。幹線運河一帯の集落や村落は，バサック川流域やその支川流域にみられる比較的密な村落群でなく，村落の中心と集落および隣村のそれが非常に遠く離れて存在している。

　水田は大きな碁盤の目の区画のなかに広がっている。デルタの氾濫原および広大低地のなかの新開地では，開発権を得たフランス人入植者あるいはベトナム人大土地取得者が幹線運河に繋がる水路を農業労働者や小作人タディエン (ta dien) に掘削させ，開墾を進めた[94]。これはメコンデルタ開拓村の一つの典型的パターンである。第4章で扱うバクリュウおよび第5章の臨地調査地カントーの村落における開拓集落は，この村落立地モデルに重ねてイメージすることができるだろう。

---

94) Chevalier, M., *L'Organisation de l'agriculture colonial en Indochine et dans la Metropole*, Saigon: C. Ardin & Fils Imprimeurs editeurs, 1918, p. 18. Y. Henry の1920年代末の土地所有状況を示す統計と付き合わせると，カントー省，ラクザー省，ソクチャン省境の幹線運河周辺に位置する諸郡では，大土地所有の著しい傾向が明らかにみられる。たとえば，カントー省オーモン県トオイ・バオ郡と同省フンヒエップ県ディンホア郡，ディン・フオック郡の3郡だけで，カントー省の50 ha 以上の大土地所有者の53％を占める [Henry, *Ibid.*, p. 162]。

(2) 新開地の開墾
i. 払い下げ地の耕地化率

払い下げられた国有地の耕地化率は，史料上の制約によって十分に解明するのは困難だが，さしあたり 1911 年の *BEI* 誌上には，1910 年までのコーチシナの払い下げ総面積約 46 万 ha のうち，約 30 万 ha は開発されたという公式報告が見いだされる[95]。これに従えば，払い下げ全体の 65% が開発されたことになる。ただし省別にみると相当の差がある。たとえばベンチェ，ソクチャン，チャヴィンの諸省では払い下げ地のほとんどが開発された[96]。

ii. 開墾形態

未耕地の開墾は当時の断片的な史料を総合すると，次のように考えられる。開墾は植物の伐採から始まり，水路の掘削や土壌の条件に応じた改良作業に 1–5 年，時には 6 年を要する。この期間，土地所有者は仕事量に見合った現物もしくは賃金を労働者に支払う。その開発資金を 1 ha あたり 100 ピアストルと見積もる例もある。籾の播種が始まると，はじめは 1 ha あたり籾 10 ザー (350–400) リットル，約 230 kg[97] の小作料で契約が結ばれる。耕作に必要な水牛は土地所有者が提供し，小作料は水田の収量に応じて年々高くなる[98]。

コーチシナでは一般に定量小作が普及しており，地代は平均収量の 30–40% の籾量に相当した[99]。だがソクチャンでは，地主と収穫物を折半する方法が多かったという記録も存在する[100]。多数の運河や水路が入り組んでメコン川やバサック川の増水時に水量を分散させることのできる諸省と比べて，西部の大河沿いの諸省や新開地では絶えず川の急激な増水，浸水による影響を強く被った。

---

95) "Developpement de la colonisation en Cochinchine et ses possibilities," *BEI*, 88, 1911, p. 73. ただしブルニエ (Brenier) の農業統計図に掲載された中・西部各 14 省における払い下げ面積と開発面積のデータに基づけば，その開発率は 38% と算出される [Brenier, H., *Essai d'atlas statistique de l'Indochine française,* Hanoi-Haiphong: Imprimerie d'Extreme-Orient, 1914, p. 196]。

96) *Ibid.*, p. 193.

97) Coquerel, A., *Paddys et riz de Cochinchine,* Lyon, 1911, p. 47.

98) *BEI*, 1900, pp. 108–109. 上記の方法だけでなく，両大戦間期の史料では，開墾費用を小作人が地主から前借りし，3 年後から通常の小作契約を結ぶ例もあったとしている (Gourou, P. *L'Utilisation du sol en Indochine*, Paris: Centre d'Etudes de Politique étrangère, 1940, p. 264, Henry, *op. cit.*, p.55)

99) Coquerel, *op. cit.*, pp. 108–109.

100) *BEI*, 1905, p. 574.

1920年代の
ヴィンロンの農村

上　川の上の民家：マングローブを切り出した部材の杭の上に，ニッパヤシの葉（壁・屋根材）で覆った家々が密集している。川が交わる場所には，1990年代半ばの調査の折にもこのような景観をよく目にした。（N-113）

中　水田の耕作準備：雨季が始まるのを待ってタディエンが耕起にとりかかる。写真の小屋は農作業の合間に休憩を取る場所だ。タディエンは地代に加え，家畜の高額な賃貸料も収穫した籾で地主に支払わねばならなかった。（N-113）

下　ベトナム農民の竹橋（モンキーブリッジ）は現代も健在だ。（N-114）

第3章　植民地統治下のメコンデルタ水田開発

また，収穫期の風雨や病虫害，疫病の流行など，生産の不安定要因は多々存在した。不作の年には，定量小作の場合のみならず折半小作の農民でも，翌年の耕作準備ができず，苦しい状況に追いやられた。

　当時のカントー省の植民地行政官は，両省の小規模耕作者のいかに多くが，華人やベトナム人大地主の高利貸しに暴利をむさぼられているかを嘆いている。それによれば，彼ら小農民は9-10月ころにした借金を翌年の3-5月に収穫した籾米で返済したが，その金利を換算すると，はじめの借金の100-150%以上に及んだ[101]。さらに，高利貸しは小農民のみを搾取したのではなかった。ソクチャン省のモノグラフによると，同省の村落のノタブル（独立農民，中小地主など）にはミンフォン（明郷）が多く，彼らも親族である華人の借金に依存した。華人はこれを介して土地を実質的に支配した[102]。地主の資金調達には，1876年にインドシナ銀行が収穫物担保貸付を行う規則を作ったが，個人への貸付はほとんど機能していなかった[103]。現地人の農業相互信用金庫（SICAM，後述）は，ようやく1913年になってミトー省に設立された[104]。

　つまり水田面積の急増をみた20世紀初頭のメコンデルタ西部では，開墾および水田開発が進展すればするほど，開発資金を調達することのできた不在大地主と労働力しか提供できない小作人＝タディエンによる大地主・小作関係が拡大する傾向にあった。そこでは，入植した小農民に対する華人ないしはベトナム人地主階級による経済的支配が貫徹していく様子が想定されるのである。

(3) フランス人の水田
i. 水田面積拡大の貢献度

　先のブルニエの著書によれば，1912年までに払い下げを受けたヨーロッパ人（フランス人，現地人・アジア人のフランス帰化人 assimilés）に譲渡された土地は30万8000 haであり，政府統計を信頼するならば，そのうちの10万2000 ha（33%）が開発された。そのほとんどが農業会議所の選挙資格人（1912年までに308人）であった。開発された払い下げ地のうち水田は7万7520 haである。

---

101) "Renseignements, la campagne rizicole de 1902 en Cochinchine," *BEI*, 1902, p. 441.
102) La Société des Etudes Indo-Chinoises, *Géographie physique, économique et historique de la Cochinchine, Monographie de la province de Soc-trang*, Saigon, 1904, pp. 77-78.
103) Henry, *op. cit.*, pp. 660-661.
104) M., L. "Les sociétés de credit agricole en Cochinchine de 1913 à 1938," *BEI*, 1938, p. 780.

これ以外にもヨーロッパ人は，買い入れによって取得した水田（8万3000 ha）を所有した[105]。19世紀末までにヨーロッパ人が払い下げを通して所有した水田は1万1900 ha[106]であったので，その後の12年間に6万5620 haが増大したことがわかる。世紀末から20世紀初頭10年間のコーチシナ全体の水田面積増大分は前述の通り，約38万haであったので，ここでのヨーロッパ人の貢献度を大雑把に算出することができる（6万5620÷37万5055＝0.175）。すなわち，1900年代の水田面積拡大の約18％ほどがヨーロッパ人払い下げ地の開発によるものであった。払い下げ地の開墾を阻む要因は何だったのであろうか。

ii．労働力の不足

コクレルによれば，ヨーロッパ人大土地取得者の多くも，土地を小区画に分割し，現物もしくは現金による小作料をとってタディエンに耕作させた。また，季節いっぱいの臨時労働者や農繁期に多数の農業労働者を籾米もしくは現金で雇用する者もいた。彼らにはその他食糧や衣類も提供された[107]。地主はタディエンの人頭税も負担した。当時，労働力の確保はヨーロッパ人水田経営の最大の問題であった。植民地政府は労働力不足の問題に2つの解決策を講じようとした。一つは人口稠密なベトナム北部の紅河デルタ他からの移民の斡旋，いま一つは水田耕作の機械化であった。

1896年から97年にかけて設立されたコーチシナ農園主組合（Le Syndicat des Planteurs de Cochinchine）は，フランス人による水田経営の発展を促進するために，小作人の逃亡を規制する法的制度の確立を行政側に働きかけた。さらに，トンキン，アンナンからの移民の仲介・斡旋を植民地政府に要求した[108]。その結果，1907年にカントー省において労働力調達のための政府機関である植民局が設置された[109]。カントー省における植民局の設置は，同省が20世紀初頭のフランス人による水田開発の中心的位置を占めていたことの表れでもある。しかしながら，この斡旋事業も含め，遠隔地からの移民による労働力導入の試

---

105) Brenier, *op. cit.*, pp. 193, 196.
106) "Situation de la colonisation européenne en Cochinchine," *BEI*, 1899, p. 692.
107) Coquerel, *op. cit.*, p. 60.
108) *Ibid.*, pp. 65–66.
109) "Les Pays de l'Union Indochinoise, Situation politique, économique et financière, au début de l'année 1908," *AGIC*, Chapitre 4, 1908, p. 265.

みは当時は全く成果をあげなかった[110]。インド人，中国人など外国人移民の募集にも期待が寄せられたものの，同様に成功した例もない[111]。植民地政府は北アメリカのテキサスやルイジアナで用いられた耕耘機の利用をコーチシナにもたらそうと考えていたが，沼地での使用は不可能で実りはなかった[112]。

第3節　巨大地主化と農業不安の増大 ── 大戦間期の国有地払い下げ

1.　国有地払い下げ制度の展開

(1) 1913年の統一令

　アルベール・サロー総督時代に，それまで仏領インドシナ連邦の諸地域で別々に施行されていた土地法令の統一が試みられた。新しい国有地払い下げ法は，翌1913年に総督令として布告された。次の1-4は改訂後の国有地払い下げ制度の骨子である[113]。
　1.　都会にある土地については，規模にかかわらず有償でのみ譲渡される。
　2.　農業開発のために譲渡の申請があれば，公開された申請に基づき1000 ha

---

110) カントー省の植民地政府は，省内に入植地を与えて，ベトナム北部の紅河デルタ農民を移住させる計画を実施したが，結局失敗した。この計画では，トンキンのタイビン省の代理官が84農家328人を斡旋した。彼らは，1908年5月末にカントー省フンヒエップの特別区に入植した。最低3年間の契約で，1人の家長に対して4 haずつ分配し，5年後に1定額の支払金で土地の所有者になる予定であった。開墾の期間は地税と人頭税を免除され，初めての収穫を得るまで植民局が前貸し金，食糧，衣類，農具，日用品の他住居なども提供した。しかし，1908年12月以降，翌年4月までの間に，帰還あるいは逃亡した者が続出した。植民地評議会でこれを発表したコーチシナ長官は，出身地の村落自治体に委ねられた募集方法の欠陥にその原因を求めて言葉を結んでいる。これらの移住者のうち農民はわずかであり，他の多くは浮浪者や村の成員ではない者たちであって，適当に1人の婦人をあてがわれ，にわかづくりの夫婦として送られた場合が多かったと指摘している ["Essais d'introduction de la main-d'oeuvre tonkinoise en Cochinchine," *BEI*, 1909, pp. 565-566.]。

111) Coquerel, *op. cit.*, 1911, pp. 56-71.

112) AGIC, *op. cit.*, pp. 262-266.

113) 主に Outrey, *Nouveau recueil de législation cantonale et communale, Annamite de Cochinchine*, Saigon, 1913, Girault A., *Principes de colonisation et de législation coloniale*, Tome II, Paris, 1927 を参照。

以上の規模であれば総督令により，それ以下の規模の場合は地方行政長官令によって，有償または無償で許可される。同一人が複数の払い下げ地を得ることはできる。売却の代金は，半額は現金で，残りは2回に分けて支払わなければならない。
3. 無償の払い下げは300 ha以下の規模の土地とする。無償払い下げ地を2回目に申請する際は，第1回目の申請地の5分の4が作付けされた後でなければいけない。その期限は開墾権を認可されてから5年以内である。無償払い下げの3回目の申請はできない。
4. 払い下げは，初め臨時的な資格を与えられるに過ぎず，規定の通りに作付けが終了して初めて正式に譲渡が認められる。その時点から地税の義務が生じる。

1912年以前のコーチシナにおける払い下げ法と比べて異なるのは，第1に1000 ha以上の仮譲渡を認可する権限は総督に変更された[114]。次に，従来の10-500 ha区分の払い下げは，300 ha未満と300 ha以上で，無償のものと有償のものとに分けられた。無償払い下げは，1回目の開墾が5分の4を終了した後，作付け地が（最大で）240 haになった時点で，300 haまでを目処に2回目の申請ができる。上記の規定を充たせば，実のところ600 haの土地を無償で取得できる。

払い下げ地を最終的に取得するまでには，次のような過程を経ることになる。①譲渡の申請手続き→②調査・審査の後に仮譲渡の許可→③調査・審査の後に確定譲渡の認可→④地税額の決定である。
① 譲渡の申請手続き：申請者は，フランス語もしくはアルファベット化されたベトナム語で所定の様式の文書に記入し，土地の調査および手続きのために定められた費用を支払い，申請が公開された後2ヶ月を待って（現地の先住者，開墾を始めた者等の抗議が2ヶ月の間に出されないことを確認した後で），審査の結果を通知される。
② 調査・審査の後に仮譲渡の許可：仮譲渡（開発権の付与）は，申請地の規模が10 ha未満であればコーチシナ各省のフランス人行政官が許可する。10 ha以上300 haの規模についてはコーチシナ植民地評議会が決定

---

114) 1907年以降に天然ゴム農園等の開発ブームが始まり，各邦の枠を超えた大規模な国有地譲渡の要請が高まっていた。またそれに伴い1000 haを超える農園建設のための払い下げ申請がしばしば出されるようになったことがその背景である。

する。
③　調査・審査の後に確定譲渡の認可：3-5年間のうちに仮譲渡地の定められた割合を耕作していれば，確定譲渡に変更される。土地所有権はコーチシナ地方行政長官令によって申請した開墾者に付与される。
④　翌年からは地税の支払い義務が生じる。

＊＊＊

①から④のそれぞれの過程で，許可の取り消しや返還，開発許可権の別人格への移転も屢々発生した。認可の議定には一定の情報が記されるため，前節のようにそれらの内容を整理・解析すれば，払い下げの動向をある程度は把握できる。払い下げを申請する者の資格は，フランス市民および臣民（コーチシナ住民）に限られた。フランス人，現地人の区別なく申請ができるが，会社であれば，その本店はフランスまたはその保護国の領土内に存在しなければならない。また20世紀のコンセッションをとりまとめた植民地政府の統計には，申請者の区分は「欧州人」，「現地人」とあるのみである。「欧州人」にはフランス国籍を取得した帰化人（現地人）も含まれている。

実際の許可令に記された現地人の名前には，アルファベットで記された華人あるいはクメール人と思われる氏名もあることに気づかされたが，高利貸しとして知られたインド人を推測させる氏名はみあたらなかった[115]。通常，華人もしくは華人の混血（ミンフォン）はフランス国籍をとるケースか，現地人の女性と婚姻関係を結んで女性の名前で申請するケースもあったと考えられる。

(2) 実施上の問題点と改訂，"成果"

初期の時代の植民地政府は，自作農の育成のために払い下げ制度が寄与することを期待した。しかし19世紀末以降には，すでに明らかにしたように大規模な土地譲渡が先行していった。また譲渡地が開発されないまま，長年にわたり放置された例も多かった。仮の譲渡権を付与されたまま土地の開墾が進まない背景には，土地の取得者が多くは植民地官吏，退役軍人，都市の商人，教師，

---

115) ベトナム人（フランス人はアンナン人と表記）の名前に，アルファベット化された華人名はやや似ているが，ある程度は区別がつく。クメール人の場合も，ほぼ違いはわかる場合が多い。インド人名については，ベトナム共和国（南ベトナム）の土地改革で収用された土地の地主名に，多数出てくる。しかし，管見では仏領期の払い下げ認可令にそれらをみることはない。

医師,エンジニア,ジャーナリスト他,農業とは無縁の者たちであることがあった。国外在住(リヨンやニース他)者が譲渡を受ける例もあった。自分で農園を開設し経営を行う者は稀であり,ほとんどが仲介者をおき,開発を請け負わせた。そうした開発のための組織がうまく成立し機能するには,時間がかかった。開発地はサイゴンから遠く離れた新開地である。仲介者が新開地に赴く小作人を雇い,その小作人の力量に見合った規模の土地を任せて,開墾から始まる一連の農作業を軌道に乗せることは,簡単ではなかった。とりわけトランスバサック地方の労働力不足は開発を進める上で大きな問題だった。その上に新開地は干ばつ,洪水,鼠や害虫等の被害に影響を受けやすく,不安定な生産条件が多かった。

　広大な譲渡地が法的に占拠されたまま,開墾がいっこうに進まない事態に対して,小農民の不満や抗議は各地の植民地議会に持ち込まれた。こうした事例は,第5章のトイライ村の事例にもみることができる[116]。植民地当局は,無償譲渡の規模を縮小し,開墾を終えなければ譲渡地を返還させるという罰則諸規定を加え,投機目的の土地占拠を防ぐ方策をある程度は講じようとした。

　さらに紛争を招いた要因として,法制度上の根本的な問題が存在した。それは2つの法の併存状況である[117]。農民は,植民地化以前の時代から比較的自由な先取開墾権を持っていた。新しい村の創設のために,集団をつくって申請することもできた。家族が増えて労働力の確保ができれば,未耕地を自由に開墾することができる。こうした慣習は20世紀に至っても行われていたと考えられる。フランス植民地政府の法である国有地払い下げ法を知らず,定められた申請書を書けない農民が,長年耕作した土地から地税の未払いを理由に追い立てられ,突然に「スクオッター(不法占拠者)」に転落させられる。実際,苦労して開墾した水田が,国有地払い下げ申請中の他人の土地になっていたことがわかり,農民の抗議・係争が裁判所に持ち込まれることは多発していた[118]。村

---

116) 1903年にCantho省で認可されたあるフランス人の2000 haを超すコンセッションの事例では,仮譲渡から9年経っても開発がなされないまま,植民地政府に土地が戻された(CAOM: INDO-GGI 876 ファイル)。法改定の概要は,アンリの前掲書参照(Henry, Y., *op. cit.*, pp. 228-231)。

117) Bassford, John Louis, *Land Development Policy in Cochinchina under The French (1865-1925)*, a dissertation submitted to the graduate division of the University of Hawaii, Ph. D. in History, 1984 参照。

118) カントー省評議会の議事録に,Thoi Bao郡のベトナム人委員の発言として,実際の小開墾者が払い下げ制度で開発権を取得した者に土地を奪われる問題を追及している。このような問題はラクザー省でも頻発していたとされる(TTLTQC II: Gou coch IA 18/094 ファイル)。ラクザー省

びとの土地台帳への記載が，ノタブルによって改ざんされることも屡々発覚した。新開地の土地測量がどの程度実施されたかについて，実態を検証できる史料は現在のところ得られない[119]。

払い下げ制度を利用するためには，役所に行き，規定を理解し，申請書を読んで必要事項を記入し，審査の手数料を支払わなければならない。開発の目的と資金調達の目途も記す。農村の普通の人びとにとって，それは簡単ではなかったであろう。近代的な社会システムとしての払い下げ制度が農村社会で受け入れられるには，実際には多くの問題があったと推察される。

農業者でなくとも，単に開発資金を調達できれば地主になることができた。すでにみたように，19世紀段階から植民地政府の下級官吏や退役軍人，弁護士や商人などが払い下げを申請していた。

実施上および運用上に多くの問題も生じた国有地払い下げの法改正は，幾度も行われた。たとえば1926年に申請の際に申請者の開発遂行能力，資金力を証明することを求める規程の追加が加えられたり[120]，1928年の法令では，新たに植民委員会を設けて諮問機関とした。土地譲渡申請者の資格・条件に，フランス臣民あるいは被保護国民に限るという項目も追加された。その他フランス各地方行政機関の策定した入植プログラムの必要性，公平な施行方針の堅持，乱開発を防ぐために開発に伴う植林等の義務を申請者に課すこと等も盛り込まれた。旺盛な土地申請に備えるために，政府は土壌・地形等々に関する事前調査の必要も認識するようになった[121]。

とはいえ，払い下げ制度とその諸法規は，建前上，植民地の無主未耕地を住民に分配し開墾を促進し，コメの増産をもたらす土地政策として推進された。植民地政府はこの制度の下で水田面積の増加を把握し，税収を増やすこともできた。何より国有地払い下げ制度の「成果」は，フランス人によるインドシナにおける土地権の"合法的"取得であった。フランス人（フランス人とフランス

ニンタンロイ村（1927年）とバクリュウ省フォンタン村（1928年）で発生した土地をめぐる殺傷事件については，Brocheux, *The Mekong Delta: Ecology, Economy, and Revolution, 1860–1960*, Madison, 1995, pp. 40–43 に詳しい。

119) Tran Thi Thu Luong, "Les roles du cadastre du Nam Bo (Cochinchine) pendant la periode coloniale," Institut d'Histoire Comparée des Civilisations, *Ultramarines*, n°15, 1997 参照。

120) Y. Henry, *Économie agricole de l'Indochine*, Gouvernement général de l'Indochine, Hanoi, 1932, pp. 228–231. さらに大規模な4000 ha以上の譲渡の承認機関として，植民地大臣および総督府評議会，コンセッション委員会が決められた。

121) *Ibid.*, pp. 230–234.

1920年代のヴィンロンの街

上 省都には，官庁街の近辺に，川や運河に臨んで必ずこのような公設の市場が造られた。白い服の官吏の姿が見える。

市場のそばには，漢字で商号や名を掲げた華人の商店が軒を連ねた。1階を商店に2階を住居とするショップハウスである。(N-114)

中 小学校の下校風景：ヴィンロンの男子小学校には初等A/B・中等・高等クラスが設けられ，寄宿舎があった。子どもたちの下校時に親や使用人が学校に迎えに行く慣習は現代も同じである。当時のデルタのほとんどの省には郡ごとに1つの小学校が開設され，20世紀初頭には中国語を教えるクラスも設けられていた。(N-112)

下 ジエム・バス会社のステーション：20年代にはデルタのあちこちで乗り合いバスが走っていた。(N-112)

第3章 植民地統治下のメコンデルタ水田開発

に帰化した現地人ないしアジア人）に譲渡された土地（仮譲渡もしくは確定譲渡）は仏領インドシナ全土で89万2000 haである（1931年1月1日）。コーチシナはなかでも最大の50万3300 haに達した。購入した私有地を含めると取得地は60万6000 haにのぼった。実際に開発された土地は，そのうちの35万1854 haである。さらに水田はそのうちの25万3400 ha（メコンデルタ）を占め[122]，それはコーチシナの水田総面積（約230万 ha）の11％にあたる。

2. 開発と土地集積

(1) 1920年代半ばの開発ブームと大土地所有の実態

　バースフォードの研究によれば，水田開発の一大ブームといわれた直中の1927年に，コーチシナの払い下げ総面積（累計）は約118万 haに及んだ。そのうちメコンデルタ14省に約82万 ha（69.5％）が集中した。その最大量はバクリュウ省（20万2000 ha）で実施され，次いでラクザー省（15万8000 ha）が多かった[123]。両省だけでデルタの払い下げ総面積（累積）の44％に達した。両省の水田面積も20世紀初頭以降急増し，1930年までに省別デルタ最大規模の約27万 haと32万 haに増大した。2省でデルタ14省の水田総面積（約207万 ha）の28.5％を占めた。その一方で，両省の土地生産性には問題があった。アンリはコーチシナの水田の1 ha当たり平均生産量を1.34 tと算出したが，そのうち田植えを1回行う水田はややそれより低く，平均値は1.26 tである。1回移植がほとんどであるバクリュウ省の新開地を含む諸郡のそれはさらに低く，0.8-1.1 tの低収量にとどまった[124]。それはラクザー省の新開地も同様であった。

　払い下げ面積，水田面積，土地生産性に加えて，開発に伴って進行した土地集積についても，デルタ周縁の2省には特徴が現れる。それは大土地所有の顕著な傾向である。

---

122) コーチシナ東部のゴム農園開発は9万7804 haで，その他650 haのコーヒー農園が含まれる。天然ゴム農園生産のブームは植民地政府によるスザンナ農園開設（1907年）を契機に，インドシナのフランス人の間に広がった。1910年の国際ゴム価格の高騰22-25フラン/kgに刺激されてカンボジア国境を越えて拡大した。さらに1925年の天然ゴム価格の世界的高騰以降，チュオンソン山脈裾野のいわゆる赤土地帯に農園開発は再び熱を帯びた [*Ibid.* p. 224]。

123) Bassford, John Louis, *op. cit.*, p. 248.

124) Henry, *op. cit.*, p. 270, p. 272.

いわば"*mise en valeur*"の時代は，特にこの1920年代後半を指している。メコンデルタの水田面積は植民地時代の最大値に達した。そして大規模かつ組織的農業調査の実施によって，メコンデルタの大土地所有の実態が明らかになったことは，すでに述べてきた。表3-15aは，その一端を詳細に示す。まず，メコンデルタ14省の25万5000を超す土地所有者のうち，地主（約9万）と自作農の比をみると，ほぼ3人のうち1人は地主（36％）である。規模別をみると，5ha未満の小土地所有者は71.7％を占め，中土地所有者は25.8％，50ha以上の大土地所有者はこれらに対してわずか2.5％である。しかし，バクリュウ省とラクザー省は小土地所有がどちらも5割を下回る一方で，大土地所有は7.2％，6.8％と高い。バクリュウ省は中土地所有の占める割合も平均の2倍近い48.3％である。

アンリによれば，14省全体の所有規模別土地面積の比率は，小土地所有は12.5％，中土地所有は42.5％であり，大土地所有（50ha以上）は45％（37-53％の間を取って）である。表3-15bから，この規模別所有地面積の比率をいくつかの諸省で比較できる。ここでは小作に付す土地所有規模の分岐点として10haを目安に表を読んでいくと，サイゴンに隣接するチョロン省は，10ha未満の層が戸数で89.5％・面積で49.4％を占め，小土地所有がほぼ大勢である。同省の大土地所有層は戸数では0.7％・面積は17.1％とほぼ劣勢である。メコン本流の左岸に位置し，開拓の歴史の古いミトー省においては，10ha未満の層は，農家戸数92％・面積43.1％を占め，これがほぼ大勢といえるが，大土地所有層は戸数1％・面積31.3％となり，チョロン省と比べて土地所有構造はやや分極化が進んでいるといえよう。同様に，タンアン省，カントー省の順にこの分極化の傾向は進んでいる。バクリュウ省の場合は，10ha未満層は戸数で62.7％・面積では10.1％，大土地所有層は戸数で9.6％・面積は65.6％も占めている。ここでは大土地所有層がむしろ大勢である。

大土地所有の状況について，アンリは，14省の郡別の発現状況に大きな差があること，また複数の村に広がっている所有地が別々の村に分割して登録されている場合や同一家族の土地が家族の個々の名前で一筆ごとに登録されている場合があるために，その実態を見抜くのは難しいと報告している。そしてバクリュウ省の大土地所有について，次のように付記している。同省ロントゥーイ郡の水田は84.8％が260人の大土地所有者で占められる。500haを超える巨大土地所有者は統計上，平均では14省で1000人に1人の比率で表れるが，

表3–15a　メコンデルタ諸省の規模別土地所有の状況

単位：農家戸数・％

省名	農家戸数	小土地所有（％） 0–5 ha			中土地所有（％） 5–50 ha			大土地所有（％） 50 ha 以上				自作農	小作人を使用する土地所有者
		0–1	1–5 ha	計	5–10 ha	10–50 ha	計	50–100	100–500	500 以上	計		
Rachgia	17,722	14.6	35.3	49.9	22.1	21.2	43.3	3.1	3.5	0.2	6.8	14,015	3,707
Chaudoc	29,337	43.1	35.3	78.4	15.1	5.9	21.0	0.4	0.2	0.02	0.6	26,358	2,979
Longxuyen	14,817	28.2	36.9	65.1	16.2	14.4	30.6	2.6	1.5	0.2	4.3	8,540	6,277
Sadec	17,201	38.8	40.9	79.7	11.7	7.3	19.0	0.9	0.3	0.1	1.3	8,782	8,419
Cantho	15,487	20.6	39.6	60.2	16.8	18.7	35.5	2.6	1.6	0.1	4.3	9,606	5,881
Mytho	31,173	40.5	39.7	80.2	11.8	7.0	18.8	0.6	0.4	0.0	1	14,815	16,538
Tanan	9,404	17.4	38.7	56.1	26.5	15.7	42.2	1	0.6	0.1	1.7	6,583	2,821
Soctrag	19,329	29.0	41.0	70.0	14.0	13.1	27.1	1.8	1.1	0.05	2.9	12,478	6,851
Vinhlong	13,352	38.0	35.0	73.0	12.7	11.6	24.3	1.8	0.9	0.03	2.7	8,780	4,572
Cholon	17,329	26.0	47.3	73.3	16.2	9.8	26.0	0.4	0.3	0.02	0.7	12,417	4,912
Baclieu	11,022	10.4	27.9	44.5	24.4	23.9	48.3	4.8	4.4	0.4	7.2	6,910	4,112
Travinh	24,195	45.6	34.8	80.4	11.1	6.6	17.7	1.2	0.6	0.1	1.9	14,252	9,943
Bentre	30,021	46.6	38.5	85.1	9.5	4.6	14.1	0.6	0.2	0.02	0.8	19,615	10,389
Gocong	4,675	23.4	42.2	65.6	17.8	14.2	32.0	1.5	0.7	0.2	2.4	1,611	3,064
平均	255,064	33.7	38.1	71.7	14.7	11.1	25.8	1.42	0.96	0.08	2.5	164,762	90,285

資料：Y. Henry, *Economie agricole de l'Indochine*, Hanoi, 1932, p. 189 より作成。

1920年代のソクチャン省
上　舟上で暮らす移動民の家族（バンロン：現ロンフー）。舳先にデルタ共通の魔除けが描かれている。こうした人びとは史料上には現れないが，定住できずに移動を繰り返す。彼らは一つの階層として存在していたと思われる。(N-147)
下　地主の洋館：ボータオ村の大地主チュオン・ダイ・ルオンの邸宅。(N-145)

表3-15b　コーチシナ中西部諸省における規模別土地所有の占有面積（％）および人数

省	小土地所有 0–5 ha		中土地所有 5–10 ha		中土地所有 10–50 ha		大土地所有 50 ha 以上	
	面積	人数	面積	人数	面積	人数	面積	人数
Mytho	26.9	80.2	16.2	11.8	25.6	7.0	31.3	1.0
Cholon	27.9	73.3	21.5	16.2	33.5	9.8	17.1	0.7
Tanan	12.7	56.1	19.9	26.5	29.3	15.7	38.1	1.7
Cantho	9.0	60.2	9.2	16.8	30.1	18.7	51.7	4.3
Baclieu	3.3	38.3	6.8	24.4	24.4	23.9	65.5	9.6

史料：*Ibid.*, p. 189

実際にはバクリュウやラクザーの「新開地」に際だって存在している。そうした場所では，技術的指導と必要な資金を欠く小農民の生産は不可能であって，もっぱら開発企業による中・大土地所有に偏りがちであるという。中・西部諸省の 500 ha 以上の巨大土地所有者 244 人のうちの 47 人（約 2 割）が，バクリュウ省に存在していたのである[125]。

(2) 世界恐慌の打撃とメコンデルタにおける農業不安

　このような新開地での著しい土地集中は，人口希薄な諸省における 1920 年代の土地取得熱によって引きおこされていた。しかし世界恐慌の直撃を受けてコメの国際価格が下がると，コメ輸出経済は低迷し国際収支上の危機へ向かった。この時デルタの西部地域では小作料の不払いに加えて，耕作放棄地が次々に拡大した。土地投機に向かっていた開発地主は，途端に債務危機に陥った。バクリュウ，ラクザー，ソクチャンの 3 省で申告された債務額は，メコンデルタ 13 省全体の 5 割近くに達していた[126]。

　恐慌による経済的打撃の実態を調査した植民地政府は，新田開発ブームの果ての地主の深刻な債務問題と，フランス資本の植民地からの大量流出に直面する。大地主たちの開発資金の原資は，ロシア革命によって行き場を失い，植民地の開発ブーム "mise en valeur des colonies françaises" に乗って植民地インドシナに殺到したフランス資本であり，今一つは 19 世紀からその存在が指摘されていたインド人チェティーの高利貸し金融だった。前者のフランス資本の受

---

125) *Ibid.*, pp. 190–192.
126) 権上康男『フランス帝国主義とアジア』東京大学出版会，1985 年，345 頁参照。

多民族社会

上 カントーの街角の華人の店（1920年代）：中央市場界隈の「華酔」の店名は，1990年代に筆者もよく目にしていた。紐でつるされた鰻や干し魚は，注文すれば焼いてくれたのだろう。数珠のようにつなげた蓮の実も下がっている。朝食の粥やソーイ（おこわ）の他，卵もみえる。（N-126）

下 インド人の両替商：ヒンドゥー教徒のインド人チェティーは，19世紀末には街や地方の町で小さな店を構えて金・装身具・布類他を並べていたが，本業は地主や小農民を顧客にする高利貸しである。（J.Noury, *op.cit*, p 34）

け皿としてインドシナ銀行の傘下に創設された植民地不動産関連の金融機関 —— とりわけ SICAM (Sociétés Indigènes de Crédit Agricole Mutuel) および CFI (Credit Foncier Agricole de l'Indochine) は，1920 年代のブーム期の水田抵当貸付のオーバー・ローンのつけが回って，債務の焦げ付きに直面した[127]。こうした事態に本国政府およびインドシナ総督は，植民地の中央銀行であるインドシナ銀行に対してベトナム人地主の救済事業を命じたが，しかしその救済の恩恵を被ったのは「巨大地主」であった。この時に地主債務の整理を担当したインドシナ植民地政府財務局長の話を，権上の研究書から引用しよう。

「ベトナム人地主は，実際には土地経営者ではない。……彼らは何よりも投機家や高利貸しである。それゆえ今日の不動産抵当債務の根源は，……新田の投機的な買収，目先の利益を目的としたトランスバサック地方の新開地の獲得，小農民や小作農に対する貸付から得られる莫大な利潤，時には商業投機や賭博の失敗にさえある。……」[128]。図らずもここには，「開発地主」に対する植民地官吏の見解が吐露されている。インドシナ銀行による大地主の救済事業は，本国資本による地主の債権肩代わりと短期債務の長期債務への転換を主にし，1936 年には終了した。植民地政府は「大農地の拡大を制限し，農村大衆が小区画の農地を入手できるようにすること」を政策課題としながら，結局のところ，銀行が行った債務の救済事業そのものは大地主制の強化に帰結した，と嘆いたのである[129]。

1938 年秋のメコンデルタでは，不穏な時代の幕開けのような事件が続出した。植民地政府は 10 月，デルタ各地の社会不安，小農民の動向を各省の政府に緊急報告させている。カントー省，ラクザー省では小作料の不払い，耕作拒否等の動きが現れていた。また武装した農民たちが暴徒化し，富裕な者の家から金品を略奪し，放火を繰り返した。ラクザー省トゥアンフン Thuan hung 村

---

[127] 同上書，325 頁。

[128] 同上書，342 頁。

[129] 植民地政府には，大地主制が社会悪であるという認識，地主の高利貸しの悪弊，貧民層の憎悪，1930 年のコミュニスト主導の農民蜂起を経て，自作農育成は急務であるという認識はあった（同上書，309-322 頁）。地主債務の整理に向かった総督府は公正な土地分配を政策課題としたのである。また総督パスキエは，1932 年にフランス植民地大臣に宛てた手紙のなかで，インドシナの国際収支の悪化すなわち金融危機をもたらした原因として，フランス人植民地官吏・入植者および企業が植民地で蓄積したピアストルを速いテンポで本国送金したこと，恐慌によって縮小した貿易黒字はそれをカバーできず，かつてはそれを補填した新規資本も流入しなくなったことを記した。その結果インドシナの貨幣市場は逼迫したと書き送った（同上書，329-330 頁）。

やカントー省の学校教師宅を襲った強盗，チャウドック省のフーラム Phu lam 村での宝石・衣類・現金等の窃盗事件，他。バクリュウ省ザライのヴィンミー村でも華人の精米所が何者かに襲撃された事件が発生している。当局は，当地に拠点を置いたサイゴンの政治的集団のアジテーター Le Peuple 誌の編集者たち（コミュニスト）が農民を煽った結果と捉え，警戒感を高めた[130]。

コーチシナ行政長官リヴォアル（Rivoal）はインドシナ総督に宛てた手紙（1938年12月9日付け）に，当時の様子を次のように記している。コーチシナ西部の地主と小作人の間では収穫と小作料の支払いをめぐる緊張が高まっていること，ロンスウェン地域では洪水が発生し，その機に乗じたコミュニストたちの働きかけによって農民の政治的動きがみられること，それはバクリュウやラクザーの村でも同じである，という。そして，地主は小作人に契約書を書かせるようになり，かつての両者の温情的な関係は変化した。小作人は単なる農業労働者のような立場に置かれているとも指摘している。農民は，この時，地主の籾倉さえ襲うようになった[131]。植民地文書のなかには，多数の騒乱と鎮圧の記事が残されているのである。

不況のなかで没落する中・小地主は多かったが，1930年代後半のこうした不安定な社会・経済状況下にあったメコンデルタで，国有地払い下げ制度はどのような展開をみていたのだろう。次に検討することにしたい。

3. 1930年代における国有地払い下げの実態

1930年代のメコンデルタにおける国有地払い下げについて，以下ではその統計的実態を，植民地政府による統計区分に従い，欧州人と現地人のそれぞれについて順にみていく[132]。

---

130) IIA 45/285(2)。
131) 1938年10月6日付けニュース。同年10月26日には，バクリュウの "互助農民会" のメンバー6人が騒乱罪で逮捕された。3人のジャーナリストが農民を煽動していたとして監禁したことをハノイ治安当局に報告，また8月12日にはインドシナ共産党の貧農への呼びかけを警戒する極秘文書などが，IIA 45/263 (11) ファイルに含まれている。
132) ここで分析する1928-1939年の省別コンセッションに関する統計資料は，ハノイのベトナム国家アカデミー社会科学史学院近代史部門主任 Ta Thi Thuy 氏から筆者が提供を受けたものである。氏が自らホーチミン市の国家公文書保存センターⅡで収集し，研究上も未使用の貴重なものである。記して深く感謝の意を表したい。資料の集計整理および分析の責は，すべて筆者にある。

(1) 欧州人

i. 確定譲渡の動き（表3-16　表3-17a）

　表3-16によれば、世界恐慌の及ぶ直前、1929年初めにおける確定・仮・審理中のすべての段階の払い下げ対象総面積は、同表の8省だけでヨーロッパ人は約32万ha（全体の21％）である。ただしここにはカントー省およびソクチャン省が含まれていないため、注意を要す。このうちの確定譲渡となった土地面積は12万1188haであり、こちらもヨーロッパ人は全体の18％である。省別にみると、払い下げの全体はラクザー省が最大で9万2923ha（30％）、次いでバクリュウ省の7万8512ha（25％）である。確定譲渡は、バクリュウ省が31％、ラクザー省30％を占める。1920年代末までにヨーロッパ人の払い下げによる土地取得は、デルタの周縁部の最も開発の新しいこれら2省に集中していた。次に表3-17a「メコンデルタ諸省における欧州人払い下げ：確定譲渡件数の推移」によれば、1930年代の前半には明らかに世界恐慌の影響が表れている。1928年から1931年に確定譲渡の件数は35から16に半減した。世界恐慌が及ぶ前の1928年（35件）から不況の底とされる1934-1935年まで、毎年14-16件に落ち込んでいる。

　回復の傾向は、1936年（57件）と1938年（54件）に現れている。前者の1936年にはラクザー省で36件[133]、タンアン省で18件が認可されている。後者の1938年には、チャウドック省32件、ロンスウェン省12件[134]が含まれた。30年代を通して200件以上（241-35件）の確定譲渡があり、最多はラクザー省の79件、次いでチャウドック省38件、バクリュウ省の27件、ロンスウェン省の22件であった。

ii. 仮譲渡の動き（表3-17b）

　この期間に認可された仮譲渡は計185件で、20年代と比較すれば、確かにここでもコンセッションの動きは止まり、新田開発への着手は鈍化していた。ラクザー省は恐慌前の1928年時点の101件が30年代には約20件へ、バクリュウ省も30件、ロンスウェン省も24件ほどの認可数であった。

---

[133] 1902年に取得された譲渡地をBeauville氏が相続した3195haを含む。

[134] 1938年にニース在住のChapuis氏に2053haが譲渡された例を含む。

表3-16 メコンデルタ諸省における国有地払い下げ（1929年1月1日累計）

省名	確定譲渡 件数	確定譲渡 面積（ha）	仮譲渡 件数	仮譲渡 面積（ha）	譲渡審理中 件数	譲渡審理中 面積（ha）	*面積 合計 ha
ヨーロッパ人							
Baclieu	276	28,042.18.00	13	2,410.79.42	155	48,060.00.00	78,512
Chaudoc	41	269.00.00	2	1,357.00.00	45	19,228.00.00	20,854
Hatien	4	4,311.84.00	3	642.01.87	13	5,635.92.30	10,588
Longxuyen	92	14,414.48.10	12	1,833.12.09	3	1,927.97.00	18,174
Mytho	22	7,533.59.31	9	3,481.06.06	1	177.22.40	11,191
Rachgia	108	56,209.00.00	101	4,454.00.00	21	32,260.00.00	92,923
Sadec	15	4,880.04.30	5	2,067.03.85	2	5,314.35.34	12,261
Tanan	57	5,528.00.00	41	35,502.34.51	53	33,836.00.00	74,866
計	615	121,188.13.71	186	51,747.37.80	293	146,439.47.04	319,374
		18%		46%		20%	21%
現地人							
Baclieu	13,967	185,382.50.00	91	4,535.95.00	3,907	446,192.00.00	636,109
Chaudoc	25,492	104,693.00.00	554	17,901.00.00	1,043	17,423.00.00	140,017
Hatien	127	161.91.36	444	2,361.84.51	189	3,784.33.20	6,306
Longxuyen	2,155	37,600.16.50	832	8,831.12.87	23	4,372.13.16	50,803
Mytho	4,284	45,261.38.22	229	7,594.96.56	9	705.26.30	53,560
Rachgia	10,713	151,964.00.00	761	10,055.00.00	33	9,950.00.00	171,969
Sadec	1,896	13,224.74.11	7	2,762.68.18	13	14,184.09.13	30,170
Tanan	3,578	26,006.88.21	436	7,298.54.83	3,165	94,425.27.97	127,729
計	62,212	564,294.58.40	3,354	61,341.11.95	8,382	591,036.39.76	1,216,663
		82%		54%		80%	79%
ヨーロッパ人と現地人の合計							
Baclieu	14,243	213,424.68.00	104	6,946.74.42	4,062	450,998.00.00	671,368
Chaudoc	254,533	104,962.00.00	556	19,258.00.00	1,088	36,651.00.00	160,871
Hatien	131	4,473.75.36	447	3,003.86.38	202	9,420.25.50	16,896
Longxuyen	2,247	37,600.16.50	844	10,664.24.96	26	6,300.10.16	54,564
Mytho	4,306	52,794.97.50	238	1,107.02.62	10	882.48.70	64,752
Rachgia	10,821	208,173.00.00	862	14,509.00.00	54	42,210.00.00	264,892
Sadec	1,911	18,104.78.40	12	4,829.72.03	15	19,498.44.47	42,431
Tanan	3,635	31,534.88.21	477	42,800.89.3	3,218	128,261.27.97	202,595
合計	62,827	685,482.71.97	3,540	113,088.49.75	8,675	737,475.86.80	1,536,045
		100%		100%		100%	100%

＊小数点以下は切り捨てて加算した数値

表 3-17a　メコンデルタ諸省における欧州人払い下げ：確定譲渡件数の推移 (1928-1939 年)

省名	1928	1931	1932	1933	1934	1935	1936	1937	1938	1939	合計
Baclieu	6	5	0	4	5	3	2	1	4	3	33
Bentre	0	0	1	0	0	0	0	0	0	0	1
Cantho	0	0	0	0	0	0	0	0	0	0	0
Chaudoc	0	0	0	0	0	4	0	1	32	1	38
Gocong	0	0	0	0	0	0	0	0	0	0	0
Hatien	0	0	0	0	0	0	0	0	0	1	1
Longxuyen	17	2	6	0	1	1	0	0	12	2	39
Mytho	0	7	0	0	2	0	0	0	0	1	10
Rachgia	6	0	6	11	5	6	36	4	4	7	85
Sadec	5	2	0	0	1	0	0	0	2	0	10
Soctrang	0	0	2	0	0	0	1	0	0	0	3
Tanan	1	0	0	0	0	0	18	0	0	0	19
Travinh	0	0	0	0	0	0	0	0	0	0	0
Vinhlong	0	0	0	0	0	0	0	0	0	0	0
合計	35	16	16	15	14	14	57	6	54	15	241

表 3-17b　メコンデルタ諸省における欧州人払い下げ：仮譲渡件数の推移 (1928-1939 年)

省名	1928	1931	1932	1933	1934	1935	1936	1937	1938	1939	合計
Baclieu	9	3	4	6	0	1	1	0	0	0	30
Bentre	0	0	0	0	0	0	0	0	0	0	0
Cantho	0	0	0	0	0	0	0	0	0	0	0
Chaudoc	0	0	0	0	0	0	0	0	0	0	0
Gocong	0	0	0	0	0	0	0	0	0	0	0
Hatien	1	0	1	2	0	0	0	0	0	0	4
Longxuyen	10	0	0	5	3	0	0	0	6	0	24
Mytho	2	1	0	0	0	0	1	0	0	0	4
Rachgia	101	2	1	10	0	2	3	0	0	3	122
Sadec	0	1	0	0	1	0	0	0	0	0	2
Soctrang	0	0	0	0	0	0	0	0	0	0	0
Tanan	0	0	0	0	0	0	0	0	0	0	0
Travinh	0	0	0	0	0	0	0	0	0	0	0
Vinhlong	0	0	0	0	0	0	0	0	0	0	0
合計	123	7	6	23	4	3	5	0	12	3	185

1920 年代のラクザー省

上　シャム湾に臨む漁民の集落。(N-157)
中　海に近い運河に面したホテル：マルグリット・デュラスの「モデラート・カンタービレ」を彷彿させる。デュラスは仏領期メコンデルタのサデックで少女時代を過ごした。(N-159)
下左　真新しいベトナム寺院。(N-159)
下右　ラクザーのカトリック教会から見晴らす町の全景。(N-158)

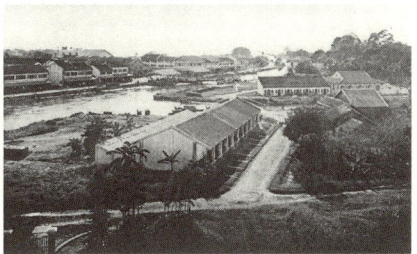

第3章　植民地統治下のメコンデルタ水田開発

表3-17c　メコンデルタ諸省における欧州人払い下げ：審理中の件数の推移（1928-1939年）

省名	1928	1931	1932	1933	1934	1935	1936	1937	1938	1939	合計
Baclieu	16	3	6	5	1	2	6	9	14	4	66
Bentre	0	0	0	0	0	0	0	0	0	0	0
Cantho	0	0	0	0	0	0	0	0	0	0	0
Chaudoc	1	0	0	0	0	0	0	11	14	2	28
Gocong	0	0	0	0	0	0	0	0	0	0	0
Hatien	0	0	0	1	0	0	1	0	0	4	6
Longxuyen	1	5	0	1	1	1	2	1	2	1	15
Mytho	1	0	0	1	1	0	0	1	0	0	4
Rachgia	6	2	4	0	0	0	0	0	0	0	12
Sadec	0	0	1	0	0	0	0	0	2	4	7
Soctrang	0	0	0	0	0	0	0	0	0	1	1
Tanan	6	0	0	0	0	0	0	0	0	0	6
Travinh	0	0	0	0	0	0	0	0	0	0	0
Vinhlong	0	0	0	0	0	0	0	0	0	0	0
合計	31	10	11	8	3	3	9	22	32	16	145

iii. 審理中の動き（表3-17c）

　手続き中でまだ開発に着手していない段階の申請はこの間145件あるが，バクリュウ省が66件，チャウドック省は28件と多い。全体に恐慌前の1928年の件数レベルに戻るのは，37年から38年である。バクリュウ省では恐慌の底とされる1934年にもゼロにはならず，細々ながらも継続していて，確定譲渡の件数が多いラクザー省と並ぶ。

　結論として，デルタの最南西端においては，世界恐慌の影響が鋭く及んだ30年代のフランス人向け払い下げ総面積は減少に転じたが，確定譲渡面積は1929年時点の2倍弱にまで増大した。

(2) 現地人
i. 確定譲渡の動き

　表3-16の8省について，1929年初めの総面積は，約56万4000 haである。表3-19で同じ8省の1940年のそれを集計すると約78万6000 haであるから，比較すれば22万2000 haの増大を示している。同様に比較可能な8省について件数を集計すると，1929年の6万2212に対して1940年は8万4483件へ，2万2271件増加している。やはり，30年代にも払い下げ熱は続いていたこと

**1920年代の
チャウドック省**

上 バサック川のチャウドック
　埠頭：メコン川を遡航するプ
　ノンペン行きの定期航路が就
　航していた。チャウドックは
　その寄港地で，川を遡れば，
　すぐにカンボジア領に入る。
　(N-165)
中・下 競艇の祭りと観戦を楽
　しむ人びと（1890年頃）。(B
　(1)-322/4)

第3章　植民地統治下のメコンデルタ水田開発 | 167

表 3-18 現地人の払い下げ件数の動き (1928-1939 年)

省名	1928			1931			1932			1933			1934			1935		
	A	B	C	A	B	C	A	B	C	A	B	C	A	B	C	A	B	C
Bac lieu	397	4	176	953	195	400	393	67	276	2,202	47	15	35	62	2	16	53	2
Bentre							2	1		36			3					
Cantho							329	14	65	5	2	2				9		39
Chaudoc	1,956		5				50		1,200	23		525	3	1	414	4		7
Gocong																		
Hatien				133	445	20	100	14	25	154		11	44	5	7	14	20	30
Longxuyen	639	89		36	10		29	4	3	130	11	4	42	33	11	453	52	12
Mytho	39	6	6	99	4	1	4	1	3	3		2	4	2	3	4		454
Rachgia	627	761	11	1,912	919	12	2,636	435	13	642	277	1	425	129	3	680	281	277
Sadec	51	3	8	5		3	12			2	2	2	10		15	5		14
Soctrang							8											79
Tanan		1	1	1				5								4		
Travinh							1									1		
Vinhlong																6		3
計	3,709	864	207	3,138	1,574	436	3,564	541	1,585	3,197	339	562	566	232	455	1,196	406	917
合計		4,780			5,148			5,690			4,098			1,253			2,519	

省名	1936			1937			1938			1939			A計	B計	C計	合計
	A	B	C	A	B	C	A	B	C	A	B	C				
Bac lieu	42	6		1,182	79	36	1,506	32	460	188		518	6,914	545	1,885	9,344
Bentre													41	1	0	42
Cantho	15		30		3	1						34	358	19	171	548
Chaudoc	157		1	300	1	403	1,032	285	4,829	330		173	3,855	287	7,557	11,699
Gocong													0	0	0	0
Hatien		10	92		17	38		27	77	7	81	272	452	619	572	1,643
Longxuyen	24	9	11	35	4	214	111	17	64	17	14	20	1,516	243	339	2,098
Mytho	215	32	7	18					2			2	386	45	480	911
Rachgia	638	168	170	565	108	371	1,603	300	8	438	55		10,166	3,433	866	14,465
Sadec			7	6	1	12	5	6	15		10	15	96	22	91	209
Soctrang	95			13						5		53	121	0	132	253
Tanan	1			29	24		9	2		62			105	33	0	138
Travinh	745	16		12					1	1		1	760	16	2	778
Vinhlong	1					4			15				7	0	22	29
計	1,933	241	318	2,160	237	1,079	4,266	669	5,471	1,048	160	1,088	24,777	5,263	12,117	42,157
合計		2,492			3,476			10,406			2,296					

注: A 確定譲渡 /B 仮譲渡 /C 審理中の件数を示す。

表3-19 メコンデルタ諸省における国有地払い下げ（1940年1月1日累計）

省名	確定譲渡		仮譲渡		譲渡審理中		面積合計 (ha)
	件数	面積 (ha)	件数	面積 (ha)	件数	面積 (ha)	
ヨーロッパ人							
Baclieu	308	50,054.74.90	1	263.00.00	15	2,977.57.00	53,295.31.90
Bentre	1	0.04.00	1	43.82.40	0	0	43.86.40
Cantho	39	23,567.00.00	0	0	0	0	23,567.00.00
Chaudoc	88	5,227.80.45	3	425.15.35	11	2,141.00.00	7,793.95.80
Gocong	0	0	0	0	0	0	0
Hatien	9	5,441.86.52	5	693.56.03	4	267.80.00	6,403.22.55
Longxuyen	134	20,558.08.16	1	233.14.38	3	550.28.30	21,341.50.84
Mytho	34	12,684.58.54	7	902.59.33	0	0	13,587.17.87
Rachgia	191	61,152.00.00	97	6,309.00.00	0	0	67,461.00.00
Sadec	20	6,939.38.05	1	230.00.00	6	1,026.11.00	8,195.49.05
Soctrang	758	16,281.43.00	0	0	3	256.37.40	13,537.80.40
Tanan	68	8,026.91.27	24	33,884.94.14	53	37,036.00.00	78,947.85.41
Travinh	15	275.05.00	0	0	1	275.55.00	550.60.00
Vinhlong	0	0	0	0	0	0	0
合計	1,665	210,208.89.89	140	42,985.21.63	96	44,530.68.70	297,724.80.22
現地人							
Baclieu	20,853	250,301.86.11	42	502.26.36	1,068	46,157.87.30	296,961.99.77
Bentre	154	7,622.07.35	16	1,728.25.19	0	0	9,350.32.54
Cantho	2,549	31,616.89.29	19	78.41.80	34	288.04.50	31,983.355.59
Chaudoc	27,980	122,081.88.43	577	18,921.41.86	11,765	116,892.00.00	257,895.30.29
Gocong	0	0	0	0	0	0	0
Hatien	321	2,940.66.29	739	1,805.39.49	497	5,101.55.81	9,847.61.59
Longxuyen	3,814	62,654.58.86	630	1,998.97.72	81	3,641.51.00	68,295.07.58
Mytho	4,582	51,582.24.80	245	5,323.50.59	2	125.77.20	57,031.52.59
Rachgia	20,881	246,869.00.00	2,418	74,629.00.00	828	37,819.00.00	359,317.00.00
Sadec	1,957	18,916.66.24	18	5,866.61.10	92	6,853.93.77	31,637.21.11
Soctrang	711	76,641.96.06	0	0	160	2,042.00.00	78,683.96.09
Tanan	4,095	30,469.18.53	469	7,100.06.20	1,711	74,454,65.80	112,023.90.53
Travinh	5,736	15,775.30.00	16	102.00.00	1	2,145.80.00	18,023.10.00
Vinhlong	264	2,356.16.51	0	0	0	0	2,356.16.51
合計	93,897	919,828.48.47	5,189	118,055.90.31	16,239	295,522.15.38	1,333,406.54.16

がわかる。省別では，バクリュウ省，ラクザー省の2省のみで合計16万haも増加している。表3-18から1928年から1939年の合計件数をみると，最大はラクザー省1万166件で，次いでバクリュウ省6914件，チャウドック省3855件である。トランスバサックのこれら3省で全体（2万4777件）の84.5％に達した。14省全体の推移は1934年にいったんは566件に激減（10分の1）するが，

(表3-19の続き)

省名	確定譲渡		仮譲渡		譲渡審理中		面積合計 (ha)
	件数	面積 (ha)	件数	面積 (ha)	件数	面積 (ha)	
欧州人と現地人の合計							
Baclieu	21,161	300,355	43	765	1,083	49,134	350,254
Bentre	155	7,622	17	1,771	0	0	9,393
Cantho	2,588	55,183	19	78	34	288	55,549
Chaudoc	28,068	127,308	580	19,346	11,776	119,033	265,687
Go cong	0	0	0	0	0	0	0
Hatien	330	8,381	744	2,498	501	5,368	16,247
Longxuyen	3,948	83,212	637	2,231	84	4,191	89,634
Mytho	4,616	64,266	252	6,225	2	125	70,616
Rachgia	21,072	308,021	2,515	80,938	828	37,819	426,778
Sadec	1,977	25,855	19	6,096	98	7,879	39,830
Soctrang	1,469	92,922	0	0	163	2,298	95,220
Tanan	4,163	38,495	493	40,984	1,764	111,490	190,969
Travin	5,751	16,050	16	102	2	2,420	18,572
Vinhlong	264	2,356	0	0	0	0	2,356
合計	95,562	1,130,026	5,329	161,034	16,335	340,045	1,631,105

注：小数点以下は切り捨て。

翌年には1196件，1936年1933件，1937年には2161件と増大していき，1938年は4266件に達した。

ii. 仮譲渡の動き

総件数5263件（表3-18，B合計）のうち，省別にみると最大はラクザー省3433件（65%）である。2位以下はハティエン省の619件，バクリュウ省の545件である。年別では，1931年の1574件をピークにその後は急減し，停滞した。1938年に669件にやや回復するが，30年代を通して年間200-400件ほどを推移していたことがわかる。ラクザー省では1928年から1931年に特に多かったが，30年代を通して積極的な水田開発がほぼ継続していたことをイメージできる。ハティエン省は1931年にのみ多かった。

iii. 審理中の動き

審理中の件数は1万2117件であり，フランス人の145件と比べて84倍である。チャウドック省が7557件で最大である。それは特に1938年に集中している。この年度に4800件以上の申請が出ている。次いでバクリュウ省の1885件

も他省と比べて突出する。1933年から1937年の間の休止を経て，1938年から再び急増したことがわかる。

　総じて現地人の払い下げ申請は1930年代を通して計4万2157件あり，そのうち確定件数58.8%，仮譲渡件数12.5%，審理中28.7%であった。それらの申請の多くは，バサック川以西のトランスバサック諸省，デルタの周縁部一帯に集中していたことはフランス人と同様である。

(3) 欧州人と現地人の総計

　1940年1月までの累計でみると，現地人の確定譲渡は9万3897件，面積では約92万ha（1件の平均は約10ha）に対して，フランス人は1665件，約21万ha（同様に126ha）となる。1件当たりの平均面積をみれば，現地人はフランス人の12分の1より小さかった。しかし，両者の総計は113万ha以上であった。先述の通り1920年代末におけるメコンデルタ中西部諸省の水田面積が約200万haであることに照らせば，1930年代末までに進行した確定譲渡の規模が無視できないものであることは明らかであろう。地域別にみれば，ラクザーとバクリュウの両省だけで合計61万haとなり，分配された全体の半分に達していたことも注目される。

　仮譲渡では，フランス人140件4万3000ha（1件平均307ha），現地人5189件11万8000ha（同様に平均23ha），合計16万ha以上である。

　審理中の面積はフランス人96件，4万4000ha，現地人は1万6239件，約30万haで，合計34万4000ha以上である。依然として土地取得熱は続いていたといえよう。

第4節　「無主地」の国有化と払い下げ制度がもたらしたもの

　本章では，19世紀後半から日本軍の「仏印進駐」直前までのメコンデルタにおける水田開発の進展を，植民地政府の土地政策との関係から論じてきた。

　フランスは，コーチシナ領有の初期に反仏的住民の土地没収，無主地の国有化を宣言した。しかし占領後の混乱によって，旧グエン朝時代の土地台帳は各地で散逸しており，当局は土地所有の状況を把握するにあたり，従来の地簿の

再興に力を注がざるをえなかった。地簿への村落内所有地の登記が命じられ，所有地の確定が急がれた。植民地政府は当初，村落の慣習としての自治を容認し，土地登記および収税において，支配層であるノタブルに依存した。

しかし1880年以降は土地登記の強化が目指され，ノタブルに対する当局の統制ないし干渉は著しくなった。近代的土地所有権を明確化することが一層求められるようになり，また90年代には，共有地利用の規制の緩和や，村落の合併，吸収による行政上の再編も進められた。「伝統的」な村落社会は19世紀末までにかなりの変動を被ったことが，以上の土地政策の検討から推察された。

国有地払い下げ制度も，80年代に基本的な変遷をみた。それ以前には，国有地の払い下げは有償であった。しかし有償の制度は実際上はあまり機能せず，むしろ新村許可令が多く出されていたことから判断して，70年代の水田開発の進展を想定することができるに過ぎない。1880年代の払い下げ制度の変化は，500 ha 未満の面積の国有地払い下げが無償とされ，10 ha 以下の小規模のものについて各省長の権限にその許可が委ねられたことによるものであった。この結果，90年代には無償譲渡地面積が急増し，19世紀末までに約31万 ha に達した。現地住民による活発な払い下げの申請および水田開発が，これによって促進された。

こうして，19世紀末までには，バサック川以西の浸水地帯を除いたデルタの多くの地域が水田に変わった。1931年のコーチシナの水田面積と比べて，この時代はまだその49％に過ぎなかったが，世紀末の約20年間に，水田面積は約60万 ha から約110万 ha に急増した。19世紀の水田地帯は中部諸省がコーチシナ全体の5-6割を占めた。また人口においても，6-7割は中部諸省に集中していた。しかしながら，20世紀初頭に始まるデルタ西部の水田拡大の萌芽もみられた。バサック川の右岸流域の自然河川沿いには，1890年代に人口が急増し始め，水田面積の増大が始まっていたのである。

国有地の無償譲渡面積が急増したにもかかわらず，払い下げと水田開発は，自作農育成にそれほどの効果をもたらしたとはいえない。この点について本章で検討できたのは，史料の制約上，デルタ中部のミトー省のみであった。ミトー省の小作地は同省の耕地全体の6割に及んでいた。土地所有の不平等は，20世紀の一握りの者への大規模な払い下げを待たずして，すでに19世紀末には深刻な状況にあった。

ヨーロッパ人（フランス人）は，国有地払い下げ制度の諸優遇措置を講じられ

ていたが，19世紀末までは6万 ha を取得していたに過ぎない。彼らの半数以上が植民地政府の官吏であり，次にカトリック教団が多かった。彼らの水田面積は1万 ha 程度であって，コーチシナ全体の水田面積のまだ1％に過ぎなかった。開発地は50 ha 以上の大規模なものが多かったが，資金不足から耕地化率は低く土地投機の性格を帯びていた。

　本章第1節で論じた19世紀後半の時代は，フランス植民地期以前における「伝統的」諸制度を継承する側面と，フランスの近代的諸制度の導入による新時代の準備期という両面から捉えることができる。この2側面の政策転換として，1880年代の土地政策に着目した。土地の登記令と国有地払い下げ制度の創設は，デルタの水田開発を植民地支配体制に組み込む重要な役割を果たしたのである。

　その後，メコンデルタの水田開発は，20世紀初頭において新局面に移行したと考えられる。20世紀初頭の水田の拡大は，植民地政府が大規模な運河の掘削を行ったデルタ西部を中心に進展する。本章第2節での払い下げ分析は，1899年末から1907年の間の許可令にとどまるが，コーチシナで600件以上，30万 ha 以上が認可対象地となっており，この時期の払い下げの大規模なことは疑いえない。しかも，その7割以上が，ラクザー，カントー，ロンスウェン，ソクチャン，タンアンなどの開通した運河の周辺地域に集中してみられた。

　払い下げ面積の大きさのみならず，300 ha を超える大区画が100人近いフランス人に割り当てられるなど，フランス植民地期を通して，デルタの水田地帯に関する限り，おそらく最も大量かつ大規模な払い下げがフランス人に対して認可された点に，20世紀初頭の払い下げの特徴がある。ただし，この時期にすでにラクザー省のようにベトナム人向けに大区画が払い下げられる傾向もみられた。ここでの規模の分析は，個人への払い下げ面積が明らかなもののみであって，分析した払い下げ面積の約半分である。したがって残る半分の払い下げ形態などには不明な点が残されている。

　払い下げ地は，総面積の65％は1910年の時点で開発された可能性がある。このころにはデルタ西部のカントー，ソクチャン，ラクザー諸省は明らかにコーチシナの米輸出急増を支えた主要な輸出米生産地域となり，前2省は1930年をピークとする水田面積の9割以上の数値をすでに示していた。とりわけ，カントー省は，デルタ西部開発の前線基地として，ほとんどが土地分割を完了した。

フランス人の払い下げ地の開拓には，直接土地を小区画に分けてタディエンに任せるか，農業労働者を雇用する形態がみられた。しかし，フランス人の水田経営は労働力不足が深刻で，早晩，頓挫する可能性が高かった。膨大な払い下げ総面積に対し，全体として3割程度が開墾されたに過ぎず，土地投機の性格を帯びていた。むしろ，彼らを国有地払い下げの媒介者として，その後に有力なベトナム人に土地権が移転する過程が考察されねばならないであろう。

　新開地の水田開発に実際に携わったのは，先住のクメール人とメコン川流域（バサック川以東）から移住してきた無産農民を含むベトナム人であった。20世紀初頭に，西部の全省でベトナム人は多数派に変わった。幹線運河周辺の地図上の村落名，集落名の検討から，開拓村落はバサック川支流の村落とは構造の異なる村落であることが類推された。また開拓集落での生産関係は，基本的には，不在の大土地所有者，彼に雇用された現地の中間介在者，そして労働力を提供するタディエンから成る，大地主・小作関係であった[135]。その実態は臨地調査を踏まえて，第5章で明らかにすることにしたい。

　国有地払い下げに関する法制度は，1913年にインドシナ全体で統一され改訂されたが，その実施上にはさまざまな問題点があった。史料の制約もありその実態を詳らかにすることは難しいが，多くの問題を抱えながらも，国有地払い下げが植民地体制内に人びとを取り込んで水田開発を牽引し，輸出米の増産をもたらしたことは確かである。しかもそれは，仏領インドシナ各地のフランス人の土地所有を合法化する手段としても機能した。コーチシナではフランス人に対しておよそ50万haが譲渡され，うち水田は25万haに及んだ。1920年代の大量払い下げと水田面積の増大，そして大規模な農業調査から初めて明らかになる著しい大土地所有が，いずれもデルタ周縁のバクリュウやラクザーの「新開地」に出現していたことは，払い下げの進展と大土地所有制成立の関係を示唆する。

　世界恐慌下の米価暴落は，フランス資本のインドシナからの大量引き上げを惹起した。メコンデルタでは開発地主の債務問題が表面化し，1920年代後半の開発ブームはフランス民間資本とチェティーの高利貸し資本が深く関わった

---

135) Broucheux, P., "Grands proprietaires et fermiers dans l'ouest de la Cochinchine pendant la periode colonials, *Revue Historique* 246 (499), 1971, pp. 59–76, "Les Grands dien chu de la Cochinchine occidentale pendant la période colonial," in *Tradition et revolution au Vietnam*, edited by Chesneaux, J., Boudarel, G., and Hemery, D., pp. 147–163, Paris, 1971.

投機的なものであったことが明らかになった。コメ輸出経済の基盤を揺るがすメコンデルタの土地債務問題に対して，公的救済の恩恵を得たのは巨大地主であり，中小地主は淘汰された上に，新開地の農業不安は高まっていく。

　1930年代，農業危機の深刻な時代にもかかわらず，払い下げの申請と認可の総面積は拡大し続けた。その結果，払い下げ延べ面積は現ベトナム領メコンデルタにおける土地利用規模（約400万ha：2006年）の約4割に相当した。地域別では，20年代の傾向が持続し，バクリュウ，ラクザーの2省で全体の5割以上を占めた。国有地払い下げ制度は，日本軍進駐が迫る1940年直前まで，土地分配のシステムとして運用され続けていたのである。

第 4 章
巨大な土地集積とその担い手たち
バクリュウ省の事例研究

ここで研究対象とするバクリュウ地方は，第3章で明らかにしたように，1920年代以降に国有地払い下げがとりわけ大量に実施され，かつ土地集積が顕著な地域であった[1]（図4-1参照）。土地所有をめぐる不平等問題は1930年代の農業不安を引きおこし，やがて植民地解放闘争の重要な争点となった。第一次インドシナ戦争が始まると，同省のタンズェットやフックロン[2]では不在地主の土地がすぐさま小農民の「解放区」となった[3]。本章では，このバクリュウの農村社会に光を当て，同地方の開発史と巨大規模の土地分配の実態を明らかにしたい。

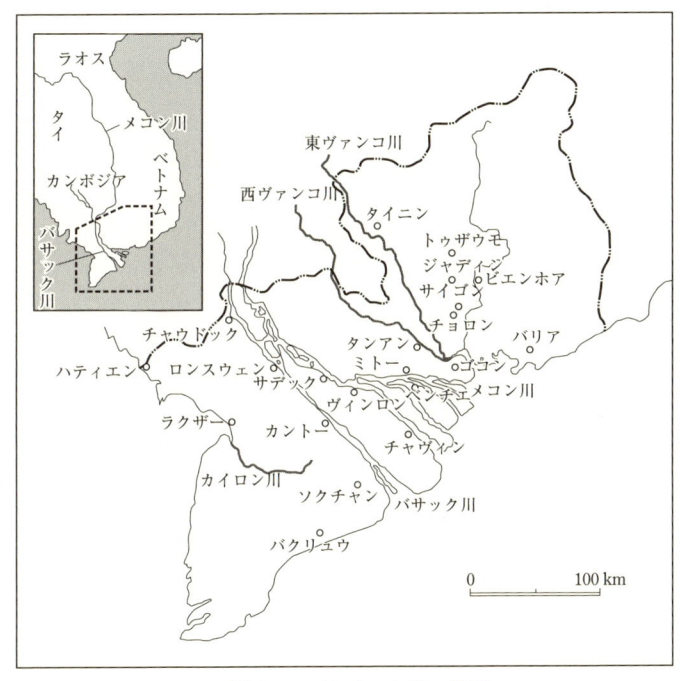

図4-1　バクリュウ省の位置

1) 高田洋子『メコンデルタ　フランス植民地時代の記憶』新宿書房，2009年，50-54頁参照。現在のベトナムでは「バクリュウ」といえば，植民地期の巨大地主チャン・チン・チャックの息子の物語「バクリュウ坊ちゃん」を知らない者はない。
2) 植民地時代のフックロン Phuoc Long 村は，バクリュウ省に隣接するラクザー省に属した。
3) Sansom, R., *The Economics of Insurgency in the Mekong Delta of Vietnam*, The MIT Press, 1970, pp. 53-57. Brocheux, P., *The Mekong Delta: Ecology, Economy, and Revolution, 1860-1960*, University of Wisconsin-Madison, USA, 1995, p. 203. 高田洋子「戦争と社会変動：メコンデルタの大土地所有制崩壊に関する一考察」『アジア・アフリカ研究』第50巻第3号，2010年参照。

バクリュウ省は，フランス海軍の監察区制度が文民行政に転換する1882年に，コーチシナにおける新しい (21番目の) 行政区として誕生した[4]。サイゴンから最も遠く離れ，南シナ海とタイ湾の合流するカマウ岬の周辺世界の辺境としての特性にも注意を払いながら，ホーチミン市のベトナム国家公文書保存センターⅡで筆写した仏領期バクリュウ省地方文書を中心に用いて，これまで国内外で十分には明らかにされてこなかったこの地域の大土地所有成立の実態に迫ることとする。

第1節　植民地支配とバクリュウ地方

1. バクリュウ省の創設 (1882年)

(1) バクリュウ略史
i. 自然環境

　植民地時代のバクリュウ省は，北をラクザー省，東をソクチャン省に接し，ベトナム最南端のカマウ岬までの約80万haを越す広大な面積を有した。1890年代，カマウ地区には未開地も多く，同省の人口密度は5.5人/km^{2}以下という人口希薄な地域であった[5]。

　この地方の農業開拓が遅れた最大の理由は，作物の生育には適さない広大低地[6]およびピート層[7]等，その地形・土壌に問題があったからである。広大低地は年間を通して一帯は浸水したまま，沼地とメラルーカ林で覆われていた[8]。

---

[4]　第5章で論じるカントー省も同様にフランス植民地当局が新たに設置した行政区である。

[5]　J. C. Baurac, *La Cochinchine et ses habitants (Provinces de l'ouest)*, Saigon, 1894, p. 375.

[6]　稲作立地の観点からみたメコンデルタの地形区分のうち「広大低地」とは，メコン川右岸の河口近くの氾濫原低地にみられる。凹地帯を含むために降雨や川の洪水によって湛水状態が1年の長い期間にわたって続く。強酸性の硫酸塩土壌を含むので作物の生育には問題がある（高田洋子「フランス植民地メコンデルタ西部の開拓：Can Tho省Thoi Lai村の事例研究」『敬愛大学国際研究』創刊号，1998年参照）。

[7]　ウーミンの森近くの植物の残骸が腐植しないまま土中に埋もれ，炭酸ガスとなって吹き出る土壌。

[8]　その代表ともいえるウーミンの森は，原生林のまま仏領期の開発はほぼ放棄されたが，1960

すでにこれまでみてきたように，20世紀初頭以降に，フランス植民地政府は開発のための交通路と排水路を兼ねた運河を広大低地に貫通させた。その結果，降雨と川の増水によって浸水する沼地帯の乾地化が可能となり，運河周辺一帯には可耕地が創出されたが，バクリュウ省の広大低地の開発はカントー省やロンスウェン省よりも遅れて1920年代以降に本格化する。

他方，沿岸部は濃いマングローブに覆われ，その先は遠浅の大陸棚である。マングローブの森には大小無数の河川が流れ，不定形の迷路をなした。海か陸か定かでない大地はトラやワニ，イノシシ，シカ，カワウソ他，さまざまな動物や鳥類の宝庫であった。岬の先に浮かぶ小島群は，昔から海賊の潜む場として恐れられた[9]。

ii. 入植者たち

この地方で人びとの住み着いた最も古い場所は，タンフン（Thanh Hung）あたり[10]であるという。ソクチャンやチャヴィンから移住した先住クメール人たちは，南シナ海に臨む沿岸で漁をするか，肥沃な微高地の上で作物づくりを生業とした[11]。稲作の収穫物は彼らに十分な食糧とカンボジア王への税の支払いを充たした。やがて17世紀の末以降，華人がクメール人社会に共存し始めた[12]。18世紀初頭，現在のカンボジア国境ハティエンでは華人マック氏とその子孫たちが権勢をふるった。シャムやカンボジアに対する警備をベトナムのグ

 年代のベトナム戦争で散布された枯れ葉剤によって，森林は消滅の危機に陥った。さらにベトナム戦争後に入植した人びとの乱開発により，かつての「ウーミンの森」は喪失した。筆者が1995年8月に訪問した時，そこは解放ゲリラの戦跡「記念保護区域」となり，植林を義務づけられた人びとの「入植分譲地」となっていた。詳細は，『メコン通信』No. 1, 文部省科研費補助金国際学術研究成果報告書（課題番号07041031「メコンデルタ農業開拓の史的研究」研究代表者：高田洋子）1995年参照。
9) 植民地当局は密入国し浮遊する華人グループの動きを警戒し，それらを「天地会系」秘密組織の活動と捉えていた。たとえば，1882年当時，ソクチャンやカントーで山賊集団の動きをみせた者たちは，宗教組織天地会メンバーであり，ソクチャンの潮州系華人の出身者である。彼らは中国から追放され，近隣の植民地に入国したとして，幇長（Congrégation の長）並びにソクチャンの省長は監視を強めるよう警告されている [IIA 45/313 (1)．]。
10) ココ川流域からヴィンチャウにかけての砂丘列，ライホア地方であろうか。
11) Huynh Minh, Tim Hieu Danh Lam Thang Tich Cac Tinh Mien Nam, *Bac Lieu Xua,*（往時のバクリュウ）Nha Xuat ban Thanh Nien, Ben Tre (Viet Nam), 2002, p. 11.
12) Labussière, "Etude sur la propriété foncière rurale en Cochinchine et particulièrement dans l'inspection de Soc-trang", *Excursions et Reconnaissances,* 1889, p. 254.

エン家から任されたマック一族は，中国南部からの流民をメコンデルタの開拓に定着させようと試みた。次第にバクリュウには潮州人の入植とコミュニティの形成が始まった[13]。

南進してきたベトナム人のこの地域における足跡は，18世紀末から19世紀以降のことである。ようやくバクリュウやカマウ岬に達し始めたベトナム人たちは，森の産物を採取し，川岸に住んで漁に勤しんだ[14]。18世紀末に西山党に追われたグエン・フック・アインは，カマウ岬のオンドック川を遡り，現在のカマウに身を潜めたという伝説がある。彼は後にグエン王朝を創始する人物である。19世紀初頭にベトナム南北を統一したグエン王朝の時代になると，メコンデルタ西部はヴィンロン，アンザン，ハティエンの3省が置かれ，バクリュウ地方はハティエン省に属した。

領域内の強力な中央集権体制を目指したグエン朝第2代目のミンマン王の時代に，チャヴィン，ソクチャン，バクリュウを含む各地では，華人やクメール人，そしてベトナム人カトリック教徒たちの反乱が興こった。反乱を鎮圧したグエン・チ・フォン（阮知方）[15]は，1849年にベトナム人の屯田隊（兵）をカマウ地方に展開させ，開拓と領土の「警護」を目的とした村落の創設を奨励したといわれる[16]。

---

13) Huynh Minh, *op. cit.*, pp. 12-15.

14) 紅河デルタに誕生したベトナム人（いわゆる平野部稲作の民としてのベト族）は，15世紀以降南下し，17世紀末には現在のホーチミン市周辺に進出した。メコンデルタへのベトナム人の入植は，自由な開墾および活発な創村によって18世紀以降に進展し，19世紀前半までにはかなりのベトナム人口を擁すほどになった（Nguyen The Anh, *Kinh-te va xa-hoi Viet-Nam Duoi cac vua trieu Nguyên*, Saigon, 1968, p. 26)。ただし，すでに触れた通り，フランス植民地権力がBasse-Cochinchineと呼んだバサック河右岸の河口一帯には，1870年代においてもクメール人と華人の農村社会が存在し，ベトナム人の入植はまだ初期の段階にとどまっていた。

15) 阮知方（1800-1873）はベトナム中部生まれのグエン王朝の高官で，マニラ，シンガポールに宮廷用品の買い付けに派遣された経験なども持つが，メコンデルタでの黎文悦の反乱，キリスト教徒の反乱（1834-1835年）鎮圧に貢献し，1842年から安江省・河仙省総督に任命された。1857年までデルタの水田開発，灌漑の指揮に当たっていたとされるが，その後の抗仏戦争を指揮。植民地化後は1872年のデュピュイ事件全権大使を務めたが，フランスとの妥協を拒み，ハノイ城砦の攻防戦で負傷し死去した（坪井善明『近代ヴェトナム政治社会史　阮朝嗣徳帝統治下のヴェトナム1847-1883』東京大学出版会, pp. 153-157参照）。

16) Huynh Minh, *op. cit.*, p. 15. 屯田制はフランス植民地化直前まで行われていたが，1867年9月20日付グランディエール海軍大将の解散命令で廃止された（E. Deschaseaux, "Note sur les anciens don dien annamites dans la Basse-Cochinchine," *Excursions et Reconaissances*, tome 14, no. 31, p. 136）。Leopold Pallu de la Barrière, *Histoire de l'Expedition de Cochinchine en 1861*, Paris, 1888, pp. 295-302 参照。

バクリュウの原風景

上 1880年代後半。交通路である水路が地平線まで続いている。掘削された泥は左の岸に盛られて道となる。アオザイ（ゆったりとした膝下まである長い上着）の人が小道を歩いてくる。水路が交差する辺りに小艇が留まり，近くに人が集まっているようだ。雨季になれば，入植農家の他は一面が浸水し，稲作も行うことはできない。開拓初期の原風景として貴重な写真である。（B(1)-380/1）

下 当時のバクリュウ省都近郊，タンホア郡ヴィンロイ村の集会所。現バクリュウ市の永明廟（口絵3）には，同村の明郷たちが1895年に勢力を結集して会館建設に向かったことが記されていた。櫓の下の入口には銅鑼が下がっている。（B(1)-372/3）

第4章 巨大な土地集積とその担い手たち

(2) 住民構成

i. 地方行政制度の確立

　フランス海軍がコーチシナに1867年以降植民地権力を樹立すると，コメ輸出の解禁，自由な開墾の奨励によって，メコンデルタで水田開発が盛んに行われるようになったことは，これまで述べてきた通りである。植民地権力は，1880年代に至り，ようやく地方の行政機構を整備して本格的な支配に乗り出す。

　バクリュウ省は，1882年に，ラクザー省（126万2300 ha）の一部と，ソクチャン省（46万300 ha）の一部を再編成した新行政区である。以後しばらくの間，旧ラクザー省の部分をカマウ区，旧ソクチャン省側をバクリュウ区と呼んだ。誕生したばかりの同省の耕地面積は1万4761 ha，住民総数も1万9301人と把握されていたに過ぎない[17]。

　省行政の中心地はヴィンロイ（Vinh Loi）村のバクリュウ川のほとりに置かれた[18]。当時，ソクチャン省のバイサウ（Bay Xau・コメの主要な集散地）からバクリュウ市まで蒸気船で5時間も要したという。東側からソクチャン省に隣接するタンフン（Thanh Hung）郡[19]とタンホア（Thanh Hoa）郡（バクリュウ区），その西北側にはラクザー省の南に接するロントゥーイ（Long Thuy）郡，海側にクワンロン（Quang Long）郡，カマウ岬を含む最南端にクワンスウェン（Quang Xuyen）郡（以上をカマウ区）の5郡が配置され，その下に70村（サー Xa）が編成された。サーは地方行政機構の末端単位であるが，サー（トン Thon）の内部には自然集落の邑（アップ Ap）を複数含んだ[20]。

---

[17] ベトナム国家公文書保存センターII（TTLTQGII）所蔵の植民地期地方文書 [IA 12/162 (9)]。以下では引用・参照した文書の資料番号のみを記す。

[18] バクリュウ Bac Lieu の地名の由来は，潮州語の Po Leo（貧しい村，漁業などの意味）とする説がある。Po Leo は漢越語で「北寧」と書く。そのベトナム語表記（発音）が bac lieu である。クメール語の Po（警察）Lieu（ラオ人の意味）から生まれたとする説もある。華人が渡来する前に，ラオ人兵の駐屯する場所がそこにあったという（Huynh Minh, *op. cit.*, p. 15）。

[19] バクリュウ省に分離した旧ソクチャン省のタンフン郡には，それまでクメール人の住む9村のタンフン郡とベトナム人の住む3村のタンフン郡が2つ列記された（*Annuaire de la Cochinchine pour l'année 1877,* Saigon, 1877, pp. 192, 195）。クメール人とベトナム人は決して同じ村には住まなかったのである。

[20] ベトナム語表記で当時の行政機構のレベルは，府 phu → 県 huyen → 総 tong → 社 xa → 村 thon → 里 ly → 邑 ap となる（A. Bouinais, A. Paulus, *L'Indo-Chine française contemporaine, Cochinchine, Cambodge, Tonkin, Annam, Tome Premier, Cochinchine-Cambodge,* Paris, 1885, p. 100）

ii. 人口・民族

　文民行政が開始された1882年の統計によれば，最も人口の多い郡はバクリュウ区のタンホア郡で約9000人（17村），次いでタンフン郡の約5200人（12村）である。カマウ区のクワンスウェン郡は約4900人（13村），ロントゥーイ郡約4400人（18村）となり，クワンロン郡1800人（9村）は最も少ない（表4-1参照）。

　表4-1の数値から1村あたりの平均人口を求めると，370人である（平均的家族数を4-5名とすると，各村は平均70-90戸から構成されると推定できる）。これを基準にすれば，タンホア郡のそれは最大の532人（100-130戸）で，次いでタンフン郡は440人（90-110戸）となる。クワンスウェン郡は平均に近い377人である。ロントゥーイ郡とクワンロン郡は200人台（40-50戸）と少数である。ただし村落数はロントゥーイ郡が省全体で最も多い。

　しかし，表4-3で個別村落をみていくと，人口規模は実にばらばらである。しかもカマウ区の人口は概数しか示されていない。1000人を超える村としてタンホア郡のヴィンフン（Vinh Hung）村（1876），アンチャック（An Trach）村（1114），タンフン郡のライホア（Lai Hoa）村（1079）がある。クワンスウェン郡で最大規模の村落はタンフン村（900），ロントゥーイ郡のそれはタンクイ（Tan Qui村）（600），クワンロン郡ではタンディン（Tan Dinh）村の400人と，かなり小さくなってしまう。カマウ区には人口わずか100人規模の村が2割ほどある。

　当時の統計上の民族表記は，アンナン人（ベトナム人を指す），クメール人，華人しか資料に表れない。その他の民族，混血に関する情報は不明である。表4-1で概観すれば，全人口に占めるベトナム人の割合は65％，クメール人は25％，華人は10％である[21]。

　同表で民族の分布をみるとクワンスウェン郡とクワンロン郡にはほとんどベトナム人が住んでいる。タンホア郡ではベトナム人57％，クメール人23％と省の平均に近いが，ここでは華人の人口比が平均と比べて際だって高い（21％）。タンフン郡は，クメール人が多数派（77％）である。華人はベトナム人ともクメール人とも通婚する場合が多い。華人との混血は明郷ミンフォン（Minh

---

21) 1874年の法令では，華人とベトナム人ないしクメール人の婚姻によって誕生した混血は各ベトナム人，クメール人のいずれかの民族に属すことになった（Huynh Minh, *op. cit.*, p. 18）インドシナ華人の法的地位の変遷については，高田洋子「フランス植民地期ベトナムにおける華僑政策――コーチシナを中心に」『国際教養学論集』千葉敬愛短期大学国際教養科，創刊号，1991年を参照。

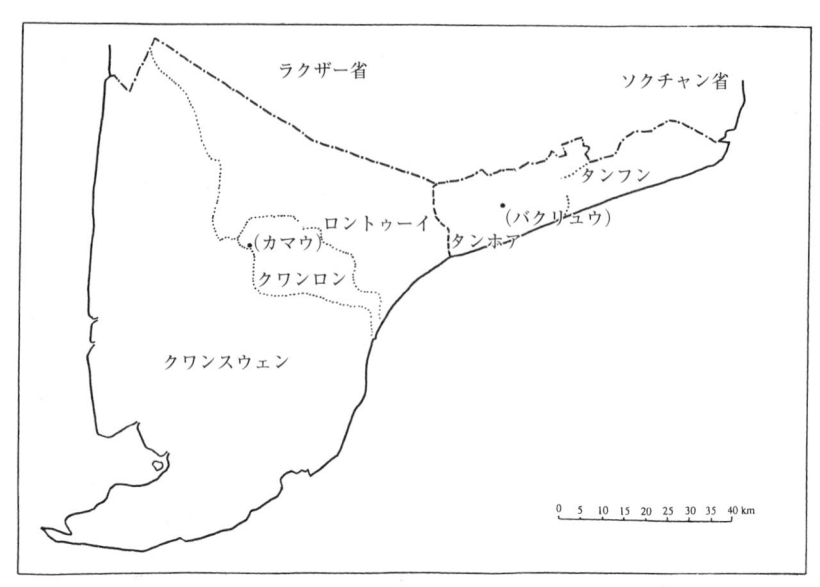

図 4-2　バクリュウ省の 5 郡

仏領期バクリュウ省行政区（1909 年）：5 郡［canton: 総 tong］の位置と領域
出典：Philippe Langlet, Quach Thanh Tam, *Atlas historique des six provinces du sud du Vietnam: du milieu de XIXe au début du XXe Siècle*, Les Indes Savant, Paris, 2001, p. 183.
原史料：*Kham dinh Dai Nam hoi dien sule*（『欽定大南会典事例』）1851 年．*Atlas de l'Indochine*（1909），*Annuaires de la Cochinchine*.

表 4-1　村落数と民族別人口（1882 年）

郡名	村落数	ベトナム人	クメール人	華人	計	%	
（カマウ区）							
Long Thuy	18	4,160	200	100	4,460	17.5	
Quang Long	9	1,740	−	100	1,840	7.2	43.90%
Quang Xuyen	14	4,800	−	100	4,900	19.2	
（バクリュウ区）							
Thanh Hoa	17	5,126	2,057	1,870	9,053	35.5	56.20%
Thanh Hung	12	936	4,036	306	5,278	20.7	
合計	70	16,762	6,293	2,476	25,531	100.1	
（％）		65	25	10	100		

資料：IA12/162 (9) から筆者作成。原史料ではベトナム人は Annamites、クメール人は Cambodgiens、華人は Chinois と表記。

huong Annamites と Minh Huong Cambodgiens の 2 種類がある）と呼ばれる。これに対して，ベトナム人とクメール人の間の通婚は時代を遡るほどめったにみられない。カマウ区と比べて，バクリュウ区の 2 郡は人口が集中している上に，複雑な多民族社会であったといえる[22]。

　さらに詳しく村々の状況を検討して，社会形成に関する仮説を考えてみよう。バクリュウ区の多民族社会をよくみると，その民族構成はベトナム人と華人，クメール人と華人，ベトナム人のみ，クメール人のみの 4 つのパターンのいずれかである。ベトナム人とクメール人と華人の 3 民族を含む村，そして華人のみの村はない。

　タンホア郡 17 村では，華人を含むベトナム人村は 10 村，ほぼベトナム人のみの村はミートゥアン（My Thuan）村に限られる。ヴィンフン村ではベトナム人，華人ともにバクリュウ省最大規模であること，またアンチャック村は華人が最大多数派であり，これもバクリュウ省唯一として特筆される。他方，華人を含むクメール人村は 5 村あり，クメール人だけの村はフンディエン（Hung Dien）村のみである。

　クメール人の優勢なタンフン郡 11 村のなかでは，ライホア（Lai Hoa）村が最大規模のクメール人村である。同郡のクメール人村は 5 村，クメール人と華人 2 民族からなる村は 6 村ある。その一方でアンカイン（An Khanh）村，ダイホア（Dai Hoa）村，ヴィンタンテイ（Vinh Thanh Tay）の 3 村はベトナム人村として，互いに近くにまとまって立村している。

　カマウ区の 3 郡については，先述の通り，ほぼベトナム人村（若干の華人も含む）であるが，ロントゥーイ郡にはウーミンの森周辺にクメール人の 2 村が存在した。

　以上，新しい地方政府が把握した村落と住民構成の史料から，①数百年にわたるクメール人中心の世界であるソクチャン地方の延長として，省内の東部地域ライホアにクメール人古村がある程度のまとまりを維持しつつ存続していたこと，②ベトナム人集団はシャム湾に河口を持つカイロン川とその支流，ドック川などを遡り，カマウの南のタンフン（Tan Hung），タンズエット（Tan

---

22) ソクチャンの多民族社会の諸問題を歴史的に考察した論考に次のものがある。高田洋子「ベトナム領メコンデルタにおける民族の混淆をめぐる史的考察 —— ソクチャンの事例から」奥山眞知・田巻松雄・北川隆吉編著『階層・移動と社会・文化変容』文化書房博文社，2005 年，121-144 頁。

Duyet) あたりを拠点に小規模だが活発な創村活動を行っていたこと，③クメール人との共存から始まる華人社会の勢力は，ベトナム人との共存村を生むところとなり，とりわけ新しいバクリュウ市とその周辺の沿岸部農村に集中していたこと，④フランス植民地権力は，水田開発に積極的なベトナム人勢力が華人と共存するところ —— そこは先住クメール人と拮抗しつつもややベトナム人が優勢な状況下にあった地域に，新たな支配の中枢を置いた，とまとめることができる。

バクリュウにおけるフランスの統治は，旧ソクチャン省と旧ラクザー省のそれぞれの僻地に，軍政期からある2つの軍事拠点（カマウとバクリュウ）を生かし，多民族がモザイクのように集住した村落を再編成して遂行されたのであるが，新しい行政単位が整備されていく過程では，旧来のものが利用されつつ，しかし境界が不明確な，曖昧性のままに利用されていた「既得領域」が，次第に植民地支配の網の目に取り込まれて消えていく。次に当時の分村や新村誕生の例を検討し，そこに現れた住民側の活発な動きにも注意を払うことにしたい。

(3) 村の創設と統廃合
i. 村落の誕生
ドンコー Dong Co 村周辺

タンフン郡ドンコー村は，1882年の史料に基づけば，住民数509人で，そのうちクメール人が人口の9割を占め，西はラックホア（Lac Hoa）村に隣接していた。1887年にこの村からミンフォン（クメール人と華人の混血）93人が，新たにロンチャウ（Long Chau）村を母村の南側に創設する申請を提出した。申請にあたり，41頭の豚，33頭の水牛，1艘の船，桑畑72 ha，水田60 haが役所に登録された。村内にはその他40 haの新田が開発予定であることが記載された。公文書には申請する新村の東西南北の境界が示された。また申請理由には，母村のドンコー村（桑畑，タバコの他多種の作物を産す微高地上にある）の土地が人口の増加に伴い次第に細分化しつつある問題が述べられ，新しい村の創設を母村の住民も望んでいる，としている。

さらに，ドンコー村の北側には，ココ（Co Co）川との間にベトナム人の新村創設も申請された。このいきさつについて，次のような記載がある（バクリュウ省議会1887年8月8日定例会議）。3年前からドンコー村に通じるチャーニョー（Tra Nho），ヴィンチャウ（Vinh Chau）からの道がつくられた。ラン川から数人

のベトナム人がやってきて住み着き，やがて国有地の無償払い下げをこの場所に申請した。住居を建て，独立の村を申請したのである。その村の名はタンクイドン (Tan Qui Dong) 村である。36人のベトナム人が全部で150 haの水田開拓を行うという。こうした提案は議会開設以来初めてであると記され，歓迎された。

　ドンコー村の面積は4979 haでそのうち耕地は995 haである。タンクイドン村が2218 haを占めるようになっても，母村のドンコー村にはまだ1687 haの未耕地がある。新しい村の水田は第2級田155 ha，宅地0.5 ha，ニッパヤシ3 ha，林109 ha，川沿いの放牧地は1391 haである。先の分村と同じく1887年7月30日付のバクリュウ省長のサインがみえる[23]。

アンチャック村周辺

　1888年，タンホア郡のアンチャック村では，同村の飛び地としてあった2つの集落（アップチャンホー Ap Tran Ho，アップオンタム Ap Ong Tam）が合体して，アンチャックドン (An Trach Dong) 村（東アンチャック村）の創設を住民が申請した。付随された図には，南シナ海に面して，母村のアンチャックに隣接したヴィンヒン (Vinh Hinh) 村，さらにその先にはヴィンアン (Vinh An) 村の配置が描かれている。その隣にアンチャックドン村が誕生した。新村は，タンホア郡のライホア村境と接している。郡，村々の領域の狭間に存在した未利用地が，次第に境界を画定しつつ，統治体制に組み込まれて行く様子がわかる。また地方行政区が整備されていくなかで，人びとは積極的に新しい村の建設に向かっていたこともわかる。

　こうした創村の動きは，史料上はバクリュウ区においてのみ現れる。カマウ区は茫洋とした荒蕪地が広がるのみで，岬に近づくにつれて，マングローブのなかの小河川で結ばれた小村は互いに小舟で何時間もかけなければ行き交うこともできなかった。同時代にこの地を訪れたフランス海軍軍医の紀行文によれば，村の領域は広く，村のなかに散在する集落の間ですら往復すれば6時間近くかかるところも珍しくなかった[24]。

---

23) ［IA 12/261 (1)］。創村の史料も左記。
24) J. C. Baurac, *op. cit.*, p. 376.

ii. 行政村の再編と植民地支配

　コーチシナの行政村（サーXa）は1890年代から20世紀の初頭に大きな変化を被ったことはすでに論じてきた。行政村の規模の均一化，および統治制度の統一化が目指されたのである。バクリュウ省でも1882年から1894年の間にタンホア郡は17村から6村に，タンフン郡は12村から5村に合併された。そして1906年までに，ロントゥーイ郡の18村も5村に，クワンロン郡も9村から5村に，クワンスウェン村も14村から7村に統廃合が実施された。結局，1882年時点のバクリュウ省70村は，20世紀初頭には，5郡は同じだが，28村に再編された。

　行政村再編の背景には，植民地政府の各村落に対する要求事項の増大（たとえば植民地予算を確保するためのさまざまな収税やフランス近代統治の施策が村落に課された等）があった。しかしその結果，旧来の村の権力構造は衰退し，全体としてフランス植民地政府が期待するコーチシナ村落の"自治力"は著しく弱まった。1904年，総督令によって行政村の自治組織は成文化され，そして標準化されたのであった[25]。

　これに伴い，村の自治を担う役員の名簿（選挙人）が作成され（フオンカー Huong ca，フオンチュ Huong chu，フオントゥ Huong tu，フオンチャイン Huong chanh，フオンクァン Huong quan，フオンタン Huong than，フオンハオ Huong hao，サチュオン Xa truong の各職位），バクリュウ省全村落の選挙人によってコーチシナ植民地評議会に参加するバクリュウ省代表の評議員が選ばれるという制度がつくられた[26]。村々の代表者から選出された各郡の代表は，フランス人や帰化人とともに，バクリュウ省議会の議員でもあった。それは植民地体制を支える官僚機構が，末端において完成されていく過程だったのである。

---

25) Milton E. Osborne, *The French Presence in Cochinchina & Cambodia, Rule and Response (1859-1905)*, Cornell University Press, 1969 は，文民統治の開始にあたり，当時のル・ミル・ドゥ・ヴィレ総督がベトナム人カトリック教徒チャン・バ・ロックの考えに従って村落への介入政策を強めていく過程を詳細に分析した優れた研究である。またコーチシナ植民地支配の道具としていち早く進んだ国語（ベトナム語）教育についても，先駆的な視点と分析を含んでいる。

26) 1900年に行われたバクリュウ省のコーチシナ植民地評議会代表者選挙では，51人の選挙人からタイ・ヴァン・ボン（Thai Van Bon）氏とホ・バオ・トァン（Ho Bao Toan）氏の2人の立候補者がそれぞれ15票と36票の得票数を得たことが記載されている [IA12/171]。

2. 19世紀末から20世紀初頭の農村の生産活動

(1) 納税にみる人びとの生業
i. 郡別の納税状況

　省政府の課税項目には，人頭税，地税，漁業税，蜜蠟採取税，船税，小売業税，塩税がある。1900年のバクリュウ省予算をみると，収入の部にはこれらの収税項目以外にも賦役，華人の登録税，豚や水牛への課税などが加わる。これに対して，支出の項目は地方の道路・水路等工事費，公共物建造費，人件費，警察・通信費，会議費などである[27]。

　表4-2から納税状況を概観すると，1882年の5郡の納税総額2万3758ピアストルのうち，税目では地税と人頭税で全体の5割（48%）ほどを占めていたことがわかる。次が塩税，営業税である。塩税はタンホア郡のみ納税している[28]。営業税は収益に応じていくつもの額が決まっていた[29]。植民地の省都には必ず公営の大市場がつくられた。省内の各地で人びとの集まる商業的中心地にも公営の市場がつくられた。営業税はこうした場所に売り場を確保するために徴収された。蜂蜜と蠟の税は森林の産物にかかる税として，カマウを中心にウー

---

27) バクリュウ省政府の1900年予算は，収入の部：人頭税1327人×10サンチーム＝1322$，地税7万708$，塩税1142$，営業税3646$，船税3227$，アジアの外国人の登録税9490$，その他で合計8万9538$。賦役1万2500人×5日→1万56250$，華人税3706人→5559$，豚税583$，水牛税7129$，航行税3万3369$，その他産物税5万4268$で合計12万5007$であった。支出は人件費7578$，公共工事費1万178$，役所建築費1万5653$，道・水路整備費2万8884$，警察・通信3万184$，その他3万3898$である［IA 12/2020］。

28) 塩税は海水から食塩をとるために設けた塩田にかかる税である。原住民監察官ラビュスィエールは1870年代のソクチャンについて，華人とその混血たちはバクリュウに住みつき，製塩場の経営で生計を立てている。彼らがつくる塩は大部分がカンボジアのトンレサップ湖の漁の季節に魚を塩漬けにする塩として運ばれた，と述べている（Labussière, *op. cit.*, p. 258）。塩の専売制は，1898年から総督ポール・ドゥメールの財政改革によって始まった。コーチシナやカンボジアで生産された塩は連邦政府によって一手に買い上げられ，消費税，保険課徴金，登録税の3つを加えた販売価格が植民地政府によって決められた。数年のうちに価格はさらに引き上げられた。塩はインドシナ人の日常生活に不可欠な物資であったので，民衆の反発は高まったが，これにより連邦政府の財政は潤ったのである（Paul Doumer, *Situation de l'Indo-Chine (1897–1901)*, Hanoi, 1902, pp. 169–170）。

29) 1904年の営業税額は，収益の規模に応じて，300ピアストル以上は33.45$，300未満150ピアストル以上は13.38$，150未満50ピアストル以上は6.69 $，50ピアストル未満であれば2.23 $と定められた［IA 12/162 (6)］。船の税は漁船だけでなく，域外の河川交通に携わるすべての船主から徴収された。船の大きさによりかなり細かな税額が決められていた。

表4-2　納税状況（1882年）　　　　　　　　　　　　単位：ピアストル

郡	地税	人頭税	船税	営業税	漁業税	蜂蜜と蝋	塩税	合計	%
Long Thuy	342.5	967.8	339.26	177.9	184.3	294.58	−	2,306.34	9.7
Quang Long	244.8	388.8	74.4	37.8	60.19	49.16	−	855.15	3.6
Quang Xuyen	265	1,083.6	366.81	154.8	692.71	1,248.24	−	3,811.17	16
Thanh Hung	2,705.4	1,051.7	291.3	625.2	561.6	−	−	5,235.2	22
Thanh Hoa	2,927.53	1,304.6	1,149.2	2,131.1	811	−	3,227.55	11550.95	48.6
計	6,485.24	4,796.5	2,220.97	3,126.8	2,309.8	1,591.98	3,227.55	23,758.81	99.9
%	27.3	20.2	9.3	13.2	9.7	6.7	13.6	100	

資料：IA12/16289より筆者作成。

ミンの森周辺のクワンスウェン郡に集中し，ロントゥーイ郡も多く納税している。

　漁業税は全体の1割弱に過ぎないが，バクリュウ区2郡とカマウ岬のクワンスウェン郡に多い。船税は域外交通を主に徴収された。これはタンホア郡が全体のほぼ半分を支払っていたことがわかる。

ii. 村の特徴的生業

　さらに表4-3では各村の納税状況が詳細にみえてくる。1村の納税額が1000ピアストル以上あるのは，タンホア郡のアンチャック村（3620$），ヴィンフン村（1715$），ホアタン村（1343$）と，タンフン郡のライホア村（1424$）である。アンチャック村とホアタン村（とりわけ前者）はかなりの額の塩税を納めているし，ヴィンフン村は営業税が高額である。またライホア村は地税の額が際だって多い。

　つまり，アンチャック村は製塩業が盛んであったこと（先述の通り華人が多数派の村），ヴィンフン村はバクリュウ省で住民数最大，かつ華人も最大規模の村であり，商業的中心だったことも想像される。一方，ライホア村はクメール人口が最大規模であり，農業と漁業を中心とした農村と考えられる。

　他方のカマウ区3郡は，いずれも納税額は少ない。クワンスウェン郡のタンクン（Tan Kung）とタンカン（Tan Khanh）の諸村は森の産物の採集・生産活動が盛んであったと考えられる。蜂蜜と蝋の他にも，材木（建材用，燃料用など），鳥類の羽毛もこの地方の特産品であった。

　19世紀末にこの地方を視察した先のフランス人医師は，フランス人省長ラ

表4-3 諸村落の民族・納税状況一覧（1882年）

郡・村名	ベトナム	クメール	華人	人口計	人頭税	地税	漁業税	船税	営業税	蜂蜜・蝋税	塩税	納税額合計
〈Long Thuy〉			100									
Cuu an	100			100	15.6	2.8		4.8		11.21		34.41
Huu loi		100		100	13.2	8	5.04	0.6		5.05		31.89
Huu ngai		100		100	21	17.4	8.04	5.4		13.83		65.67
Kiet an	120			120	21.6	1.2		4.2		8.41		35.41
Long dien	300			300	84	66	42.43	21				213.43
Phong thanh	400			400	111	7.3	60.93	25.7	9.4	18.69		233.02
Tan an	120			120	19.2	1.6		2.4	9.4			32.6
Tan binh	250			250	51	5.6		35.2	9.4	24.3		125.5
Tan hoa	100			100	20.4	2.8				3.74		26.94
Tan my	350			350	93.6	32.4	13.08	17.9	19	24.3		200.28
Tan nghien	350			350	75	52.8	14.02	14.4	9.5	11.21		176.93
Tan phong	350			150	34.2	25.4	3.37	11.8	9.4			84.17
Tan qui	600			600	141	59.4	6.73	43.5	23.7	9.35		283.68
Tan thoi	350			350	96	21.2	16.07	27.8	18.9	149.53		329.5
Tan thuoc	200			200	37.2	20.6	3.37	12.5		9.35		83.02
Tan xuyen	500			500	88.2	12.8	1.12	100	69.2	5.61		276.93
Thanh hoa	120			120	21	2.2	6.73	5.4				35.33
Thanh tri	150			150	24.6	3	3.37	6.6				37.57
〈Quang Long〉			100									
An thanh	250			250	51.6	73.6	26.54	8.4	2.4	11.21		173.75
Binh dinh	100			100	15	11	1.87	1.2		2.81		31.88
Binh thanh	150			150	26.4	26.8	1.87	4.1		5.05		64.22
Binh thanh tay	120			120	19.2	3.4	3.37	6.5		7.67		40.14
My thoi	120			120	0.6	4.8	6.54			2.8		14.74
Tan dinh	400			400	88.2	50.2	15.14	21.4	14.1	11.2		200.24
Tan duc	200			200	48.6	22	2.99	6	2.4	1.87		83.86
Tan thanh	200			200	50.4	17.6		8.9	9.4		86.3	86.3
Tan trach	200			200	58.8	35.4	3.74	12.6	9.5	6.54		126.58
〈Quang Xuyen〉			100									
An lac	100			100	18	5.6		3.6		6.54		33.74
An phong	200			200	40.2	12.4	11.59	13.7		9.35		87.24
Hung phu	100			100	13.2	2	16.26	5.3		14.95		51.71
Khanh thuan	100			100	18	4	16.45	3		84.11		125.56
Lam an	250			250	53.4	26.3		10.8	4.7	3.74		98.94
Phu my	400			400	75.6	15.1	12.52	38.7	7.2	62.62		211.74
Phu huu	200			200	16.8	2.01	11.03	16.9	9.4	30.84		86.98
Phu thanh	300			300	27.6	12	4.11	11.7	16.6	11.21		83.22
Tan an	450			450	45.6	2.4	41.12	22.01		205.61		316.74

第4章 巨大な土地集積とその担い手たち 193

(表4-3の続き)

郡・村名	ベトナム	クメール	華人	人口計	人頭税	地税	漁業税	船税	営業税	蜂蜜・蝋税	塩税	納税額合計
Tan duyet	900			900	102	11.4	37.01	34.7	23.7	56.08		264.89
Tan kung	800			800	267	38	130.28	40.4	38.2	244.86		758.74
Tan kanh	600			600	214.8	116.6	78.13	95	26.3	228.41		759.24
Tan thuan	600			600	131.4	14.4	143.55	28.8	9.5	136.92		464.57
Vien an	300			300	60	2.8	130.66	42.2	19.2	102.8		357.66
〈Thanh Hoa〉												
An tuc		442	31	473	77.6	186.6	69	15.2	56.4			404.8
An trach	451		663	1,114	139.8	452.95	104	164.2	296.1		2,463.56	3,620.6
Binh lang		286	2	288	42	77.4	20	9.6	18.4			167.8
Gia hoi	233			233	34.8	100.8	27	10.7	9.4			182.7
Hung dien		196		196	34.2	87.2	16	24.5				161.9
Hoa thanh	715		26	741	108.6	281.3	160	4.2	25.9		763.99	1,343.99
My thuan	297		1	298	51	111.6	30	15				207.6
Phuoc thanh	478		12	490	70.2	219.8	75	19.8	9.4			394.2
Quyen phi		304	49	353	58.2	220.1	64	40.1	108.1			490.5
Tan hung	459		22	481	102.6	146	45	68.4	141			503
Tan long	188		5	193	31.8	65.8	22	15.4	9.4			144.4
Tra khua		667	69	736	118.8	353.31	32	123.5	183.3			810.91
Thi yen		162	2	164	30.6	71.2	14	1.8				117.6
Vinh an	453		15	468	69	86.72		29.4	9.4			194.52
Vinh hinh	449		111	560	101.4	54.8	32	191.5	263.2			642.9
Vinh hung	1,043		833	1,876	149.4	187.31	16	389.5	972.9			1,715.11
Vinh thanh	360		29	389	84.6	224.64	85	26.4	27.8			448.44
〈Thanh Hung〉												
An khanh	461		2	463	112.2	88.2	195	54.4	30.6			480.4
Ba tien		180		180	52.3	159.6		6.6	4.7			223.2
Ca lac		494	16	510	91.2	166.4	39	10.1	14.1			320.8
Ca lang		272		272	55.8	164.6	16	1.8	7.1			245.3
Dong chanh		311		311	58.2	146.6		6.6	9.4			220.8
Don co		458	51	509	98.4	366.8	48	13.2	37.6			564
Dai hoa	263		5	268	55.2	92.8	16	21.5	32.9			218.4
Lai hoa		1,006	73	1,079	181.2	884.1	202	53.3	103.4			1,424
Tuong lieng		428		428	121.2	291.5	15.6	12.6	14.1			494.4
Vo tu		189		189	45	112	11	5.3	23.5			196.8
Vinh hoa		698	150	848	129.4	148		86.2	338.4			702
Vinh thanh tay	212		9	221	51.6	84.2	19	19.7	9.4			184.5

史料：IA 12/16289 より作成。空欄は数値ゼロ。
注：Long Thuy, Quang Long, Quang Xuyen 3郡の人口は概数しか把握されていない。

モス・ドゥ・キャリエール (Lamothe de Carrier) とその継承者たちの 1886 年以降の航行改善事業によって，カマウ岬のドック川からカマウ（クワンロン）に入るルートが確立されたこと，その結果としてシンガポール，海南島から華人のジャンク船が数多く遡航し，カマウを目指してきたと強調して述べている。カマウからカンポート，シンガポール，海南島に運ばれる品々のなかには籾米も含まれていたという[30]。

(2) 耕地の等級別面積

　土地税は水田と畑作地に区分され，等級別に課税額が定められていた。1904 年の告知によれば，水田，畑作地の双方に 3 等級が設けられていた[31]。先述の通り，1882 年の土地税は徴税額全体の 3 割にも満たなかった。植民地政府の土地測量は思うに任せなかったことが推察されるが，村落内の土地登記は徐々に進んでいた。コメの商品化，輸出が急増していくにつれて，水田面積は年々増大し，当局による把握は次第に進展をみるのである。バクリュウ省の国有地払い下げ面積は 19 世紀末までみるほどのものはなかったが，水田面積は 1898 年に 5 万 175 ha，1908 年には 7 万 4379 ha に拡大した[32]。そして，冒頭でも述べたように，その後の 20 年間の急増によって 1920 年代には 21 万 ha に達した。ここではまず，バクリュウの広大低地が新田開発ブームを迎える以前の状況を

---

30) J. C. Baurac, *op. cit.*, pp. 370, 376, 378, 383。しかし，たとえば，A. Denis (President de la Chambre de Commerce) の報告にある 1879-1881 年の輸出表にはこうした項目はみあたらない ("Chambre de commerce de Saigon," *Excursions et Reconnaissances*, tome 4, no. 12, 1882, p. 445)。サイゴンからはこうした辺境貿易の実態はみえていなかったと考えられる。Baurac 本によれば，コメの移出量は 1893 年には 31 万 6000 ピクルとある。20 世紀の度量衡表の数値で換算すると，1 万 8960 t ということになる（1 ピクルは籾米 60 kg 相当）。1898 年の経済統計に基づけば，バクリュウ省の水田面積は 5 万 175 ha である。水田 1 ha あたりの植民地期の籾生産量はせいぜい 1.2 t とされるので（新開地のバクリュウにとってこれは高めの数値となるだろうが），バクリュウ省の籾生産量は多くても約 6 万 t と推定できる。ボラがみた籾輸出は，生産量に対してその約 30% 以上に達する。域内消費も勘案すれば，この数値はカマウからの移出が高比率であったことをうかがわせるのである。

31) 水田の等級別税額（1904 年現在）は次の通りである [IA 12/162 (6)]。1 級田：1.8975\$，2 級田：1.2650\$，3 級田：0.6324\$。つまり 1 級は 3 級の 3 倍，2 級は 2 倍ということになる。畑作地は，1 級地：3.04\$，2 級地：1.06\$，3 級地：0.53\$。ここでは 3 級と比べて，1 級地の税額が高い。市場向けの畑作物生産は稲作よりも収益性が高いからだろうか。あるいは当時の粗放な水田経営と比べれば，労働集約的な畑の経営規模は小さいということを表すのかもしれない。

32) 19 世紀末までのコーチシナにおける無償払い下げ（小規模なコンセッション）の総面積は 31 万 ha 以上で，1890 年代は年平均 26000 ha である（Osborne, *op. cit.*, p. 289 参照）。

表4-4から確認しておこう。

i. 水田

　表4-4aは1906年のバクリュウ省各村落の水田等級別面積を示している。水田の税額をめぐっては，地主の抗議ないし減免要求が多く出され，1909年には5等級に変更になったが[33]，同表によれば，水田総面積6万9073haのうちタンホア郡とタンフン郡の2郡でその7割以上を占めている。2郡はそれぞれ38％と35％とほぼ2分している。

　等級別では，第1級田が全体の65％，第2級および第3級はそれぞれ19％と16％である。先の2郡ともに，第1級田が8割前後を占める。タンホア郡の4村フンホイ（Hung Hoi）村，ホアビン（Hoa Binh）村，ロンタン（Long Thanh）村，ヴィンミー（Vinh My）村に，またタンフン郡の2村ヴィンフオック（Vinh Phuoc）村，ライホア村に1級田が多い。水田面積および等級別面積の両方から判断すると，これらの地域が当時のバクリュウ省のいわば稲作の核心域と考えられる。

　カマウ地区はこれに対して水田が少なく，1級田の比率も低い。比較的人口の多かったクワンスウェン郡においてもわずか5％しか占めないが，例外はロントゥーイ郡のロンディエン（Long Dien）村である。

ii. 畑地

　畑作地の総面積は2523.59haで，水田面積と比較すればその4％に満たない程度である。表4-4bにあるように，第1級地は12％であり，第2級地が62％，第3級地は26％である。タンフン郡に省全体の畑作地の4割近く（1005ha）が集中する。特にヴィンチャウ村に多い。タンホア郡のヴィンロイ村とフンホイ（Hung Hoi）村にもそれぞれ100haを超える規模の畑地がある。クワンスウェン郡のカンアン（Khanh An）村は200haを超しているが，ロントゥーイおよびクワンロン両郡には少ない。畑地には果樹栽培なども含むと考えられる。

---

33) 水田税は農民の不満が高かった。地主たちの抗議はタントゥアン村［IA 12/162 (8)］の他ヴィンミー村，ロンディエン村，フォンタン村からも提出。数年続きの天候不順による不作の上，台風で破壊された村の宗教施設の修復に村びとは苦しんでいるので，土地税を半額にしてほしいと訴えている。こうした要求を郡長からバクリュウ省長へ，そしてコーチシナ長官に届ける文書がみられる［IA 12/162 (5)］。

表4-4a　バクリュウ省水田の等級別面積（1906年）　単位：ha

郡・村名	1級田	2級田	3級田	計
〈Thanh Hoa〉				
Hoa binh	4,049.04	117.43	603.59	4,770.06
Hung hoi	5,362.29	–	540.99	5,903.23
Long thanh	4,002.92	298.81	–	4,301.73
Vinh loi	3,106.75	148.22	229.1	3,484.07
Vinh my	3,466.65	583.4	464.37	4,514.42
Vinh trach	2,401.28	1,029.69	78.24	3,509.21
合計	22,388.93	2,177.55	1,916.29	26,482.8
郡内比率	84.50%	8.20%	7.20%	＊38%
〈Thanh Hung〉				
Khanh hoa	3,154.79	722.58	824.69	4,702.06
Lac hoa	1,547.91	289.45	1,114.58	2,951.94
Lai hoa	4,286.60	610.98	244.48	5,142.06
Vinh chau	3,624.92	89.06	7.01	3,720.99
Vinh phuoc	5,874.77	263.01	1,243.97	7,381.75
合計	18,488.98	1,975.08	3,434.73	23,898.80
郡内比率	77.40%	8.30%	14.40%	＊35%
〈Long Thuy〉				
Long dien	2,002.67	1,321.39	723.29	4,047.35
Phong thanh	–	824.33	1,068.78	1,893.11
Tan loc	–	823.6	401	1,224.6
Tan loi	–	1,099.50	201.75	1,301.25
Thoi binh	–	242.5	190	432.5
合計	2,002.67	4,311.31	2,584.82	8,898.81
郡内比率	22.50%	48.40%	29.00%	＊13%
〈Quang Long〉				
An trach	986.07	1,065.64	164.56	2,216.27
An xuyen	34.5	535.7	169.8	740
Hoa thanh	–	182	193	375
Dinh thanh	594	1,093.73	209.79	1,897.52
Tan thanh	593.39	101.05	214	908.44
合計	2,207.96	2,978.12	951.15	6,137.23
郡内比率	36%	48.50%	15.50%	＊9%
〈Quang Xuyen〉				
Hung my	–	300.5	434.39	734.89
khanh an	–	10	32	42
Phong lac	–	147.5	204.84	352.34
Tan duyet	–	145	147.5	292.5
Tan hung	29	687	648.05	1,364.05
Tan thuan	–	350	97.22	447.22
Thanh phu	–	161.23	261.82	423.05
合計	29	1,801.23	1,825.82	3,656.05
郡内比率	0.80%	49.30%	49.90%	＊5%
4郡の総計	45,117.55	13,243.31	10,712.81	69,073.00
等級別比率	65%	19%	16%	100%

表4-4b　バクリュウ省畑地の等級別面積（1906年）　単位：ha

郡・村名	1級地	2級地	3級地	計
〈Thanh Hoa〉				
Hoa binh	–	30.66	–	30.66
Hung hoi	4.4	64.65	108.04	177.09
Long thanh	不明	60.29	–	60.29
Vinh loi	2.83	134.46	6.03	143.32
Vinh my	–	16.5	–	16.5
Vinh trach	不明	54.87	不明	54.87
計	7.23	361.42	114.08	482.73
郡内比率	1.50%	74.90%	23.60%	＊19%
〈Thanh Hung〉				
Khanh hoa	–	33	6	39
Lac hoa	–	329.1	68	397.1
Lai hoa	–	66.4	–	66.4
Vinh chau	11.45	297.43	–	308.88
Vinh phuoc	1.29	139.23	53.63	194.15
計	12.74	865.16	127.63	1,005.53
郡内比率	1.30%	86%	12.70%	＊40%
〈Long Thuy〉				
Long dien	未記入	8.71	14	22.71
Phong thanh	6	14.5	6	26.5
Tan loc	2.93	19.36	14	36.29
Tan loi	2.5	28.29	18	48.79
Thoi binh	19.03	24.71	36	79.74
計	30.46	95.57	88	214.03
郡内比率	14.20%	44.70%	41.10%	＊8%
〈Quang Long〉				
An trach	3.29	27.63	29.5	60.51
An xuyen	3.39	6.61	30	40
Hoa thanh	–	5.9	9	14.9
Dinh thanh	2.5	14.6	13	30.1
Tan thanh	4.45	27.64	62.5	94.59
計	13.63	82.38	144	240
郡内比率	5.70%	34.30%	60%	＊10%
〈Quang Xuyen〉				
Hung my	46.85	20.16	11	78.01
khanh an	129.72	36.39	36.8	202.91
Phong lac	2.86	9.1	14	25.96
Tan an	–	3.5	5	8.5
Tan duyet	1.29	10.27	31	42.56
Tan hung	46.04	48.66	49	143.7
Tan thuan	–	30.02	35.61	65.63
Thanh phu	2.26	3.76	3	9.02
Vien an	–	4	1	5
計	229.02	165.86	186.41	581.29
郡内比率	39.40%	28.50%	32.10%	＊23%
4郡の総計	293.08	1,570.39	660.12	2,523.59
等級別比率	11.60%	62.20%	26.20%	100%

史料：(1)(2) ともに IA 13/N6．表中の＊の数値はバクリュウ省内における占有比率。

畑作は現在もみられるように，高みの土地で労働集約的に生産される。人びとの多く集まる町の近郊に立地する傾向がある。当時から，デルタの浸水しない天然の微高地上の，比較的人口の多い諸村（クメール人および華人居住地域）で盛んだったのである。

　以上，バクリュウ省政府が19世紀末に村落に課したさまざまな税をめぐって考察し，5郡で営まれる生業，農業生産力の地域別比較等を詳細に行った。結局，19世紀末から20世紀初頭のバクリュウ省では，タンホア郡やタンフン郡が旧来からの稲作および畑作の農業生産核心域であり，その上に製塩業や漁業，商業活動がみられた。他方のカマウ半島側の稲作は発達が遅れ，わずかな例外を除けば，森林の産物の採取を主たる生業とした。とはいえ，辺境の地の利を生かして華人のジャンク船がカマウを往来し，シンガポールやカンポート，バンコク，海南島との海外交易を通した繋がりがあったことは，注目に値する。

3. 農村の土地所有構造と新しい土地集積

(1) 土地所有の3類型

　すでに第3章で明らかにしたように，植民地政府は占領から海軍統治の時代にかけてグエン朝ミンマン期の地簿，田簿等を研究し，これらを村ごとの土地の確定作業（新しい地簿の作成）の基礎とした[34]。植民地文書に残されたいくつかの「田簿」[35]と新しい地簿を用いて，バクリュウの村の土地所有構造を検討する（表4-5および表4-6参照）。

---

34) 本書の第3章第1節1-(2)および2を参照。
35) 史料は [IA 12/181] を用いる。グエン朝時代のベトナム地簿に関する研究はハノイ大学を中心に盛んである。Phan Huy Le, Vu Minh Giang, Vu Van Quan, Phan Phuong Thao, *Dia Ba Ha Dong* （ハドン省地簿）Hanoi, 1995 によれば，グエン王朝ミンマン期には南部（Nam Ky, 仏領期のコーチシナと同じ）6省26県で484分冊1715の地簿が作成された。フランス植民地政府はこれらの古い地簿を土地登記簿の編成に利用した。南部では18世紀にすでに米の海外移出がみられ，他人労働を利用した開墾の推進者として大土地所有者が現れた。在村地主ファンカィン（Phan Canh）に対して，フーカィン（Phu Canh）と呼ばれた村外地主の存在は地主の20%から30%いたといわれる。Tran Thi Thu Luong, *Che do So huu va Canh tac Ruong dat o Nam bo nua dau the ky XIX*（19世紀初頭の南部における土地所有制度と水田開拓）Nha Xuat ban Thanh pho Ho Chi Minh, 1994 も参照。

バクリュウの開発
上　フランス人軍医の到着を出迎えるタンホア郡ヴィンミー村の人びと（1880年代後半）。顎髭を蓄えた医師の様子を，ノタブル（郷職たち）と村の男衆が，物々しい表情で見つめている。好奇心旺盛な女たちも小舟で駆けつけた。粗末な集会所の中には，ワクチン接種を受ける子どもたちが集められている。(B(1)-381/2)
下　カマウの土地測量士の家（19世紀末）：白い服を着たフランス人測量士が高床式の家の中からこちらを見ている。移動用の上等の小舟が家の前に横付けされている。(B(1)-382/3)

第4章　巨大な土地集積とその担い手たち

表 4-5　土地所有構造の基本類型

① Thanh Hoa 郡 VinhAn 村の土地所有構造（1885 年）

0-1 ha 未満	0-1 ha	0	0	0
1-5 ha 未満	1-2 ha	1	98	98%
	2-3 ha	38		
	3-4 ha	25		
	4-5 ha	34		
5-10 ha 未満	5-6 ha	1	2	2%
	6-7 ha	1		
土地所有者数の合計			100	100%

⇒ Ⅰ型

注：村の農地 318 ha（うち私有地 300 ha），農地の平均規模 3.028 ha/人。

② Thanh Hung 郡 Dong Co 村の土地所有構造（1885 年）

0-1 ha 未満	0-1 ha	14	14	5%
1-5 ha 未満	1-2 ha	97	236	89%
	2-3 ha	76		
	3-4 ha	39		
	4-5 ha	24		
5-10 ha 未満	5-6 ha	5	10	4%
	6-7 ha	4		
	7-8 ha	0		
	8-9 ha	0		
	9-10 ha	1		
10 h 以上	10-11 ha	0	5	2%
	11-12 ha	0		
	12-13 ha	4		
	13-14 ha	0		
	14-15 ha	0		
	15-16 ha	1		
土地所有者数の合計			265	100%

⇒ Ⅱ型

注：村の農地 614 ha（うち私有地 595.4 ha），農地の平均規模 2.26 ha/人。

③ Thanh Hoa 郡 Vinh Thanh 村の土地所有の変化（1884/1892 年）

（1884 年）

0-1 ha 未満	0-1 ha	3	3	3%
1-5 ha 未満	1-2 ha	26	59	69%
	2-3 ha	15		
	3-4 ha	13		
	4-5 ha	5		
5-10 ha 未満	5-6 ha	6	22	26%
	6-7 ha	3		
	7-8 ha	9		
	8-9 ha	1		
	9-10 ha	3		
10 h 以上	10-11 ha	1	2	2%
	11-12 ha	1		
土地所有者数の合計			86	100%

⇒ Ⅱ型

（1892 年）

0-1 ha 未満	0-1 ha	0	0	0
1-5 ha 未満	1-2 ha	11	60	33%
	2-3 ha	13		
	3-4 ha	17		
	4-5 ha	19		
5-10 ha 未満	5-6 ha	18	78	42%
	6-7 ha	19		
	7-8 ha	19		
	8-9 ha	11		
	9-10 ha	11		
10-50 ha 未満	10-11 ha	7	44	24%
	11-12 ha	5		
	12-13 ha	7		
	13-14 ha	2		
	14-15 ha	2		
	15-16 ha	4		
	16-17 ha	2		
	17-18 ha	3		
	18-19 ha	1		
	19-20 ha	2		
	20-21 ha	0		
	21-22 ha	0		
	22-23 ha	1		
	23-24 ha	0		
	24-25 ha	1		
	25-26 ha	1		
	26-27 ha	2		
	27-28 ha	0		
	28-29 ha	0		
	29-30 ha	0		
	30-31 ha	1		
	38-39 ha	1		
	39-40 ha	1		
	40-41 ha	0		
	41-42 ha	1		
50 ha 以上	89-90 ha	1	1	0.50%
土地所有者数の合計			183	99.50%

⇒ Ⅲ型

表 4-6　土地所有構造の類型分析①〜⑫

〈Thanh Hoa 郡〉

① Hung Dien 村（1884 年）

0–1 ha 未満	0–1 ha	0	0
1–5 ha 未満	1–2 ha	15	50 (75.8%)
	2–3 ha	16	
	3–4 ha	8	
	4–5 ha	11	
5–10 ha 未満	5–6 ha	7	15 (22.7%)
	6–7 ha	4	
	7–8 ha	4	
10 ha 以上	30–31 ha	1	1 (−)
土地所有者の合計			66 (98.5%)

⇒ II 型

② Binh Lang 村（1884 年）

0–1 ha 未満	0–1 ha	2	2 (8.7%)
1–5 ha 未満	1–2 ha	6	20 (87%)
	2–3 ha	6	
	3–4 ha	3	
	4–5 ha	5	
5–10 ha	5–6 ha	0	1 (4.3%)
	6–7 ha	1	
10 ha 以上		0	0
土地所有者の合計			23 (100%)

⇒ I 型

③ Hoa Thanh 村（1884 年）

0–1 ha	0–1 ha	0	0
1–5 ha 未満	1–2 ha	4	81 (72.3%)
	2–3 ha	34	
	3–4 ha	17	
	4–5 ha	26	
5–10 ha 未満	5–6 ha	14	21 (24.1%)
	6–7 ha	11	
	7–8 ha	1	
	8–9 ha	0	
	9–10 ha	1	
10 ha 以上	10–11 ha	1	4 (3.6%)
	11–12 ha	0	
	12–13 ha	1	
	20–21 ha	1	
	21–22 ha	1	
土地所有者の合計			112 (100%)

⇒ II 型

④ My Thuan 村（1885 年）

0–1 ha 未満	0–1 ha	0	0
1–5 ha 未満	1–2 ha	5	44 (67.7%)
	2–3 ha	21	
	3–4 ha	8	
	4–5 ha	10	
5–10 ha 未満	5–6 ha	1	18 (27.7%)
	6–7 ha	6	
	7–8 ha	4	
	8–9 ha	5	
	9–10 ha	2	
10 ha 以上	10–11 ha	0	3 (4.6%)
	11–12 ha	0	
	12–13 ha	0	
	13–14 ha	0	
	14–15 ha	1	
	15–16 ha	1	
土地所有者の合計			65 (100%)

⇒ II 型

⑤ Vinh Hinh 村（1885 年）

0–1 ha 未満	0–1 ha	0	0
1–5 ha 未満	1–2 ha	9	36 (92.3%)
	2–3 ha	18	
	3–4 ha	4	
	4–5 ha	5	
5–10 ha 未満	5–6 ha	0	3 (7.7%)
	6–7 ha	2	
	7–8 ha	0	
	8–9 ha	1	
	9–10 ha	0	
10 ha 以上	10 ha −	0	0
土地所有者の合計			39 (100%)

⇒ I 型

⑥ Hung Dien 村（1889 年）

0–1 ha 未満	0–1 ha	0	0
1–5 ha 未満	1–2 ha	15	51 (76.1%)
	2–3 ha	16	
	3–4 ha	8	
	4–5 ha	12	
5–10 ha 未満	5–6 ha	7	15 (22.4%)
	6–7 ha	4	
	7–8 ha	4	
	8–9 ha	0	
	9–10 ha	0	
10 ha 以上	10–11 ha	0	1 (1.5%)
	30–31 ha	1	
土地所有者の合計			67 (100%)

⇒ II 型

(表4-6の続き)

〈Thanh Hung 郡〉

⑦ Ba Tien 村（1884 年）

0–1 ha 未満	0–1 ha	8	8 (7%)	
1–5 ha 未満	1–2 ha	42	93 (80.9%)	
	2–3 ha	30		
	3–4 ha	11		
	4–5 ha	10		
5–10 ha 未満	5–6 ha	12	12 (10.4%)	⇒ II 型
	6–7 ha	0		
	7–8 ha	0		
	8–9 ha	0		
	9–10 ha	0		
10 ha 以上	15–16 ha	1	2 (1.7%)	
	20–21 ha	1		
土地所有者の合計			115 (100%)	

⑧ Ca Lac 村（1884 年）

0–1 ha 未満	0–1 ha	0	0	
1–5 ha 未満	1–2 ha	17	37 (95%)	
	2–3 ha	19		
	3–4 ha	1		
	4–5 ha	0		
5–10 ha 未満	5–6 ha	0	1 (2.6%)	⇒ I 型
	6–7 ha	0		
	7–8 ha	0		
	8–9 ha	1		
	9–10 ha	0		
10–50 ha 未満	15–50 ha	0	1 (2.6%)	
50 ha 以上	50–51 ha	1		
土地所有者の合計			39 (100%)	

⑨ Dong Chah 村（1885 年）

0–1 ha 未満	0–1 ha	9	9 (6.3%)	
1–5 ha 未満	1–2 ha	46	121 (84.6%)	
	2–3 ha	35		
	3–4 ha	16		
	4–5 ha	15		
5–10 ha 未満	5–6 ha	12	13 (9.1%)	⇒ I 型
	6–7 ha	1		
	7–8 ha	0		
	8–9 ha	0		
	9–10 ha	0		
土地所有者の合計			143 (100%)	

⑩ Soc Hoa 村（1880 年）

0–1 ha 未満	0–1 ha	0	0	
1–5 ha 未満	1–2 ha	40	173 (60.5%)	
	2–3 ha	53		
	3–4 ha	38		
	4–5 ha	42		
5–10 ha 未満	5–6 ha	24	98 (34.3%)	
	6–7 ha	36		
	7–8 ha	12		
	8–9 ha	19		
	9–10 ha	7		⇒ III 型
10–50 ha 未満	10–11 ha	7	15 (5.2%)	
	11–12 ha	1		
	12–13 ha	1		
	13–14 ha	2		
	14–15 ha	0		
	15–16 ha	1		
	20–21 ha	2		
50 ha 以上	60–61 ha	1		
土地所有者の合計			286 (100%)	

⑪ Khanh Hoa 村（1892 年）

0–1 ha 未満	0–1 ha	6	6 (2.4%)	
1–5 ha 未満	1–2 ha	35	154 (62.3%)	
	2–3 ha	50		
	3–4 ha	44		
	4–5 ha	25		
5–10 ha 未満	5–6 ha	15	55 (22.3%)	
	6–7 ha	19		
	7–8 ha	9		
	8–9 ha	9		
	9–10 ha	3		
10–50 ha 未満	10–11 ha	12	30 (12.2%)	⇒ III 型
	11–12 ha	1		
	12–13 ha	0		
	13–14 ha	5		
	14–15 ha	2		
	15–16 ha	2		
	16–17 ha	0		
	17–18 ha	1		
	18–19 ha	1		
	19–20 ha	2		
	28–29	1		
	29–30 ha	2		
	40–41 ha	1		
50 ha 以上	50–51 ha	1	2 (0.8%)	
	140 ha	1		
土地所有者の合計			247 (100%)	

（表4-6の続き）

〈Quang Long 郡〉
⑫ Tan Dinh 村（1885年）

0-1 ha 未満	0-1 ha	0	0
1-5 ha 未満	1-2 ha	0	3 (30%)
	2-3 ha	0	
	3-4 ha	2	
	4-5 ha	1	
5-10 ha 未満	5-6 ha	0	0
	6-7 ha	0	
	7-8 ha	0	⇒ Ⅲ型
	8-9 ha	0	
	9-10 ha	0	
10-50 ha 未満	10-19 ha	3	6 (60%)
	20-30 ha	2	
	30 ha	1	
50 ha 以上	52-53 ha	1	1 (10%)
土地所有者の合計		10 (100%)	

i. ヴィンアン村（1882年）

　先の表4-3によれば，ヴィンアン（Vinh An）村は住民数468人で，ベトナム人の村にわずかな華人が共存する小規模農村であった。納税額も小規模であり，これといって特徴のない村といえる。成和総（Thanh Hoa Tong）永安村（Vinh An Thon）の田簿によれば，村の土地所有者は100人で，平均所有規模は3ha程である。村の農地面積から私的所有地を除いた"共有地"は18haである。1ha以下の零細規模の農民はおらず，1-5haの小土地所有者が全体の98％を占める。5haから7ha未満の所有者が2人（2％）である。土地所有構造は単純で，一つの基本型とみることができる（表4-5①参照）。

ii. ドンコー村

　タンフン郡ドンコー（Dong Co）村は458人のクメール人と51人の華人が住む。ヴィンアン村と同じ程度の人口規模の村である。しかしこの村の納税額は同郡で第2位であり，ヴィンアン村の3倍にもなる。納税の内訳は良田の地税が多くを占める。先のIA 12/261 (1)の文書で見たように，ドンコー村の起源はクメール古村であり，この村から1888年には東西方向に混血の人びとと明郷ミンフォン（Minh Huong）のロンチャウ（Long Chau）村と新参のベトナム人たちによるタンクゥイドン村が分村し，誕生した。

　ドンコー村の農地は614haでそのうち私的所有地は595.4ha，共有地は20

haほどとなる。土地所有者は265人で，平均所有面積は2.3 haであるのでヴィンアン村より少ない。1-5 haの小土地所有者は90％に近い。他人の土地を賃借して小作をしなければ食べていけない1 ha未満の零細土地所有者が5.3％，自作から地主への境にある5-10 ha未満は3.8％であり，ヴィンアン村と比較すると階層分化が進んでいると考えられる。6-7 haが家族で経営する規模の上限と考える（Y. Henryによる）と，明らかに地主的所有と考えられる10 ha以上の所有者が5人（1.9％）存在している（表4-5②参照）。

iii. ヴィンタン村

タンホア郡ヴィンタン（Vinh Thanh）村は1884年と1892年の状況を比較し，その変化を考察できる例である。同村は，バクリュウ省創設当時にはベトナム人360人と華人29人の住む小規模な農村であった。納税は地税と漁業税が目立つので，南シナ海に臨む半農半漁の村と考えられる。先の2村と比べると，この村の土地所有者数は86人と少ない。平均所有規模は4.2 haであるから，3村のなかでは一番大きい。しかし所有構造をみると1-5 ha未満の小土地所有者は68.6％と先のドンコー村より比率が下がり，5-10 ha未満の自作農から地主への移行期にある農民層はドンコー村の3.8％と比べて7倍近い25.6％である。つまりこの時点で零細規模の村民と地主層である村民の両方が存在している（表4-5③参照）。

その8年後の史料では，この村の土地総面積1517.45 haのうち農地面積は998 haとなり581 haも増加した。村落合併によるものかは史料がなく，不明である。土地所有者数は86から183に倍増し，平均所有規模も9 haに急増している。何らかの大きな変化がこの村には生じたことが想起され，土地所有構造には10-50 ha未満の範疇の中土地所有層の存在感が顕著に現れている。なかには大土地所有すらみえる[36]。

36) 第3章第1節でみた，1902年にインドシナ研究協会が出版したミトー省のモノグラフにある経営規模別農家戸数のデータを用いて，本節の土地所有構造の範疇で表を作成すれば，III型に分類できるが，バクリュウ省と比べて1 ha未満の零細土地所有は3割も占めるほど高い比率である。自作農層は5割，そして地主層が2割に及んでいる。バクリュウ省に先行して，ミトー省ではすでに一握りの大地主層が出現していたことがうかがわれる（La Société des Etudes Indo-Chinoises, *Géographie physique, économique et historique de la Coachinchine, Monographie de la Province de Mytho*, Saigon, 1902, p. 43）。
〈ミトー省の土地所有構造〉
　0-1 ha未満　　31.0％

iv. 類型化による分析

これら3村の土地所有構造をモデル化して，土地所有構造の変動を考察することにしよう。シンプルな構造を持つヴィンアン型の村を，仮に土地所有構造タイプのⅠ型とする。大部分の所有者が同程度の小土地所有のカテゴリーに属し，階層差はほとんどみられない。

次に，古い歴史を持つドンコー村は土地所有の構造に緩やかな階層分化の兆しが現れていた。中核であった小土地所有層が上層と下層に分かれはじめ，零細所有層と地主層に向かう人びとが出現しつつある。このドンコー型の所有構造をⅡ型とする。未開発地を村の周辺部に含む場合は，人口圧が高まると村内の土地所有の矛盾は顕在化せずに，新しい分村化によって問題が解消できる。

さらに，Ⅱ型からやがて1892年段階のヴィンタン村のように，農地の著しい拡大のなかで零細土地所有者は消え，また小土地所有者層の上層化が現れ，自作農から地主に転化する中土地所有層の比重は高まった。それをⅢ型としておこう。1890年代のヴィンタン村は，Ⅱ型からⅢ型への移行を経験し，明らかにイヴ・アンリの調査結果に現れるバクリュウ省に特徴的な中土地所有層の増大を予測させる（第3章第3節2(1)を参照）。

Ⅰ型からⅡ型，Ⅲ型への移行は，一つの道というわけではなく，Ⅱ型から新しい村が発生したことによってⅠ型が生まれることも，Ⅲ型から社会制度の規制・改変によってⅠ型への変化もあるだろう。諸条件の変化によって，たとえば土地の存在状況，技術力の変化，外部資金の投入，市場如何，相続・社会慣習等々の諸原因に応じて，ヴァリエーションが生じるだろう。しかしとりあえずは限られた土地面積，一定の技術水準，漸次的人口増，社会慣行の継続等の条件のなかでは，Ⅰ型→Ⅱ型→Ⅲ型への変化が想定される。バクリュウ省の植民地行政草創期における12村の土地所有史料を，この類型論を基に分類したものが，表4-6の①-⑫である。19世紀後半の農村における緩やかな土地所有構造の変化が，これによってうかがわれる。

1-5 ha 未満　　33.7%
5-10 ha 未満　　16.1%
10-50 ha 未満　　18.7
50 ha 以上　　0.4%
計　99.9%
（農家戸数2万3641の規模別比率）

バクリュウの地方社会は，このように省内に広大な未耕地を残したまま，植民地権力による支配体制の整備，土地登記の奨励，コメをめぐる海外市場の拡大，水田開発のブーム，また人頭税・地税他の多種に及ぶ納税義務の増大等を経験していった。やがて20世紀を迎えるころになると，特権を得た人びとによる大規模かつ急速な「法的」土地集積が始まることになった。

(2) "ヨーロッパ人" による土地取得のブーム

　その先駆けとなった世紀転換期の変化の兆しを，バクリュウ省の農業に参入したヨーロッパ人の動向を示す文書からみておこう。表4-7a/bによれば，1906年，11村にヨーロッパ人は水田約3016 haと水田以外の土地17 haの合計約3033 haを所有していた。同表にはひとりの人物あるいは一つの団体が，異なる村に地片を複数所有する場合もみられる。

　表にある西欧風の名前，Gonet, Lugnel, Duquet, Bec, Blansukie, Brun, Valentin Herget, Eglise（原史料ママ）の8名はほぼフランス人（系）と思われる一方，現地人らしき名前の6人レ・ヴァン・マウ（Le Van Mau），ヴォー・ヴァン・クアン（Vo Van Quang），ディエプ・クワン・ビン（Diep Quang Binh），ディエップ・ティ・ボ（Diep Thi Bo），チン・ティ・キエム（Trinh Thi Kiem），ジョセフ・フォック（Joseph Phuoc）は，全員がフランス国籍を持つ帰化人である。S. M. E.は外国宣教団（Société Mission Etranger）の略である。

　次に所有規模であるが，SMEは7村に8地片，合計約564 ha（水田559 ha，その他5 ha）を所有している。ひとりで複数の所有地を持つ場合は合算した上で，面積の多い者からみていくと，レ・ヴァン・マウはSMEを上回って3村4ヶ所に859 ha，ヴォー・ヴァン・クアンは1村2ヶ所に776 haを所有した。大規模な所有者はこの他にも，ジョセフ・フォックの211.84 ha，ディエプ・クワン・ビンの174.97 ha，ベック（Bec）の110 ha，ブラン（Bran）の104.58 haがある。

　レ・ヴァン・マウ（Mau Mathieu Pierre Adolf）は，1867年生まれのバプティスト派キリスト教徒であった。1899年のバクリュウ省植民地議会のメンバーにその名がみえるが，1910年のリストにも43歳のマウ（Mau）の名がある[37]。別の史料から，彼は1903年に1453 haの国有地をロンディエン村に，また翌

---

37) IA 12/172

表 4-7a　ヨーロッパ人所有水田の等級別面積（1906 年）　　　　単位：ha

所在地・所有者名	1級田	2級田	3級田	計
（Thanh Hoa 郡 Hung Hoi 村）				
Gonet			39.16	39.16
S. M. E.			12.45	12.45
Lugnel	10.29			10.29
Le Van Mau			27.31	27.31
（Thanh Hoa 郡 Vinh My 村）				
Duquet	10			10
S. M. E.	126.09			126.09
Bec	31.46		21.5	52.96
Blansulie			6.2	6.2
（Thanh Hung 郡 Khanh Hoa 村）				
Vo Van Quang	577.4		199.4	776.8
Le Van Mau	244		260.5	504.5
Diep Quan Binh	174.97			174.97
Diep Thi Bo	18.08			18.08
Trinh Thi Kiem	21.5			21.5
（Thanh Hung 郡 Lac Hoa 村）				
Bran			104.58	104.58
（Thanh Hung 郡 Lai Hoa 村）				
Le Van Mau			327.49	327.49
（Long Thuy 郡 Long Dien 村）				
Duquet	14.55	12.5		27.05
（Long Thuy 郡 Phong Thanh 村）				
S. M. E.			81.9	81.9
Bec	57.5			57.5
S. M. E.			105.8	105.8
（Long Thuy 郡 Tan Loc 村）				
S. M. E.			30	30
Valentain Hergott			60	60
（Quan Long 郡 Hoa Thanh 村）				
S. M. E.		37	76	113
Duquet			5	5
Eglise			22	22
（Quang Long 郡 Dinh Tranh 村）				
Joseph Phuoc	53.6	52.32	105.92	211.84
（Quang Xuyen 郡 Tan Hung 村）				
S. M. E.			90	90
合計	1,339.44	101.82	1,570.71	3,016.47

表 4-7b　水田以外のヨーロッパ人所有地の面積　　　　　　単位：ha

所在地・所有者の氏名	1級地	2級地	3級地
(Thanh Hoa 郡 Hung Hoi 村)			
Gonet			2.43
Lugnel			3.58
Le Van Mau			1.79
(Thanh Hoa 郡 Vinh Loi 村)			
Duquet		1.1	
Meary		2.9	
Earnest Goursaid		0.58	
(Quang Long 郡 Hoa Thanh 村)			
S. M. E.		1	
(Quang Xuyen 郡 Tan Hung 村)			
S. M. E.		4	
水田以外の所有地合計		17.38	

出所：(1)(2) ともに IA 13/N6 付録。

年ラックホア村に 132 ha の国有地を譲渡されている（次節で詳しくみるが，彼は 1904 年から 1925 年の間に 4 度のコンセッションで 4306 ha に及ぶ土地を譲渡された人物である）。取得したばかりの広大な払い下げ地の開発は，この表の 1906 年の時点ではまだ進んでいなかったのだろう。

　ディエプ・クワン・ビンについては，ヴィンロイ村の塩田 3 ヶ所（計 14.5 ha），またヴィンロイ，ホアビン，ヴィンミー 3 村の複数の水田を，インド人高利貸しチェティーから資金を得て購入したことが裁判関連史料のなかに記されている[38]。この人物もまた 1904 年にフォンタン（Phong Thanh）村の払い下げ地を 131 ha 譲渡されており，精力的な土地取得の動きがうかがわれる。1904 年のバクリュウ省長（フランス人）の手紙には，Binh が所有地の地税 408 ピアストルについて減額を申請しているとコーチシナ知事（地方行政長官）に取りなす内容が記されていた。そこには彼が 100 家族を雇用して経営を行っているとあり，ホアビン村にある彼の醸造工場と 2 つの籾倉庫が破壊されたことから，地税の減免・猶予を申し出たとある[39]。

　フランス人ベックは，バクリュウの学校の校長を務めた人物である。彼は

---

38) IA 13/155 (1–4)
39) IA 12/162 (6)

1902年，ヴィンミー村のファン・ヴァン・ムオイ（Pham Van Muoi）から 10 ha90are を 100$ で購入。またフォンタン村の土地 7 ha を 30$ で購入。さらにヴィンロイの 3ares を 35$ で購入と，各地の土地を買い集めた[40]。結局，1909年の時点で，バクリュウ省におけるヨーロッパ人所有地は 6111 ha（省内の水田面積の約 8.2%）となり，このうち 4556 ha が耕地となった。全部で 31 人のヨーロッパ人経営者が，監督のためにヨーロッパ人を 12 人，そして労働力として現地人を 1058 人，ヨーロッパ人以外の外国人を労働者として 196 人雇用していたという[41]。

彼らの土地取得の方法は，このようにすでに耕作が行われている現地人の土地を購入するか，国有地払い下げ制度を通して未耕地を譲渡されたかのいずれかである。バクリュウにおける大規模な土地集中と経営は，やがて 1910年代-1920年代に急進展することになる。そこでの土地分配の実態は次節で明らかにしたい。

第2節　バクリュウ省の開発ブームと国有地払い下げ

1. 開発時代 "mise en valeur" の到来

(1) 運河の掘削と水田開発

バクリュウ省の水田面積の増加は表 4-8 にみることができる。新省設置から数年後の 1888年には 1万 9000 ha，1898年には 5万 ha，1908年には 7万 4000 ha へ拡大した。その後は未曾有の増大ペースで拡張され，1931年には 27万 ha に達した（表 4-8）。ここでも水田開発の進展の背景として，メコン川河口流域からカマウ半島に向けて人びとを引き寄せた交通網の発達が重要である。バクリュウ省の広大低地における排水運河の掘削過程について，次にその

---

[40] IA 13/155 (1-4)

[41] ヨーロッパ人が所有する水田で産出された籾米は，29万 5000 ザーである。1 ザー（gia）は 40 リットルで，重さに換算すると約 20.4 kg に相当するので，6018 t とみることができる。その生産額は金額でいえば 15万 5700 ピアストルであった［IA 263 (2)］。

表 4-8　バクリュウ省の水田面積の推移（1889-1954 年）単位：ha

年	面積
1889	18,985
1898	50,175
1908	74,379
1928	320,000
1931	270,420
1935-40	192,900
1951/52	110,000
1952/53	89,000
1953/54	92,750

資　料：Yoko Takada, "Historical Agrarian Economy of Cochinchina," in *Quantitative Economic History of Vietnam, 1900-1990, An International Workshop,* eds. by Jean-Pascal Bassino, Jean-Dominique Giacometti, Konosuke Odaka, Institute of Economic Research, Hitotsubashi University, 2000, pp. 134-135.
出典：1889, 1898, 1908, 1928 は *BEI*, 1935-40, 1951/52, 1952/53, 1953/54 は *ASV*

概略を述べる。

　バクリュウ省における運河建設は，1910 年代半ば以降に本格化した。それは，1900 年代にバサック河右岸のデルタ西部開発の先陣を切ったカントー他の諸省と比べれば，メコンデルタ最南端の「辺境」であることから，10 年ほど遅れての開始となった。代表的幹線水路は，1915 年に完成したバクリュウとカマウを結ぶ運河である。さらにフンヒエップからロントゥーイを抜けてカマウまでを結ぶ，もう一つの幹線運河の掘削も 1915 年に開始されて，1918 年に開通した[42]。

　バクリュウとザライ（Gia Rai）は直線水路で結ばれ，ザライから上述のフンヒエップ・クァンロ幹線運河に結びつく運河は 1920 年に掘削された。カマウ地区では，トイビン（Thoi Binh）からヴィントゥアン（Vinh Thuan）を通ってチャックバン（Chac Bang）までの運河が 1924 年に開通した。さらにホフォン（Ho Phong）運河も 1931 年に完成した。カイロン川に向かって延びるバクリュウ・ガンズア運河は，1925 年にチュウオン・ティエンに接続された。同じ年にロベ・ガインハウ運河も開通した。カマウ西部を占めるウーミンの森（U Minh Thuong と U Min Ha）を流れるカイタウ（Cai Tau）川とチェムチェム（Trem Trem）川の狭間地区には，1920 年代半ばに運河が掘削され，1925 年にはその

---

[42]　バクリュウ省の主要運河の開削については，Huynh Minh, *Bac Lieu Xua*, pp. 29-30.

運河と運河に直角に交わる短い3つの運河も掘削された[43]。このように，1910年代半ばから20年代を通して，自然河川を利用しつつ浸水する広大低地を貫くさまざまな運河が掘削されていったのである。

省内の道路建設の過程をみれば，1920年代半ばにバクリュウからカマウに向かうルートが開通している。さらにバクリュウからカマウまでの運河に沿って，植民地道路16号がホアビンから南に少し迂回してロベまで敷設された。この道路建設のための労働者の差配を請け負ったのはドン・チュン・ラップ (Dong Trung Lap) 会社である。工事の企画は1925年1月27日にバクリュウ省長が承認した。バクリュウからホアビンまで11 km，ホアビンからザライまで20.5 km，ザライからロベまで3.5 km，ロベからカマウまで32.6 kmの道路が貫通した[44]。

多くの運河の建設に伴い，浸水地の排水により生み出された沿線の可耕地には大規模な開発の波が押し寄せた。海岸に近いバクリュウでは土地は明礬質もしくは塩分を含むために，5月ころからの雨季の開始後に数回の降雨を待ち，充分に土壌が洗われてから耕作を始めた。省内の稲作は，すべて移植1回の雨季稲作である。海からの距離によって省内の稲作には半月から1ヶ月の作期のずれがあった。繁茂した雑草を刈り取った後に田を耕し，代掻きをする。ローラー作業を数回行い，苗代で育てた苗を移植する。播種の後，約6ヶ月で生育する品種が育てられた。それぞれの地形と地質に適応した幾種類もの在来種があり，開墾期には直播きも行われた[45]。

次にバクリュウ省の経営事例をアンリの調査から引用しよう。100 haの土地所有者が土地を10 haずつに分けて，小作人に賃貸させた例である[46]。（$はピアストル）

A) 土地所有者の計算書
①土地資本：水田100 ha → 2万$（1 haあたり200$）

---

43) David A. Biggs, *Between the Rivers and Tides: A Hydraulic History of the Mekong Delta, 1820–1975*, A Dissertation submitted in partial fulfillment of the requirements for the degree of Doctor of Philosophy, University of Washington, 2004, p. 182 も参照。
44) バクリュウ・カマウ間の道路建設については IA 12/247 (3) の史料。当時の官報に，フランスから輸入された自動車の登録許可証がバクリュウ省でも多く出ている。
45) Henry, *op. cit.*, pp. 259-260.
46) *Ibid.*, pp. 318-9.

　　　　　　　　牛小屋と煉瓦づくりの納屋　800＄　　　　　　　　計2万800＄
②装備資本：家畜　小作人に賃貸する水牛20頭　→　1800＄（2頭1組で180＄）
　　　　　　農具　小作人の負担，200ザー積みの小舟一艘　220＄計2020＄
③経営費：監督1名の賃金（1ヶ月につき30＄と食事および宿舎）　→　40＄
　　　　　地租　水田1haあたり3＄　→　300＄
　　　　　水牛に対する課税　20頭分　→　40＄（1頭あたり年2＄）
　　　　　　　　　　　　　　　　　　　　　　　　　　　　　　　　計820＄
■総収益　小作料　（1haあたり籾米40gia：1giaは1＄）　　　　計4000＄

　総収益から経営費を差し引いた純収益は3180＄となる。それは投下資本（①と②の合計）の約14％に相当する。地主は通常小作人に農期の初めに籾および現金の前貸しを行い，その利子と水牛の賃貸料を得ることができるため，実際上の所得はさらに大きくなる。

B）小作人の計算書（10 ha）
①土地資本：住宅と木造・藁葺きの牛小屋　　　　　　　　　　　　計20＄
②装備資本：家畜　水牛を賃貸
　　　　　　農具　鋤（4）・鍬（3）・地均し用ローラー（5）・
　　　　　　大鎌・鎌・刀（4）・籠類（8）など　　　　　　　　　計26＄
③経営費：水牛2頭の賃貸料　籾100ザー　→　100＄
　　　　　農具の償却費　5年　5＄
　　　　　種子　籾20ザー（1ザーあたり1＄）　20＄
　　　　　家族労働力　畦の修繕・播種・苗の世話・田植え時の土壌の準
　　　　　　　　　　　備・生育中の世話
　　　　　賃金労働者　苗の抜き取り30日分の日給0.6＄→18＄
　　　　　　　　　　　田植え100日分　日給0.5＄→50＄
　　　　　　　　　　　収穫100コン　1コンあたり0.7＄→70＄
　　　　　　　　　　　脱穀　18＄　　　　　　　　　　　　　　　計281＄
■総収益　　1haあたり籾80ザー（1ザー　1＄）80×10　　　　計800＄
　小作料　1haあたり籾40ザー（1ザーあたり1＄）40×10　400＄
　家族の食費　48＄
経営の純収益（総収益―小作料―経営費―食費）は71＄となる。

小作人は雇用労働に支払う100-150＄と若干の籾を地主に借りるため，その利子も支払う。特に水牛の賃貸料の高さ，小作料（定量）が収穫物の5割に達していることに注目すべきである，とアンリは記した。10 haの小作地を耕作して71ピアストルの収入では，平均的家族（夫婦とこども2人）が生きていくには不足する。食い扶持を補うために，彼は季節的雇用を求めてデルタ内の移動労働を繰り返すことになる。この事例から，実際に耕作を担う人々（タディエン）の苦境に対して，生産手段（主に土地と水牛）を有し，仲介人を雇ってタディエンを使役させ，高い利益率を貧る地主の経済的優位は明らかである。

次にこのような輸出向け「余剰米」生産の基盤となったバクリュウ省の土地所有の実態を検討する。

(2) バクリュウ省の土地所有状況

小土地所有の範疇である5 ha未満の所有地は，バクリュウ市の中心部付近とヨン Giong（砂丘列の微高地）の上，および大規模な払い下げ地のそばにわずかに存在した。もしくはクァンアン Quan an およびカマウの町周辺に局限されていた（表4-9-a，表4-9-b）。土地所有者総数1万1022戸のうちそれは4209戸（48.3％）だが，占有面積では全体の3.3％に過ぎなかった。ザライ地域のロントゥーイ Long Thuy 郡では，この範疇の農家の土地面積は郡内のわずか0.43％で限りなくゼロに近い。

同省の中土地所有（5-50 ha未満）は，大土地所有の近辺に存在した。土地所有者数では約半分を占めるが，面積では3割ほどである。この範疇を5-10 haと10-50 haの2グループに分けると，戸数ではそれぞれ2511人と3238人であり，その占有面積はより規模の大きい後者が4倍近く広い。

これらに対して，50 ha以上の大土地所有者は農家戸数の9.6％だが，面積では65.5％を占めた。大土地所有層（50 ha以上）の範疇をさらに50-100 ha，100-500 ha，500 ha以上の3つに分けると，戸数ではそれぞれ530人，487人，47人で，同様に面積の占有率ではそれぞれ13％，36.4％，16.1％となる。大土地所有層のなかでも100 ha以上の規模が所有地の半分（52％）を占めた。ロントゥーイ郡においては，土地面積の84％以上が大土地所有の範疇で占められ，500 ha以上の所有者は省内最大の25人である。カマウ地域のクワンスウェン（Quan Xuyen）郡は，50 ha以上の大土地所有者が省内最大の339人存在したこともわかる。ザライのロントゥーイ郡やクワンスウェン郡にみられるこうした

表 4-9a　バクリュウ省の規模別土地所有者数の状況（1920 年代）

地域	郡	0–1 ha	1–5 ha	5–10 ha	10–50 ha	50–100 ha	100–500 ha	500 ha 以上	合計
Vinloi	Thanhhoa	124	753	469	446	71	25	2	1,890
Vinhchau	Thanhhung	352	864	460	531	44	49	3	2,303
Giarai	Longthuy	50	78	131	370	122	113	25	889
Camau	Quanlong	149	395	250	421	47	69	8	1,339
	Quanxuyen	353	699	633	836	165	167	7	2,860
	Longthoi	11	119	271	374	36	34	1	846
Quanan	Quanan	107	155	297	260	45	30	1	895
計		1,146	3,063	2,511	3,238	530	487	47	11,022
（％）		10.4	27.9	22.8	29.3	4.8	4.4	0.4	100

史料：Y. Henry, *Economie agricole de l'Indochine,* Hanoi, 1932, p. 174.

表 4-9b　バクリュウ省の規模別所有地の占有率　　　　　　　　　単位：％

地域	郡	0–1 ha	1–5 ha	5–10 ha	10–50 ha	50–100 ha	100–500 ha	500 ha 以上
Vinloi	Thanhhoa	0.2	8.8	12.9	35.7	19.8	15.0	7.6
Vinhchau	Thanhhung	0.5	6.5	9.9	30.0	9.1	35.3	8.7
Giarai	Longthuy	0.03	0.4	1.2	13.6	12.7	34.1	38
Camau	Quanlong	0.2	3.4	6.9	23.2	9.6	37.4	19.2
	Quanxuyen	0.3	2.5	5.8	23.1	13.6	46.3	8.4
	Longthoi	0.03	1.9	10.0	36.9	11.7	36.3	3.2
Quanan	Quanan	0.4	2.7	14.1	30.8	17.2	31.5	3.3
平均（％）		0.2	3.1	6.8	24.4	13	36.4	16.1

史料：*Ibid.* pp. 176–178.

大土地所有こそは，後に明らかにするように，開削された運河周辺の可耕地を大規模に分配した国有地払い下げ制度の産物だったのである。

2. 国有地払い下げと大土地所有制の成立過程

では，同省での国有地払い下げの実態はどのようなものであったかをみていくことにしたい。とりわけ，巨大規模の大土地所有の実態に迫ることにする。

(1) バクリュウ省における両大戦間期の払い下げ状況再考（1929-1941 年）
i. 確定譲渡の累積値からの分析

　もう一度，第3章第3節の表3-16，表3-17a，表3-17b，表3-17c から，1920 年代末・30 年代のバクリュウにおける欧州人の確定譲渡の認可数をたどれば，1928 年の6件から，恐慌の影響が発現した後の1931 年には5件，1932 年（0件），1933 年（4件），1934 年（5件）と推移している。その後は，1935 年（3件），1936 年（2件），1937 年（1件），1938 年（4件），1939 年（3件）と推移し，合計では33件となった。また1930 年代を通して仮譲渡の件数は30件，審理中は66件である。世界恐慌の打撃を受けたとはいえ，ゼロではない。10件近くの確定譲渡があり，1929 年と1940 年のそれぞれの確定譲渡面積は累計で，2万8000 ha と5万 ha であるから，この期間（1930 年代）の確定譲渡の増大分は，約2万2000 ha と推計できる。

　現地人の確定譲渡はもっと積極的である。表 3-18 から 1928 年（397件），1931 年（953件），1932 年（393件），1933 年（2202件），1934 年（35件），1935 年（16件），1936 年（42件），1937 年（1182件），1938 年（1506件），1939 年（188件），合計6914件である。同様に仮譲渡の方は計545件，申請中のものも1885件であり，活発な払い下げの申請があったことがわかる。その結果，現地人の確定譲渡の累計値は，10 年間で18万5000 ha（表3-16）から25万 ha（表3-19）へ，つまり6万5000 ha の増大となる[47]。

　1940 年1月1日現在の確定譲渡の総面積は，現地人25万301 ha と欧州人5万54 ha の合算値30万355 ha であった。その面積比は，現地人83％，欧州人17％となる。30万 ha は，バクリュウ省の総面積72万7200 ha の4割を越す規模である。

ii. 現地人の集団による払い下げ申請の事例

　このように払い下げ申請の資料からは，現地人の活発な申請，土地取得の意欲がうかがわれる。ではさらにコーチシナ行政法令集（*Bulletin Administratif de la Cochinchine*）の1937 年版に掲載された現地人の集団による払い下げ申請の3 例を取り上げ，具体的に検討しよう。

---

47) 欧州人のものと合算すれば8万7000 ha となる。これだけの土地が実際に新たに作付けされたとすれば，前述のように統計上の水田面積が1930 年代を通して減少するというのは不可解である。

1937年9月22日，バクリュウ省タンロイ（Tan loi）村では632人がまとまって払い下げ申請を行い，譲渡が確定された。そのなかの個人ごとの申請規模の構成を集計すると，1 ha 未満が29％，1-5 ha が23％であった。さらに5-10 ha は36％，10 ha 以上が12％となった。そのなかの8名は複数地片を申請している[48]。当時の家族経営の経済規模を6-7 ha とみて，これ以上の規模を集計してみると26％となったが，15 ha を越える申請はなかった。いずれも小規模な土地申請である。村人が代表を立てて土地譲渡を願い出ており，全員がほぼ自作農の範疇と考えられる。同村では，1930年にフランス人ジャック（Jaque）の64 ha の払い下げが認可された以外，個人による10 ha を越す規模の払い下げ申請はみられない。

　次に，ヴィンチャウ村でもチャン・チン（Tran Chinh）以下15名が連名で国有地の譲渡を申請し，3年後に確定譲渡を認可された。17名のそれぞれは，1 ha 未満が3人，2 ha 未満が5人，3 ha 未満が4人，4 ha 未満が3人であり，ごく小規模なものである[49]。

　3例目のトイビン村では，同年7月8日，494人にそれぞれ地番の付された587筆の土地が無償譲渡されている。譲渡される人物ごとに，地片の地番と面積が一覧表に明示してある。587地片の規模を分類すると，0-1 ha は384（65.4％），1-5 ha は116（19.8％），5-10 ha は65（11.1％），10-15 ha は22（3.7％）である。興味深いことに，同じ法令で，この村には109筆（計450 ha）の地番付き土地が，「cong-dien」「cong-tho」（公田・公土，実質的には村の共有地，村で管理して土地利用を行ってよい共有地）として認められている。いわば植民地政府による上からの共同体創生策，自作農育成のための施策である[50]。

　以上の集団的払い下げ申請の事例からわかるように，村あるいは集団による土地譲渡の申請は，件数は多数にのぼるが，1件当たりの土地面積からすると，それは小農経営である。

(2) 大規模払い下げの実態分析（1897-1941年）

　次に，1897年から1941年における個人向けの払い下げの状況を検討す

---

48)　*Bulletin Administratif de la Cochinchine*（以下 BAC と略），1937, pp. 2925-2937.
49)　*BAC*, 1937, p. 2701.
50)　*BAC*, 1937, pp. 1902-1914.

20世紀のバクリュウ省

上　バクリュウの川港。(D-49)

中上　ヴィンチャウの役所（右）と華人の関帝廟（左奥）：廟は1920年頃の写真のままに現存している。(N-153)

中下　ザライの公設市場の建設(N-154)。向こう正面は運河に面している。

下　バクリュウ・カマウ運河は1915年に開通し、クァンロ・フンヒエップ運河とそれを結ぶ運河がザライを起点に掘削されたのは1920年である。ザライの町づくりはその前後に急速に進んだ。写真は新しい町の活気を伝えている。ここにも市場の右側にショップハウスがある。植民地官吏と市場の人びとの表情は明るい。(N-154)

第4章　巨大な土地集積とその担い手たち

る[51]。ここでの大規模な土地譲渡は，明らかにバクリュウ省の大土地所有制の成立に関わりがある。

i. 時系列：(表4-10)

払い下げはいつごろから始まり，どの時期に多かっただろうか。個人向けの払い下げのうち，1年間の件数が10件以上の年を選び，件数の多い順に並べると，1925年 (29件)，1928年 (18件)，1926年 (17件)，1909年 (11件)，1941年 (11件) となった。また1年間の合計面積が多いのは，1925年 (9650 ha)，1909年 (6198 ha)，1926年 (5208 ha)，1923年 (4628 ha) である。

表4-10で払い下げの年代別・規模別分布をみると，全204件のうち，1920年代に最も集中していた (全体の40%)。次で1910年代と1930年代が並び，それぞれ20%ずつを占めている。規模では，50-100 haが26%，100-200 haが24%，200-300 haは17%で，これら無償の譲渡が，件数では74%を占めていた。300 haを越えるものは，1920年代と1910年代に多く，1000 haを越える巨大規模も同様の傾向にあるが，やはり1920年代にその半分が集中したことがわかる。

時間の流れに沿って，もっと詳しく個別の事例をみていくと，早くも1900年代の初めに1000 haを越す規模の払い下げが出現している。1903年にレ・ヴァン・マウ[52]がロンディエン村に1400 ha (同一人物は1904年にも132 ha)，1908年にアンチャック村でヴォング・フー・ハウ (Vuong Huu Hau) が1024 ha，1909年にはタンロック村にコーチシナ西部フランス・アンナン農業開発会社が4115 haの土地を獲得している[53]。1910年代は，レ・ヴァン・トン (Le

---

51) これらはタ・ティ・トゥイー (Ta Thi Thuy) 氏から提供を受けた資料である。長年の研究仲間として貴重な資料を提供いただいたことに深く感謝する。

52) マウは，前稿で述べたようにバプティスト教会派のクリスチャンであり，フランス国籍を取得した帰化人である (*Annuaire General de l'Indochine* [以下 *AGI* と略]，1903, p. 407)。1906-1912年の収税の記録から，バクリュウ省内の帰化人とその所有面積を列挙する。Vo Van Quang (776 ha), Diep Quan Binh (834 ha), Diep Thi Bo (18 ha), Trinh Thi Kien (21 ha), Joseph Huynh Quan Phuoc (124 ha), Tran Khac Nhuong (426 ha), Tanh Thi Linh (65 ha), Tran Thi Ngoc (73 ha), Diep Thi Co (22 ha), Le Van Thong (734 ha), Trinh Thi Hun (22 ha), Truong Vinh The (125 ha) など [IA13/N6]。

53) La Societe Franco-Annamite d'Exploitation agricole de l'Ouest de Cochinchine (コーチシナ西部仏越農業開発社) の1926年からの社長は，1917年に立憲党を創設したブイ・クアン・チュウ (Bui Quang Chieu 1873年にベンチェで生まれた) だった。立憲党はインドシナの現地人ブルジョワジーの政党として有名である。1920年代に活動のピークを迎えたが，恐慌の後，1930年代に衰退し，広範な農村大衆に働きかける社会・民族主義運動の担い手は，共産党，ホアハオ，カオ

表 4-10　バクリュウ省の国有地払い下げ：年代別・規模別の件数（1897-1941 年）

年代	10-50 ha 未満	50-100 ha	100-200 ha	200-300 ha	300-500 ha	500-1,000 ha	1,000 ha 以上	計
1897-99 年	1	1	2	0	1	0	0	5
1900s	3	2	6	1	4	1	3	20
1910s	8	8	6	3	10	0	4	39
1920s	0	26	19	17	8	7	8	85
1930s	2	13	12	7	4	2	1	41
1940-41 年	0	3	4	6	1	0	0	14
合計	14	53	49	34	28	10	16	204

Van Thong) がロンディエン村に 3938 ha（1917 年），グエン・ヴァン・ザオ（Nguyen Van Giao）がタンフン村に 1015 ha（1919 年）を取得した事例が目立つ。

1920 年代には，レ・ヴァン・チュオック（Le Van Truoc）がロンディエン村に 3938 ha（1921 年），グエン・カオ・マウ（Nguyen Cao Mau）がカンアン村に 1479 ha（1923 年）を取得。1925 年にはアルボラティ（Arborati）がアンチャック村に 1527 ha，チャン・チン・チャック（Tran Trinh Trach）がフォンタン村に 1057 ha，先のレ・ヴァン・マウが再びロンディエン村に 989 ha と目白押しである。1926 年には，タントゥアン村に Concession Douane et Regies が 2000 ha，カオ・ミン・タン（Cao Minh Thanh）がカンホア村に 900 ha。1929 年にグエン・ヴァン・クエ（Nguyen Van Khue）がタンフン村に 2386 ha の土地を取得した。1936 年には，ヴー・トゥン（Vuu Tung）がロンディエン村に 1162 ha を譲渡された。

以上はいずれも途方もない巨大規模の払い下げである。こうした規模の土地の開発は，第 5 章第 1 節に示すトイライでみるように，大土地を幾つかに分割した上で，複数の中間介在人（親族や信頼のおける使用人である場合が多い。幾つかの呼び名と階級がある）を雇用し，それぞれを数百に及ぶ小作地（タディエン tadien の耕作可能な面積ごとに分けて借地させる）に分割し，開墾と作付けを管理

ダイ教の新興宗教等に変わった。チュウはベンチェの反仏官人であった父の家に生まれ，フランス教育を受けて，アルジェリアやフランスに行き，9 年後，1897 年にインドシナに帰国した。農業工学の技術者で，フランス式教養を身につけた富裕層，大地主階級であり，コーチシナの新しいエリートとみなされた（Megan Cook, *The Constitutionalist Party in Cochinchina, The Years of Decline, 1930-1942*, Monash Papers on Southeast Asia Number 6, 1977, Australia, pp. 15-16)。立憲党に関する研究は，Smith, R. B., "Bui Quang Chieu and the Constitutionalist Party in French Cochinchina, 1917-30," *Modern Asian Studies*, Vol. 3, no. 1, 1972 他がある。立憲党が発行した *La Tribune Indochinoise*（Saigon）の記事は当時の状況を知る貴重な資料である。

した。

ii. 大規模払い下げ地の存在した村（表 4-11）

　次に，こうした巨大規模の払い下げ地が分布する村ごとにみていこう。表 4-11 には面積の多い順に 18 村を掲げた。最も多くの払い下げ地が存在したのはロンディエン村 1 万 5973 ha (21 件)，次いでフォンタン村の 7553 ha (21 件)，アンチャック村の 5474 ha (17 件)，タンロック村の 4987 ha (5 件) であった。以上の 4 村は，いずれもザライ周辺（ロントゥーイ郡）である。ロンディエン村はバクリュウからカマウに向かうバクリュウ運河にそったザライの南側，フォンタンはフンヒエップからカマウに向かう運河の南側でバクリュウ運河との間に挟まれた地区，アンチャックはロンディエン村の西側。タンロックもフォンタンと村境を接するあたりに位置し，いずれも 2 つの幹線運河に沿った一帯である。譲渡面積の合計値は，4 村ともバクリュウの一般的な村なら 1 村がすっぽり入るほどの広さである。

　4 村の払い下げの年代推移をみると，ロンディエン村は 1903 年，1914 年，1917 年，1921 年に大規模な譲渡があり，その後は 20 年代半ばに集中する他，世界恐慌の影響で他の地区の払い下げが停滞するなかでも 1936 年には再び 1000 ha を越える払い下げが続いていたことがわかる（表 4-12-b）。フォンタン村（表 4-12-c）は，1910 年代に 3 人のフランス人に計 1700 ha 以上の譲渡があった。上記 2 村にはフランス人 7 名の取得地がある。アンチャック村の払い下げは 1908 年に 1 件，1024 ha の取得があって以来，1925 年には 4 件 (2000 ha 以上) が集中した（表 4-12a）。タンロック村には先のコーチシナ西部フランス・アンナン農業開発会社が 1909 年に 4115 ha の払い下げを得た。この村の払い下げ 5 件のうち 4 件がフランス系で占められる（表 4-12d）。

　第 5 位のタンフン村と第 6 位のカンアン村は，カマウの南と北（ウーミンの森周辺）に位置していた。前者はバクリュウ・カマウ幹線運河から南に延びた運河の周囲，後者はウーミンの森の間に完成した運河の周辺である。タンフン村には 1919 年に 1015 ha，1929 年に 2386 ha の土地が認可された（表 4-12e）。カンアン村では 1919 年に 1126 ha，4 年後の 1923 年に 1479 ha が譲渡された（表 4-12f, 4-12g, 4-12h, 4-12i, 4-12j）。

表 4-11　バクリュウ省の 1,000 ha 以上の譲渡が認可された 18 村落の年代別状況 (1897-1941 年)

村名	譲渡面積合計 (ha)	件数	1897-1909	1910-1919	1920-1929	1930-1939	1940-1941
Long dien	15,973	21	3	5	8	4	1
Phong thanh	7,553	25	2	9	14	0	0
An trach	5,474	17	1	0	14	2	0
Tan loc	4,987	5	2	0	0	3	0
Tan hung	4,734	10	0	1	7	1	1
Khanh an	4,121	8	0	1	4	1	2
Cam tien	2,893	1	0	0	1	0	0
Tan thuan	2,683	4	0	0	2	2	0
Thoi binh	1,993	7	0	0	1	4	2
Phong tanh tay	1,849	4	0	0	4	0	0
Khanh hoa	1,671	6	1	2	2	1	0
Vinh loi	1,573	6	1	3	1	1	0
Lac hoa	1,507	8	3	1	1	3	0
Phong lac	1,337	9	1	1	4	3	0
Phu my	1,315	6	0	0	1	1	4
Vinh my	1,224	11	2	7	1	1	0
Hung my	1,133	6	0	0	3	1	2
Vinh phuoc	1,011	6	3	3	0	0	0

図 4-3　仏領期バクリュウ省の大規模払い下げ村落の位置略図

第 4 章　巨大な土地集積とその担い手たち

表 4-12a　An Trach 村の払い下げ状況（個人）

年	払い下げ取得者	面積 ha
1908	Vuong Huu Hau	1,024
1920	Tran Van Thinh	200
1922	Nguyen Phu Thu	126
1924	Ngo Khac Man	299
1925	Arborati	1,527
1925	Trinh Thi Le	415
1925	Le Thanh Tao	100
1925	Le Thanh Tao	100
1926	Nguyen Van Dieu	150
1926	Nguyen Phu Thu	50
1927	To Thi Lich	50
1928	Nguyen Van Tinh	400
1928	Nguyen Van Trinh	400
1928	Jules Le Van The	104
1928	Phan Van Chan	55
1930	Nguyen Tien Tri	49
1935	Trinh Thi Le	425

表 4-12c　Phong Thanh 村の払い下げ状況（個人）

年	氏名	面積 ha
1904	Diep Quang Binh	131
1909	Nguyen Thi De	66
1910	Le Minh Nhieu	66
1910	Roques	386
1913	Bec	457
1913	Lam Mau	360
1913	Nguyen Van Kien	188
1914	C. Roques	408
1914	Tran Trinh Trach	107
1915	Nguyen Van Lam	307
1918	Arborati	489
1924	Duong Van Thoai	64
1924	Nguyen Ngo San	101
1924	Truong Vinh The	98
1925	Dang Thi Lieng	511
1925	Huynh Khac Minh	675
1925	Ly Thi Hon	94
1925	Ngo Van Huan	176
1925	Nguyen Van Thuan	198
1925	Tran Nhu Phuong	201
1925	Tran Trinh Trach	1,057
1925	Truong Xuan	776
1925	Ngo Van Huan *	385
1925	Vuong Nguyen *	343
1926	Do Khac Thanh	294
1928	Nguyen Van Ho	143
1928	Tran Van Thinh	200
1928	Ngo Coi *	1,065
1928	Nguyen Thi Ngo *	56

＊ Phong Thanh tay 村

表 4-12b　Long Dien 村の払い下げ状況（個人）

年度	氏名	面積 ha
1903	Le Van Mau	1,453
1903	Nguyen Thi Dat	483
1909	Chau Van Duong	78
1911	Joseph Huynh Quang Phuoc	300
1911	Le Van Hoi	14
1911	Ta Van Thoa	46
1914	Le Van Mau	1,732
1917	Le Van Thong	3,938
1921	Le Van Truoc	3,938
1923	Schmidt	171
1925	Le Van Mau	989
1925	Truong Dai Danh	193
1926	Heiduska	762
1926	J. Combot	79
1926	Trinh Thi Luong	79
1928	Tran Van Nguyen	90
1928	Truong Thanh Quang	60
1933	Truong Dai Danh	193
1935	Nguyen Thi Nhat	78
1936	Vuu Tung	1,162
1939	Cao Thi Bong	65
1940	Truong Mau Don	70

表 4-12d　Tan Loc 村の払い下げ状況（個人）

年	氏名	面積 ha
1909	Barillio	408
1909	St Franco-Anamite D'exploitation ＊	4,115
1930	Ngo Hoa Dang	49
1930	Jaques	64
1934	Chene	58
1934	Chene	293

＊ St. Franco-Annamite d'Exploitation agricole de l'Ouest de Cochinchine

表 4-12e　Tan Hung 村の払い下げ状況（個人）

年	氏名	面積 ha
1919	Nguyen Van Giao	1,015
1923	Tran Thi Vinh	85
1924	Bandon	286
1927	Bui Van Duoc	200
1927	Do Thi Mung	100
1928	Nguyen Phu Cuong	73
1928	Nguyen Thi Suong	100
1929	Nguyen Van Khue	2,386
1933	Vincensini	362
1935	Battesti	300
1938	Chevassus	155
1941	Lam Thanh Man	127
1941	Tran Thi Dau	94

表4-12f　Khanh An 村の払い下げ状況（個人）

年	氏名	面積 ha
1919	Do Khac Thanh	1,126
1923	Nguyen Cao Mau	1,479
1927	Tran Van Thao	139
1928	Nguyen Van Ho	240
1929	Madal	500
1934	Nguyen Thanh Khuyen	138
1941	Dao Van Hoa	154
1941	Du Van Cuu	245

表4-12g　Khanh Hoa 村の払い下げ状況（個人）

年	氏名	面積 ha
1916	Cao Minh Thanh	299.98
1926	Cao Minh Thanh	900
1936	Cao Trieu Chanh	50.94
1926	Diep Quang Binh	204.57
1910	Tran Van So	19.5
1902	Vo Van Quang	199.4
1925	Lam Van Chieu	100

表4-12h　Tan Thuan 村の払い下げ状況（個人）

年	氏名	面積 ha
1926	Concession Douane *	2,000
1928	Rosenblat	300
1937	Abalain Canut	250
1937	Pham Van Thuong	133.61

＊Concession Douane et Regies

表4-12i　Thoi Binh 村の払い下げ状況（個人）

年	氏名	面積 ha
1925	J. Veillard	263.35
1930	Nguyen Van Chiem	282.6
1934	Tran Trinh Trach	726.28
1937	Le Thi Chiem	88.55
1938	Phan Van Nhon	186.3
1941	Nguyen Ngoc Khue	183.6
1941	Nguyen Thoi Hoa	265.06

表4-12j　Vinh Loi 村の払い下げ状況（個人）

年	氏名	面積 ha
1897	Phan Ho Biet	424.44
1914	Vassal	459.41
1916	Tran Trinh Trach	284.12
1918	Diep Van Cuong	43.21
1925	Tran Trinh Trach	284.12
1933	Tran Trinh Trach	79.83

＊網かけした枠内は，ベトナム人ではない名前を示す。

iii.　巨大規模の土地取得者

　表4-13a と表4-13b は，個人の規模別一覧である。取得地の合計が 1000 ha 以上のものは 17 例（会社・法人関係の2つを含む），取得地が 500-1000 ha 未満は 13 例である。以上の巨大規模取得者 30 例のうち，フランス名を持つものは 9 例，残り 21 例は現地名である（フランス国籍を持つ場合も含む）。両者の合計面積だけで，204 件の個人払い下げ地総面積の 60%を越える。

　巨大払い下げ地取得者の筆頭，4300 ha 以上の取得者レ・ヴァン・マウに並び，レ・ヴァン・トンもフランス国籍を持つ帰化人である。このレ・ヴァン・

第4章　巨大な土地集積とその担い手たち　223

表4-13a　バクリュウ省のフランス人払い下げ地取得の状況（1897-1941年）

仏人コンセッション取得者[1]	面積 ha	村名・面積（取得年）
St Franco-Anamite D'exploitation[2]	4,115	Tan loc 4,115 ha (1909)
Guyonnet	2,893	Can tien 2,893 ha (1923)
Arborati	2,016	Phong thanh 489 ha (1918), An trach 1,527 ha (1925)
Concession Douane[3]	2,000	Tan thuan (1926)
Roques	794	Phong thanh 386 ha (1910), Phong thanh 408 ha (1914)
Heiduska	762	Long dien (1926)
Vincensini	660	Phong lac 298 ha (1926), Tan hung 362 ha (1933)
Bec	614	Phong thanh 457 ha (1913), Vinh my 157 ha (1914)
Madal	500	Khanh an (1929)
Vassal	459	Vinh loi (1914)
Barillio	408	Tan loc (1909)
Chene	351	Tan loc 58 ha (1934), Tan loc 293 ha (1934)
Battesti	300	Tan hung dong (1935)
Joseph Huynh	300	Long dien (1911)
Rosenblat	300	Tan thuan (1928)
Ste Civil Domaine[4]	300	Khanh binh (1941)
Ballet	299	Phu my (1941)
Bandon	286	Tan hung (1924)
J. Veillard	263	Thoi binh (1925)
Abalain Canut	250	Tan Thuan (1937)
Joseph Bondon	245	Hung my (1926)
Jules Le Van The	191	An trach 104 ha (1928), Hoa thanh 87 ha (1928)
Schmidt	171	Long dien (1923)
Chevassus	155	Tan hung tay (1938)
St Fonciere Asie	145	Hung my (1935)
Huchard	68	Vinh chau (1919)
Jaques	64	Tan loi (1930)
（計）	23,712 ha	

注：1）フランス国籍の現地人は他にもいる可能性がある。
　　2）St. Franco-Annamite d'exploitation agricole de l'Ouest de Cochinchine
　　3）Concession Douane et Regies
　　4）Ste Civil Domaine du Song Doc

トンも3番目のレ・ヴァン・チュオックも，名前から推測してレ・ヴァン・マウの親族と考えられる。レ・ヴァン・マウは，前節で明らかにしたように，バプティスト系クリスチャンであり，1903年のインドシナ行政年鑑によれば，当時バクリュウ省カマウ区の現地人行政官 No. 2 (huyen de 2e classe) の地位に就いた人物であった[54]。4番目の巨大地主は，仏領期にコーチシナ，アンナン

54) *Annuaire générale de l'Indochine,* 1903, p. 408.

表 4-13b　バクリュウ省の払い下げ取得者規模順一覧（仏人名を除く・1897-1941 年）[300 ha 以上]

人名	合計面積 ha	村名・面積（年）
Le Van Mau	4,306	Long dien 1,453 ha (1903), Lac hoa 132 ha (1904), Long dien 1,732 ha (1914), Long dien 989 ha (1925)
Le Van Thong	3,938	Long dien 3,938 ha (1917)
Le Van Truoc	3,938	Long dien 3,938 ha (1921)
Tran Trinh Trach	2,989	Phong thanh 107 ha (1914), Vinh loi 284 ha (1916), Phong tahnh 1,057 ha (1925), Vinh hung 452 ha (1925), Vinh loi 284 ha (1925), Vinh loi 79 ha (1933), Thoi binh 726 ha (1934)
Nguyen Van Khue	2,386	Tan hung 2,386 ha (1929)
Cao Minh Thanh	1,646	Vinh phuoc 447 ha (1903), Khanh hoa 299 ha (1916), Khanh hoa 900 ha (1926)
Do Khac Thanh	1,555	Khanh an 1,126 ha (1919), Phong thanh 294 ha (1926), Khanh binh 135 ha (1938)
Nguyen Cao Mau	1,479	Khanh an 1,479 ha (1923)
Truong Xuan	1,212	Vinh my 209 ha (1913), Vinh my 18 ha (1914), Phong thanh 776 ha (1925), Vinh my 209 ha (1930)
Vuu Tung	1,162	Long dien 1,162 ha (1936)
Ngo Coi	1,065	Phong thanh tay 1,065 ha (1928)
Vuong Huu Hau	1,024	An trach 1,024 ha (1908)
Nguyen Van Giao	1,015	Tan hung 1,015 ha (1919)
Trinh Thi Le	840	An trach 415 ha (1925), An trach 425 ha (1935)
Truong Dinh Dieu	710	Tan duyet 710 ha (1936)
Nguyen Thi Dat	682	Vinh my 45 ha (1902), Long dien 483 ha (1903), Vinh phuoc 154 ha (1909)
Huynh Khac Minh	675	Phong thanh 675 ha (1925)
Vuong Nguyen	643	Phong thanh tay 343 ha (1925), Tan an 300 ha (1930)
Bui The Xuong	628	Quan lang 314 ha (1910), Hoa thanh 314 ha (1926)
Ngo Van Huan	561	Phong thanh 176 ha (1925), Phong thanh tay 385 ha (1925)
Dan Thi Lieng	511	Phong thanh 511 ha (1925)
Pham Ho Biet	424	Vinh loi 424 ha (1897)
Nguyen Van Tinh	400	An trach 400 (1928)
Nguyen Van Trinh	400	An trach 400 (1929)
Tran Van Thinh	400	An trach 200 ha (1920), Phong thanh 200 ha (1928)
Truong Dai Danh	386	Long dien 193 ha (1925), Long dien 193 ha (1936)
Nguyen Van Ho	383	Khanh an 240 ha (1928), Phong thanh 143 ha (1928)
Lam Mau	360	Phong than 360 ha (1913)
Nguyen Van Chiem	357	Tan phu 75 ha (1925), Thoi binh 282 ha (1930)
Tran Van Tu	347	Phong lac 347 ha (1909)
Diep Quang Binh	335	Phong thanh 131 ha (1904), Khanh hoa 204 ha (1926)
Nguyen Ngoc Chan	333	Lac hoa 218 ha (1909), Vinh phuoc 115 ha (1909)
Trieu Xuan Thiem	312	Vinh my 46 ha (1909), Vinh my 312 ha (1912)
Nguyen Van Lam	307	Phong thanh 307 ha (1915)
Joseph Huynh	300	Long dien 300 ha (1911)

の土地を集積し，ベトナム随一の大地主であったとされるチャン・チン・チャックである[55]。

レ・ヴァン・マウの土地取得時期は1904-1925年間におよび，あとの2人の親族は1920年前後に取得している。チャン・チン・チャックは，マウの次の時代，1925年から1934年までの間に，7回にわたって取得した（有償3回，無償4回）。華人のカオ・ミン・タンも1903年という早い時期から1926年までの期間に3回の譲渡を受けた。彼は，20世紀初めのころの植民地評議会のメンバーであり，職業は米商人と記載されていた。1903年の行政年鑑をみるとカオ・ミン・タンはタンフン郡長を勤め，最後は現地人植民地官僚として最も高位のDoc Phu Suの地位まで上りつめた[56]。1908年に取得したヴオン・フー・ハウ（Vuong Huu Hau）は，その後は認可を受けなかった。同様に1回だけの認可は，グエン・ヴァン・ザオ（1919年），グエン・カオ・マオ（1923年），ゴー・コイ（Ngo Coi）（1928年），ヴー・トゥン（Vuu Tung）（1936年）である。最後のヴー・トゥンは，実はチャックに次ぐバクリュウ第2の大地主とされる人物であり，これも植民地評議会会員のリストに掲載されていた米商人である[57]。ヴー・

[55) Phan Trung Nghia, *Cong Tu Bac Lieu, Su That & Giai Thoai*, So Thuong Mai & Du Lich Bac Lieu, 2005, p. 15. Tran Trinh Trach は，ヴィンロイ村で1872年に生まれ，1942年に没した。高田『メコンデルタ　フランス植民地時代の記憶』新宿書房，2009年，50-53頁参照。

56) 2012年3月の調査の折に，カオ・ミン・タン（1860-1917年）の廟を再訪。曾孫のカオ・チュエット・レ（Cao Tuyet Le）さん（74歳）に話をきくことができた。タンの父母は華人で，タン自身はバクリュウで生まれた。2人の妻をもち，6人の息子と2人の娘を得た。1番目の息子カオ・チュウ・チャン（Cao Trieu Chanh）がLeさんの祖父である。払い下げの史料によると，カオ・ミン・タンはヴィンチャウ郡カンホア村に1916年299 ha，1926年に900 ha譲渡されたが，一族のうち3番目の息子チャンの名義で1936年に同じ村の土地を50 ha譲渡されている。チャンと彼の2人の妻が埋葬された墓の上にはいずれもフランス語で死没年情報等が表記されていた。チャンの息子カオ・チュウ・サット（Cao Trieu Sat）はインドシナ戦争中，1948年に29歳で夭折（Leさんの父）。

タンの息子のうち6番目のカオ・チュウ・ファット（Cao Trieu Phat）（1889-1956年）は，カオダイ教分派の代表として反仏闘争を行った人物。1954年にレ・ズアンとハノイに向かった。ベトナム民主共和国の国会代表カオ・ダイ・ミン・チョン・ダオ（Cao Dai Minh Chon Dao）の救国カオダイ教代表を務めた。カオダイ教の反仏闘争派を調査した高津茂氏のご教示によれば，Cao家は反仏一族としてフランス秘密警察に知られていた。カオ・ミン・タンは20世紀初頭のファン・ボイ・チャウが起こした東遊運動に共鳴し，経済的支援をしていた。東遊運動については，白石昌也『ベトナム民族運動と日本・アジア ── ファン・ボイ・チャウの革命思想と対外認識』巌南堂書店，1993年が最も詳しい。

57) 1995年に，ヴー・トゥンの子孫にバクリュウ市で聞き取りを行った。トゥンの父は潮州人，母はベトナム人女性で，トゥンはバクリュウで生まれた。兄弟のヴー・ブウ・ホア（Vuu Buu

トゥンは潮州系の明郷（ミンフオン・華人とベトナム人女性の混血）集団のリーダー的存在であった。

レ・ヴァン・マウ，チャン・チン・チャック，カオ・ミン・タンと同様に，数十年にわたり複数の譲渡を受けた例は次の2人である。チュオン・スアン（Truong Xuan）が1913–1930年に有償1回，無償3回を，ヨー・ハック・タン（Do Khac Thanh）は1919–1938年に有償1回，無償2回の認可を受けて取得地を集積していた。コーチシナ西部仏越農業開発会社他の農園会社は，1918–1925年の間にほとんどが認可されている。

本章冒頭で述べたように，バクリュウ省は1882年に確立されたメコンデルタ最南端の行政区であり，省内は人口希薄，かつ広大な未耕地が存在した。19世紀末の同省の村落は，クメール人，ベトナム人，華人として植民地文書で分類される多様な人びとの生産活動の場であり，土地集積の程度も低かった。しかし20世紀に入ると，フランス国籍を取得した帰化人と同省に土地を所有したフランス人の水田経営が見られるようになり，それはその後に展開するバクリュウの大土地所有制成立の前史であった。

インドシナの植民地経営を支えた輸出米生産の後発の開発地として，同省で植民地政府は1910年代以降に運河建設を主としたインフラ整備を行い，運河周辺の可耕地を国有地払い下げ制度の下で申請者に分配した。1915年以降，幹線運河網が人びとの流入を促進し，水田面積は急激に拡大した。運河に沿った周辺地域では，払い下げが集中的かつ大規模に認可された。とりわけ巨大規模の払い下げ状況をみると，500 haを越える払い下げ取得者のうち，3割はフランス系であり，残りの6割は帰化人を含む現地人だった。そしてベトナム随一の大地主とされた人物たちの出自は華人やミンフオン（華人の混血）であることが多く，籾流通に携わる商人資本が土地集積の基盤である例もみられ，また植民地地方行政の中枢にあった人物らがその主要な担い手であったことも明らかになった。

バクリュウのような新開地では，大規模な無主・未耕地の取得は，国有地払い下げ制度を通して行われた。申請と認可が土地集積の法的根拠となり，それが大土地所有制成立の基軸となった。一方で，国有地払い下げの申請に必要な

Hoa）は材木商人であった。2012年3月の調査でそのインタビューした女性に再会した。ヴー・トゥンが住んだフランス建築の館は，バクリュウ運河に面して，チャン・チン・フイ（Tran Trinh Huy，チャックの息子）の館のすぐ近くに今も残っていた。

読み書きのできない者たちの集団的申請も積極的に行われて，私的土地所有に基づく開墾が小農レベルでも推進されてはいたが，土地面積の1割程度しか占めなかった。

　個々の払い下げは，制度上，各省の植民地議会とコーチシナ植民地評議会などの各行政府の管轄の下に置かれていた。仮譲渡の認可はコーチシナ地方行政長官が行い，巨大規模の土地分配は総督令によった。建前上も，一連の認可過程は植民地の官僚機構すなわち植民地権力を帯びた者たちにより，法的ルールに則って進められたのであり，したがって，第1節で述べた同省の19世紀末の村落再編と地方行政機構の構築も大土地所有制の成立に深く関わっていた。諸村落から選ばれた郡長（cantonの代表者）は植民地政府の末端官吏となり，彼らが参加する植民地議会が土地分配に関与する仕組みとなっていたことによって，彼らによる土地集積の道も開かれていたとみることができる[58]。

---

58) バクリュウ省の水田面積は，1946年以降のフランスからの独立戦争の時代には，20世紀初頭の"開発の時代 mise en valeur"以前の水準にまで落ち込んだ。1930年代から続く政府統計上の数値の不明，確定譲渡の法令上から推察されるものとの落差の背景には，この地が新開地のために米生産に不利な条件が潜在し，不安定性が高かったことに加えて，解放勢力側と植民地軍との激しい闘争の地になっていく事情があると考えられる。第一次インドシナ戦争が始まると，ウーミンの森も，ベトミン・ゲリラの軍事的根拠地になった。バクリュウ省での動向は，インドシナ戦争の開始を待たずして，すでに1930年代後半にはその未来を先取りしていたのである。

第5章

開拓のなかの農村

植民地期の社会変容と諸民族

本章では，臨地調査[1]を実施したメコンデルタの2つの農村（図5-1）を研究素材とし，第3章で論じた開発と大土地所有制および大地主・小作関係の実相を描き出す。本章第1節は，1997年7-8月（雨季）と1998年3月（乾季）にカントー省で実施した調査から，トランスバサックの後背湿地と広大低地氾濫原の境界上に位置した農村を論じる。続いて第2節では，海岸複合地形の砂丘上に立地した農村を，バサック川河口チャヴィン省の調査（1996年7-8月，1998年3月）に基づき考察する[2]。

第1節　広大低地氾濫原の開拓史 ── トランスバサックの運河社会

1. カントー省大運河周辺の臨地調査

(1) 調査村の決定
　メコンデルタの中心地であるカントー省[3]カントー市（土地の人びとは，西都

---

[1]　1995-1997年度文部省科学研究費補助金（国際学術研究）「メコン・デルタ農業開拓の史的研究」課題番号：07041031　研究代表者　高田洋子（千葉敬愛短期大学）1997年7-8月の調査隊メンバーは，Nguyen Huu Chiem（ベトナム・カントー大学），Pierre Brocheux（パリ第7大学），河野泰之（京都大学），大野美紀子，今村宣勝（外務省専門調査員）と筆者。1998年3月の乾季調査は河野泰之，松尾信之（名古屋商科大学），古屋博之，筆者のメンバーで構成。本節の内容は，筆者がチャン・テ・チュン（Tran The Trung）氏（通訳）の協力を得て行ったインタビュー調査結果に基づく。

[2]　20世紀末のベトナム全国61省の籾生産量は2914万tで，その半分はメコンデルタで産出された。とりわけデルタ西部の6省（アンザン省，カントー省，ソクチャン省，キエンザン省，バクリュウ省，カマウ省）は，ベトナム随一の穀倉地帯だ。ベトナムは1999年，世界第2位のコメ輸出国であるが，その9割はメコンデルタ産だ。100年前の仏領期に戻ったような錯覚にとらわれる。勿論，現代のメコンデルタの稲作は2期もしくは3期作となり，大地主・小作関係の下でなく，平均2 haほどの小農経営が基本となった（General Statistical Office, Department of Agriculture Forestry and Fishery, *Statistical Data of Agriculture, Forestry and Fishery 1990-1998 and Forecast in the Year 1999*, Hanoi: Statistical Publishing House, 2000, pp. 79-80 参照）。

[3]　カントー省は，現代のメコンデルタにおける農業先進地域である。1995年の統計によれば，同省の総人口は180万，総面積24万haのうち水田は17万5000 haを占める。水田のほとんどが2期作地で，3期作可能な水田も9万haに達する。籾の生産量は1997年にAn Giang省に次いで全国2位 [*Ibid.*, p. 80]。果樹（3万6000 ha）やサトウキビ（2万8000 ha）の栽培も盛んになった。

第5章　開拓のなかの農村　231

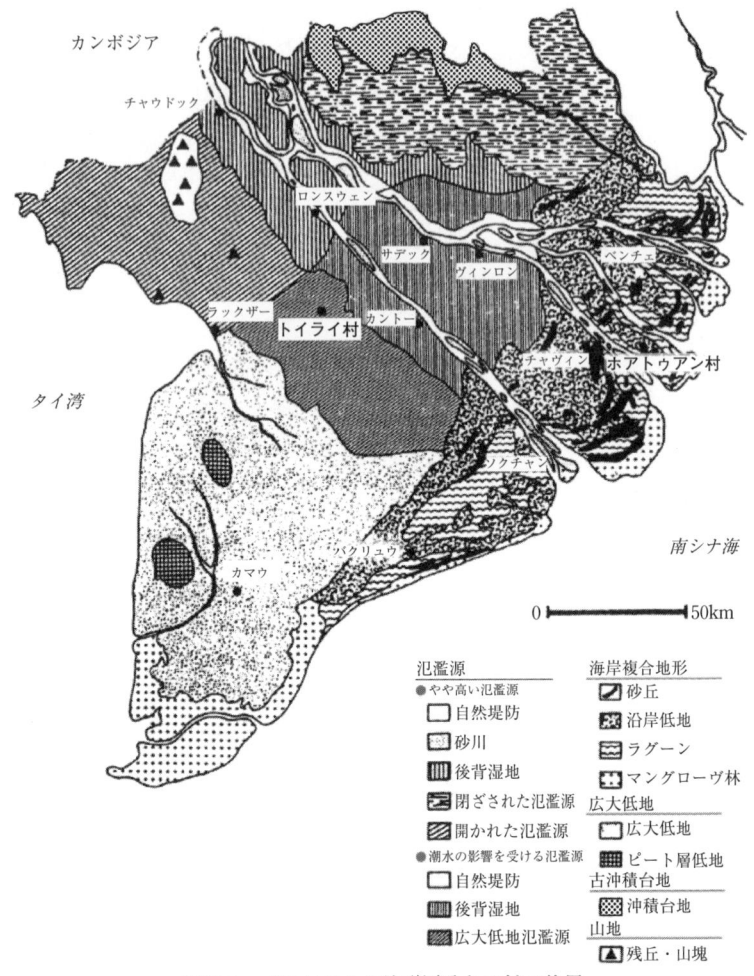

図 5-1　メコンデルタ地形区分と 2 村の位置

出典：Nguyen Huu Chiem, "Geo-Pedological Study of the Mekong Delta", 『東南アジア研究』31(2), 1993 より作成。
＊この図は，水田立地の視点から見たメコンデルタの地形区分である。

Tay Do と呼ぶ）は，グエン朝時代には，トゥイビエン Thuy Bien 府（現チャウドック）フォンフー Phong Phu 県の町の一つに過ぎなかった[4]。1880 年，フランス

4) Nguyen Dinh Dau, *Nghien Cuu Dia Ba Trieu Nguyen, An Giang, Tong Ket Nghien Cuu Dia Ba, Nam Ky Luc Tinh*, Ho Chi Minh City, 1995, p. 86.

植民地政府がコーチシナ統治を軍政から文民統治へ転換した際に，初めてカントー省の行政府が新設され，この町が省都となった[5]。第3章第2節で論じた20世紀初頭のトランスバサックにおける開発が本格化するにつれて，カントーの町は大いに発展した。

筆者を団長とした調査チームは，はじめにカントー省内の広大低地氾濫原上の3ヶ所を予備調査した。A) サノ運河周辺（チャウタン県），B) フンヒエップ (Phung Hiep) 運河周辺（フンヒエップ県），そして C) オーモン (O Mon) 運河周辺 (O Mon 県) である。A) のサノ運河は，第3章で明らかにした西部開拓のスタートを象徴する有名な幹線運河である。カントー川とカイロン川（タイ湾）を結び，1903年に完成した[6]。一方，B) のフンヒエップは，7本の運河が一点で交わる同省南部の中心であり，1908年にフランス植民地政府の斡旋で紅河デルタのタイビン省から開拓移民を受け入れた史実はすでに明らかにした[7]。C) のオーモン運河（現バダム運河）は，カントーとトットノット (Thot Not) の間のバサック川支流オーモン川の上流とヨンリエンのカイベ川（タイ湾に注ぐ）を結ぶ幹線水路である（図5-2参照）。

予備調査の後に，調査村と決めたのはC) のトイライ村である。その理由は，第1に同村の領域内にバサック川支流の自然河川（オーモン川）に注ぐ複数の支流域があり，また続く人工運河というように，さまざまな入植地があることから，運河建設以前の開拓との連続性を検討できるのではないかと考えたこと，第2に，同村にはそれぞれ小規模だがカトリック教会[8]，カオダイ寺院，大乗仏教のベトナム寺院，上座仏教のクメール寺があり，ホアハオ教徒も多く居住していた。メコンデルタ社会を特徴づけるこれらの宗教組織がすべてあることも，興味深く思われた。結果をみれば，第3章の文献史料に基づく議論を実在

---

[5] フランス植民地権力は，新設するカントー省の中心を当初はバサック川左岸のチャオン (Tra On) の町に置いた。しかしチャオンの歴史的背景は複雑で，駐在のフランス人官吏の殺害事件が発生したため，植民地政庁はバサック河右岸に拠点を移した。17世紀末に明の遺臣たちを入植させた古いミトーの街がデルタの「東都」と呼ばれるのに対して，フランス植民地時代に発展したカントーを，現代の人びとはメコンデルタの「西都」と自称する。

[6] 高田「20世紀初頭のメコン・デルタにおける国有地払い下げと水田開発」『東南アジア研究』22巻3号，1984年，p.243. 本書第3章第2節123頁参照。

[7] 第3章第2節148頁，脚注110) 参照。

[8] トイライ教会はカントー教区に属し，村に1997年当時，400家族2600人（村の総人口の10%）の教徒がいた［本書巻末史料365頁］。トイライ教会のチン僧侶は，1954年に紅河デルタのナムディン省ハイハウ村から集団でバクリュウのヴィンロイ村に移住したという。

第5章 開拓のなかの農村 | 233

A：サノ運河タンホア村
B：フンヒエップ運河
C：オーモン運河トイライ村

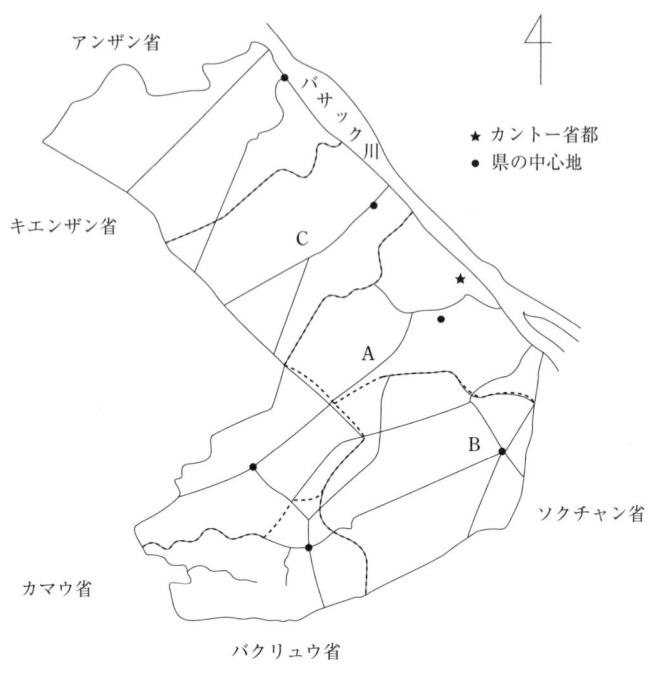

図5-2 カントー省略図と予備調査

する村のなかで検証できた格好の調査地であった。

(2) トイライ村とその周辺 —— ベトナム人の屯田村

　オーモン県トイライ（Thoi Lai）村は，カントー市から北西に約30 kmの距離にある。カントー市からオーモンの町（オーモン県の中心地）までは，ロンスウェンに向かう国道を旧トイアンドン（Thoi An Dong）で左折して約20 km北進する。オーモンは漢字で「烏門」と表記する。もともと，そこはバサック川の後背湿地の微高地に立地したクメール人の村であった[9]。オーモンの町には，ク

---

[9] 1995年現在，オーモン県はベトナム人が人口のほとんど（9割以上）を占めていた。クメール人人口は，同県総人口の4.5％（1万2795人，2111世帯）に過ぎない。彼らはオーモンの町とトイドン（Thoi Dong）村に集住している［Vo Tong Xuan, *Tong Ket Su Phat Trien Kinh Te Xa Hoi*

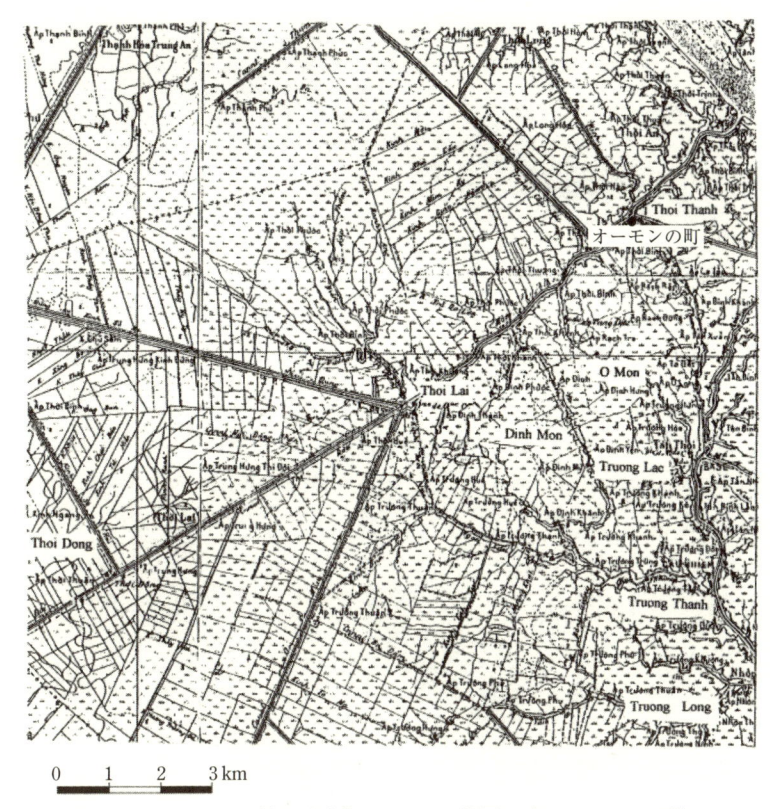

図 5-3　フランス植民地時代のトイライ村周辺（Thoi Bao Tho 郡）

メール人の信仰の中心である上座仏教寺院と市場がある。フランス植民地時代に，オーモンの町はトランスバサックの重要な籾集散地となった。

　トイライ村の中心は，オーモン川河口から約 14 km 上流に遡った地点に位置する（図5-3）。植民地期の 1929 年作成の地図上には，オーモン川周辺に「トイ（Thoi）」（泰）のつく地名群落が見える。「泰」は，19 世紀半ばにグエン朝政府が推進した屯田村に関係する地名であるようだ[10]。

　地図には，オーモン川下流から中流および上流に向かって，トイロン（Thoi Long），トイアン（Thoi An），トイタィン（Thoi Thanh），トイライと続き，さら

　　　Huyen Omon Den Nam, 1995, p. 12]。
10）　Deschaseaux, "Note sur les anciens Don Dien annamites dans la Basse Cochinchine," in *Execursions et Reconaissances*, tome 14, no. 31, 1888, p. 137.

にオーモン川とカントー川上流が合流する交点にタントイ（Tan Thoi）の村々が記されている。村々の集落（アップAp）名にもThoiが多く用いられている。片方の漢字が泰の文字から成る地名群が、このようにトットノットの南からハウザン（Hau Giang・バサックのこと）川右岸、オーモン川流域一帯に広くみられることから、18-19世紀におけるベトナム人による開拓過程の連続性が想定された[11]。

ハウ川後背湿地から氾濫原へ地形は少しずつ傾斜し、さらにその奥地の広大低地へ続く境界地帯に、村は立地する。調査当時のトイライ村は、自然河川や掘削された運河周辺に14集落（Ap）を擁す。人口約3万の大規模行政村であった（1997年）。村の総面積は約6,000 haで、そのうち農地は4350 ha（73%）を占める。残りは幹線運河、第2・3級水路、宅地、公共用地などであった[12]。

トイライ村の人びとの暮らしは、フランス時代に掘削された幹線運河、そして1976年南北統一後に開削された大小無数の水路が無ければ、成り立たない。運河や水路は、人びとの農業・生活用水を供給するだけでなく、メコンの流水と潮汐運動のエネルギーを取り込んで、デルタ内の移動を助ける主要な交通網でもある。このような運河・水路を基本インフラとする農村の基礎は、19世紀後半から20世紀初頭にかけてベトナム人が創生した開拓社会にある。調査の過程で次第に明らかになったのであるが、同村はフランス植民地期に大地主制が発達した輸出米単作地帯を代表する。またフランスからの独立戦争が開始されると、トイライ村では大地主層と小作農民の階級矛盾による革命運動が広

---

11) ベトナムの村落名は2つの漢字の組み合わせから構成される。1つの村から2つの村に分かれる時は、古い村落名の1つの漢字が共有される慣習がある。たとえばVinh Loi村がVinh ThanhとVinh Triとなったり、古い村落名に東西南北のどれかを後ろに付けて、Vinh Loi Dong（東ヴィンロイ）、Vinh Loi Tay（西ヴィンロイ）、また Vinh Loi Thuong（上ヴィンロイ）、Vinh Loi Ha（下ヴィンロイ）など [Landes, "La Commune annamite", *ER*, Tome 2, 1880/1, p. 102]。筆者は以前に、インドシナ総督府地理局製作の10万分の1のコーチシナ地図に落とされた地名を検討して、川の下流から上流域へ、あるいは自然河川から幹線運河そしてその支線運河にかけて、このような一連の共有語を含む地名群落がかなりの数で存在していることに興味を持ち、注目していた。

12) 水田はベトナム戦争終結後に、2期作化がほぼ達成された。1992年以降は水田をミカンやバナナなどの果樹畑（63 ha）に転換すること、また現金収入の増大を見込んで市場向けの野菜（マシュルーム、イモ、青豆、ニガウリ等）を水路脇の盛り土で栽培する農家が増えてきた [Cuc Thong Ke Can Tho, Phong Thong Ke Omon, Tong Hop Cac Chi Tieu, *Kinh Te Xa Hoi Huyen Omon, Dien Tich, Nang Suat, San Luong*, Can Tho, 1996]。トイライ村は、1990年代以降に農業生産力の飛躍的発展をみている西部デルタの代表的農村であった。

ベトナム人の入植

上 入植するベトナム人たちのサンパン (1880年代) (B(1)-250/1)。彼らは川を遡って徐々に奥地の開拓, 定住を進めた。

中 19世紀前半にオーモンのクメール人とベトナム人は激しく戦った。勝ったのはベトナム人である。仏領期のオーモン川河口は米の積み出し港として賑わった。1920年代のオーモン川。(N-126)

下 オーモン市場。(N-126)

がり，大きな社会変動が引き起こされたのである[13]。

(3) 自然河川と運河

　オーモン県全体の標高は，0.5-2.0 m の範囲にある。バサック川の自然堤防といっても，それはせいぜい標高 1-1.4 m 程度しかない。河口からオーモン川を遡るにつれて流域の後背湿地面は徐々に低くなる[14]。トイライ村の中心に至ると，自然河川のニャトー (Nha Tho) 川がオーモン川に合流する。曲がりくねった川筋，ヤムディン (Vam Dinh) 川，バドッ (Ba Dot) 川，セオハム (Xeo Halm) 川，クオンドゥオン (Cuong Duong) 川の小支流域は，乾季の間バサック川の水が届かずに半ば干上がって遡航不能となる地帯がある一方で，雨季には浸水深が 1-1.5 m に達する一帯もある。村の中心から南には，カントー川上流に繋がるセオサオ (Xeo Xao) 運河があり，セオサオ運河に流れ込むタックディ (Tac Di) 川流域の浸水深は 0.3-0.6 m である[15]。このような自然河川の水位は，バサック川からの潮汐運動の影響を被って，季節ごとに，また1日のうちでも満潮時と干潮時で変化する。

　一方，村の中心から放射状に3本の直線運河が西に伸びている。北からドゥン (Dung) 運河，ティドイ (Thi Doi) 運河そしてオーモン運河である。ドゥン運河とティドイ運河はトットノットからの運河と交わり，オーモン運河はキエンザン (Kien Giang) 省南部のカイベ (Cai Be) 川上流に繋がる。とりわけティドイとオーモン両運河は，バサック川からシャム (タイ) 湾にぬける西部デルタ氾濫原の幹線水路である。

　ドゥン運河北側，およびドゥン運河とティドイ運河の間には，排水不良で酸性土壌 (Phen) の地帯がある。雨季の浸水深は現在でも，トイライ中心部で 0.3-0.6 m，Dung 運河両側では 0.6-1 m である。植民地時代初期においても流域は1年の半分以上が沼地となり，メラルーカ Melaleuca (チャム Tram) 林の地帯であった[16]。運河が開削されるまで，そこは農作物の生育に不利な土壌が

---

13) メコンデルタにおけるフランス植民地期は，土地開発が成功した1930年以前と，世界恐慌以降の農業不安の時代＝地主—小作の階級対立の時代とに分かれる。またインドシナ戦争の勃発と同時に「解放区」が出現し，植民地繁栄の源であった輸出米生産は急速に衰退した。

14) Vo Tong Xuan, *op. cit*., p. 14.

15) *Ibid*., p. 11.

16) Société (La) des Etudes Indo-Chinoises, *Géographie, Physique, Economique et Historique de la Cochinchine, Xe Fascicule, Monographie de la Province de CanTho*, Saigon, 1904：巻末の地図.

存在する人跡未踏の地であったと考えられる。

　トイライ村の西に位置するトイドン（Thoi Dong）村は，3つの運河のうち最後に掘削されたドゥン運河の完成後に創設された行政村である。それは1920年代である。トイライ村は，翻って20世紀初頭のトランスバサック広大低地における農業開拓の最前線にあったと筆者は考える。

2.　文献にみるトイライ村の開拓

(1) トイライ行政村の成立

　トイライ村の村名は，19世紀前半に記されたグエン朝時代の地簿史料（第1章で取り上げたグエン・ディン・ダウによる文献）のなかの村落名一覧に存在しない。ただし1836年明命期の村落一覧からThoiの語を含む村をさがすと，アンザン（An Giang）省ヴィンディン（Vinh Dinh）（永定）県ディントイ（Dinh Thoi）（定泰）総にトイアン（Thoi An）（旧O Mon），トイアンドン（Thoi An Dong）（旧Tan Tra），トイフン（Thoi Hung）（旧Thoi An，旧Phu Long）の各村が，また同県ディン・バオ（Dinh Bao）（定保）総にトイビン（Thoi Binh）（旧Giao Khe）村がある[17]。これらの村の位置を，記された東西南北に隣接する地名から慎重に比定すれば，各村の北側はいずれも河（Song），すなわちバサック川に接し，順に並んで立地した。つまり，当時のベトナム人の「Thoi○○」集落は，バサック川右岸流域沿いに存在したと判断される（県，総は当時の行政単位）。

　フランス植民地政府の地方行政機構が整備された1889年以降の一覧表に，ようやくカントー省オーモン県トイバオ（Thoi Bao）郡トイライ村の名が登場する[18]。表5-1により，トイバオトー（Thoi Bao Tho）郡は，20世紀初頭，村落名の類似性から3つの地域的まとまりがあったことを想定できる。すなわち(1)オーモン川流域に二つのクメール人起源の村（オーモン，ディンモン Dinh Mon 他），次に(2) Thoiの語がつくベトナム人の地域（トイタィン Thoi Thanh，トイライ Thoi Lai 他），そして(3)カントー川上流域のチュオン Truong の語を含む地域である。

---

17) Nguyen Dinh Dau, *op. cit.*, pp. 208, 217–218.
18) *Ibid.*, p. 100.

表 5-1　Can Tho 省 Thoi Bao Tho 郡の村落人口（1900 年前後）

(1) 微高地：クメール人起源の村	
Dinh Mon	2,419 (10%)
Dinh Thanh (Ap)	568 (2%)
O Mon	3,291 (14%)
(2) O Mon 川流域：ベトナム人の開拓地	
Thoi Lai	2,309 (10%)
Thoi Thanh Ha	574 (2%)
Thoi Thanh	4,563 (19%)
(3) Can Tho 川上流域	
Truong Lac	469 (2%)
Truong Long	2,935 (12%)
Truong Thanh	6,698 (28%)
合　計	23,826 (99%)

出所：Société (La) des Études Indo-Chinoise, *Géographie, Physique, Economique et Historique de la Cochinchine, Monographie de la Province de Can-Tho*, Saigon, 1904, pp. 13-14.

(2) 20 世紀初頭の開発 *"mise en valeur"* と停滞

　第 3 章で見た 19 世紀末のラネッサン総督の下で立案された本格的な運河開設計画がトランスバサックで実施されると，開削された運河沿いの無主地はすぐさま払い下げの対象になった．表 5-2 は当時のトイライ村の土地払い下げ申請者（フランス人・フランス帰化人）の一覧である．土地の申請者は，実際には過半がサイゴンの在住者であり，ジャーナリストや弁護士などの農業に関係のない職業の者たちである．投機的目的で開発権を取得した可能性がうかがわれる．

　トイライ村のトイヒエップ（Thoi Hiep）集落に住む老人（1903 年生まれ）は幼いころ，姉とともに近代的な掘削機を使って掘削される運河の工事現場を歩いて見に行ったという[19]．1910 年にオーモンで，運河建設のために近隣のディントイ（Dinh Thoi）郡やトイバオ郡からそれぞれ 1130 人，2120 人の労働者がかり出されたという記録がある[20]．トイライ村のオーモン運河は 1908 年前後に，ティドイ運河は 1920 年代初めに，そして，その数年後にドゥン運河が掘削された．

---

[19] 高田「オーモン県トイライ村での聞き取り調査」『メコン通信』No. 4, 1997 年度調査報告　文部省科学研究費補助金（国際学術研究）メコンデルタ農業開拓の史的研究（研究代表者：高田洋子）敬愛大学国際学部高田洋子研究室, 1998, p. 71. 　本書巻末［史料］p. 319, (1) P・V・G 参照．

[20] Son Nam, *Lich Su Khan Hoang Mien Nam*, Dong Pho, Saigon, 1971, p. 282.

表 5-2　トイライ村に所有地を持つフランス人リスト（1900–1906 年）

氏名	生年月日	職業	住所	所有地	払い下げ年月日
Wonard Achard	1870.6.10	農業監督官 / 土地所有者　仲介人	Thoi Lai	Thoi Lai	1903.12.30
E. Balme		サイゴン電気会社 / 土地所有者	Saigon	Thoi Lai	1904. 3.18
Sambuc		弁護士 / 土地所有者	Saigon	Thoi Lai	1903.12.3
Pierre Louis		入植者			
Fernand Belin		土地所有者	Can Tho	Thoi Lai	1903.12.30
de Mayrena		政治記者 / 著述家 / 土地所有者	Saigon	Thoi Lai	1904. 3.18
Phan van Ngia	1850.12.30	元副郡長 / 土地所有者	Thoi Bao	Thoi Lai	
L. Thiollier		弁護士 / 土地所有者	Saigon	Thoi Lai	1897. 4.30
Jean Perchel	1853.6.2	水先案内人 / 土地所有者	Saigon	Thoi Lai	1897. 4.30

出所：TTLTQG II: IA 13/235 (4) Province de Can Tho, Liste des colons cultivateures ayant les interets agricoles dans la province (1900–1906).

　このような運河沿いに取得された可耕地の土地権も，払い下げ制度の規定に沿って開発を実行できなければ政府に強制返還される[21]。表 5-2 の開発申請者ブラン（本書136頁）のコンセッションに関して，コーチシナ知事（地方行政長官）がインドシナ総督に宛てた手紙（1916 年 9 月 23 日付，サイゴン）が残されている。それによれば，1903 年にトイライ村に約 2039 ha の土地を 2000 ピアストルで取得したブランは，規定の期間内に開発を進めることができなかった。そこで 4 年後の 1907 年には，トマス・トムスン・ターンバル（Thomas Thomson Turnbull）に開発権は移転された。しかしターンバルも結局は耕地化も納税もできなかったため，1912 年に土地はコーチシナ地方政府に返還された。近隣に開発地を持つヨーロッパ人や現地人から，その土地の購入希望が出されたので，コーチシナ政府は，土地を分割してそれらを公開競売にかけた[22]。運河沿いの土地が，20 世紀初めに開発権を取得した者によって独占されたまま 10 年近く放置されていた状況が，これよりわかる。

　また，村の土地が村外のものに払い下げられる弊害も問題視されていた。各郡の代表者が構成するカントー省議会（Le Conseil de Province de Cantho）の席上（1916 年 8 月 12 日開催），トイバオ郡の現地人代表者がトイライ村の例を挙げてこの問題に迫った。この議事録によれば，彼は，①増加した不在地主の村の自治に対する無責任さ，②実際の小開墾者が，自らの辛苦の結果得た収穫物を，法的土地所有権者となった別の人物に奪われてしまう不幸，を指摘している。

---

21) 第 3 章第 1 節 103 頁。
22) CAOM: INDOGGI, 876.

これに答えて省長は，「問題解決のために，公開競売で分与する地片の適正規模を 25-30 ha にしたい」と述べた。しかし先の議員は，もっと小規模な 10-15 ha の区画が適当であると反論している。省長は，配分する土地の1辺が運河に接する必要があるために，そのような小規模な区画の分与は不可能であると述べている[23]。

3. 集落の形成，開拓過程 —— 開拓・入植に関する聞き取り調査から

筆者は村役人の仲介で全 14 集落にわたる約 40 人の老人宅を訪ね，開拓にまつわる話を収集した。聞き取りでは，被調査者の生地や父母，家族等を含めたパーソナルヒストリーを中心に，祖先の入植，フランス時代の村の状況，農業の変化などを語ってもらった。それらの内容を十分に検討し，村の形成と開拓に関わる情報に収斂させてとりまとめたのが表 5-4 および表 5-5 である。とりわけここでは，①開拓時期と②開拓民の出身地，③生産関係等に焦点を絞ることとし，開拓先を自然河川流域と運河周辺の双方に分け，それぞれ考察する（図 5-4 参照）。

(1) 自然河川支流域

現在，トイライ村全世帯の 45％が，オーモン川，ニャトー (Nha Tho) 川，およびセオサオ (Xeo Sao) 川などの自然河川流域に住んでいる（表 5-3）。一般的にここでの自然河川沿いの開拓過程は，(a) 川の下流から上流に向かい，さらに (b) 川沿いから，川岸から離れた土地へと進んだと考えることができる。ベトナム人の開拓は，先述のようにバサック川右岸に開拓拠点を置くことからスタートした。次第に支流のオーモン川を遡り，周辺の微高地上のクメール人村落を残して，西進していったと考えられる。川沿いは人間の居住空間，生活用水，移動の容易さなどの必要条件を満たす。さらに，毎年の浸水の際に有機物に富んだ新しい土粒が表土を覆うので，土地も肥沃である。一方，川岸から離れて奥に行くほど排水は困難である。乾季は水涸れを起こす。土壌は酸性化し，メラルーカ林となる。それは農作物の生育に不適である。自然条件が相対的に良いところから開墾は着手され，それらの条件が劣るところほど遅れる

---

23) TTLTQG II: Gou coch IA18/094.

現代の運河の景観
上左　ニャトー川（自然河川）をゆく。
上右　ニャトー川の上流に向ってモーター付きの小舟2艘が疾走する（トイロック集落1997年雨季撮影）。
下左　仏領期に掘削されたティドイ運河。川幅は40mを越える。
下右　ティドイ運河に面した精米所。真新しい袋に詰められたコメが出荷を待つ（1998年3月撮影）。

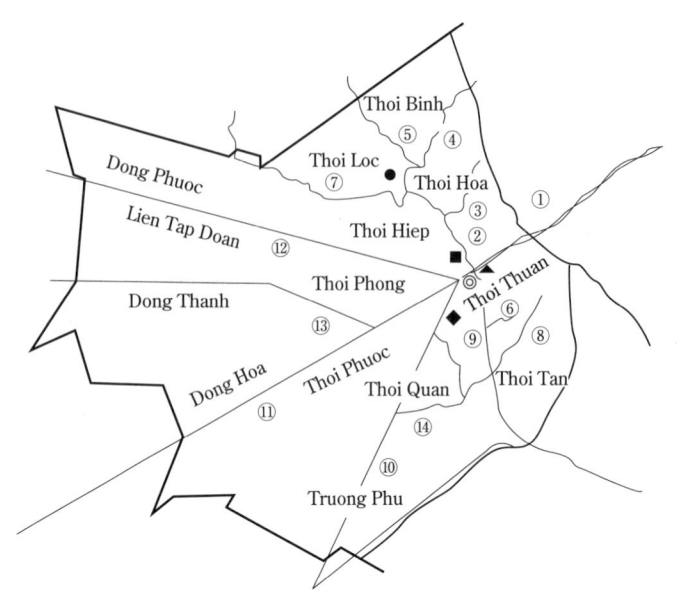

図 5-4 トイライ村の 14 集落と河川・運河

Thoi Lai 村の自然河川　①O Mon 川　②Nha Tho 川　③Vam Dinh 川　④Ba Dot 川
⑤Xap Halm 川　⑥Xeo Ran 川　⑦Cung Dong 川　⑧Tac Di 川　⑨Xeo Sao 水路
Thoi Lai 村の人工運河　⑩O Mon 運河　⑪Thi Doi 運河　⑫Dung 運河　⑬Dong Phap 運河　⑭Ong Dinh 運河
◎トイライ村の市場　▲クメール寺　■大乗仏教寺　◆カオダイ教寺　●カトリック教会

表 5-3 自然河川支流域・運河周辺の集落別戸数（1996 年）

集落名	世帯数（戸）	総世帯比	集落名	世帯数（戸）	総世帯比
〈自然河川支流域〉			〈運河流域〉		
Thoi Thuan	812	14.8%	Thoi Phong	410	7.50%
Thoi Hoa	325	5.9%	Thoi Phuoc	336	6.10%
Thoi Loc	306	5.6%	Thoi Quan	600	10.90%
Thoi Hiep	528	9.6%	Dong Phuoc	222	4.00%
Thoi Tan	312	5.7%	LienTap Doan	408	7.40%
Thoi Binh	186	3.4%	Dong Thanh	231	4.20%
			Dong Hoa	359	6.50%
			Truong Phu	450	8.20%
小計	2,469	45.0%	小計	3,016	55.00%

出所：トイライ村人民委員会提供。

表 5-4 自然河川支流域の開拓・入植

被調査者の番号 / 生年	被調査者の生地（エスニック・グループ）	入植・開拓者（経営 / 役職）	開拓時期の推定	祖先もしくは開拓者の生地
1) 1925	Dinh Mon（クメール）	母（自作）	1900 頃	Dinh Mon 村
2) 1932	Thoi Thuan（ベトナム）・オーモン川	5 代前の先祖（自作）	1830〜1840s	ベトナム中部（フエ）
3) 1952	Thoi Thuan（ベトナム）・オーモン川	曾祖父（自作）	1890s〜1900	O Mon
4) 1940	RachTac Di（クメール）	祖父（自作）	不明	不明
5) 1913	Thoi Hoa（ベトナム）・ヤムディン川	曾祖父（自作 / 郷職）	1880s〜90s	不明
6) 1915	Thoi Loc（ベトナム）・ニャトー川	父（小作）	1910s	不明
7) 1925	Thoi Hoa（ベトナム）・ニャトー川	3 代前の先祖（自作）	1895〜1900	不明
8) 1910	Thoi Loc（ベトナム）(Christ.)	父母（小作）	1915 頃	Vinh Long
9) 1928	Thoi Loc（ベトナム）(Christ.)	父母（小作）	1920 頃	Long Xuyen と Chau Doc の間
10) 1939	Thoi Loc（ベトナム）・ホアハオ教徒	曾祖父と祖父（自作）	1899〜	Sadec
11) 1915	Thoi Tan（ベトナム）	父（小作）	1915〜	母 Thot Not
12) 1929	Thoi Hoa（華人）Thoi Tan（華人系ベトナム）	父（土地購入）本人（再開発）	1929〜 1954〜	O Mon 祖父母は福建出身 O Mon 在住
13) 1925	Thoi Binh（ベトナム）	祖父	1900 年前後	Sadec
14) 1918	Thoi Hiep（ベトナム）	祖父	1890〜	Thoi Lai
15) 1925	Thoi Hiep（ベトナム）・ヤムディン川	祖父（郷職）	1895〜1900s	不明
16) 1903	Thoi Hiep（ベトナム）・ヤムディン川	祖父（自作）本人（郷職）	1873〜90	不明

注：推定方法入植者が被調査者の何世代上かを聞き，被調査者の生年を起点に，入植者の生年を推定する。世代間の期間は 25 年と仮定した。生誕年を基準に 20 年後に（成年時以降）入植時期を想定。個別の入植状況などを判断して調整。

例：曾祖父の生誕　　祖父の生誕　　父の生誕　　本人の生誕
　　＊……→ 25 年　＊……→ 25 年　＊……→ 25 年　＊ ＊……→ 25 年
　　　　20 年目　　　　20 年目　　　　20 年目　　　　20 年目
　　　　（入植年）　　　（入植年）　　　（入植年）　　　（入植年）

と，仮定できる。

　これらの前提から，表 5-4 で最も古い入植の例は，オーモン川沿いの 2) および 3) とみることができる。2) の場合，農民は開拓した祖先の 6 代目で，入植した先祖の出身地はベトナム中部という。つまりこの一族の入植時期は，フランス植民地時代以前に遡る。

続いてニャトー川の支流ヤムディン川沿い5)，15)，16) も，早期の開墾とみることができる。16) の老人は，密林に覆われたヤムディン川流域を開墾したのは，彼の祖父を含む3人のベトナム人だったという。推定では，早くて1870年代後半以降のことである。5) 7) 15) 16) は，姻戚関係にある。7) は5) の分家で，開墾時期も少し下る。15) の例はトイライ村開墾のかなり初期であるように思われる。彼ら開拓者の一族には，フランス時代に村政を司る郷職や村長を務めた者が多い。

　ニャトー川のさらに上流の開拓には，バサック川左岸サデックからの入植者の例があった。農民10) の曾祖父と祖父，また13) の祖父の諸例であり，時期は世紀末から20世紀初頭ころと考えられる。

　開拓地が開墾者の所有地になった上述の自作農民に対して，8) と9) はキリスト教徒がロンスウェンの教会の斡旋で移住，土地を開墾した例である。トイロック (Thoi Loc) 集落にあるトイライ教会は，1910年に創建された。トイライ地区には，1880年代以降にニッパヤシでつくられた小さな教会が3つあったが，まとめられて1つの教会になった[24]。

　小作人として入植した例では，6) と11) もある。11) の農民の祖父はオーモンに住む地主の，また6) の農民の父も隣村トイティンの地主の土地を耕作した小作人だった。自然河川流域の古い開拓地には，トイライ村に先んじて農業生産も人口も増加した東隣のトイティンの村人が土地を所有し，小作地を所有していた例が多い[25]。

　以上見たように，自力の開拓によってその土地の所有者となった例は自然河川流域に多く，それらの開拓の時期は19世紀末までと判断される。最初の開拓者たちは血縁関係を形成して，トイライ村の自治の確立・維持にも関わった。ニャトー川上流の低地は世紀末から20世紀初頭に未開拓地として残され，そのようなフロンティアには，より遠隔のヴィンロンやサデックからバサック河を越えて入植者が移住した。教会は，近隣の土地のないキリスト教徒を惹きつけて，未開墾地の開発に向かわせた。

---

24) 高田「オーモン県トイライ村での聞き取り調査」『メコン通信』No. 4, 1998, p. 39.
25) TTLQG LTIA 13/235(3). 本書巻末［史料］の (4) (6) (10) (12) (22) (24) など参照。

1920年代のロンスウェン省

上　1889年に完成したクーラオエン大教会。教会も荒蕪地の払い下げを申請し，信徒に入植・開発を進めさせた。(N-139)

下　近郊の小運河。向かって右側の茂みの先に農家が並んでいる。"橋"を農民は軽々と歩く。サンパンの漕ぎ手は，舟の中に身をかがめて下をくぐり抜ける。今も変わらないメコンデルタの農村風景(N-138)。水路には，自然の河川Giang, Songの他，小支流のRach，人工水路には運河Kinh，2つの水路を繋ぐArroyo，農地に自分で掘る小規模なMuongなどがある。

(2) 運河周辺
i. 運河周辺集落と地形

　運河周辺集落のうち村の中心部に近い3つの集落は，「伝統的な」Thoi（泰）の語を冠している（表5-3）。これに対して中心から離れたドゥンおよびティドイ両運河沿いの集落名には，ドン Dong（東）の文字が共有されている。運河奥地のこれらの地区はゴー・ディン・ジエム政権期に戦略村がつくられ，続くグエン・ヴァン・ティウ政権期にはゴーティエン（Ngo Thien）村と命名されて，新しい村のディン亭（Dinh・村の政を行うベトナム人の伝統的な集会所）がつくられた。1976年以降の南北統一政府は，これをドンヒエップ（Dong Hiep）村として再編成し，ディンのある地区をリエンタップドアン（Lien Tap Doan・「連集団」の意）と名付けて，フエその他の地域から多数の入植者を投入した。ドゥンおよびティドイ運河沿いのこのような土地こそは，フランス植民地時代の典型的な不在大地主の，もしくは元フランス系稲作大農園の跡地である。

　ドゥン運河は川底が浅く，排水機能が不十分である。そのため両運河に挟まれたドンフオック（Dong Phuoc）集落，およびドンファップ（Dong Phap）運河両岸にまたがるドンティン（Dong Thanh）集落には，雨季の浸水が1mを越す低地や窪地が含まれる。オーモン運河の南側チュオンフー（Truong Phu）集落にも，浸水が80cm以上に達する地域がある。これらの浸水多発地域は，開発が最も新しい上に稲の土地生産性は相対的に現在でも低い。

ii. 開拓過程の3タイプ

　聞き取り調査から得られた開拓の諸事例は，次の3タイプに分けることができる。第1に，運河開削前の自発的開墾の事例（a）である。第2に，運河の開削後に運河に沿って大規模な払い下げ地を取得した地主の小作人が開拓した事例（b），そして第3のタイプとして第一次インドシナ戦争終了後の荒廃した土地再開発の事例（c），である。

(**a**)　開発の第1段階と見られるのは表5-5の17），18），32）の3例である。17）の農民の祖父は1890年代にバサック河左岸の村から夫婦でドゥン川沿いの地に入植した。人づてに無主の開墾可能な土地がオーモン川の先のトイライ

表5-5 運河周辺集落の開拓時期の推定

被調査者の生年	開拓者	入植者の出身地	開拓・入植地	開拓時期	備考（村の役職）
17) 1919	祖父	旧 CanTho 省 バサック河左岸	Thoi Phong	1890～	自作（郷職）
18) 1936	曾祖父	不明	Thoi Phong	1881～	自作
19) 1919	父	Vinh Long	Rach Gia	1920s～	小作
	本人	Rach Gia	Thoi Phong	1955	小作
20) 1931	祖父	CanTho	Dong Phuoc	1900s～	小作
21) 1920	父	Thoi Loc	Dong Phuoc	1920s?	小作
22) 1910	本人	My Tho	Dong Phuoc	1930s	小作
23) 1916	本人	Dinh Mon	Lien ThapDoan	1950～	自作（DinhMon～RachGia～CoDo～LTD)
24) 1924	本人	Thoi Lai	Lien Thap Doan	1950～55	小作
25) 1917	本人	Giong Rien	Lien Thap Doan	1954～	自作
26) 1925	本人	Giong Rien	Dong Thanh	1954	自作
27) 1917	祖父	Sa Dec	Dong Thanh	1890s	小作
28) 1933	本人	Thoi Binh	Thoi Phuoc	1956	自作
29) 1937	父	Thoi Hoa	Thoi Phuoc	1954	自作
30) 1932	父母	Thoi Long	Dong Hoa	1920s 末～30	小作
31) 1935	父	Thoi Dong	Dong Hoa	1954	小作
32) 1920	父	Thoi Lai	Thoi Quan	1900s～10s	自作
33) 1924	祖父	Dong Thap	Thoi Quan	1900s～10s	小作
34) 1915	祖父	不明	Thoi Quan	1910s	小作
35) 1924	祖父	Thot Not	Thoi Quan	1920s	小作
36) 1930	祖父	Dong Thap	Truong Phu	1910s	小作
37) 1926	祖父	不明	Truong Phu	1910s-20s 初	小作

注：開拓開始時期は前表と同じ算定方法に個別情報を加味して推定したもの。
17)～37) はインタビューした農民番号。

にあると聞いて来た[26]。ドゥン川が運河に拡張される前の自然河川の時代である。第1世代の開拓者たちは，自然河川流域の場合と同様に，その後に村の役職者の地位を獲得している。

このうち32)の老人（本書巻末［史料］p. 335，(15) T・V・H参照）によれば，父はトイライの精米所付近に住んでいた。父親（被調査者の祖父）が亡くなったので，父は7人の兄弟とともにオーモン川の林を開墾した。イノシシや虎が出没する原生林を，木を伐採し，草を刈り，すべて素手で開墾した。開墾した土地13 haは，父の兄の名義で所有権を登録した。父たちの成功をみて，他の人

---

26) 本書巻末［史料］(12) P・V・V参照。

表5-6　入植者の出身地

出身地	自然河川流域	運河周辺	計
ハウザン河以東	3	8	11
現 CanTho 省周辺	2	1	3
現 CanTho 省内	3	6	9
同村内	1	4	5
ベトナム中部	1	0	1
不明	6	2	8
計	16	21	37

注：インタビュー結果による集計。

びとも後に続き開墾したという。オーモン川を掘削して運河が完成すると，彼らの土地は両岸に分かれた[27]。

(b) 次に当初から小作人として入植した諸例は，20），21），22），27），30），33），34），35），36），37）であった。入植の時期は27）を除いて20世紀初頭である。開墾者の出身地はハウザン川以東のミトー（My Tho），サデック（Sa Dec），ドンタップ（Dong Thap）周辺，そしてカントー省内外のオーモン，トットノット，また同村内のトイロックとさまざまであった（表5-6）。

入植の理由と経緯について，大概が祖父の時代のことなので，ほとんど情報を得ることはできなかった。わずかに30）の事例では，父母から聞いた話として，結婚して家族を持ったが故郷のトイロン村（バサック河に臨むオーモン近郊）には「生きていくための土地がなかった」ので，入植してフランス人のコードー（Co Do）農園の小作人になったという（本書巻末［史料］p. 357，(31) V・H・M 参照）。また36）では，祖父はドンタップから，祖母はフンヒエップからそれぞれ家族で移住してきた。同じ地主の小作人だったことで知り合い，所帯を持ったという。ヴィンロンに住む彼らの大地主は，バダム（Ba Dam），チュオンタイン（Truong Thanh），トイライまでのオーモン運河一帯に土地権を所有した。祖父が借りていた2 haの小作地を父もまた引き継いで耕作し，4人の子どもを育てた（本書巻末［史料］p. 352，(28) D・V・B 参照）。

小作人が入植地に入り定着する経緯も，同じく定かではない。老人たちの聞き取りからは，組織立って入植した例はほとんどなかった。例外は，後述する

---

27) 本書巻末［史料］(15) T・V・H 参照。

クメール人の村から集団でラクザー (Rach Gia) の大規模な払い下げ地に入植させられた23) のケースである（本書巻末［史料］p.325, (8) T・S 参照）。

(c)　抗仏（第一次インドシナ）戦争中および戦後における荒廃地の開発は，さらに2タイプに分かれた。戦時下のトイライ村では，運河沿いの奥地に存在した不在地主の所有地はベトミン勢力が占拠した。耕作者であった小作人タディエン (Ta Dien) たちは，ベトミン側か，植民地政府側が陣営を置いたトイライ村中心部に避難するかに分かれた。戦禍を逃れて故郷の村に戻ってしまう小作人一家も多かった。その結果，ジュネーヴ協定直後の再開発の時期になって，タディエンが元の小作地に戻った場合と，避難した元の小作人が戻ってくる前に，ベトミン側についた農民が土地を占拠した場合がある。ベトナム共和国政府側もしくは中立の立場にいた農民によって，元の小作人が放棄した土地が占拠された場合もあった[28]。

元の小作地に戻ってきて再開発した農民は10例，すなわち20), 21), 22), 27), 30), 33), 34), 35), 36), 37) である。戦前の小作地を別の農民が占拠した例は19), 23), 24), 25), 26), 28), 29), 31) の8例ある。結局，植民地時代が終わった時，土地の耕作者は調査例のなかの比率では約半数が変化していた。とりわけ運河周辺の集落やトイビンなどオーモン川支流奥地にあった不在地主の土地では，実際の開拓者である元タディエンの3割から5割は，耕作地から離散した状況が生まれていた。

第一次インドシナ戦争がクメール人社会に与えた衝撃は，大きかった。クメール人のなかにも，トイライ村東部のタックディや隣のディンモン村から，インドシナ戦争の戦禍を逃れて，トイライ村の中心部に避難した人びとがいる。彼らは戦後には土地を喪失し，没落を余儀なくされた。またクメール人が多く住んだディンモンでは，払い下げ地のあるラクザーの荒蕪地の開発にむけた集団移住が行われた。村長の紹介で，希望する村民たちが出発した。彼らは後にベトミン軍とフランス植民地軍との戦闘に巻き込まれ，植民地軍によってトイドン村のコードー (Co Do) 農園（フランス資本の大農園会社）[29] まで集団疎開させら

---

28) このような事例は Sansom Robert, *The Economics of Insurgency in the Mekong Delta of Vietnam*, The M. I. T. Press (1971) にも記載がない。
29) 筆者は1998年3月18日にコードー農園を訪問した。農園の建設は1923年から1927年に行われ，コードー西部地域農園会社の社長はポール・エメリ (Paul Emery)，現地の監督はマレン

れた。しかも「パルチザン」として，農園の耕作と防衛戦に動員された。彼らの一部は，その後もゴー・ディン・ジエム政権下で共和国軍に編成され，先のゴーティエン村の政府軍駐屯地に配置された[30]。20 世紀のメコンデルタ開発過程には，二つの戦争の影，そして歴史の襞に隠れた深刻な民族間関係史が見え隠れする。

　トイライ村がインドシナ戦争中に激戦区となった理由は，運河周辺に払い下げを受けた不在地主たちの所有地やフランス資本の大農園がそこに存在したからである。植民地政府は，1945 年から 46 年にいったんは解放されたコードー農園の権力奪還を目指して，トイライ村中心部とコードー，コーチャン両大農園をつなぐドゥン運河に政府軍の戦力を投入した。トイライ村の在村小地主たちも，戦禍を避けてオーモンやカントーの町に避難した。オーモン，ティドイ両運河ではベトミン派の小農民達が運河を浅く埋めて，政府軍の船の進行を阻み，運河の岸に地雷を設置した[31]。大運河の奥地周辺地域は，インドシナ戦争が始まると，解放区となった。

4. 農業制度 ──「余剰米」の生産様式

(1) タディエンの耕作

　植民地時代に開削された運河沿いの土地では，小作農民は専ら稲作に従事していた。人びとの話から，コメは開拓地でほとんど貨幣のように機能していたことがわかる。小作人は後述する中間管理者フンディエン（Hung Dien）の監督に従って，地主の倉庫に小作料を籾米で納めた。小作人から徴収した借地代としての籾米を，ドンタップに住む地主の家までバサック川を舟で渡って納めたという元小作人頭の例（表 5-6 中 No. 33，本書巻末 ［史料］ p. 340, (18) N・V・H

Mallein（フルネームは，Marius-Joseph Mallein: *BAC*, Juillet-Decembre 1937, p. 2056）という人物であった。訪問時，コードーの町には，農園会社のオフィス，Mallein が住んだ洋館の他，籾倉庫，米倉，精米所跡，小作人管理者たちの破壊された宿舎等の跡も残っていた［高田『メコンデルタ　フランス植民地時代の記憶』新宿書房，2009 年，p. 35］。

30) 高田「オーモン県トイライ村での聞き取り調査」『メコン通信』No. 4, 1998, pp. 65-66。本書巻末 ［史料］ p. 327, (9) D・C 参照。都市部やサイゴンへの大地主の避難はすでに 1930 年代に始まっていた。1946-1948 年には集団パニック状況を生んで，地主に対するベトミンの脅迫・暗殺の恐怖が，深刻に拡がった［Sansom, R., *The Economics of Insurgency in the Mekong Delta of Vietnam*, The M. I. T. Press, 1973, p. 55］。

31) 本書巻末 ［史料］ p. 359, (33) V・V・N 参照。

参照）もある．大概の場合，小作人は必需品を地主の万屋の「つけ」で購入して収穫した籾米で後払いし，また種籾や水牛の借り賃も，利子分を加えて籾米で支払った．不意の出費で生じた借金の返済も，地主に籾米で決済した．自作農の庭先にはカントーやオーモンの町の籾米仲買人が直接に訪れては，収穫した籾米を買い付けた．こうして産出されたコメは，張りめぐらされた毛細血管のような流通ルートに吸収されたのである．

　自然河川流域，運河周辺を問わず，この地方の稲作は移植を2回行う雨季稲 Lua Mua の栽培が主であった[32]．旧暦4月前後に播種，一掴みの籾を3回に分けて棒でついた小さな穴に落とした．約20日後に本田の一部に，第1回目の田植えを行う．降雨によって，柔らかくなった本田の土を起こす．初めは表面がうねるように，次に櫛鋤をつけて表土をならす．水牛を使えば地面から15 cm ほどの深さまで耕起が可能となったが，ほとんどが手作業で行われた．

　2回目の田植えは1回目の2ヶ月後であった．苗は40 cm 以上に十分成長している．本田全体に3-4本ずつ植え直す．2回目の移植田の湛水深は10-60 cm である．苗代から本田への植え替え面積の比率は場所によって異なる．収穫はほとんどの農民がテト前であったと述べた．農民たちの記憶によれば，その収量は1コン（cong = 1300 m^2）あたり平均ほぼ14ザー（gia）と推計された．1gia（40 litres）を20 kg として換算すれば，1 ha あたり 2.15 ton（107.5gia）の収量となる．しかし1920年代末に実施されたアンリ（Y. Henry）による稲作経営の調査では，トイライに近いトイバオ郡の移植2回雨季稲の収穫率は 1.5ton/ha と記されていた[33]．またアンリの調査書にある，トイライ村で20 ha の水田を所有する自作農の経営例においても，1 ha あたり籾生産量は 90gia，つまり 1.8ton/ha と

---

32) アンリはメコンデルタの稲作を，3つの主要な型に分類した．移植1回の雨季稲田，移植2回の稲田，浮稲である．仏領期の移植2回の稲作は，サデック，ヴィンロン，カントー，ソクチャン北部，ミトー西部など，カンボジアに近いメコン本流およびバサック川の後背湿地帯にみられた．河川の氾濫水で土壌は肥沃なために雑草の繁茂も著しいが，また雨季の終わりごろには平均40 cm の浸水状態になる．稲作開始のころの土地は硬く耕起が難しい．安全な場所で苗を育て，暫しの降雨を待って柄らかくなった水田の一部に1回目の田植えをする．播種から3ヶ月ほどを経て，本田に水が行き渡るとそのなかで草を刈り，泥に混ぜて腐植させる．耕耘もせずに2回目の移植を全体に行う．稲の背丈は 70 cm になっている．在来稲の丈や株の生育を制御する目的もあった．稲の品種は晩生稲が用いられ，生育期間は8-9ヶ月もかかる．移植1回のほうがより経済的だとアンリは記しているが，単位面積あたりの収量は1回移植（および雨季稲）よりも相対的に高い（Y. Henry, *Economie agricole de l'Indochine*, 1932, Hanoi, pp. 257, 260-261）．
33) *Ibid.*, p. 41. メコンデルタでは省によっては1コン（cong）の面積に地域差がある．

記録されている[34]。それは，1 コンあたりに換算すれば 11.7gia となる。したがって，14gia はかなり収量がいい方ということになる。コーチシナ全体の平均はほぼ 1.2t/ha であった。雨季稲栽培は，ベトナム共和国時代に新品種の導入や肥料の使用によって単位面積当たりの収量が増大した。農民の記憶には，仏領期と共和国政府時代のことが混同している場合があるようである。

小作料は，通説のようにあらかじめ決められた固定量を支払うという意味では同じであったが，土地収量の程度や人によってさまざまに異なった。開墾当初は 1 コンあたり 2 ザーほどの低率から始まり，最大でも 5 ザーを越えるものはなかった。不作で地代が支払えない年は小作料をまけてもらったが，翌年の収穫時には精算しなければならない。仏領期の小作料は，聞き取り諸結果を推計してみると，総収量のほぼ 2 割から 6 割の間に拡散した[35]。同じ集落のなかでもさまざまに異なっていた。

仏領期の移植 2 回の耕作慣習は，ゴー・ディン・ジエム時代に機械が導入されると，すぐに直播きもしくは 1 回移植に替わった（本書［史料］p. 350，(26) N・V・T 証言）。雨季の洪水時に水深が 1 m を越えるような場所では，浮稲品種（Trung hung）が栽培されることもあった（ドンフオックとトイビンの両集落）。浮稲の収量は雨季稲よりも低いとする点は，聞き取り結果とアンリの調査結果は一致した。ベトナム戦争期に戦闘が激化して田植えができなかった時，トイクアン（Thoi Quang）集落の農民は浮稲品種の直播きに転換して生産を続けた。

自然河川流域の自作農であれば，籾の収穫後に水路際の土地で自家用および販売用としてサツマイモやトウモロコシを栽培した（同［史料］p. 324，(6) N・V・B 証言）（同［史料］p. 335-336，(15) T・V・H 証言）。運河で捕った魚をカントーの市場に 2 日がかりで売りに行く働き者の元小作人（地主はベトナム人）の話も聞くことができた（同［史料］p. 337，(16) T・V・T 証言）。しかしそれは例外的なケースである。不在地主の所有地内の水路や運河で販売を目的とした魚を捕

---

34) *Ibid.*, p. 313.
35) 水田はその自然的立地条件（土地の高低，水路との距離，取水・排水，浸水の状態，土壌の肥沃度，酸性度，栽培品種等）や開墾からの年月等の社会的条件によって，土地生産性に差があり，それによって同一村でも小作料の比率が異なると考えられる。統計的調査ではないために，収穫物に対する比率にかなりの幅が生じたとも考えられる。J. スコット流にいえば，小農民の生存に必要な量の収穫物を彼らの手元に残すことを前提にフレキシブルに定める小作料は，農民の目からすれば生存保障的である。より重要と思われるのは，タディエンがそのような交渉力を持ち得たか否かである。

獲すること，とりわけ産卵期の捕獲は厳しく禁じられ，違反者は小作地を取り上げられた（同［史料］p. 334，(14) N・V・T 証言)。大概の地主は，たとえ稲作が行われない乾季であっても小作人が稲以外の作物を生産することを嫌った。バナナ等の果樹，野菜，また運河の土手に樹木を植える際にも地主や管理人の許可が必要だった。幸いに許可を得て収穫が得られると，その一部は彼らにお礼として差し出した[36]。不在地主制の下で耕作者の自由な生産活動は禁止され，土地利用は米生産に制限されていたのである。

(2) 不在地主と仲介監督者

　調査例のうちで地主の居住地を尋ねると，ドンタップ，ヴィンロン，カントー，オーモン，隣村のトイタインであった。トイタイン村出身者でオーモン県（郡）知事を務めたトーイ Thoi という人物がオーモン運河奥のチュオンフーに多くの土地を所有したこと，トイドン村のコードー農園のフランス人「マラン Mallein」[37]の下で小作人として雇われていた，と語る人もいた。それらはドンタンやドンホア，ドンフォック，リエンタップドアンなどティディ運河沿いおよびドゥン運河奥のトイドン村に隣接した集落に集中した。

　ドゥン運河に面したトイライ村西部に，かつての在村大地主チョン Trong の籾倉庫跡地が調査当時も残っていた。コンクリートの土台だけである。フランス国籍のベトナム人チョンは，母とともに現リエンタップドアン集落近くに住んでいた。第一次インドシナ戦争が始まった時に，彼は合計すれば 600 ha 近い村周辺の所有地を放り出して，サイゴンに逃げてしまった。

　ドンタップの地主は，年に1度の収穫が近づくころ，所有地の作柄を見にやってきた。不在地主の土地における生産は，地主に雇われた中間管理者が取り仕切った。前述したように，植民地当局から広大な土地の分配を受けても，実際の開墾と耕作を担う農民を差配する中間管理者が見つけられなかった 20 世紀初頭には，土地は放置状態のままであった。不在地主制を支えた仲介層にはディエンマンチュ，フンディエンと称された人びとが，またフランスの農園会社では陸軍の階級に似せたシェフ Chef（兵長 caporal chef），カップラン Cap Rang（伍長 caporal）が異なる任務と報酬で配置されていた[38]。

---

36) 本書巻末［史料］(14) (28) (33) 参照。
37) 同上 (2) (8) (9) (25) (31) (32) (35) 等参照。
38) P. Brocheux は，開拓の時代にデルタ西部に入植したフランス人農業者たちは少数ではあった

新開地にやってきた土地なし農民に接触して小作契約を成立させるのはフンディエンの役割で，彼らがタディエン（小作人）の選定，土地の配分，稲作に必要な資材の貸与（種籾，水牛，農具など），地代や借金の取り立てを行った。また彼自身も地主から小作地を付与されて稲作を営んだ。小作地の規模は，借地する農民の性格や信用度，稲の生産能力，家族数，年齢，土地の肥沃度や収穫率によってフンディエンが決定した。それは数コンcongのものから100コンを越えるものまで多様であった。
　たとえば，ドンタップのある地主は，オーモン運河開削と同時に払い下げ地の開発権を取得し，信用のおける彼の小作人を家族で入植させて生産現場を監督させた（表5-5 No. 33の例）。600コンを越えるその地主の土地管理をまかされたフンディエンは，土地をさまざまな区画に分けてタディエンを雇用し，小作料を徴収した。フランス人の小作地では，収穫のころに派遣されたカップランが作柄や地代の滞りなき供出状況を調べにきた。

(3) 日雇い農業労働

　調査した元小作人のうち多数が，農閑期の出稼ぎによって家計の収入を補充していたこともわかった。小舟で出稼ぎに行くことができたのは，自作農とベトナム人地主の小作人だったようだ。彼らは毎年，収穫前と次の稲作準備を始めるまでのそれぞれ数ヶ月間，さまざまな土地に出かけては日雇い農業労働者として働いた。無数の運河や水路を通って，デルタのどこにでも容易に移動しながら雇用された。
　ある農民は，ラックザー，バクリュウ，ソクチャン，ロンスウェン，ドンタッ

が，先進的な農業技術や近代的制度の移植を試みた点において，再評価されるべきだと主張している。フランス人の稲作地はコーチシナ稲作面積の約1割を占め，それらのほとんどが小規模な区画に分割して小作人に委託する現地の生産慣習に従った。しかしトランスバサックに居住し，自ら指揮して直接耕作並びに監督経営に当たったフランス人大規模農園企業家は，農学的研究や機械の積極的導入，流通過程の合理化，地場工業の設立による農閑期の労働者の雇用，輸出市場へのアクセス，書面による契約の慣行化など，デルタ農業の近代化への萌芽を指し示した。世界恐慌やインドシナ戦争の動乱のなかで，彼らは現実主義的な対応によって危機を乗り越え，稲作の生産現場から離れなかった。彼らのメコンデルタからの撤退は，ベトナム北部からのカトリック難民の入植場所として土地を確保しようとしたゴー・ディン・ジエム政権と，稲作地よりゴム農園の権益保持を優先したフランス政府との政治的取引に基づくものであった（Brocheux & Yoko Takada，広大低地氾濫原の開拓史 —— 植民地期トランスバサックにおける運河社会の成立『東南アジア研究』No. 39, No. 1, 2001, pp. 62-68）。

プなどデルタの広域で働いた。家族全員で毎年移動生活を数ヶ月続けていたケース，妻と子を残して単身で出かけたケースもあった。サンパンは屋根付きで，寝泊まりも煮炊きもできる簡素な家財道具を積み込んでいる。自作農であっても作柄の悪かった年や生活が苦しくなると，臨時収入を得るために田植え，収穫，荷運び，荷下ろし，サンパンの漕ぎ手などさまざまな仕事をした。雇用するのは農園，自作農，小作農，いずれの場合もあった。

メコンデルタの雨季稲栽培は，降雨量やメコン川の増水，また地形によって作付け時期が微妙にずれる。仏領期もチャウドックやドンタップなどでは，洪水を避けて乾季や雨季の終わりに稲作を開始する地域がある。同一の地域であっても，場所によって作期がずれるのは普通のことだ。それらの状況から，農繁期の臨時的雇用を求めて移動を繰り返すことは，メコンデルタで生きる小農民の通常の生存戦略だった。

(4) 大土地所有の実態

先のイヴ・アンリの調査に仏領期のトイライ村の事例が出てくる。村の特徴は，低い水田地帯で2回移植の雨季稲が栽培されていること，かなりの所有地がタディエンを使用した小作制に基づき生産され，土地所有の平均的規模は20-25 ha と記されている[39]。

カントー省の土地所有状況は，小土地所有者は土地所有者総数の60%であったが，土地面積では9%しか占めない。10-50 ha の中土地所有者は35.5%とほぼ3人に1人で，面積では39.3%である。一方大土地所有者は数の上では4.3%ほどだが，面積では52%を占めた（表5-7）。大土地所有者は686人いて，そのなかには500 ha を超える巨大地主が23人存在した。カントー省のなかでもトイライ村を含むオーモン郡とフンヒエップ郡は，100 ha 以上の所有者がそれぞれ90名を超えており，他の郡と比較すればその数はかなり多い[40]。

表5-8は，フランスからの独立戦争後に公布された農地改革法によって，フォンディン（旧カントー）省53村で有償収用された地片の合計面積を示している[41]。ゴー・ディン・ジエム政権の農地改革（1956.10.22　第57法令により施行）

---

39) Henry, *op. cit.*, p. 313.
40) *Ibid.*, p. 162.
41) 1940-1955年当時のベトナム南部地方は，日本軍による仏印進駐（1940-1945年）からインドシナ戦争（1946-1954年）を経て，ベトナム共和国の成立（1955年）という激動の時代にあった。ト

表 5-7　仏領期カントー省の規模別土地所有状況（所有者数・所有面積）

所有者数（%）							
0–1 ha	1–5 ha	5–10 ha	10–50 ha	50–100 ha	100–500 ha	500 ha 以上	計
3,179 (20.6)	6,130 (39.6)	2,601 (16.8)	2,891 (18.7)	403 (2.6)	260 (1.6)	23 (0.1)	15,487
所有面積（%）							
0–1 ha	1–5 ha	5–10 ha	10–50 ha	50–100 ha	100–500 ha	500 ha 以上	計
2,025 (1)	15,874 (8)	18,341 (9.2)	59,343 (30.1)	27,723 (14.5)	49,409 (25)	24,137 (12.2)	196,852

史料：Yves Henry, *Economie agricole de l'Indochine*, Hanoi, 1932, pp. 162, 187.

　では，フランス人を除く大地主を対象に，所有地の上限を 115 ha（15 ha は祖先祭儀のための香火田，残り 100 ha は水田。そのうち 70 ha は小作契約も可）と定め，それを越える面積の土地を政府が収用した。有償による地主からの買い上げ，その後に小農民に低価格でそれらを再分配するというものであった。共和国官報に公表された議定（収用令）の内容，すなわち私的所有地の収用情報に基づいて，農地改革の実施量を村別に集計したものが表 5-8 である。これによれば，トイライ村はカントー省最大規模の土地収用の村であったことがわかる。

　トイライ村では，村内 68 の地片が収用され，その合計面積は 4034.4 ha であった。同村の総面積は約 6000 ha であるから，村の土地全体の 3 分の 2 が法令上の収用対象地となったわけである。むろん，それはかつての小作地だった。土地を収用された地主は，2 人のインド人チェティーを含む 49 名である。うち 18 名は複数の地片を収用された（表 5-9）。インタビューした農民の話のなかに出ていた地主の名前も，この農地改革期の土地収用者のなかに見いだすことができた。

　地主の所有地は村や県・郡の枠を超えて広域に存在する例もある。ある特定の地主に注目して，カントー省の別の村々でその地主が収用された分をすべて合計すると，たとえばトイライ村での収用地は 186.5 ha でも，カントー省 15 村に分散していた彼の所有面積の合計は 1200 ha 以上に達した巨大地主もいたことがわかった。ベトナム共和国の農地改革によって，カントー省において収

イライ村の農民たちが証言したように，フランス植民地支配からの解放を求めるインドシナ戦争が始まると，メコンデルタ西部の不在大地主の所有地は次々と解放区となった。1956 年以降の共和国政府による土地収用の議定（法的手続き上，収用される地主名，土地の所在，面積等が記載されている）を地名を比定して集成・分類することによって，仏領期最終段階におけるメコンデルタ大土地所有制の実態をある程度は再構築できるのではないかと考える。

表5-8 フォンディン省（旧カントー省）53村の収用地総面積（1958/66年）

（村名）	人数*	ha	（村名）	人数*	ha
Thoi Lai	47	4,034.4	Dinh Mon	9	125.9
Truong Thanh	30	1,571.6	Tan Thoi	8	367.6
Phung Hiep	26	2,370.7	Thoi Dong	7	1,184
Long Thanh	23	744.1	Xa Phien	7	851.5
Tan Binh	22	1,131.1	Giai Xuan	7	254.2
Vi Thanh	20	2,493.3	Phuoc Thoi	7	196.5
Truong Long	19	2,634.6	Long Thuyen	7	143.4
Phuu Huu	19	1,011.9	Luong Tam	6	1,270.9
Thanh Hoa	19	543.9	An Loi	6	359.8
Vi Thuy	18	244.9	Thoi Long	5	167.2
Hiep Hung	17	966.6	Binh An	5	128.8
Dong Phuoc	17	867.6	Vinh Vien	4	1,121.9
Phuong Binh	16	1,605.2	Dong Phu	4	705.2
Vinh Tuong	15	3,004.1	Thanh Hoa Thon	4	165.1
Long Tri	15	1,972.4	Nhon Ai	4	127.6
Thoi Thanh	14	732.5	Thoi An	4	59.9
Tan Phu Thanh	12	259.9	An Binh	4	47.3
Vinh Thanh Dong	11	1,536.7	Thuong Thanh	4	36.6
Long Binh	11	1,397.7	Long Hung	4	346
Tan Phuoc Hung	11	564.7	Thanh An	3	248.7
Hoa Luu	10	2,275.3	Thuong Thanh Dong	3	64.7
Long Phu	10	1,800.8	Ohuong Phu	2	144.7
Hoa My	9	2,084.7	My Khanh	2	13.1
Hoa An	9	1,031	Vinh Binh	1	180.4
Thuang Hung	9	977.4	Ngan Thien	1	60.2
Nhon Nghia	9	485.6	Thuan Dong	1	45.8
Thoi An Dong	9	169.2	Thanh Phu	1	17.7
			合計	567**	46,946.60

出所：南ベトナム政府公報より抽出した申告事例の基礎データ（大野美紀子氏提供）を筆者が整理・集成したもの。
＊一人が複数の地片を収用される場合がある。
＊＊複数村での重複を含む延べ人数。

用された土地が1村につき100 haを超える大土地所有者を抽出して集計したものを，表5-10に示した。彼ら97名の収用地面積は合計3万5338.7 haであり，これは同省の収用総面積の75％に達した。このなかで，収用地の合計が1000 haを超える巨大地主は6名であった。ラム・クァン・トイ（Lam Quan Thoi）［先の聞き取り調査で農民が語っていたオーモン郡長トイという人物］は5村に3170 ha（16地片），フィン・タン・トゥオック（Huynh Tan Tuoc）は4村に2831 ha（14地片），フィン・ティエン・トゥオック（Huynh Thien Tuoc）は2村に

表 5-9　トイライ村の規模別収用地片数 (1955-65/66 年)

規模別 (ha)	数
0-50	41
50-100	17
100-150	3
150-200	3
200-250	1
250-300	2
300-350	0
350-400	0
400-450	1
計	68 (4,034.4 ha)

＊49 人が対象 (内 18 人は複数地片)
資料：表 5-8 と同じ。

1490 ha (4 地片)，グエン・ヒエン・キー (Nguyen Hien Ky) は 4 村に 1278 ha，ラム・ゴック・イェン (Lam Ngoc Yen) は 1 村に 5 地片で 1035 ha，チュオン・フー・タン (Truong Huu Thanh) も 1 村で 1035 ha (5 地片) を収用されている。その他にも，同様に収用地片を合算してみると，チャン・ルー (Tran Lu) は 14 村に 1165 ha，アラガッパ・チェティ (Alagappa chetty) は 55 片で 1387 ha を収用されたこともわかった。彼らは，紛れもなく仏領期のカントー省で大土地を集積した者たちである。これらの他にも 1000 ha を超す土地所有者はまだ存在した可能性がある。先のトーイという人物の他，表 5-10 には農民の記憶のなかに残っていた在村大地主チョン Trong (Ta Quang Trong) の名も現れる。チョンはトイライ村の 281 ha，ニョンニア村の 119 ha，チュオング村の 200 ha 以上，合計 600 ha を収用されていた。つまり Trong は少なくともカントー省に 700 ha 以上の土地を集積した人物だったことになる。

表 5-10　収用地片の合計が 1 村で 100 ha 以上の者一覧（フォンディン省 53 村）(1958/66 年)

氏名	村名	地片数	面積 (ha)	合計面積 (ha)
Alagappa chetty	Dong Phuoc	4	128.5	752.7
	Truong Thanh	3	104.4	
	Tan Thoi	10	302.5	
	Thoi Thanh	6	217.8	
Bui Louis	Hoa Luu	2	126.6	126.6
Bui Quang Vang	Thoi Lai	2	262	262
Bui Van Sach	Hoa My	2	251.4	251.4
Do Huu Tri	Phuong Binh	1	115.7	411.8
	Phuong Phu	1	115.7	
	Vinh Binh	1	180.4	
Doang Thi Kieu	Phuong Binh	2	116.8	116.8
Duong Thi Truong	Hiep Hung	1	251.5	251.5
Ha Thi Ton	Hiep Phung	2	151.7	151.7
Ho Van Gi	Thuang Hung	2	184	184
Hong Sen	Xa Phien	1	209.1	209.1
Huynh Huu Nghi	Vi Thuy	1	106.5	106.5
Huynh Huu Vinh	Vi Thuy	1	110.6	110.6
Huynh Tan Loi	Hoa Luu	3	179.6	179.6
Huynh Tan Tuoc	Hoa Luu	8	943.7	2,831.9
	Vi Thanh	2	431.7	
	Vi Thuy	1	106.3	
	Truong Long	3	1,350.2	
Huynh Thi Ty	Vi Thuy	2	492.3	492.3
Huynh Thien Dien	Long Tri	2	254	254
Huynh Thien Loc	Thuang Hung	1	233.1	233.1
Huynh Thien Nhon	Long Tri	1	305.9	305.9
Huynh Thien Tap	Hoa An	2	137.3	327.4
	Phuong Binh	2	190.1	
Huynh Thien Tich	Long Tri	1	208.5	208.5
Huynh Thien Tinh	Vi Thanh	1	151.1	151.1
Huynh Thien Tru	Vi Thanh	1	103.1	205.9
	Vi Thuy	1	102.8	
Huynh Thien Tuan	Long Binh	4	185.3	185.3

（表 5-10 の続き）

氏名	村名	地片数	面積 (ha)	合計面積 (ha)
Huynh Thien Tuoc	Vi Thuy	1	140.6	1,490.8
	Truong Long	3	1,350.2	
Karouppane chetty	Phuong Binh	1	101.8	101.8
Lai Van Duong	Xa Phien	1	219.8	219.8
Lam Ngoc Yen	Long Phu	5	1,035.70	1,035.70
Lam Quang Chieu	Phung Hiep	3	288.60	560.80
	Thoi Dong	1	272.20	
Lam Quang Van	Long Binh	1	227.9	799
	Vinh Tuong	3	571.1	
Lam Quang Thang	Vi Thuy	1	108.6	384.1
	Vinh Tuong	2	275.5	
Lam Quang Thoi	Long Tri	1	135.7	3,170.1
	Vi Thuy	2	221.6	
	Vinh Thanh Dong	5	583.3	
	Vinh Tuong	6	1,220.1	
	Vinh Vien	2	1,009.4	
Latchoumanane chetty	Thoi Lai	2	136.6	136.6
Le Dang Thoi	An Loi	3	205.9	205.9
Le Hien Si (Vi Mau Doan)	Vi Thanh	2	109.7	109.7
Le Van Nhi	Thanh An	1	170.4	170.4
Le Van Sanh	Phung Hiep	2	130.5	130.5
LY Van Than	Vinh Thanh Dong	4	225.6	225.6
Ly Tan Loi	Hoa Luu	3	179.6	179.6
Mai Viet Phai	Long Tri	4	382.2	382.2
Ngo Len	Vi Thanh	1	198.6	198.6
Nguyen Duy Sam	Thoi Lai	1	190.4	190.4
Nguyen Hao Ca	Thoi Lai	2	196	196
Nguyen Hao Ca	Thoi Dong	1	381.1	381.1
Nguyen Hien Ky	Hoa An	2	154.9	1,278.4
	Long Binh	8	600.3	
	Vi Thuy	1	108.2	
	Vinh Tuong	7	415	
Nguyen Hien Tri	Hoa An	2	123.7	123.7
Nguyen Kim Lang	Phuong Binh	1	296.5	296.5

(表 5-10 の続き)

氏名	村名	地片数	面積 (ha)	合計面積 (ha)
Nguyen Kien Ba	Luong Tam	1	310.7	310.7
Nguyen Khac Thieu	Thoi Lai	1	139.3	139.3
Nguyen Phuoc My	Hoa My	4	641.8	641.8
Nguyen Phuoc Tai	Hoa My	3	431.5	431.5
Nguyen Thi Dieu (Gioi)	Phu Huu	3	154.5	154.5
Nguen Thi Manh	Tan Binh	3	106.6	106.6
Nguyen Van Cau	Phu Huu	2	170.7	170.7
Nguyen Van Doi	Hoa My	3	457.7	457.7
Nguyen Van Duoc	Phung Hiep	2	147.1	147.1
Nguyen Van Gio	Xa Phien	7	234.9	234.9
Nguyen Van Kinh (Henri)	Tan Binh	1	214.9	214.9
Nguyen Van Nhieu	Hoa My	1	121.3	121.3
Nguyen Van Phan	Long Tri	2	208.8	208.8
Nguyen Van Thep	Phung Hiep	5	135.3	135.3
Nguyen Van Thien	Luong Tam	1	160.1	160.1
Nguyen Van Truong	Phuong Binh	3	168.3	168.3
Nguyen Viet Sam	Truong Thanh	2	200.4	340.8
	Truong Thanh	1	140.4	
Nguyen Xuan Hy	Nhon Nghia	2	110.1	110.1
Pham Van Binh	Thoi Lai	2	105.5	105.5
Pham Van Tho	Long Tri	1	137.9	137.9
Phan Quang Xay	Thoi Lai	1	401.5	401.5
Phuong Bang (Luong Phuoc)	Tan Phuoc Hung	7	362.4	362.4
Quang Minh Tam	Hoa An	3	122	417.4
	Vinh Tuong	4	295.4	
Ramanathan chetty	Nhon Nghia	2	110.7	210.7
	Thoi Lai	1	100	
Ta Phe	Luong Tam	8	407.8	407.8
Ta Quang Trong	Nhon Nghia	3	119	400
	Thoi Lai	1	281	
	Truong Long	1	201.9	201.9
Ta Sung	Long Phu	1	225.3	225.3
Ton Van Vui	Thuang Hung	3	381.6	381.6

（表 5-10 の続き）

氏名	村名	地片数	面積 (ha)	合計面積 (ha)
Tong Van Xieu	Phung Hiep	3	106.6	106.6
Tran Bich	Hoa An	5	148.9	148.9
Tran Ky Van	Vi Thanh	1	107.5	107.5
Tran Lu (Mai Thi N am: Chieu)	Dong Phu Phu Huu Thoi Lai	6 7 1	551.3 116 186.5	853.8
Tran Tan An	Thoi Lai	1	264.1	264.1
Tran Tan Kiet	Long Thanh	2	107.2	107.2
Tran Tan Mau	Truong Thanh	7	242.8	242.8
Tran Tan Thanh	Hiep Hung	4	192.1	192.1
Tran Thi Can	Vi Thanh	3	448.2	448.2
Tran Thi Nham	Hoa Luu	1	272.7	272.7
Tran Van Cuu	Hoa An Phuong Binh Vi Thuy	4 4 1	190.2 155.3 151.9	497.4
Tran Van Ho	Hoa Luu Vi Thuy Vinh Thanh Dong	5 2 1	172.5 265 281.4	718.9
Tran Van Ngo	Hoa Luu	6	405.4	405.4
Tran Van Nhut	Thoi Lai	2	164.3	164.3
Tran Van Qui	Thoi Lai	1	100	100
Tran Van Tam	Tan Binh	2	110	110
Trieu Cuong	Phung Hiep	7	475.8	475.8
Truong Huu Thanh	Long Phu	5	1,035.7	1,035.7
Truong Ke Tan	Vi Thanh	2	280	280
Truong Manh	Vi Thanh	5	165.6	165.6
Truong Ngoc Nhieu	Phu Huu Phung Hiep	1 2	152.7 125.7	278.4
Truong Van Cuong	Vi Thuy	1	161.2	161.2
Vo Xuanh Hanh	Dong Phuoc Phuong Binh Truong Long	2 3 1	114.8 184.3 119.6	418.7
計				35,338.7

＊同表は対象者 98 名，その地片総面積は収用地全体の 75％を占める。

第2節　海岸複合地形の砂丘上村落
―― 先住クメール人古村へのベトナム人の進出

　チャヴィンの地形は，海岸平野とそのなかに何本もの細長い円弧を描く砂丘列，砂丘列間の潟地，マングローブ樹林帯などを含むメコンデルタの「海岸複合地形」を代表する[42]。ベトナム語のチャヴィン Tra Vinh（茶栄）は，もともとクメール語の Prac Prabang（仏陀の池）に由来する[43]。
　チャヴィン省は，19 世紀末から 20 世紀初頭の世紀転換期に，フランス領コーチシナで最大規模のクメール人人口を擁した。フランス植民地時代の記述によれば，一般にクメール集落は，自然の排水によって雨季の洪水を免れる砂丘（帯状微高地 Giong）に立地していた。人びとは砂丘とその斜面の土地で，雨季の稲作と乾季の地下水利用の畑作を組み合わせ，1 年を通した農業を営んできた。現在もなおベトナム領メコンデルタには約 90 万人の在住クメール人が，チャヴィン，ソクチャン，チャウドック 3 省に偏在する。ベトナム領メコンデルタの総人口にしめるクメール人の比率は，20 世紀初頭には 12％以上だったが，世紀末には 6％に減少した。率直に述べて，20 世紀を貫くメコンデルタの民族史は，ベトナム人による「ベトナム化」を抗いがたい底流とした。
　筆者が農業調査を実施したのは，チャヴィン省の古い砂丘上に立地するホアトゥアン村である[44]。本節では，ホアトゥアン村の臨地調査に基づいて，これ

---

42) 前節と同様，筆者のメコンデルタの地形に関する理解は，Nguyen Huu Chiem, "Geo-Pedological Study of the Mekong Delta,"『東南アジア研究』3(2)，1993 に基づいている。
43)「Tra Vinh」は，フランス植民地期以来使用されたアルファベット表記の地名である。それ以前には，ベトナム人は漢字で Pra を茶（Tra），Bang を閬（Vang）と表記していた［La Société des etudes Indo-Chinoises, *Géographie physique et historique de la Cochinchine, Monographie de la Province de Tra-Vinh*,（以下 *MPTV* と略），1903, p. 5］。チャヴィン市の中心部からおよそ 5 km 離れた旧チャフー県グエットホア Nguyet Hoa 村には，地名に因むバオム池（Ao Ba Om）の観光地がある。池は巨大な長方形で，その周囲を見事な老大樹（ヤオ Dao／サオ Sao）が縁取る散策道がある。池の近くの林のなかにアン寺（10 世紀建立）とクメール民族記念博物館がたたずむ。チャヴィンは，ドイモイ下のメコンデルタで進行中の商業的でダイナミックな発展にはどこか距離を置いた，独特の風土を感じさせる地方であった。
44) 1994 年 8 月と 1995 年 8 月にチャヴィン省全体を概観するための予備的一般調査を実施し，続いて視察した数ヶ村のなかから調査村を決定した。1996 年 8 月（雨季）および 1998 年 3 月（乾季）にホアトゥアン村の臨地観察とインテンシヴな聞き取り調査を行った。1995 年 12 月，96 年 8 月，

まで充分には明らかにされてこなかったメコンデルタの先住クメール人農業社会へのベトナム人の具体的な進出過程，そして植民地支配下の開発と大地主制の展開を考察する。はじめにチャヴィン省の自然と多民族社会の現状を概観する。次に調査村の地形と土壌を軸とする農業条件，土地利用の変遷，集落と民族の分布，および諸集落の成立史に関わる社会的建造物等の存在から，農業開拓に関する仮説を提示する。さらに，歴史資料の分析も加えて，村落内における諸民族の統合過程を考察する。最後に，植民地期の旧大地主についての聞き取り調査から収集した情報を総合し，調査地域の土地集積と解体過程を論じる。

1. チャヴィン省の農業社会

(1) 自然と稲作

メコン川の本流ティエンザン (Tien Giang・前江) は，ヴィンロン付近でいくつもの支流に分かれる。そのうち一番西のコチエン (Co Tien) 川と，メコン川の西の分流ハウザン (Hau Giang・後江，バサック) 川に挟まれ，南シナ海に臨む地がチャヴィン省である。上流側にヴィンロン省，コチエン河左岸にベンチェ省，ハウザン右岸にソクチャン省が接している。チャヴィン省の海岸複合地形を最も特徴づける微高地 (Giong・以下砂丘と表現する) は，海岸線と平行に緩やかな円弧を描いて，帯状に何層も発達している。それらは標高 2-4 m 以内，幅は 500 m-2 km，またその長さはわずか数 m-40 km に及ぶものまでさまざまで，とぎれがちに存在する。砂丘列の間には海抜 1 m 以下の低地や潟地，自然小河川等を含む。

川の沿岸近くでは，自然河川を伝い，または土中の浸透圧によって乾季 (11月から 4月) に潮水が浸入する。省内 7 県のうち (図 5-5)，塩分土壌の問題をかかえる南部は，北部と比べて農業生産力が低い。海岸複合地形にみられる土壌の塩害は，降雨量の少なさと相まってこの地域の農業発展の桎梏とされる。それは，現在のチャヴィン省がメコンデルタ最貧地域である理由の一つに挙げられる。

ベトナム南北の統一後，政府は旧クーロン省 (現ヴィンロン省とチャヴィン省

---

97 年 7 月には，ホーチミン市のベトナム国家公文書保存センター II において，同村周辺に関する仏領期文書史料の調査を行った。

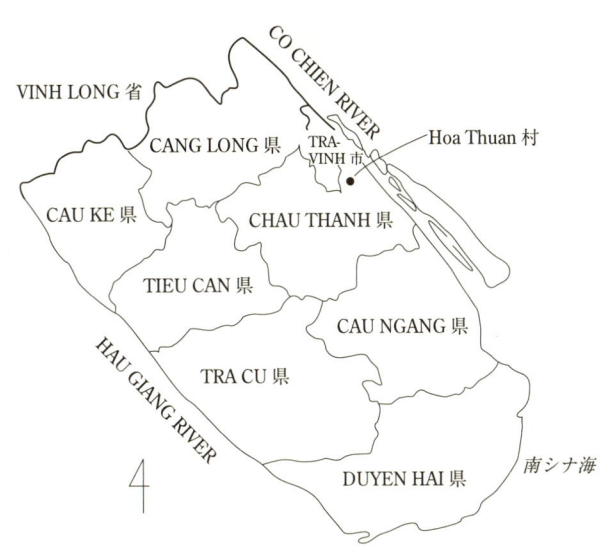

図 5-5　チャヴィン省 7 県と調査村の位置 (1995 年)

表 5-11　チャヴィン省 7 県のコメ生産状況 (1990 年)

県名	米生産 面積 ha	生産量 ton	冬春米 ha	ton	夏秋米 ha	ton	雨季米 ha	ton
Cang Long	32,527	113,606	9,524	42,713	14,361	40,088	8,642	30,805
Cau Ke	27,905	107,022	5,450	25,506	14,048	52,744	8,407	28,772
Tieu Can	19,327	65,612	4,435	18,828	7,281	21,644	7,611	25,140
Chau Thanh	22,253	60,750	638	2,066	4,782	9,867	16,833	48,817
Tra Cu	19,556	56,781	890	3,133	2,649	8,289	16,017	45,359
Cau Ngang	15,246	41,818	—	—	2,171	6,390	13,075	35,428
Duyen Hai	3,679	9,420	—	—	171	522	3,508	8,898
計	140,493	455,009	20,937	92,246	45,463	139,544	74,093	223,219

出典：Vu Nong Nghiep Tong Cuc Thong Ke, *So Lieu Thong Ke Nong Nghiep 35 Nam (1956-1990)*, Hanoi, 1991, p.586.

を含む) の水利事業として，マンティエップ川から真水をチャヴィン地方に供給する水路の建設，および海水の進入を防ぐ水門建設を推進した。チャヴィン北部の諸県はいち早くその恩恵を得た。1990 年の稲作状況 (表 5-11) から，カンロン (Cang Long)，カウケー (Cau Ke) およびティエウカン (Tieu Can) の北部 3 県においては，灌漑が必要な冬春米の栽培および作期の短い高収量品種米の

第 5 章　開拓のなかの農村　267

導入が早かったことが確認できる。北部3県は，調査時，このようにチャヴィン省の稲作先進地域であった。

これに対して砂丘や塩分土壌の問題の多い南部諸県は，伝統的な雨季1期の稲作が中心であった[45]。南部のチャクー（Tra Cu）において大規模な幹線水路事業が完成したのは，1995年である。南部諸県の地方政府は，引き続いて幹線水路につなぐ第2次・第3次水利網の拡大に力を入れた。チャヴィン南部は，1990年代の半ば以降にようやく集約的農業の時代を迎えたのである[46]。

(2) 民族分布

チャヴィン省の総人口約98万人のうちベトナム人（Kinh）は約70万人（70.9％）である（1995年現在）。クメール人（Khmer）は27万人（27.6％），その他華人系ホア（Hoa）が1万4000人（1.5％），少数のチャム人も居住している（表5-12）[47]。

ベトナム人は，すでに部分的には3期作も達成した前述の北部のカンロン県（ヴィンロン省県境）で圧倒的多数を占める。また東部地域すなわちコチエン川沿いのチャウタン（Chau Thanh）県やカウガン（Cau Ngang）県にも多く居住する。これに対してクメール人は，砂丘の発達した南部に多く居住し，当時はチャクー県では住民の多数派であった。たとえばチャクー県ハムザン（Ham Giang）村では，住民の85％がクメール人で占められ，同村のベトナム人もク

---

45) 私は1994年8月に，Cau Ngang県とTra Cu県の低地で行われていた田植えを視察した。高畦に囲まれ，貯水池のように水を張った水田のなかで，農民が葉先を切り取った大苗の束を小舟で運んでいた。土壌を洗浄して塩分濃度を下げるための十分な雨量を待ち，田植えを行う。刈取りは，乾季に入るや土中の塩分濃度が高まる前に行われなければならない。

46) 1995年以降，南部諸県では雨季の始めに短期収穫型の夏秋米を導入することにより，2期作化が進展中であった。

チャヴィン省における米生産（1995-1998年）

	作付け	生産性	生産量	春米		秋米		冬米	
	1,000 ha	Ta/ha	1,000 ton	ha	Ta/ha	ha	Ta/ha	ha	Ta/ha
1995	169.3	38.2	647.4	35.0	48.5	50.0	44.1	84.3	30.5
1996	159.2	42.6	678.7	39.1	46.2	66.3	34.9	53.8	47.6
1997	200.9	35.5	714.0	46.0	47.3	73.4	34.0	81.5	30.2
1998	210.0	35.4	744.0	48.5	48.7	80.0	32.7	81.5	30.2

出典：Social Rebublic of Vietnam, General Statistical Office, *Statistical Yearbook 1999*, 2000, pp. 50-67.

47) この種の統計は，自己申請に基づくエスニック分類である。現代のメコンデルタのクメール人は，ベトナムではkhmerもしくはkhomeと表記される。

1920年代のチャヴィン

上 チャヴィンの中央市場：低平なデルタの土地は一般に野菜作りに適さなかったが，19世紀末にここを訪れたフランス人はチャヴィンの大市場には多種類の野菜が多く売られていたと特筆している。(N-118/9)

中 仏教寺院の塔：クメール人が信仰する上座仏教寺院の敷地には大小のストゥーパが建てられる。写真は市内の立派な仏塔。(N-119)

下 民族間の関係：チャヴィンの華人はバサック川下流域（ティウカンやチャクー）に多く，クメール人と共存した。他方，ベトナム人は東のコチエン川からチャヴィンに進出し，一部は土地集積に成功する。写真はコチエン川沿いのカウガンの華人系ベトナム人大地主の廟。(N-119)

第5章 開拓のなかの農村

表 5-12　チャヴィン省の県別民族人口（1995年）

県・市	人口	キン人口 (%)	クメール人口 (%)	華人人口	チャム人口	その他
Tra Vinh 市	68,444	54,328	6,689 (9.8%)	7,341	44	42
Chau Thanh 県	147,382	95,927	50,429 (34.2%)	994	0	32
Cang Long 県	158,490	149,678	8,184 (5.2%)	572	11	45
Tieu Can 県	108,595	77,432	29,507 (27.2%)	1,647	0	9
Tra Cu 県	163,482	74,578	86,729 (53.1%)	2,106	7	62
Cau Ke 県	116,053	82,282	33,186 (28.6%)	580	1	4
Cau Ngang 県	137,822	94,167	42,706 (31.0%)	920	0	39
Duyen Hai 県	77,613	65,027	12,394 (16.0%)	189	0	3
計	977,891 (100%)	693,419 (70.9%)	269,824 (27.6%)	14,349 (1.5%)	63	236

出所：*So Lieu Cua Cuc Thong Ke Tinh Tra Vinh*, 1995, p. 26.

メール語を話した[48]。華人系はチャヴィン市内やハウザン川に面したチャクー県とティエウカン県に居住する。人口は数字の上では少数だが，クメール人もしくはベトナム人とそれぞれ自己申告する人びとにも，実際は華人系混血の場合が非常に多くみられた。

2. ホアトゥアン村周辺の自然と農業

(1) 地形と土壌

　ホアトゥアン (Hoa Thuan) 村は，チャウタン県に属し，省都チャヴィン市の東隣りに位置する（図 5-6）。北をコチエン川に，南をフォックハオ (Huouc Hao) 村，東をフンミー (Hung My) 村，南西をダロック (Da Loc) 村，北西をロンズック (Long Duc) 村と接している。南北約 10 km，面積 2700 ha の細長い行政村に，人口 1 万 7180 (1995) を擁す。同村は 1997 年に南北二つの村に分離したが，本節で用いる「ホアトゥアン村」は両新村を含む分離前の旧村を指すことをあらかじめ断っておく。

　村の中央を，砂質の土から成る帯状の砂丘がほぼ貫通する。ベトナム地理院測地局作成の最新の1万分の1地図に書き込まれた標高値によれば，砂丘といっても標高 2 m 前後から最高 3.6 m 程度の微高地である（図 5-7）。それは村の北にゆくほど低く，幅も狭くなる。南に向かって幅は広くなるが，フォックハオ

---

[48] 高田「チャヴィン省のクメール・クロム：1995 年夏のメコンデルタ農村調査報告」『国際教養学論集』no. 6，1995 年，pp. 18-19.

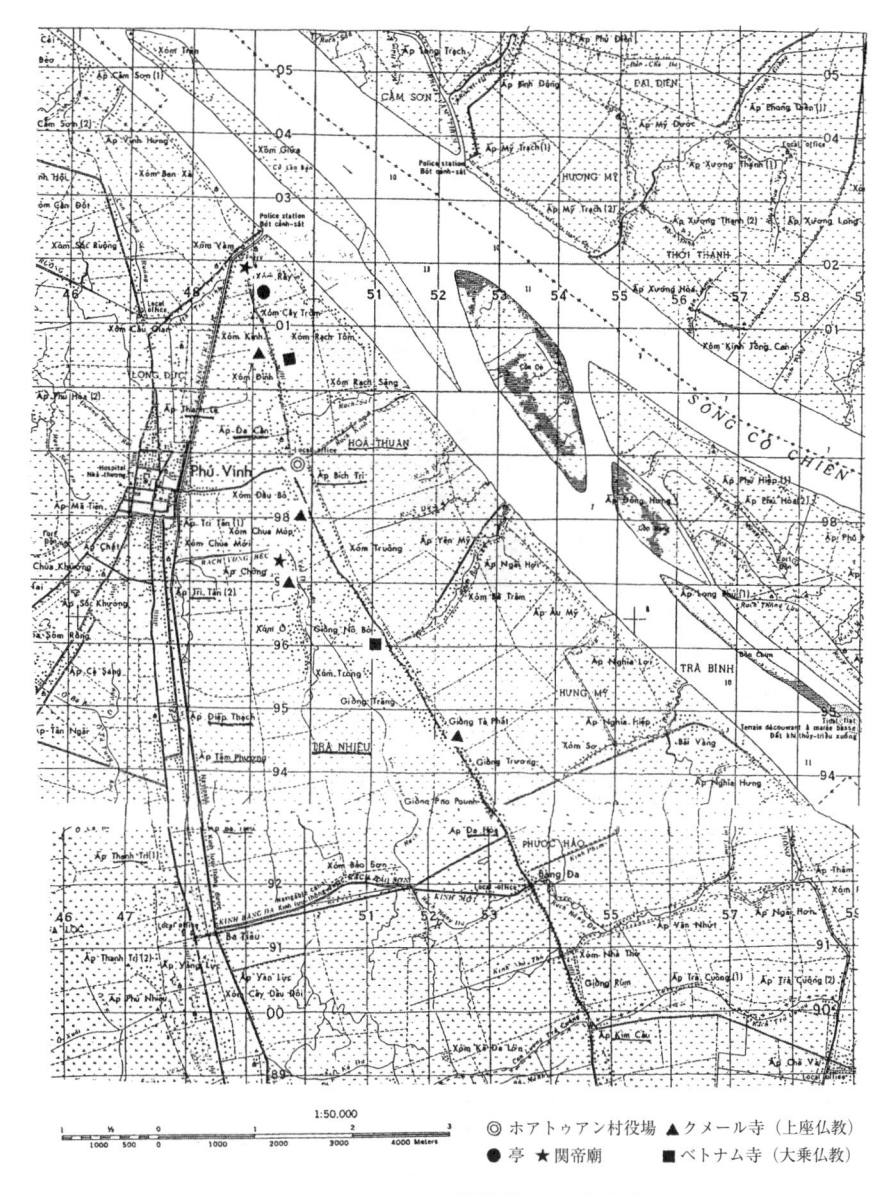

図 5-6　ホアトゥアン村周辺地図（1960 年）
注：ゴー・ディン・ジエム政権期の地図では，チャヴィンはフーヴィン（Phu Vinh）に変わり，キラ（Ky La），チホン（Tri Phong），クイノン（Qui Nong）などの地名は無くなっている。

第 5 章　開拓のなかの農村

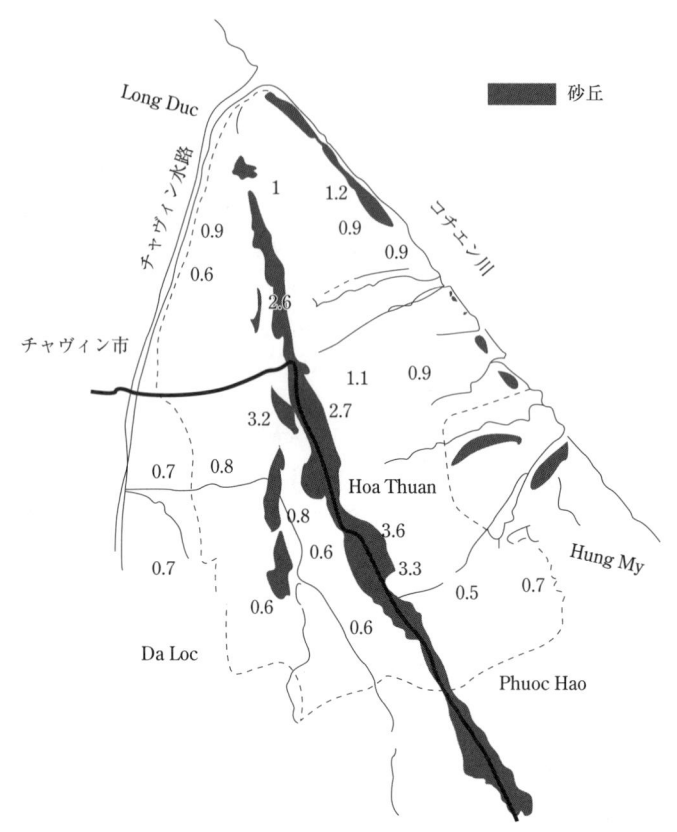

図5-7　ホアトゥアン村の地形（砂丘・低地・自然小河川）
注：数字は海抜表示。

村境に近づくにつれ再び狭くなる。村の中央部には，主要な砂丘の西側に第2次砂丘ともいうべきやや標高の低い高みが沿っている。ホアトゥアンの人びとは，砂丘の高い部分の農地をズォングゾック（Ruong Roc・山の田），第2次砂丘の農地をダッヨ（Dat Go・登り土）と呼ぶ。また砂丘両側の斜面はドンチエン（Dong Trien・傾斜面），砂丘東の低地はドンチャン（Dong Tran・平原），西の低地はドンオー（Dong O・黒い平地）と呼ばれる。

東西両側の斜面ドンチエンは，緩やかに傾斜して低地ドンチャンもしくはドンオーへ続く。低地の標高はどこも1m以下である。砂丘を中心に，東西の低地の高低差を比較すると，ドンチャン（コチエン川側）がドンオーよりやや高い。ドンチャンは村の北から中央にかけて海抜0.9mと示され，低地としては

最も標高がある。コチエン川からの浸水はこれでかろうじて封じられる一方，より低位の低地と比べて水不足に陥りやすい。

　地図上は，南にゆくにつれて海抜0.8 mから少しずつ低くなって0.6 m以下の窪地も含む。他方，砂丘の西側ドンオーでも，南にゆくほど0.6-0.7 mの低位な平地が多くなる。つまり低地は南部ほど雨量を溜めやすく，集水域も広いと類推される。

　ドンチャンには，コチエン川に注ぐ自然の小川がいくつもある。乾季には，これらの小川は潮汐作用に伴って海水を進入させる。海水の浸入は土壌に深刻な悪影響をもたらす。塩分が残留し，さらに酸性土壌の問題を引き起こすからだ。コチエン川から地中を通って塩分が地表にあがることもある。ドンチャンの土壌は北にゆくほど塩分濃度が増し，砂丘の地下水にも塩分が含まれる場合がある[49]。村の北部はこのように自然条件が悪く，とりわけコチエン川沿いほど水文・土壌の農業環境は厳しいことが想定される。

　ドンオー側にもチャヴィン水路に注ぐ小さな川がある。またコチエン川の支流バンダ（Ban Da）川の上流はダッヨ（登り土）の麓に達し，窪地には乾季も排水できない溜め水を含んだ。ここでは，酸性土壌（Phen）の問題が現れる[50]。

(2) 土地利用

　村の総面積に対する農地（2409 ha）の占める割合は，約90％である。まず，砂丘上には樹木が生い茂り，屋敷地を含む集落の他，水田や畑がみられる。またアスファルトの県道や舗装していない大小の村道，寺院や村の公共施設があり，残りはたいてい竹林に覆われている。ゾォンゾックは，村の人口増加やチャヴィン市街地の周辺部への拡大のおかげで，縮小化の傾向にある。

　中心部から南のゾォンゾックやダッヨでは，雨季稲の他，乾季の畑作が盛んである。畑のそばには，直径3 mから5 mのすり鉢状逆円錐形の穴が掘られる（クメール人農民はトゥロパン［Tro Pang］と呼んでいる）。乾季になると穴はさらに大きく掘られて，内側斜面に底までおりるための階段が刻まれる。穴の底に溜まる水は，肩に乗せた天秤棒の両方の先に下げたじょうろ（トゥオン）で汲み上げられ，周囲の畑にまかれる。ドイモイ後の市場化の進展で，畑作物の種類は増え，多毛作が熱心に行われるようになった。老人を対象とした聞き取

49）『メコン通信』No. 2, p. 84.
50）『メコン通信』No. 5, p. 77.

りに基づけば，このような乾季の畑作はフランス植民地時代にも行われていた。収穫した野菜，サツマイモ，サトウキビなどを人びとはチャヴィンの市場に毎日行商した[51]。砂丘斜面は，畑作（野菜・根菜類）や水田の他，両側の低地水田に移植する苗代用の土地として利用される。

　低地では，従来もっぱら雨季に水田耕作が営まれた。昔の地主は，乾季に田圃へ海水が浸入するのを防ぐために，小川の両岸に高い堤防を築くことを小作人に命じた。堤防が少しでも破壊されると，地主は犯人を捕らえて厳しく罰したという。小川沿いは潮汐運動で運ばれる真水を取り込んで稲を育てながら，同時にエビや魚を田で捕獲することも行われた。東低地は，高みでは干ばつの害を回避するために早生稲を，低みの土地では中生もしくは晩生稲を栽培した。1991年ころまでにすべてが開田された。南西低地は1983年にようやくすべての土地が開田された。窪地は雨季に冠水して籾の収穫ができない時もある。その場合は砂丘でキャッサバをつくって食糧とする[52]。低地は雨季稲栽培が終わると高畦で仕切られた乾いた平原となり，水牛や牛が放牧される[53]。

　1980年代半ば以降に，砂丘両側の低地では水路と水門の建設が推進された。水路はポンプ揚水による灌漑を可能とし，雨季には多雨による稲の冠水の害を避ける排水路として使われる。水門は，乾季に閉じられて塩分を含む川水の浸入をくいとめる。雨季に排水が必要となれば弁が開けられる。それらのおかげで，1996年の時点で旧暦の4月から8・9月までは夏秋米（Cu Long 8）をポンプ揚水を利用して栽培し，その後に雨季稲（タイグエン種）をつくる2期作農家が増えた。その結果，砂丘上や斜面の土地よりも，浸水の害を受けやすかった低地の方が，高値になったという。

　村内の水路の完成は，村の地勢局幹部が水路建設で農地を失う農家を説得できるか否かにかかっている。受益農民を中心に，掘削のための労働力も調達されなければならない。1984年ころから西側低地に掘られた東西数本の水路両側の高みには，周辺集落から新たにベトナム人農家が斡旋されて入植しつつある。人工の高みに果樹（バナナやココヤシ）や畑作（唐辛子，ネギ，野菜など）も試みられている[54]。

---

51) *Ibid.*, pp. 68–69.
52) 『メコン通信』No. 2（河野 1997）p. 53.
53) 『メコン通信』No. 5（高田 1998）pp. 74, 76.
54) *Ibid.*, pp. 77, 104.

以上の観察から，当該地域の開拓前の原風景および開拓過程を次のように考えることができる。沿岸地帯に形成されたわずかな標高差をもつ砂丘は，現在の沿岸部がそうであるように，もともとは汽水地域に植生が適したマングローブで覆われていたはずである。砂丘が次第に陸地化するにつれてマングローブは消滅し，砂丘とその斜面は竹林その他の樹木で覆われるようになった。一方，砂丘両側の低地は雨季には天水によって浸水しがちである上，乾季には潮水の浸透による塩分土壌の問題，あるいは溜まり水の蒸発によって土壌は酸性化し，作物の成長に不適地であった。乾季はひからびた大地と化し，窪地には限られた草類のみが生育した。さらに，自然の小川沿いは，海水の浸入に強いニッパ椰子類の植物が繁茂していたであろう。

　このような自然環境のもとで，人びとの入植と農業開拓は，まず人間の飲料水と作物の生長に必要な水の確保が容易であり，作物栽培にとって土壌の条件が良いこと，また雨季の排水の容易さ等の諸条件を満たす場所から開始されたと考えられる。これらの条件は，第1に砂丘もしくは砂丘列に挟まれた緩やかな窪みをもつダッヨや砂丘斜面にそろっている。したがってこのような土地の農業開拓から始まり，その後に砂丘両脇の低地の開発に進んだと想定される。また先述のように村の南部ほど農業の土壌条件・水文環境がよいことから，開拓は村の南部が北部や中央部に先んじて進行した。当該地域の北にゆくほど，また低地では東側の自然小河川沿いおよび窪地ほど，農業生産活動は容易でない。したがって，これらの土地の開田時期は相対的に遅かったと考えられる。

(3) 集落の形成と民族分布

　調査時のホアトゥアン村の人口密度は634人/km^{2}で，メコンデルタの平均である約400人/km^{2}の1.6倍に達している。漁業が盛んなヴィンバオ（Vinh Bao）集落は除外しても，一人当たり土地面積の平均は0.14haに過ぎない。表5-13の10集落（Ap）のうち，相対的に人口稠密な集落は，キラ（Ky La），ダカン（Da Can），チャンマッ（Chang Mat）の3集落である（図5-8）。

　村内10の集落は，1997年から17集落に分けられた。ホアトゥアン村の民族別世帯数の比率はベトナム人，クメール人，華人系でそれぞれ51.7％ vs. 47.5％ vs. 0.7％である（表5-14参照）。ベトナム人とクメール人が99％を占め，ややベトナム人の世帯数が多い。同表から，集落別民族分布の特徴は次のように明確である。第1に，ベトナム人がほぼ住民のすべてを占めるのは，新集落

表 5-13　ホアトゥアン村の集落別農地面積と人口密度（1995 年現在）

集落	総面積 ha	農地面積 ha	人口	人口密度（人/km²）	1 人当たり農地面積 ha
① Vinh Bao	45.99	32.72　(1.4％)	1,331	2,893	0.02
② Xuan Thanh	258.22	238.86　(9.9％)	1,603	621	0.15
③ Ky La	170.68	154.76　(6.4％)	1,690	988	0.09
④ Vinh Loi	362.1	264.79　(11.0％)	1,259	348	0.21
⑤ Bich Tri	96.49	184.83　(7.7％)	1,229	627	0.15
⑥ Da Can	148.21	134.24　(5.6％)	1,406	950	0.1
⑦ Tri Phong	331.94	302.96　(12.6％)	1,558	471	0.19
⑧ Chang Mat	276.16	255.66　(10.6％)	2,610	946	0.1
⑨ Qui Nong	568.3	522.41　(21.7％)	2,956	520	0.18
⑩ Da Hoa	352.1	317.84　(13.2％)	1,538	437	0.21
計	2,710.19	2,409.07　(100％)	17,180	634 人/km²	0.14 ha/人

出所：ホアトゥアン人民委員会提供資料。人口密度，1 人当たり農地面積は筆者が算出。

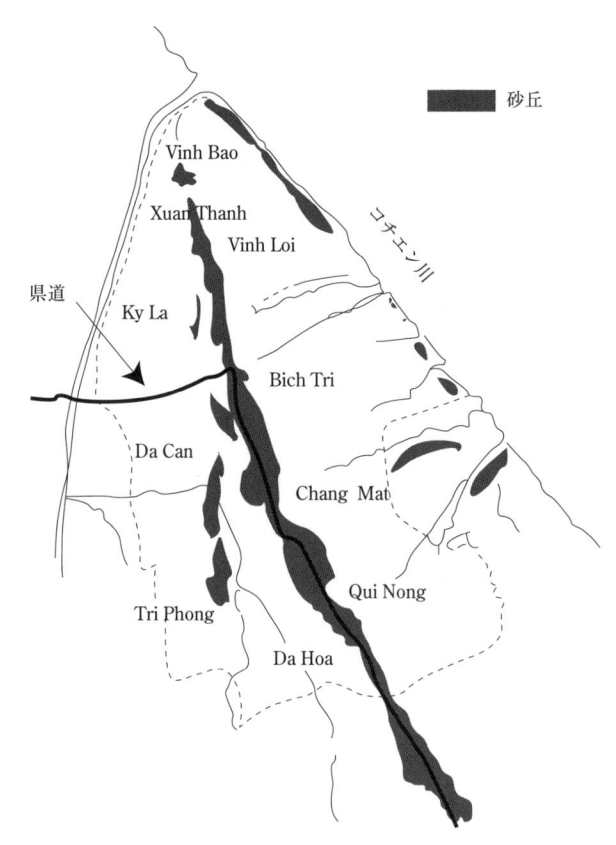

図 5-8　ホアトゥアン村の 10 集落の位置

表5-14 ホアトゥアン，ホアロイ両村の新集落別民族世帯の分布（1998年）

グエン朝期旧村名	旧集落名	新集落名		人口	エスニック別世帯数		
					Kinh	Khome	Hoa
Vinh Truong	① Vinh Bao	i) Vinh Bao	(264)	1,365	249	0	15
	② XuanThanh	i) XuanThanh@	(149)	802	145	0	4
		ii) Vinh Truon	(177)	839	170	7	0
	③ Vinh Loi	i) Vinh Loi	(115)	601	115	0	0
Ky La	④ Ky La	i) Ky La*	(133)	666	87	46	0
Da Coc		ii) Rach Kinh#	(121)	658	118	3	0
Bich Tri	⑤ Bich Tri	i) Bich Tri	(278)	1,346	109	169	0
Da Can	⑥ Da Can	i) Da Can*	(285)	1,743	101	184	0
		ii) Dau Bo	(248)	1,275	183	65	—
		新 HoaThuan 村	(1,770)	9,295	1,277	474	19
Phi Nhieu	⑦ TriPhong	i) Tri Phong*#	(193)	920	32	155	6
Ky Phong		ii) Kinh Xang	(170)	820	1	169	0
Than Mat	⑧ Chang Mat	i) Chang Mat#	(213)	1,081	143	70	0
		ii) Truong	(217)	1,052	150	67	0
Qui Nong	⑨ Qui Nong	i) Qui Nong A	(27)	1,353	135	142	0
		ii) Qui Nong B*	(277)	1,403	8	269	0
Da Hoa	⑩ Da Hoa	i) Da Hoa Bac	(130)	733	2	128	0
		ii) Da Hoa Nam	(153)	731	11	142	0
		新 Hoa Loi 村	(1,630)	8,093	482	1,142	6
Hoa Thuan 全体			(3,400)	17,388	1,759	1,616	25
		民族別世帯比率%		99.9	51.7	47.5	0.7

注：Khome は Khmer と同じ。クメール人（カンボジア人）を指す。集落名の後に，上座仏教寺院があれば＊，亭は＠，大乗仏教寺院は＃で示した。

名でヴィンバオ，スアンタン，ヴィンチュオン，ヴィンロイ，ラックキンの5新集落，すなわち村の北部およびコチエン川の支流沿いである。これに対してクメール人が圧倒的多数を占めるのは，キンサン，クイノンB，ダホア・バック，ダホア・ナンの4新集落，つまり村の南部およびドンオーの新しい水路沿いである。残りはほぼ両者がともに居住する。先の人口稠密3集落は，両者の共存地域であり，しかもややベトナム人が優勢である。

このように当初の農業開拓の自然的条件に恵まれた村の南部は，現在でも先住クメール人が優勢な地域である。チフォン，チャンマット，クイノンに存在するダッヨの土地は，農業生産が最も容易で古くに開墾された可能性がある。後に確認するように，クメール人の最も古い社会とみられるそれらの集落地域は，ホアトゥアン地域における農業生産の核心域であったと考えられる。

表5-15 ホアトゥアン地域に現存する宗教・公共建築物の建設時期

寺院・亭名	創建年・備考
上座仏教寺院	（クメール人に関して）
（1）Qui Nong 寺	1000年前説（10世紀）・800年前説（12世紀末）
	400–500年前説（15世紀末・16世紀末）
	シャムから送られた仏像に仏暦2137年の記述
	同村最古の寺
（2）Tri Phong 寺	600年以上前説（1361年）・700年前説（13世紀末）
（3）Ky La 寺院	1666年 Ben Tre 地方から移動したクメール人建立
（4）Da Can 寺院	1872年住民がカンボジアの王と植民地政庁に建立を申請
大乗仏教寺院	（ベトナム人に関して）
（5）Giac Quang 寺	旧 Ky La 集落1916年道の東側元クメール寺の跡地
（6）Lien Quang 寺	尼寺（Chang Mat）1945年1992年改築
ディン（亭）	（ベトナム人の伝統的な政の集会所）
（7）Dinh Vinh Thuan	「永順社・城皇境・永長村」（在 Xuan Thanh）
	19世紀創設1941年修築1991年改築
	（華人系に関して）
（8）Mieu Ba Thien Hau（天后廟）	Vinh Bao 集落　チャヴィン水路沿い
（9）関帝廟	Tri Phong 集落　1911年在村華人の寄付で建立

出所：現地聞き取り調査から。

　それに対してベトナム人の分布は，現在でも最北部のチャヴィン水路河口部地域のヴィンバオやスアンタン，また彼らがコチエン川右岸に注ぐ支流沿いに東から西に進出したことを想定させるように，キン川（ラックキン），トム川（ヴィンロイ），ティチャム川（チャンマット）の周辺部に集中している。これらの地域の農業条件はすでに論じたように相対的に悪く，現在でも半農半漁や家内小工業に従事する人びとが多い。北部のキラ地区では，南北に走る村道を隔ててコチエン側にベトナム人，西側にクメール人がほぼ対置していた。

　地域社会の成立過程を考察するに当たり，集落の社会的建造物の建設年代からも推察のヒントを得られる。聞き取り調査で得られた情報によれば（表5-15），最も古いクメール人社会は南部のクイノン周辺に，遅くとも16世紀末には成立していたと想定される。その後に第2次砂丘上のチフォン周辺に集落の形成をみた。さらに17世紀後半以降に，コチエン川の左岸ベンチェから移住したクメール人がキラ周辺に集落を成立させた。ダカンやビッチの集落は，フランス植民地化前後に人口が増えて寺院が建立された。

　これに対してベトナム人社会は，村の北部，キラ，スアンタンを中心に19～20世紀初頭にようやく足跡を残す。チフォンの関帝廟は，フランス時代

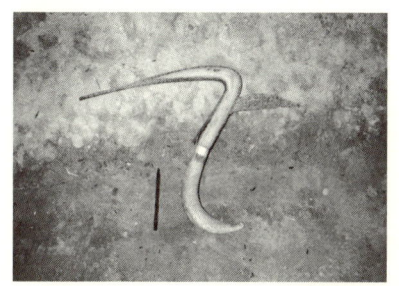

クメール人の村の日常
上左 托鉢僧に用意した
　食物を捧げるクメール女性（ホアトゥアン村クイノン集落1996年8月撮影）。
上右 集落の万屋にマム（メコンデルタで一般的な調味料　エビ・小魚と塩で作る発酵食品）を買いにきた女性。クメール人は背が高く，肌は浅黒く，背筋がすっと伸びている（ビッチ集落1996年8月撮影）。
中　稲刈りの道具：クメール人の道具は曲線が特徴。右手で中央の止め金具のあたりを持ち，適量の稲を道具の細い先からカーブする部分に捉える。左手でその稲束を掴み，すぐに右手の掌を上に向ける方向にねじりながら手前に引くと，小さな鉄の刃が回転して茎を切断する（クイノン集落1996年8月撮影）。
下　低地に掘り割りをして土を盛った上に家を作るのはベトナム人である。クメール人は浸水する低地に住むことを，基本的には決して好まない（ダホア集落1996年8月撮影）。

に中国から渡来した華僑が，20世紀初頭に建立した。チャヴィン川河口のヴィンバオでは，フランス時代に裕福な華人の数家族が勢力を競っていたという。

勿論，現存するこれらの建造物からのみ判断してしまうのは危険である。破壊されてすでに存在しない歴史物や見落とした遺跡がある可能性も否定できないからだ。しかし前述の農業にとって重要な自然環境，および民族分布の趨勢から析出された結果と比して，それらの建造物からイメージされる社会形成の過程は，それほどの乖離を示さない。

3. 多民族社会の形成と開拓

(1) 行政上の村落統合
i. グエン朝時代

文献にみる限り，ハウザン川（クメール語ではバサック川）の河口に位置するチャヴィンとソクチャン両地方は，弱体化していたカンボジア王国から1775年に切り離されて，ベトナム広南グエン氏の支配下に組み込まれた。後のクメール民族主義者たちは，フランス植民地政府がその統治期に，たとえばバッタンバンやシェムリアップをシャムからカンボジアへ返還させた（1907年）にもかかわらず，メコンデルタのチャヴィンとソクチャンをベトナムからカンボジアへ返還させることなく，「仏領コーチシナ」に留めおいたことを非難する[55]。しかしこのような主張は，歴史的現実をふまえたものとは思われない。

周知のように，19世紀グエン朝第2代明命帝（即位：1820-1840）の統治期は，中央権力の支配をベトナム全国に直接に及ぼす意思が示された時代である。メコンデルタでは，ベトナム人の役人はクメール人に対してカンボジアの慣習を捨てることを要求した。地簿や人丁簿には，クメール人の村や人名がクメール語の発音に類似した漢字を用いて表記されるようになり，ベトナム人の統治下に編入されたことを具体的に示す。

チャヴィン一帯は，1825年に楽化府の下にチャヴィンとトゥアンミーの2県

---

[55] フランス植民地政府は，1794年以来シャムに併合されたバッタンバンとシェムリアップ2州を1907年にカンボジアに返還させた（ジャン・デルヴェール『カンボジアの農民』石澤良昭他訳，1996年，p.52. 原著はJ. Delvert, *Le Paysan cambodgien*, Paris and the Hague, Mouton, 1961）。この問題は独立後もベトナムからの「領土回復」をカンボジア民衆に鼓舞する格好の政治的主張に利用された。

表 5-16　1868 年永利総 Vinh Loi Tong の村一覧

平津村	Binh Tan thon	金溝村	Kim Cau thon	山榔村	Son Lang thon
*碧池村	Bich Tri xa	*奇豊村	Ky Phong thon	*慎蜜村	Than Mat thon
錦唯村	Cam Doi thon	楽義村	Lac Ngai thon	水澄社	Thuy Trung xa
*多芹村	Da Can thon	梅香村	Mai Huong thon	擇梁村	Trach Luong thon
#多穀村	Da Coc thon	檬樹村	Mong Thu thon	長溝村	Truong Cau xa
*多呑村	Da Hoa xa	#肥堯村	Phi Nhieu thon	*綺羅村	Y La thon
和睦村	Hoa Muc thon	*帰農村	Qui Nong thon		

注：＊の村名はホアトゥアン村の旧集落名と判断される地名。大多数の村は thon だが，規模の小さなものを xa で示したように考える。アルファベット表記は地簿を分類整理した N. D. Dau 氏による。＃を付記した村は，東西南北の位置比定によってホアトゥアン地域内と判断されるもの。Nguyen Dinh Dau, *Tong Ket Nghien Cuu Dia Ba, Nam Ky Luc Tinh*, Ho Chi Minh City, 1994, pp. 168-170.

図 5-9　グエン朝期永利総（Vinh Loi Tong）9 村と茶平総（Tra Binh Tong）の村々の位置

が置かれ[56]、チャヴィンとバックチャンにベトナム人の官吏が派遣された[57]。チャヴィンの地方史の文献によれば、グエン朝の支配に反発したチャヴィンのクメール人は、コチエン川から進出したベトナム人の軍に対し、1841年に現ホアトゥアン村のキラで激しく抵抗した[58]。ベトナム人の勢力は、コチエン川河口に永長 (Vinh Truong) 村 (現ヴィンバオ集落) を建設して、進出の拠点にしていた[59]。

ベトナム人の軍に制圧されたクメール人の村々は、楽化府 (Lac Hoa Phu) 茶栄県 (Tra Vinh Huyen) 永利総 (Vinh Loi Tong) の行政機構のなかに統合された。現在のホアトゥアン村に含まれる7集落の名は、この永利総20ケ村のなかに見いだされる (表5-16参照)。これらの旧7村名は、クメール語起源の地名が漢字に置き換えられた村と判断される[60]。先に見たベトナム人起源の永長村は、同県の茶平総 (Tra Binh Tong) に属した (図5-9)。

ii. フランス植民地時代

前述のように、クメール人村落は19世紀の前半にグエン朝地方行政機構の県 Huyen の下位レベルであった「総 Tong」に、ベトナム村落と同等の「村 Thon もしくは Xa」として、そのままに組み込まれた。こうした状況は、フランス植民地支配下で変化を被る。ベトナム国家公文書保存センターⅡ (在ホーチミン市) が所蔵する2つの資料を比較して、この点を明らかにしたい。

図5-10は、調査村周辺を描いた19世紀末の絵図である。和紙に墨を用いて筆で描かれたもので、漢字の村名およびそれぞれにフランス語表記が付された上、登録民 (inscrit) の人数がメモ書きされている。コチエン川右岸に注ぐ10

---

56) Tinh Uy, Uy Ban Nhan Dan Tinh Tra Vinh, *Lich Su Tinh Tra Vinh, Tap Mot (1732–1945)*, 1995, p. 60.
57) La Société des études indo-chinoises, *Géographie physique, économique et historique de la Cochinchine, Monographie de la province de Tra-Vinh* (以下 *MPTV* と略), Saigon, 1903, p. 32.
58) Tran Thanh Phuong, *Cuu Long Dia Chi*, Nha Xuat Ban Cuu Long, 1989, p. 133, Tinh Uy, Uy Ban Nhan Dan Tinh Tra Vinh, *op. cit.*, p. 68.
59) La Société des études indo-chinoises, *op. cit.*, 1903, p. 32.
60) グエン朝支配下で作成された膨大な地簿の研究家である Dau 氏は、南部の地名の特徴を分析し、母村名を起点に次々に派生されていく村名のある程度の法則性を論じている [Nguyen Dinh Dau, *Nghien Cuu Dia Ba Trieu Nguyen, Vinh Long*, 永隆, TPHCM, 1994, pp. 133-135]。またこのような地名のヴァリエーションの基本となる、使用頻度の高いベトナム語 (漢字) を13例、やや多い9例を挙げている [*ibid.* 135]。先の7つの村名はこれらの通常の文字は全く使用されず、クメール語音を漢字の当て字で造語したと考えられる。

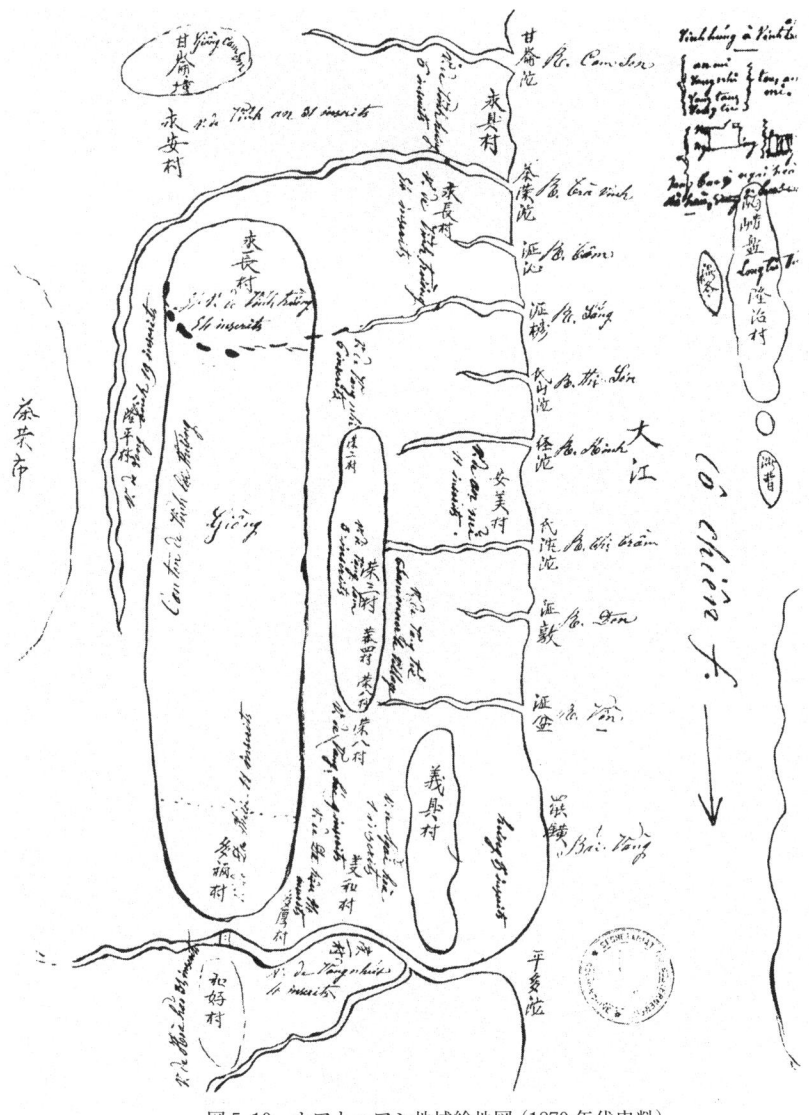

図 5-10　ホアトゥアン地域絵地図（1870年代史料）

第 5 章　開拓のなかの農村

の川 (Rach) とその名，チャヴィン川に沿った茶栄の町も描かれている。注目されるのは，クメール人が居住する砂丘 Giong が楕円のかたまりのように表現されていることだ。砂丘上には北端と南端に，2 文字の漢字でベトナム人の村 Vinh Truong と Da Phuoc の名がそれぞれ記され，一方クメール人の村は「茶」という 1 字を当てて村の番号を記しただけのような「茶 1 村」，「茶 2 村」，……とある。この史料を含むファイルには 1874 年という年が書き込まれていたことから，絵図はコーチシナ軍政時代 (1862-1880) にフランス海軍の現地監察官とベトナム人協力者によって作成されたと考えられる。

この絵図は，ベトナム人が先住民クメール人の住む微高地の両端に進出したさまや，コチエン川の支流沿いに集住していたことを物語っている[61]。フランス語表記部分が書き込まれる以前と思われる絵図の作成年代は，特定できない。しかし少なくとも 1874 年時点では，砂丘上のクメール人村落の各領域および実態等は統治側が十分には把握していなかった可能性が考えられる。

ところが，この状況はコーチシナが軍政から文民統治に移行する 1880 年代に一変した。コーチシナ各地に 20 省 (Tinh) の行政機構が設置され始めた 1880 年以降，当局は創設する各省の植民議会議員となる現地人代表者を住民のなかから選出するために，郡が含む村落ごとの選挙人リストの作成に着手する。その過程で行政の末端組織となる「村」の領域と代表者が確定されていった。

図 5-11 は，1890 年に植民地土地局が作成したホアトゥアン地域のキラ村とダカン村の合併図である。2 万分の 1 の縮尺で油紙に色彩を加えて描かれたその地図には，砂丘上に寺院や民居の範囲が細かく記され，周辺低地の水田，チャヴィン市に向かう掘削された運河や道路などが測地を基に描かれている。1880 年代から 1890 年初期の段階で，フランス植民地権力がデルタの村落を掌握した事実を，ここから確認できる[62]。

また，選挙人リストの確定作業の一環で作成されたキラ村の郷職の署名のな

---

61) チャヴィン省内のベトナム人の定住地についての一般的叙述にも同様の傾向が記されている [*MPTV* 1903: 31-34]。ソクチャン省でも当時のベトナム人の居住地域は，バサック Bassac 川の支流沿いや，砂丘の端であるという類似した記述が散見される [Labussière, "Etude sur la propriété foncière rurale en Cochinchine et particulièrement dans l'inspection de Soctrang," *Excursions et Reconnaissances*, No. 3, 1889, p. 53]。

62) 次の論文は同公文書館での調査を基に，バリア省の地簿事例の分析からこの点を指摘している [松尾信之「植民地期土地税台帳から見た植民地期土地政策」，『ベトナムの文化と社会』No. 2, 風響社，2000 年]。

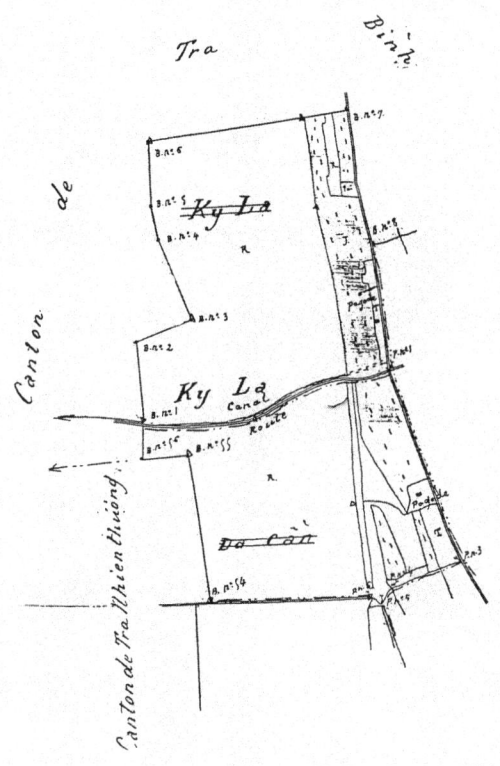

図 5-11 Ky La, Da Can 両村の合併

かに，クメール語のサインと並んでベトナム人の名が見られる[63)]のも，19世紀末から20世紀初頭の変化である。20世紀初頭までに行政村の領域や統廃合が繰り返される過程で，クメール人とベトナム人のそれぞれの居住区は以前のように隔絶されたものとしてではなく，植民地秩序下の多民族村落に次第に編成されていったと考えられる[64)]。

(2) 植民地期の民族と開拓
i. 民族構成の推移

植民地時代の一般的傾向として，とりわけメコンデルタ西部地域では，浸水地の開拓に積極的であったベトナム人の進出が本格化すると，従来から微高地に居住していたクメール人は奥地へ移住するか，もしくは集落の離散，カンボジアへの移住が始まった[65)]。表5-17（図5-12）は，世紀末から第一次大戦前にかけて一定していたコーチシナのクメール人人口比がその後に激減したことを示している。一方，華人人口は増加傾向にあり，1936年から15年後には50万人以上も増大した。これは日中戦争から国共内戦，中華人民共和国成立の衝撃と考えられる。

チャヴィン省ではこの全体の趨勢とは異なり，表5-18（図5-13）にあるように，20世紀初めから第一次世界大戦前までクメール人人口は増加傾向がみられる。その要因については不明である。しかしその後のクメール人人口はかなり比率を下げる。華人人口比はそれ程変化はない。これらに対して，ベトナム人の比率が明らかに高まった。

---

63) TTLT 1884: IA 17/123; 1900: IA 17/244; 1908: IA 17/265（ベトナム国家公文書保存センターII／ホーチミン市所蔵史料）。

64) ただし興味深いことに，クメール人古老の聞き取り調査によれば，クメール寺院を中心とした彼らの社会を束ねる旧来の Sroc（村），および下位の Phum（集落）の構成空間は，植民地行政上の Xa（元来ベトナム人世界の末端行政村）や Ap（同様に自然集落）とは重なり合わないまま，日常生活の意識下では植民地末期まで保たれ続けていたという［今村宣勝「1996年8月メコンデルタ調査チャヴィン省フィールドノート・メモ」『メコン通信』No. 2., 1997, p. 139］。プノンペンに仏教研究所を建てた Karpeles 氏による1920年代末の視察記によれば，チャヴィンのクメール人社会の言葉は純粋クメール語からは「堕落して」しまっていたという。また1937年にチャヴィンの行政官は，9万人のクメール人が109寺院の1500人の僧侶の下に，「慣習と民族の伝統を誠実に守って」生活していると，報告している［Brocheux, P., *The Mekong Delta: Ecology, Economy, and Revolution, 1860-1960*, University of Wisconsin-Madison, 1995, p. 237］。

65) デェルヴェールによれば，1924年からバッタンバンやカムポートへのコーチシナのクメール人の移住が始まった［Delvert, *op. cit.*, p. 236］。

表 5-17　フランス植民地期コーチシナ民族別人口推移

	1894 (a)		1913 (b)		1936 (c)		1951 (d)	
ベトナム人	1,752,200	(86.1%)	2,513,500	(87.7)	3,979,000	(86.2)	3,679,898	(81.1)
クメール人	172,600	(8.5)	244,200	(8.5)	326,000	(7.1)	153,968	(3.4)
華人	58,800	(2.9)	65,800	(2.3)	171,000	(3.7)	678,261	(15.0)
その他アジア	48,900	(2.4)	32,700	(1.1)	*124,000	(2.7)	3,444	(0.1)
ヨーロッパ	2,700	(0.1)	10,600	(0.4)	16,000	(0.3)	18,881	(0.4)
計	2,035,200	(100.0)	2,866,800	(100.0)	4,616,000	(100.0)	4,534,452	(100.0)

出所：a) *AGI* 1894, p. 347；b) *AGI* 1913, pp. 299–337；c) *ASI* Vol. 8, 1937–38, p. 17；d) *ASV* Vol. 4, 1952–53, p. 27
＊インドネシア人 5,200、中国系混血 6,200、チャム 8,000、インド人 2,000、ラオス人 100 などが含まれる。

表 5-18　チャヴィン省の民族別人口

	1894 (a)		1913 (b)		1943 (c)	
ベトナム人	67,000	(53.3%)	99,900	(51.7%)	182,000	(63.7%)
クメール人	54,400	(43.3%)	88,000	(45.6%)	97,000	(34.0%)
華人	4,200	(3.3%)	5,000	(2.6%)	6,655	(2.3%)
その他アジア	—		100	(—)	45	(—)
ヨーロッパ	30	(—)	53	(—)	—	
計	125,630	(99.9%)	193,053	(99.9%)	285,700	(100.0%)

出所：a) *AGI* 1894, p. 347；b) *AGI* 1913, pp. 299–337；c) *ASI* Vol. 11, 1943, p. 23.

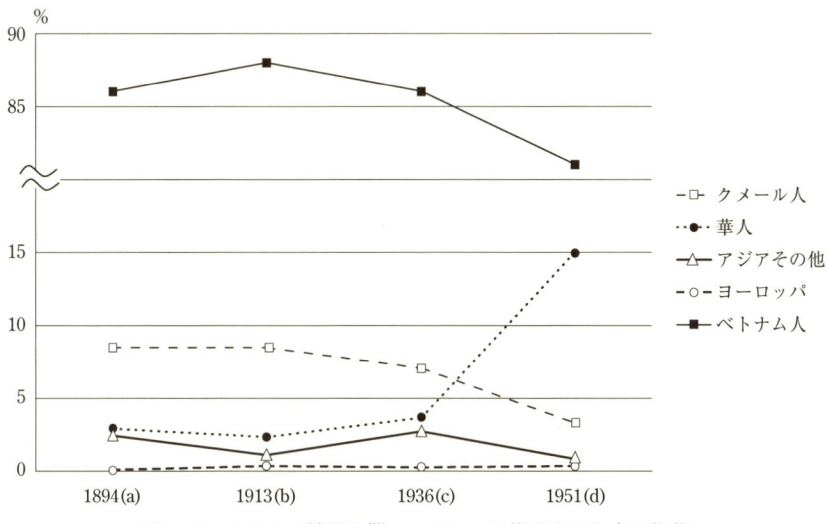

図 5-12　フランス植民地期コーチシナ民族別人口比率の推移

第 5 章　開拓のなかの農村

図 5-13　チャヴィン省の民族別人口の推移

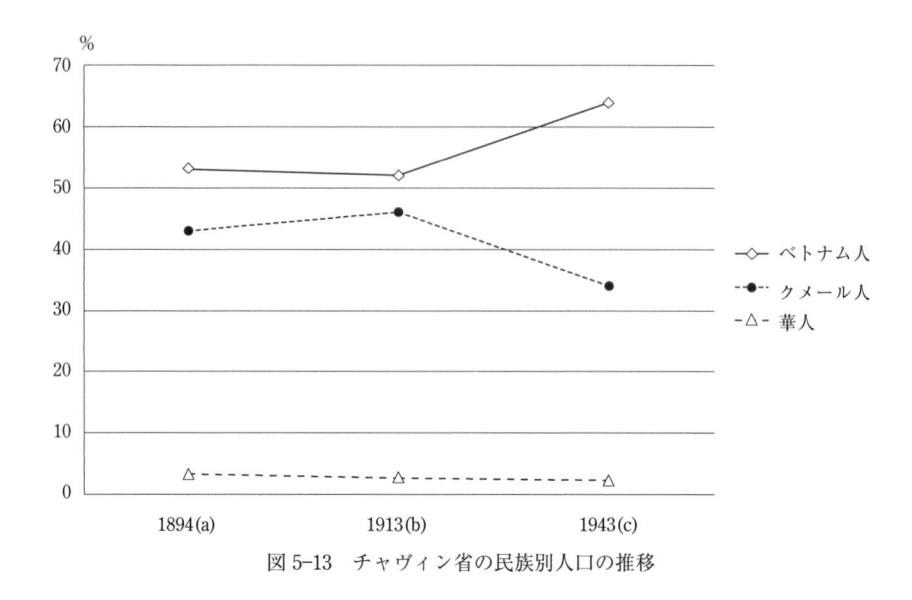

ii. 耕地の拡大

　チャヴィン省の水田面積の推移は表 5-19 にまとめた。チャヴィン省は，19 世紀末にデルタ全省で最大規模の 11 万 ha に達していた（第 3 章第 1 節参照）。さらに同省は，19 世紀末から 20 世紀初頭にかけて，低地の開墾ブームを迎えた。その最大の誘因は，フランス植民地政府がハウザン川以西のトランスバサック地方の開拓を本格化させる足がかりとして，チャヴィン省内にティエンザン（メコン）川からハウザン（バサック）川に抜ける運河の建設および延長を目指したからだ。たとえば，ホアトゥアン地域の北西部に接するチャヴィン水路は，1876 年に天然の川を整備した全長 5 km の運河であったが，1884 年には南のバティエウ運河と，さらに 1897 年にはラックロップ運河と繋がれてバサック川に達する重要な運河に整備された。交通路の完成は，19 世紀末から 20 世紀初頭のチャヴィン省内における未開墾地の開墾に役立ったのである[66]。

　世紀転換期の同省には，コチエン，バサック両川沿い地域と南シナ海沿岸部にマングローブ原生林がまだ多く残っていた。農地は，内陸の海岸平野から砂丘列を超えて南に向かって開発された。コチエン川下流の原生林にはトラが，

---

66) *MPTV*, pp. 8–9.

表 5-19　フランス植民地期のチャヴィン省稲作付面積の推移（1888-1954 年）　　単位：ha

1888	1898	1908	1928	1925/29	1926/30	1931
108,798	116,788	135,770	150,000	155,000	160,000	160,530
1935/36–1939/40		1951/52	1952/53	1953/54		
141,400		106,000	108,000	118,000		

出所：1888 年〜1939/40 年のデータは BEI［各年］，1951/52 年〜1953/54 年のそれは ASV。

　またバサック川や南シナ海沿岸部のマングローブにはイノシシやシカも多く生息し，農民は乾季の始まりとともに収穫物をそのような野生動物から守る工夫をした[67]。

　19 世紀末までに完成された運河のおかげで，雨季の排水が可能となった海岸平野や砂丘列間の低地が，次々に開発されていった様子は，同省のモノグラフに記録されている。人びとは運河につなぐ二次水路を掘削し，盛り土で道をつくった。また，田圃に潮水が浸入するのを防ぎ，土壌の塩分を洗浄するために，雨水を田に溜めるための，現在も見られる堤防や畦を盛んにつくった。貧しい人びとも良い土地を見つけて開墾し，その後に所有権を確定してもらうために小規模コンセッションを申請した[68]。ホアトゥアン周辺ではすでに 1880 年代にコチエン川の支流トム川，サン川に挟まれた土地開発権がベトナム人によって要求され，それらが許可されたようだ[69]。しかし，表 5-19 にみるように稲作付面積は 1931 年をピークにそれ以後は減少に転じた。

　省別稲作面積および生産量のデータから，植民地期を通して，チャヴィン省の水田の土地生産性は，コーチシナ全体の平均値より高いという結果が得られる（表 5-20）。さらに表 5-21 にあるように，20 世紀初頭のチャヴィンでは畑作も盛んで，さまざまな作物が商品作物として生産されていた。栽培作物の多種性は，開拓地の単調な作物体系と比較して，チャヴィンの農業生産が相対的に長い歴史をもつ証左であると考えられる。また，飼育されていた役畜の多さが

---

67) *Ibid.*, p. 28.
68) *Ibid.*, p. 25.
69) 当時の Bich Tri 村で，Vo Van San という人物に，20 ha 6 ares の払い下げが認可（SL. M. 74, 6271）。同地域には 1881 年にも Tra Van Bong に 2 ha 72 ares が認可（SL. M7, 6272）。Vinh Truong 村にも土地 84 ha が Tran Van Thu に払い下げられた。この他 1880 年には Cang Long 郡の Lang The 水路に沿って，それぞれ 10 ha 規模の 14 区画が申請したベトナム人に分配された（S. L. M7, 6274）（ベトナム国家公文書保存センターⅡ／ホーチミン市所蔵史料）。

第 5 章　開拓のなかの農村　289

表 5-20　チャヴィン省のコメ生産　　　　　　　　　単位：t/ha

	1927/28	1935/6〜1939/40	1949/50
チャヴィン	1.29	1.44	1.47
コーチシナ平均	1.17	1.26	1.3

＊作付け面積，収穫量のデータを BEI からとって算出．

表 5-21　チャヴィン省の農産物作付け一覧（20 世紀初頭）　　　単位：ha

米	119,904	落花生	72	甘蔗	155	肉桂	1,109
トウモロコシ	102	胡麻	13	煙草	125	バナナ	653
豆・菜種	1,210	椰子	842	藍	—（ママ）	マンゴスチン	210
イモ	1,052	綿花	252	油椰子	3,612	麻	12
桑	140	野菜	2,918				

出所：*MPTV*, p. 27.

目を引く．水牛 2 万 4000 頭，牛 2 万 3000 頭，馬 1500 頭，豚 3 万 5000 頭という数値も，当時の別の諸省の史料と比べて突出した数値である[70]．

　ホアトゥアンのクイノン集落に住む 93 歳の老人（1906 年生まれのクメール人）によれば，彼が子どものころのホアトゥアンの砂丘は大木や竹林に覆われ，集落をつなぐ道は砂が深く，曲がりくねって牛車を引くのに苦労したという．当時チャヴィンの町へ行くには，雨季にはキン川を遡って小舟でチャヴィン水路に入るか，また乾季にはチャヴィン市の南のダロック村低地を経由する小道を利用した．砂丘上では，樹木を伐採し，溜め井戸を掘って畑を増やした．人びとが集住しているところに寺があり，集落と集落の間は離れていた．砂丘の東の麓に広がる低地では田圃が開かれたが，時々コチエン川沿いの原生林に棲むイノシシが群をなして荒らしにきた[71]．

　村の老人たちの証言によれば，水田のほとんどは植民地期に開田を終えた．グエン朝期の当該地域の水田面積はおおよそ 1753 mau（858 ha），畑地面積は約 428 mau（209 ha），合計 1000 ha 以上と推計される（表 5-22）．したがって大まかに述べれば，19 世紀後半からフランス植民地期にホアトゥアン周辺農地は 2 倍以上の規模に開拓されたと推測される．チャヴィン省全体の水田面積が 1930/31 年ころを頂点に増大が見られなかったことと考え合わせて，当時の技

70）　*MPTV*, p. 28.
71）　『メコン通信』No. 5, pp. 75–76.

表 5-22　グエン朝期ホアトゥアン地域の農地面積推定　　　1 mau = 4,894.4 m²

Xa/Thon		公田	畑（公土）
(Vinh Loi Tong)	Qui Nong	447	60
	Y La	67	29
	Ky Phong	85	6
	Da Can	174	30
	Da Coc	102	24
	Phi Nhieu	37	13
	Da Hoa	326	118
	Than Mat	33	7
	Bich Tri	76	68
(Tra Binh Tong)	Vinh Truon	406	73
計		1,753 mau（約 858 ha）	428 mau（約 209 ha）

出所：Qui Nong～Bich Tri は，*Ibid*., p. 348–355．Vinh Truong は *Ibid*., p. 333．
注：Vinh Loi 総には私田・私土はない [Dau 1994, p 347]．Tra Binh 総にはこのほか私田，私土の分類有り，ただし面積は不明．

術水準においてフロンティアの開田はほぼ終了したことが推察される．

4．土地集中とその解体

(1) 植民地期チャヴィン省の土地所有

　フランス植民地期の大土地所有は全土地所有者数の 2.5%（6316 人）であり，この層の分布はラクザー，ロンスウェン，カントー，バクリュウなどデルタの西部諸省に集中していた．しかし，チャヴィン省も西部諸省に次いで大規模所有者が多く，その数は 447 である．さらに，その内の 500 ha 以上の大規模な土地集積者は 21 人に達している（この数字は隣接するヴィンロン省で 4，ベンチェ省では 7 に過ぎない)[72]．

　他方でチャヴィン省には，5 ha 未満の小土地所有者数も，隣接する先の 2 省と同様に極めて多い．コーチシナ全体をみれば，小土地所有者が多い地域は大土地所有者が少ない傾向にあるのに対して，チャヴィンは小土地所有が多いにもかかわらず，その対極の大土地所有者数も多いのが特徴である[73]．

　表 5-23 は聞き取り調査で得られたホアトゥアンのフランス期の大地主についての情報をまとめたものだ．被調査者はその小作人や大地主の子孫である．

---

72) Henry, Y., *Economie agricole de l'Indochine*, Hanoi, 1932, p. 182.
73) *Ibid*., p. 176.

表5-23　フランス植民地期のホアトゥアン地域の地主　　単位：cong（= 1,200 m^2），ha

規模別分類	地主の名	地主の所在地	土地の所在地	所有規模（cong）
100 ha 以上	Kim Prac	Da Hoa		16,000–17,000
	Son Thach Xuan	Ky La	Ky La/Tri Phong	17,000
	（Ca Suoc）	Ky La	Da Can/Cau Ngang	
	Tran Van Tiep	Phuoc Hao	Hung My/LuongHoa	30,000
	Tran Van I	同上（Tiep の子）		5,000
	Pormeca インド人	TraVinh 市	Ky La/Hung My	1,000 以上
	Kim Gin Dang の父	Da Hoa	Da Hoa/Phuoc Hao	1,000
	PhanCongHoi の父	Phuoc Hao		2,000
	Phan Van Xuan	同上（Hoi の祖父）		10,000 ha
50 ha～100 ha	Thach Gong	Qui Nong	Qui Nong/Da Can	50–60 ha
	Lam Truong 華人	TraVinh 市	Hung My	80 ha 以上
	Kim Inh の父	Qui Nong	Ky La 30 ha Tri Phong	
			Tieu Can Cau Ngang	
10 ha～50 ha	Nguyen Thi Lau	Tra Vinh 市	Chang Mat/Qui Nong	22 ha
	Banh Hu 華人	TriPhong	Tri Phong/Chang Mat	20 ha
	Tu Ba Hoa	Saigon/Phuoc Hao	Da hoa/Phuoc Hao	18 ha
	Thach Um	Da Hoa		10 ha
	Thach Lam の義父	Da Hoa		10 ha
	Huynh Van Ia	Tri Phong		
	PhanThi Binh の父	Vinh Loi		
	Arthor 仏人教師	Tra Vinh 市	Xuan Thanh	10 ha
	Dang P. Minh の父	Vinh Bao	Vinh Bao	11 ha
	Thach Huynh の父	Ky La		10 ha
	Thach Keo	Tri Phong		10 ha
	Thach Chup の父	Tri Phong		25 ha

出所：聞き取り調査の結果。

　筆者は被調査者の記憶や数値の信憑性をできるだけチェックするために，複数の被調査者に対して同一地主の名をあげて確認作業を繰り返した。当時の土地所有状況を厳密に再構成することは不可能だが，ここでは歴史の生き証人の目からみたホアトゥアンの大地主を描き出すことに努めたい。被調査者の年齢から推計すれば，彼らの直接的記憶はホアトゥアンの植民地末期のものとみるべきであるが，彼らの一族，父母，祖父母の土地所有や生活についての記憶も，貴重な情報として考察した。

　古老たちの話によれば，フランス時代のホアトゥアンとその周辺にはとりわけ有名な3人の大地主が記憶のなかに存在した。ホアトゥアンの在村地主としては，キラのクメール人ソン・タック・スアン（Son Thach Xuan）の一族が，

1700 ha を越える所有地をもつ最大規模の大土地所有者であった。キラのもう一人の大地主スオイ・カー（尊称，クメール人）は，スアンの息子である[74]。ソン一族の土地集積は，とりわけ20世紀初頭に著しく進んだ。その所有地は，キラ，ダカン，チフォン，ダホアをはじめ，ティウカン郡やカウガン郡にも存在した。同表5-23のダホアに住むキム一族はソン家の親戚である。

ダホアのクメール人ダン（1926年生まれ）の父は，開拓資金を返せなくなった隣村の地主の土地を買い上げて大地主となった。ダンの妻は，他県の1000 cong（120 ha）を所有した大地主の娘であった。先のソン一族はじめ上記キム家など，大地主の一族はソクチャン省の同じクメール人富裕層とも姻戚関係を結んで，メコンデルタ大地主階級の一角を形成した。その子弟は，プノンペンのリセやパリの大学に留学し「クメール人」としての民族的アイデンティティーを培った。またキラやダホアの大地主，クイノンのタック・ゴンは，本人や息子たちが村の長老（Huong Ca）や村長（Xa Truong）を勤め，フランス植民地地方政府の信任が厚かったという。

3人の大地主のうち最後の一人は，隣村フォックハオのファン（Phan）家の出身者である。その一族の家譜によれば，先祖は19世紀初頭にヴィンチュオン村に生まれたベトナム人である。彼は，18世紀の後半に福建からコチエン川の畔に移住していた華人の祖先の血を引く娘と結婚して，旧バンダ（Bang Da）地域（現フォックハオ，ホアトゥアンの南）の開拓者の列に加わった。19世紀半ばのことである。人の3倍も働く強靭な体力をもった伝説の人物で，周辺に散在していたクメール人や華人を加えて村創設の請願に必要な人数を集めて，グエン朝政府に許可を申請した[75]。息子の代（19世紀末から20世紀初頭）には，1000 haを越える土地を集積した。

---

74) Son Thach Xuan は，カンボジアの代表的ナショナリストであるソン・ゴック・タンの実父。したがって Suoi はタンの兄弟である。ソン・ゴック・タンは1936年から1942年までプノンペンで発行された民族主義を鼓舞する新聞「アンコールワット」誌の編集に携わり，後にはロン・ノル時代に外相を務めた。日本降伏前夜にカンボジア独立国家の短命な政府を組閣し，その後南部ベトナム共産主義勢力との連携の道を見いだそうとしたが，1945年10月に，復帰したフランスによって逮捕された（Ian Mabbett & David Chandler, *The Khmers*, Blachwell, UK, p. 236）。

75) *Phuoc Hao, Dat nuoc va Con Nguoi*, Cau 7 Yen, Cau 5 Hoi,（Phan 一族の家譜）。彼はトゥドゥック帝（在位1847-1883）の要人であったファン・ティン・ザンの家臣として尽くし，その功績によって Phan の姓を与えられた。この一族は20世紀初頭には当時の開明的愛国運動に熱烈に共鳴し，東遊運動に対する支援活動を行い，また両大戦期間には著名な南部のナショナリストでトロツキストのグエン・アン・ニン（Nguyen An Ninh）を匿ったこともある。

フランス植民地支配期にフォックハオ村に居住したホアトゥアンの不在大地主は，このファン一族の分家に属する人物で，3000 ha を所有したという。彼はコチエン川の中州の村やフンミー村の土地を，チャヴィンに住むインド人から買い取った。彼は，ベトナム人であるが，先のキラのクメール人大地主とも親戚関係にある。

　この他に，チャヴィン省都に住む華人，インド人，そして規模は大きくないがフランス人の地主たちも人びとに記憶されていた。フランス人教員や金貸しのインド人チェティーの所有地はホアトゥアンの北部スアンタン方面にあり，また華人は砂丘東側の低地やコチエン川沿いの地域，またダカンやチフォンにも土地を所有していた。

　聞き取りから得られた土地集中の諸事例は，当初は (1) 開拓の成功者が基礎を築き，その後 (2) 20 世紀初頭以降，耕地の購入によって土地集積が進められた。フオックハオ村在住のベトナム人の例では，やはりベトナム人起源の村フンミーのコチエン川沿いの低地や中州の島の新開地が集積され，他方のクメール人在村地主はクメール人起源の集落の土地を広域に所有した。成功したクメール人一族は，農民の土地を次々と直接に買い上げるとともに，負債の抵当に入れてあった土地を集積したインド人や華人の金貸しから土地を買収して所有地を拡大した。植民地末期には，土地所有を軸とした村民の階層分化は相当に進み，一握りの大地主の下に，多くの零細土地所有者や小作人，土地なし農民が存在したことは明らかである。

　デルタ中・西部における大土地所有の増加を記述した箇所で，アンリは古くからある稲作地の事情に若干触れている。農民の土地拡張意欲に応じて官吏や商人が貸し金を提供するが，思うような開墾の成果を得られず，農民が自分の土地を買い戻し約款付き売買や質入れによって喪失していく例である。以前と同じ家族が農業小作人として旧所有地を耕作し続けているために，彼は面目を失わない。土地を集積した富裕な貸し主は，農業融資を行う銀行からますます資金を得ることができる[76]。こうした土地集積の過程はホアトゥアン村に限らず，比較的開墾の歴史の古い地方で進行していたであろう。

---

76) Henry, *op. cit.*, p. 192.

(2) 独立戦争の帰結

　1945 年に 8 月革命が起きた時，ホアトゥアン周辺の農村でベトミンは権力を奪取したわけではなかった[77]。しかし，インドシナ（抗仏）戦争が始まると，現スアンタンおよびヴィンロイ地域，また旧チャンマット村では，ベトナム人の小作農や農業労働者が革命運動に身を投じた。彼らは不作の時に小作料を減免しない地主を殺害し，戦争末期にチャヴィンの町を去ったフランス人やインド人の土地をそのまま占拠して，自分たちで分配した。チフォンのクメール人中規模地主の息子で，ベトミン運動に参加したケースもある。彼によれば，1948 年ころからチャヴィン周辺で，小作人たちの地代を払わない動きが現れた[78]。その一方で，キラ集落のクメール人大地主一族のなかからは，反仏のクメールナショナリストたちの動きもあった。フランス植民地政府はすぐさま対策を講じて，彼らの政治活動を封じ込めた[79]。

　フランスからの独立戦争と革命が各地で拡大をみていくなかで，ホアトゥアン村でも大地主階層を震撼させる事態や時代の変化に，人びとは対応を余儀なくされていた。まず，(a) 不在地主の土地占拠・分配の動き，(b) 農地改革による土地没収と再分配の進行[80]，(c) 相続による所有規模の縮小などが考えられる。

　ホアトゥアンにおいて，インドシナ戦争中に解放区となり，ベトミンによる土地分配が進んだのは，村の北部地域やコチエン川に近い低地，中州の島などである。不在地主は隣村のベトナム人やチャヴィンに住む外国人であったために，小作人や農業労働者は占有者と成り得た。しかし聞き取り調査で最も印象深かったのは，第 1 章で論じた前近代のベトナムから続く生前贈与，均分相続の慣行に基づく所有規模の減少であった。フオックハオ村の大地主一族の旧家の場合，1920 年代以降に子どもへの均分相続を繰り返すうちに，相続者の土

---

[77] 『メコン通信』No. 5, p. 71.

[78] *Ibid.*

[79] Engelbert, T., "Ideology and Reality: nationalitatenpolitik in North and South Vietnam and the First Indochina War," in *Ethnic Minorities and Nationalism in Southeast Asia*, edited by Thomas Engelbert and Andreas Schneider, Berlin, Peterlang, 2000, p. 135.

[80] ベトナム戦争後のメコンデルタの集団化に関わった Liem の著書によれば，南ベトナム政府が 1970 年から 1973 年の間に実施した農地改革では，85 万 8821 人の小作人に合計 100 万 3325 ha の土地が分配された。1956 年からの分配も含めると，約 130 万人の小農民が 186 万 ha の土地を分配されたという [Lam-Thanh-Liem, *Collectivisation des terres, L'Exemple du Delta Mekong*, Paris, SEDES, 1986, p. 65]。

表5-24　各集落の1戸あたり平均農地面積　　単位：ha

Vinh Loi	1.173 ha	Xuan Thanh	0.691 ha
Da Hoa	1.097 ha	Chang Mat	0.518 ha
Qui Nong	1.022 ha	Da Can	0.508 ha
Bich Tri	0.868 ha	Ky La	0.444 ha
Tri Phong	0.841 ha	Vinh Bao	0.135 ha

出所：ホアトゥアン村役場（1995）。

表5-25　ホアトゥアン村土地使用規模別割合（1995年）

使用規模	戸数	％
3 ha〜4 ha	22	0.70％
2 ha〜3 ha 未満	99	3.00％
1 ha〜2 ha 未満	446	13.60％
0.1 ha〜1 ha 未満	1,446	44.70％
0.1 ha 未満	605	18.40％
土地なし	642	19.60％
計	3,260	100％

出所：ホアトゥアン村役場。

地所有規模は，劇的減少をみたことが明らかである。ある被調査者A（80歳のベトナム人）の場合，その父（4代目）は1920年代に200 haの土地を相続によって所有したが，父自身はAを含めて10人の子どもをもうけたので，20 haずつを子どもに分け与えた[81]。戦争が長期に及ぶなか，とりわけ土地集積が争点となったメコンデルタでは，人びとは名義をできるだけ子どもたち，親族に分散させて土地没収を免れる傾向が強かった。

　1955年に誕生する南ベトナム（ベトナム共和国）政府の時代に，ホアトゥアンで進行した問題は，一つに「国民（＝多数派のベトナム人）化」政策，そしてもう一つは大土地所有制の崩壊である。

　共和国政府は，フランス植民地期の村落を，集落ApやXomの下位レベルに格下げして，より広域の新しい行政村落Xaの下に合併した。これによって地方行政機構の末端組織「社Xa」の数も，植民地時代に比べて激減した。新「ホアトゥアン村」は，ベトナム人起源の旧ヴィンチュオン村を砂丘上のクメール人地域に合併する一方で，南端のクメール人起源の旧ダホア村を分割してその南半分をベトナム人の優勢な新フォックハオ村に吸収させた。ドラスティック

81）　前掲のPhan一族の家譜参照。

な行政再編は，末端の村々にベトナム人主導の「ベトナム国民化」を招来したと考えられる。クメール人の古老によれば，旧チャンマット村ではフランス植民地時代は少なかったベトナム人の移住が，独立期以降に急増した[82]。

1960年にアメリカ軍が作成した調査村周辺の地図をみれば，クメール語由来の地名はほとんど失われ，ベトナム風に変えられている（チャヴィンはフヴィンへ，またチフォン，クイノン，キラの名は消し去られた）。ホアトゥアンのクメール人富裕層は，子弟を次々にプノンペンに留学させた[83]。一般の農民も親戚を頼ってカンボジアに移住した。ベトミン運動に参加したクメール人も，ゴー・ディン・ジエム政府の反共弾圧を避けてプノンペンに身を隠した[84]。

ジエム政権は，植民地政府が「少数民族保護」政策の一環としたクメール人の植民地軍への投入[85]を引き継ぎ，南ベトナム共和国軍の諸隊に彼らを再編した。独裁体制に反対していたベトナム人とクメール人が直接に対峙することになり，その後の両民族間関係に深い傷跡を残した。

1970年代初頭のチュウ政権期の農地改革では，とりわけ多数の小作人への土地分配，また占拠した土地に対する土地権の分配が実際に進められた。調査のなかでキラのソン一族の関係者によれば，この時の改革でかなりの土地が没収されて，小作人に分配されたという。

土地保有の細分化は，かつて相対的に豊かな農業生産力を保持した砂丘上村落の最も深刻な現代の農業問題となった。ホアトゥアン村の1世帯あたりの土地使用規模は1995年時点では平均0.73 haで，土地なし層は約20％に達している。

第3節　大土地所有と社会変容 —— 解放戦争を準備したもの

本章は，メコンデルタ西部の二つの農村の農業史を，史料と筆者自身の臨地調査を立体的に組み合わせることによって，明らかにする試みであった。

---

82)　『メコン通信』No. 5, p. 73.
83)　同上書，p. 74.
84)　同上書，p. 71.
85)　INDO-GGI, 53650（ベトナム国家公文書保存センターⅡ／ホーチミン市所蔵史料）．

第1節では，デルタ西部（トランスバサック）における20世紀の開拓村の形成史を明らかにするなかで，大土地所有および大地主・小作関係の実相に迫ったが，その経緯を年代的に整理すると，概ね次のようにまとめられるだろう。

(1)　19世紀前半に，バサック川支流オーモン川の河口周辺地域に屯田村を建設していたベトナム人の開拓者たちは，先住民クメール人集落を微高地に残したまま，支流を遡って次第に後背湿地から西部の奥地に到達した。調査村は，19世紀末にフランス植民地政府の地方統治機構の再編によって行政村に組み入れられた。当該調査村が，20世紀初頭のベトナム人による氾濫原開拓の拠点となったことは考察から明らかである。

(2)　19世紀末から20世紀初頭には，当初，オーモン川やその上流の支流域に沿って東側から人びとが入植してきた。稲作の生産力と人口増で先進していた隣村の地主が，未開拓地の残る上流の開発を徐々に推し進めた。農業条件が比較的有利な土地を開拓して自作農となった早い時期の入植者や成功した開拓者たちは，血縁・地縁関係の結びつきを強めて新村の代表者層を形成した。

(3)　20世紀初頭に村の中心部からタイ（シャム）湾に繋がる運河が植民地政府によって掘削されると，新村に含まれた運河沿いの土地は国有地払い下げの対象となった。しかし大規模区画の払い下げ地が実際に開墾されるまでには，労働力を提供する無産民の更なる入植と，土地を彼らの力量に応じて配分し生産過程を組織化することのできる仲介層の出現を待たねばならなかった。払い下げを通して大地主となったのは，バサック以東（サデック，ヴィンロン，ミトー，ドンタップ等）の地主か，地元の行政下級官吏に登用されたベトナム人郡長クラスの人物，都市部に住むフランス人他の中産階級，あるいはフランス系農園会社であった。2万haを超える規模のフランス系農園会社も，中間管理人をおいて多数のタディエン（漢越語では「借田」）が収穫した籾米を小作料として徴収した。カントー省の土地の半分以上は大土地所有者たちに独占され，タディエンは小作米の他にも日常的に高利の借金を強いられ，収穫した籾米を奪われた。これらが，輸出米増産を目的とするデルタ西部の新開地における生産体制そのものだったのである。

(4)　新開地の村の住民構成は，自然小河川流域を自力で開墾して村政の中核を担った自営農民集団と，大地主の所有地となった運河沿い一帯に入植した新参の集団に分けられる。新参の小作人たちは村の自治から排除され，不在地主

は村政に責任を持たなかった。このような新しい開拓農村は，植民地支配の末期に拡がった反仏独立運動，土地をめぐる不平等からの脱却を求める革命が標榜される時代には，すぐさまその構造的脆さを露呈することになる。

(5) 脱植民地化闘争（第一次インドシナ戦争 1946-1954 年）のなかのトイライ村解放区では，ベトミン派の農民たちが自主的に土地を再分配し，3 年後にはほぼ再開発を終了した。彼らの土地の占有規模は，家族労働を基礎にした耕作可能な面積（すなわち 2-3 ha）だった。大地主は以前のように小作米を徴収できなくなった。他方，村の中心部や郷里で避難生活を送っていた小農民，先住民たちの多くも，土地権や小作権を失う危機に直面した。トイライ村は，極めて深刻な社会対立の渦中におかれていたのである。

一方，第 2 節で対象としたのは，古い砂質の微高地（砂丘）とその両斜面に続く低地，メコン川の支流に注ぐ小川とかつてはマングローブ樹林等を含んだと考えられる典型的な海岸複合地形に位置する村である。最大標高 3.6 m 程度の樹木に覆われた微高地は，公共施設，寺院，住居，道路，水田，畑地などに利用されたが，低地は，海抜 0-1 m ほどのために冠水しやすく，海水の浸入による土壌の塩害と窪地の酸性土壌の問題を含んだ。砂丘およびその斜面上で営まれるクメール人の農業は，雨季の天水に依存した水田耕作と，起源は不明であるが，円錐形の大穴を掘削すれば湧き出る豊富な地下水を利用した，乾季の畑作（イモ，根菜，野菜類）を可能にした。メコンデルタの低平地は，従来雨季には降雨や洪水によって浸水地が広がり，人間の居住空間すら確保できなくなる。砂丘は自然の排水によって居住地が確保しやすく，また地下水のおかげで 1 年を通した農業生産が可能である。砂丘上には，上座仏教寺院を中心に先住民クメール人の古い集落とかつての農業生産の核心域が存在したと考えられる。

このようなクメール人の古村は，19 世紀以降，ベトナム人の進出とフランス植民地主義によって，大きく攪乱される。この社会経済的変化は，概ね年代順に以下のように整理できるだろう。

(1) ホアトゥアンにおけるベトナム人の移住は，19 世紀初頭にチャヴィン川河口に築かれた拠点村に始まる。フランス植民地支配が確立される以前には，ベトナム人の社会は塩分土壌と水不足の問題がある砂丘北端と南端および潮汐

が浸入するコチエン川支流の自然小河川の流域に留まっていた。新参の彼らは，恵まれない農業条件のなかで，漁業を主要な生業とした。しかし19世紀末から，植民地政府が行政の末端単位 Xa の領域設定を進めるなかで，行政村は「多民族社会」に変化した。また未開発のままだった砂丘上の森や低地の開田ブームが始まった。小規模な土地払い下げの申請を通して，ベトナム人は植民地秩序の法的・行政的枠組みのなかで進出した。そして，問題土壌の土地を除く低地部の開田はほぼ終了した。

(2) チャヴィン省におけるクメール人の人口比率は19世紀末から20世紀初頭に増大する傾向がみられる一方で，第一次世界大戦後からは急減した。その要因は不明だが，生産力および経済発展による自然増と他省からの流入，また1930年代の社会不安によるクメール人のカンボジアへの移動等の実態は，今後，探究する価値があるだろう。

(3) 植民地期のチャヴィンの砂丘上村落社会は，極めて少数の大土地所有者と多数の土地なし農民・小土地所有者に分極化した。ホアトゥアンの在村クメール人巨大地主一族は，他村やソクチャンのクメール人大地主一族と姻戚関係を結び，フランス植民地体制を支えたメコンデルタ地主階層の一角を形成した。一方でホアトゥアンの不在地主は，隣村の開村初期から土地の集積に成功したベトナム人有力旧家，植民地期にチャヴィンの街に住んだ華人コメ仲買，インド人金貸しなどであった。彼らの所有地は砂丘とその斜面の古い農業核心域のむしろ周辺部にあり，農業条件の比較的悪い地域や新開地に多く集積された。インドシナ戦争勃発後に，不在地主の土地は，実際に耕作していたベトナム人の小作人や農業労働者たちによって占有された。

(4) 大土地所有制の崩壊要因のなかで，男女均分相続の慣行に基づいた所有権の移転は無視できない。植民地期において，すでに大地主の所有地は多子への均分相続によって，2-3世代を経過するうちに急速に分割されつつあった。その動きは，さらに1946年以降の戦争と革命のなかで加速した。地主は自己防衛的に相続や売却を通して，土地没収から逃れようとした。最終的には1970年代初頭の農地改革で，小作制そのものが廃止されて，多数の耕作農民に土地権が分配された。

(5) フランスからの独立とその後の社会変革を争点とした戦争において，ベトナム人主導の革命闘争にクメール人がどのように関わったか，その実態も不明な点が多い。クメール人の農民は親仏的在村地主の小作人や農業労働者が多

く，植民地軍に編成されたクメール人兵も多かったことから判断して，基本的には反仏的動きは弱かったと判断される。

(6) クメール人は，親米ジエム政権の時代に，ベトナム人への同化主義および植民地軍を継承した国軍への再編化に巻き込まれた。かつては先住者であった彼らが，「祖国」カンボジアとの関係性，また「近代化」のなかでベトナム人との緊張を高め，民族的アイデンティティーの危機意識を強めていく状況は常に存在していた。

(7) 1990年代初めに至るまで，調査村では降雨に依存する在来種雨季稲の1期作が続いた。コチエン川支流沿いの東側低地では，潮汐を利用して稲と魚介類を同時的に産す灌漑田，土手を高くして農地への潮水浸入を防止する工夫，降水により土壌の塩分濃度を押さえる高畦と早生稲栽培など，仏領期から続く多様な稲作技術が見られた。

(8) かつてはクメール人によって相対的に豊かな農業生産が行われていた砂丘は，人口増加に伴う土地細分化によって，土地無し農民や貧困層が増えている。これに対して砂丘両側の低地では，1980年代後半から組織的に行われている水利事業のおかげで真水の供給と排水を可能にする水路が掘削され，2期作化が達成された。そこでは掘り割りを工夫して凹凸をつくり出し，稲作と畑作や果樹栽培を組み合わせた多角的農業が，ベトナム人を中心に積極的に推進されている。

以上のように，ベトナム人による開拓村にあっても，また先住クメール人の村にしても，フランス植民地主義の介入がもたらした巨大な土地所有制の出現によって，土地利用とそこでの労働力，社会構造の在り方は，わずか半世紀ほどの間に変容した。その結果生まれた社会不安が20世紀後半における解放戦争を準備し，その主要な舞台となった。史料と臨地調査を組み合わせてみることによって，社会主義国家ベトナムとなり，大土地所有を語ることが難しくなった今でも，現地の農業景観と農民意識のなかには，"近代"によるメコンデルタの激変が垣間見えるのである。

終章

大土地所有制と多民族社会の変容

メコンデルタの社会構造の歴史的理解のために

冒頭で述べたように，本書の特徴は，(1) 大土地所有制の成立を，19世紀後半から20世紀初頭におけるフランスのベトナム支配，フランス帝国圏へのインドシナの統合化，本国経済と植民地経営の密接化という国際関係的な視野のもとで把握しようとしたこと，(2) フランス植民地官報・行政文書に基づき，植民地政府の土地政策，とりわけ払い下げ制度による土地分配とメコンデルタ新田開発の進展の関係を検討するなかから大土地所有制成立の状況を論証しようとしたこと，(3) 臨地調査と歴史史料をつきあわせて考察し，メコンデルタの村落社会における大土地所有制の実像に接近していること，(4) 大土地所有制の進展においてフランス植民地主義がメコンデルタの多民族社会に与えた影響を捉えようとしたことにある。

　こうしたアプローチから何が見えてくるのだろうか？　本書を閉じるにあたって，これら4つの論点を関連づけて整理することで，フランス植民地期のメコンデルタにおける大土地所有制の成立とその歴史的性格についてまとめるとともに，今日のメコンデルタ社会の理解に必要な視点について，改めて示しておきたい。

1. 大土地所有制成立の国際的背景

　フランス植民地権力の樹立後，サイゴン港が貿易の自由主義の下に開放されると，コメ輸出は急増し，仕向地も世界各地に広がった。サイゴン米の年平均輸出量は，1860年から1930年代までの約80年間に，9万台tから135万t以上に激増した。コメは仏領インドシナ貿易の6割から7割，19世紀には8割を占めるほどの重要な輸出産品であった。サイゴン米の主要市場は，当初はもっぱら香港・中国を中心とした東アジアであったが，1870年代以降の植民地化された東南アジア諸地域において，農園生産，鉱山他の資源開発，その他の商品作物栽培が拡大した結果，食糧としてのコメ需要が高まった。また，1870年代のヨーロッパ大不況の影響を被ったフランス国内で保護主義が台頭し，フランス商品の市場先として植民地を確保する動きが強まり，そのための関税措置がインドシナでも講じられた結果，1890年代以降にインドシナとフランスおよびフランス植民地の貿易関係は拡大された。インドシナ植民地の貿易構造は対フランスおよびフランス植民地貿易の赤字をコメ輸出で補填し黒字とするものであったため，フランス製品輸入の増加は，サイゴン米のフランス

市場を含む諸地域への輸出の増大を必然とした。つまり，このように従来の東アジア市場に，19世紀後半以降の世界経済の進展，国際分業体制の一層の拡大のなかで，上記の2地域がサイゴン米の輸出先に加わったこと，いわば外生的要因によって，仏領インドシナのコメ貿易は発展し，輸出向けコメ増産体制が形成された。これらが，18世紀以降に余剰米を産出していたメコンデルタに，そして未耕地が広大に存在していたメコンデルタ西部地域に，コメ・モノカルチュアを成立させた国際的背景である。

　植民地統治は仏領インドシナからのコメ輸出を促進する一方で，その発展を抑制する面も合わせ持った。コメ輸出の増大は，域内各地で生産された籾米の集荷，輸送，精米，輸出等に対応する華僑の経済活動を活発化させたが，植民地政府はそうした華僑勢力に対して，1890年代にはフランス人輸出・精米業者を利するための輸出税を（華僑が扱う精米度の低いコメ輸出について）課した。その結果，サイゴン米の重要な仕向地であった東アジア市場ではタイ米が台頭し，サイゴン米の競争力を削ぐことになった。

2. 水田開発の進展と土地分配，大土地所有制の成立

　仏領コーチシナの水田面積は，軍政から文民統治に移行する1880年代以降に当局に把握されるようになるが，植民地期を通して籾米の生産量は1 ha当たり1.2 tという低さにとどまった。上記の，輸出の増大は，水田面積の外延的拡大によるものである。メコンデルタの稲作地は1888–1930年までに80万haから226万haに拡大した。

(1) 土地制度の確立と19世紀末までの水田開発 —— 小規模払い下げの展開

　植民地政府は，植民地の統治と開発を進める目的からコーチシナの土地制度を定めた。近代的土地所有権の確立を目指して，土地法の制定が繰り返された。土地所有の実態を把握するために，村落の伝統的支配層であったノタブル（郷職）に対して，植民地化以前の収税簿＝地簿を再興させ，それに基づく新しい土地台帳への住民の土地所有の登記と徴税を義務づけた。そして未登記の土地は国有地に編入し，開発を希望する申請者に政府が土地を譲渡する国有地払い下げ制度を創設した。以後，この土地分配のルールがメコンデルタ開発の基本的枠組みとなった。

1879年以降に軍政から文民統治に変わると，旧村落は統廃合による再編を被り，従来の村の支配構造は変容を被るとともに，村の代表から選ばれた郡長を省議会メンバーとする各省の新しい地方行政機構が整えられた。払い下げの小規模なものはその地方省議会が，また大規模な払い下げについてはフランス人の利益代表であるコーチシナ植民地評議会が管掌することとした。人頭税（金納）が従来の登録民から全成年男子に拡大され，地税他の諸税が各地方の省政府の財源とされるようになると，現金の必要性に迫られた人びとは，商品化されたコメの生産拡大に向かった。

　メコンデルタの水田面積は1880年代から19世紀末までに約30万ha拡大するが，これは当時の無償譲渡の払い下げ面積におよそ等しかった。自作農育成策としての10 ha未満の小規模な無償譲渡が，1890年代には盛んに実施されるようになり，その結果，水田開発が促進された。人口の急増とともに，旧村落から開墾に向けて移住していく農民たち，コーチシナ東・中部地域からバサック川を越える人びとが観察された。この段階で，水田面積はメコンデルタの仏領期最大面積（1930年時点）の約半分に達した。こうして比較的ベトナム人の歴史の古いメコンデルタ東部（コーチシナ中部）はほぼ稲作地に開発されたが，農村では大地主の勃興と小農民の困窮が散見されるところとなる。地主/小作関係に基づく収奪と土地集積によって力を蓄えた地主は，20世紀初頭に至ると，メコンデルタ西部のトランスバサック地方に，中間介在者を置く不在地主制を展開させるのである。

(2) 20世紀初頭の水田開発と国有地払い下げの新しい段階（-1920年代）

　19世紀末から1930年ころまでに，メコンデルタの水田は116万ha以上が拡大された。増加分の7割が，西部諸省での拡大によるものであった。水田開発は，コメ輸出に一層の拍車がかかった20世紀初頭以降は，デルタ西部の広大低地氾濫原そして広大低地へと進展した。この時期には2つの段階が認められる。

①バサック川右岸流域での大規模払い下げの開始

　この時期の開発の第1の画期は，1900年代半ばころである。その要因として最も重要なものは，運河の開設である。19世紀末に企画されたデルタの幹線運河掘削事業が，20世紀に入ると浚渫機の導入により推進された。この結果，デルタの主要な交通路が掘削され，浚渫による排水効果から可耕地となった運

河周辺の土地は，フランス人と現地人（それぞれほぼ5割ずつ）に対して譲渡された。その実態を筆者は1899–1907年の払い下げ認可令の集計・分析により明らかにした。8年間に30万ha以上が無償で譲渡され，その7割以上がタンアンとトランスバサック5省（ラックザー，カントー，ロンスウェン，ソクチャン，サデック）に分配されていた。300haもしくはそれ以上の規模の大区画が，100人近いフランス人に集中的に譲渡された点が際立っていた。

仮の開発権を取得した土地申請者は，複数の序列をもつ中間管理人を雇用し，その中間管理人は無産農民であるタディエン（小作人）に土地を振り分け，彼らに開墾・作付け・収穫を行わせ，小作料を籾米で支払わせた。しかし大規模な払い下げ地の開墾事業はしばしば頓挫し，譲渡地が政府に返還される事例も多かった。19世紀と同様に，フランス人申請者のほとんどが植民地官吏やサイゴン在住の農業とは無縁の職業の者たちか，カトリック教団であった。後者と一部の例外を除いて，フランス人の仮譲渡者は，開発資金および労働力不足によって開墾を進められず，結局は公開競売に付されていた。デルタ東部の村落からの無産農民の移住は，新開地のフランス人払い下げ地の労働力需要を充分には満たさなかった。とはいえ，1910年時点で，カントーおよびソクチャン両省の水田面積は1930年のほぼ9割までが開墾を終えた。

②デルタ周縁部の大規模払い下げの進展

次に開発ブームが起きたのは，いわゆる「開発の時代」とされる1920年代後半である。インドシナに流入したフランス資本および華僑やチェティーの高利貸しから開発資金を調達した地主たちは，払い下げの土地を西部で大規模に取得し，その開発にのりだした。ここでも筆者は未公開の資料を用いて，1920年代の国有地払い下げを分析した。それによれば，トランスバサック地方の8省（カントー省とソクチャン省を除く）における1929年までに譲渡が確定された土地の累計値は，フランス人と現地人合わせて69万haに及んだ。20世紀初頭の第1期のそれと比べれば，デルタの最南西部（周縁部）であるバクリュウ省，ラクザー省の払い下げが激増していたことがわかった。これら2省で，合計42万ha以上を占めたのである。水田面積も最大のペースかつデルタ最大規模にまで拡大された。さらに両省は，アンリの農業調査により，当時のメコンデルタで最も大土地所有制の発達した地域であることが示されていた。バクリュウ省の大土地所有者は同省の土地所有者数の9.6％を占め（コーチシナで最大），彼らの所有地は同省の所有地の66％に達した。幹線運河の周辺地域は大区画

の所有地が土地の8割を占め，10 ha 以下の小土地所有地は1％程度しか存在しなかった。開発が新しいほど，また大規模な国有地払い下げが行われた地方ほど，大土地所有を生成していた。

(3) 世界恐慌の影響と1930年代の国有地払い下げ傾向

　世界恐慌の影響による不況と米価の暴落を契機に，メコンデルタ農村は1930年代を通して深刻な農村不安に陥った。植民地政府の統計は当時の水田面積を正確には把握できず，数値上の推移は，低下ないし減少を示すようになる。中・大地主は債務を返済できずに没落し，その一方で巨大・大地主はインドシナ銀行の融資によって救われた。しかし1930年代を通して，国有地払い下げは，それほどの衰えを見せずに拡大していた。その結果，1940年1月1日時点の確定譲渡権を付与された払い下げ地の累積は，デルタの14省で113万 ha となり，これに仮譲渡他を含めると163万 ha に達した。この数値は，当時のデルタの水田の約2分の1以上が，国有地払い下げ制度のもとで開発されたことを示したのである。ここでもデルタ最南西部のバクリュウ・ラクザー両省の確定譲渡面積は60万 ha に達し，全体のそれの5割を占めた。しかもこの時点で，デルタ14省全体の仮譲渡中あるいは譲渡を申請中の土地は，まだ50万 ha 以上あった。つまり日本軍の仏印進駐そして第一次インドシナ戦争（1946年-）が迫る時期においても，依然としてデルタの土地分配と開発は続行されていたのである。確定譲渡の累積面積は，国籍別にみればヨーロッパ人は21万 ha，現地人は92万 ha であった。フランスが創設した国有地払い下げ制度の下で，現地人がいかに土地分配に惹きつけられていたかということもこの数値は示している。

　しかし，農村不安が高まるなかでの土地獲得を目的とした払い下げの進展という奇妙な現象は，インドシナ経済全体の劇的な転換期に起きていた。世界恐慌の影響の下で，1920年代の植民地経済の繁栄をもたらしたフランス資本は，インドシナから大量に流出していた。一方，国際コメ市場で競争力のないサイゴン米は，近隣アジア市場を急速に縮小させた。代わってフランス国内を中心とするヨーロッパ市場に大きく依存せざるをえなくなった。すなわちメコンデルタのコメ輸出経済は，この時近隣アジアから遊離し，フランス帝国圏への直接的なブロック化に巻き込まれる。対フランスおよびフランス植民地の貿易赤字を近隣アジア諸地域へのコメ輸出による黒字で補填していた従来のインドシ

ナの貿易構造もこの時期に崩れ始め，不安定なものに変わったと考えられる．

3. 大土地所有制の成立と国有地払い下げ —— 20世紀バクリュウ省の開発

　バクリュウ省の広大低地における開拓は，1910年代半ば以降の幹線運河の開削を契機に推進された．ここでも運河周辺の村々を中心として，1920年代末にはメコンデルタ（現ベトナム領）最大級の大土地所有が発達した．19世紀末から1940年に至るバクリュウ省の国有地払い下げ認可の実態を，本書は内外で初めて詳細に検討した．その結果，バクリュウ省では，1区画の規模が500 haあるいは1000 haという巨大規模の払い下げが，1920年代をピークとしてその前後に，フランス人，ベトナム人キリスト教徒，一部の帰化人（現地人および華人でフランス国籍を取得した者），ミンフォン（華人とベトナム人・クメール人との混血）等に認可されたことがわかった．彼らの多くはバクリュウの地方行政の要職を経験し，さらに中央の植民地評議会，農業会議所等のメンバーである，いわば仏領コーチシナのエリートたちであった．1920年代にベトナム人ブルジョワジーの政党として急成長した立憲党の中心人物＝ブイ・クアン・チュウ Bui Quang Chieu らの4000 haを超える払い下げを得た稲作大農園も，バクリュウ省カマウ周辺に開設されていた．

　バクリュウの巨大土地所有者のなかには，潮州系の華人が目立った．中国からバクリュウに住み着いた移住者の子孫で，フランス植民地政府に協力し，米商人としての蓄財を原資にトランスバサックの開発大地主となった人物たちであった．彼らは子弟にフランス国籍を取得させ，またある者たちはミンフォン集団の勢力を築いた．1880年代の植民地行政文書にみられたバクリュウの多民族農村，とりわけ華人社会は，すでに植民地化以前に土着化を果たし，最近の研究によれば，その交易活動は18世紀末に遡るとみられている．メコンデルタ最南端の地で繰り広げられた彼らの営みを理解するには，更なる研究が必要である．

4. 村落からみる開拓と大土地所有

　ここまでフランス側の資料から植民地政府の払い下げによる土地分配と水田開発，土地集積と分析してきたが，現地で検証する調査も加えて明らかにした

点を述べる。

(1) トランスバサックの開拓村

　カントー省トイライ村はトランスバサックの仏領期コメ・モノカルチュア地帯の典型村であった。同村は，19世紀に川を遡って奥地に入植したベトナム人の開墾に起源をもち，フランス植民地統治下の19世紀末に一つの行政村になった。自然河川流域を伝統的な先取開墾権の下で所有地を増やした自作農民の集落がその中心であり，自治は開拓先祖から2ないし3世代を経て血縁・地縁関係を強めた比較的富裕な農民グループが担った。この他先住クメール人集落，植民地化以降に教団に斡旋されて入植したベトナム人カトリック教徒の集落もトイライ行政村に組み込まれていた。隣村の富裕者が，未開墾地の残る同村の土地を徐々に集積する状況も見られた。

　このトイライ村が変化を被るのは，20世紀初頭の幹線運河が同村を起点に開削されて以降である。完成した運河周辺の土地は払い下げの対象となり，開発権を得た村外の不在大地主の仮譲渡地を開墾するタディエンの集落が生まれた。村落の構造は，こうして自然河川流域の旧住民と，直線水路の両側に盛られた土の上でニッパヤシの小屋に住む新住民とに二分され，その結節点（川と運河の交点）に支配の中枢である町ができた。町には徴税を行う役場，市場，華僑の精米所，銀行，植民地軍の駐屯所などがあった。トイライ村は村境も曖昧で，新旧の住民は出身地を異にした上，社会集団として上座仏教，大乗仏教，キリスト教，そしてホアハオやカオダイなど多様な新興宗教団に取り込まれていた。

　このようなトランスバサック地方の村落構造は，J. スコットの描いた共通の価値規範や生存保障の倫理感で結ばれた共同体とは異なる。農民の日常の生存戦略も，水田の収穫期のずれを利用してデルタ内の水路を広域に移動し，刈り取り作業の日雇い賃労働を行って不足分の米を確保すること，水路の魚を捕獲して市場に運ぶなど，個人的な経済行為であった。また新開地のベトナム人の精神生活は，個人主義的で「自由」な面がみられた。

　トイライ村では，20世紀初頭に複数のフランス人に大規模な土地の開発権が認可された。それは放置されたまま，再び払い下げの対象地に戻された。運河に沿った大区画の払い下げ地の開墾を，その後に実際に推進したのは，信用のおける小作頭を同村に住まわせ，タディエンの生産組織を編成・監督するこ

とができたバサック川以東のベトナム人大地主たちか，地元の植民地議会のメンバーである郡長レベルの役人，フランス系農園会社などであった。2万 ha を超すその農園会社では，フランス人管理者が常駐し，彼が複数の階級を持つ中間管理人を組織して，その下に多数のタディエンを監督させた。トイライ村はカントー省内で最も大土地所有制が発達した村であり，村の大部分は輸出のためのコメ・モノカルチャー地帯に変貌した。インドシナ戦争が勃発した時，同村は構造的脆さを露呈した。農村社会は急速に流動化したが，大土地所有制の矛盾を自ら突き崩して不在地主の土地を占拠した農民たちは，家族経営に基づく規模の小農的生産に立ち返って，水田の再開発に取り組んだのである。

(2) クメール人の古村とベトナム人の進出，大土地所有

バサック川以東のチャヴィンでは，先住クメール人の農村社会の形成は数世紀にも遡る。仏領期のチャヴィンでは，新開地のトランスバサックに多く見られたコメ・モノカルチャーでなく，微高地上で1年を通して多種の農業生産が営まれた。また，1888年にはメコンデルタで最大規模の水田面積を示した上，世紀末から20世紀初めには小規模払い下げを受けた開墾が盛んに行われた。

ホアトゥアン村が植民地期に被った重要な変化は，1880年以降の植民地政府の統治政策によってもたらされた。緊張関係にあった先住民と新参者集団は従来別々に棲み分けてきたが，両エスニック集団が同一の行政村に再編され，ベトナムの村落に標準化されたことで状況は一変していった。ベトナム人のクメール人社会への進出が，植民地統治下の行政の枠内で有利に進行した。新村落の運営は，行政用語になったベトナム語で行われたことがそれを促進した。メコンデルタのどの省においても，同様の事態が進行したと考えられる。

1920年代のチャヴィン省の乾田地域（浸水しない微高地）には，著しい大土地所有者が存在した。それはクメール人，ベトナム人双方にみられたが，クメール人大地主はごく少数に過ぎなかった。チャヴィンでは，カントーのトイライ村のような新たな大規模払い下げによるのではなく，ホアトゥアン村でみた既耕地もしくは開発途中の土地を買収することを通して，地主層の所有地が増大した。

農民は，耕作，開発のための資金や冠婚葬祭はじめ不意の出費をまかなうために，身近な華僑やインド人高利貸しに借金をした。華僑の場合は，日用品の売買を兼ねて，巧みに借金を承諾させた。金利は非常に高い一方で，返済をす

るための籾米の収穫量は予定通りでないことがしばしばある。期日に返済出来なくなった農民は，抵当に入った自分の土地を小作人として耕作した。インドシナの外国人である華僑やインド人は土地を所有できなかったが，彼らはこうして籾米や他人労働を自在に入手した。富裕な，また金融機関から融資を受けることができる大地主階級は，こうした債権付きの土地を華僑やインド人を介して手に入れた。これらは同村に限らない。デルタの農村ではどこでもみられた現象だったのである。

　地主層は同一階級間の姻戚関係を結んで勢力を保持した。広大な土地付き夫（妻）が家族を構成した。こうした婚姻はベトナム人の場合は村落を越えて，またクメール人の場合は省を越えて求められた。しかしながら，一夫多妻制で男女の別なく生前の均分相続がなされるために，大土地所有は2世代も経ぬうちに解消される傾向がみられた。長子相続とは異なる東南アジア社会の慣習は，大土地所有制の存続になじまない要素を持っていた。

＊＊＊

　植民地支配下のメコンデルタに成立した大土地所有制は，東アジア経済圏に19世紀後半以降ヨーロッパの関与がもたらした変化，すなわち国際分業体制の拡大の一環に位置づけられる。コメ輸出に特化する道が，そして広大な未耕地をコメ・モノカルチュア地域に開発する道が，19世紀末から20世紀初頭のメコンデルタに"与えられた"のである。

　植民地統治とメコンデルタ開発を推進する目的から，フランス領コーチシナの土地法に基づいて確立された払い下げ制度は，経済開発の基礎的枠組となった。しかし，植民地における法の本質（＝近代法と固有法の共存あるいは部分的接合）ゆえに，問題は多く発生した。国有地払い下げ制度に応じて無主地の開墾認可を求めた夥しい申請数から，人びとの土地所有への期待がいかに大きかったかが読み取れる。しかしこの制度は，まずは合法的にフランス人が土地を私有地として取得する方法だったのであり，払い下げ認可制度を通して形成された大土地所有制は，フランスを頂点とする植民地支配の政治的・経済的構造と密接に繋がっていた。

　フランス植民地主義がもたらしたトランスバサック特有の大土地所有制は，その脆弱性も明らかであった。拡大を続けた世界のコメ市場を背景にしていたが，輸出をプッシュするはずのフランス植民地政府の貿易・関税政策は，その

本国中心主義ゆえに，しばしばインドシナのコメ輸出を阻害する矛盾も合わせ持っていた。輸出米増産は，耕地の不断の供給を前提にして新開地での水田面積の外延的拡大にのみ依存した結果，土地生産性の低さと収量の不安定性は植民地期を通して不変だった。不在大地主は，もっぱら中間介在人を通して小作人に水田耕作を強制した。農具や役畜などの生産資本を彼らに貸与し，高率の賃料および小作料を現物（籾米）で徴収した。地主は，地代収入の増大にのみ執着し，生産性の合理化や近代化には無頓着だった。市場から引き離され，債務を負った小作人は自らの立場を改善することはできず，不足する食糧をデルタ内の臨時雇いによってかろうじて補充した。農村に住む人びとが払い下げ申請を行って土地所有を増やし，開発を推進するための資金供給の問題も，デルタの労働力不足問題も，植民地政府は解決できなかった。また新開地の村の構造は，共同体的凝集性を持たず，権力の撤退後に社会を流動化し，大地主制を崩壊させていく要因になった。それに加えて，大土地所有には常に小農経済へと引き戻す力が働いていた。その一つはベトナム（および東南アジア）の伝統である均分相続の慣習にあった。

　フランス植民地支配の下で，メコンデルタで促進された輸出米生産のための経済開発，そしてその基盤として成立した大土地所有制とは，上記のような歴史的性格と構造をもった特異な社会体制であったといえる。生きるための土地を確保しようとする耕作者の権利と，権力に裏付けられた近代的土地所有の法的権利が一致せずに分裂し，衝突した社会は，やがて体制崩壊の危機を迎えるしかなかった。大土地所有制は，その内部から解体したのである。

　最後に，フランス植民地政策がメコンデルタ開発におけるベトナム人の優位性を促進した点にも言及したい。国有地払い下げ制度の対象はフランス市民と「フランス臣民」にしか認められず，商業・金融において経済的強者であった華僑ないしインド人は排除された。彼らにとってフランス国籍に帰化すること，もしくは土着化することがその壁を解決する方法となった。ベトナム語を用いた村落統治政策も同様に，メコンデルタ西部におけるベトナム人の進出を促進した。ほとんどのクメール人はそのなかで圧迫され，土地を失い，浸水する大地で始まった開発の時代に取り残されたのである。

　しかしながら，真に土地に執着した人びとは，フランス植民地主義者の意図を越えて，メコンデルタ開拓の歴史を前進させた。フランス植民地主義がもたらした"近代"を最も多く受容し，時代の変化に適合したのは，ベトナム人で

ある。彼らは，こうして南進の終着地を"ベトナムの地"に変えることができた。歴史を主体的に押し進め，次の時代の主人公になった。しかし，その一方で進行していた先住民の犠牲は，忘れられるべきではない。近代国民国家となった今も，問題は解決されず埋もれたままである。

[史料]

タディエン*の日常世界 ── 聞き書きの集成

＊タディエン（Ta Dien）……借田，メコンデルタの小作人

1996年8月，1997年8月，1998年3月，2008年3月のメコンデルタ農村で実施した85名の村人を対象とする対面調査から，筆者が収集した記録を一人称で記し，データとして集成する。コラムには，筆者による若干の解題や調査時のエピソードなどを記した。聞き書きは，本文で論証のために引用したものも含む。（　）には，農民の生年，調査時の満年齢，民族・性別，集落名を付した。

バサック川を越えた人びと（カントー省）

> **解説**
> 　前半は，広大低地氾濫原上に立地するトイライ村他の41人の記録である。トイライ村は，20世紀初頭に新田開発の最前線にあった第5章第1節の調査村である。自然河川沿いに入植した人びと，さらに内陸部に向かう新しい幹線運河沿いに入植した人びと，そしてその子孫たちの話が集成されている。そうした新開地では，フランス植民地期に特有の大土地所有制が発達した。不平等な土地分配と貧富の格差の大きい農村社会であったことから，やがて独立戦争（第一次インドシナ戦争）のなかで「解放区」が出現する。語る農民の多くは，元タディエンである。植民地支配下に生まれた彼らの話は，20世紀のメコンデルタ農村をさまざまな視点から描き出している。

1. 一族の家譜から

　初めに，バサック川を越えて入植した，ある一族の歴史を辿る家譜を紹介する。一族の家譜（親族の系譜をまとめたもの）から，ベトナム中部人のメコンデルタへの開拓，子孫の増大過程を，具体的に知ることができる。カントー市近郊の村に住むベトナム人（84歳・仏領期は自作農民）が資料を提供してくれた。

　老人（P・V・S）は，親族が集まるさまざまな機会をとらえては各人が記憶する系譜の断片をつなぎ合わせ，それを完成させた。S氏は，初めてメコンデルタに入植した先祖から数えて4代目であるという。彼は私に漢字で書かれた植民地期の土地文書も見せてくれた。

『フィン一族の家譜』には，19世紀から現在までの6世代に及ぶ一族係累の氏名が記載されている。血の繋がりのある人びとだけを合算すると，総勢387の人名があった（配偶者は除く数字）。

　先祖の故郷はベトナム中部のフエ地方だという。19世紀前半にそこを離れてメコンデルタに移住した。2人の妻をもち，娘2人と息子1人がいた。その息子が生まれたころに，ベトナムはフランスの植民地となった。2代目の3人の人物たちには，9人の子どもが1882-1905年ころまでの期間に授かった。

家譜略図〔　〕は筆者による注
（一族初代）
フィン・ヴァン・チョン（生年は推定1830-1840年代）
　〔ベトナム中部フエ地方から移住〕
　　　　　↓
（第2世代）
フィン・ヴァン・ラン他姉妹2人（生年は推定1850-1860年代）
　〔フランス植民地時代の始まり〕
　　　　　↓
（第3世代）
フィン・ヴァン・ランの子どもフィン・ヴァン・ヤック他8人（生年は1882-1905年）
　〔フランス期メコンデルタ西部の開拓時代〕
　　　　　↓
（第4世代）
フィン・ヴァン・ヤックの子フィン・ヴァン・サウ他第3世代の子どもたち31人（生年は1910-1940年代）
　〔フランス期メコンデルタ西部の米輸出，繁栄の時代。後半は独立戦争，ベトナム戦争，カンボジア国境戦争〕
　　　　　↓
（第5世代）
サウの子フィン・ヴァン・カン他第4世代の子どもたち113人（生年は1940年代-）
　〔青・壮年期がベトナム戦争・カンボジア国境戦争。後半はドイモイ，社会発展の時代〕
　　　　　↓
（第6世代）

カンの子フィン・ヴァン・ラム他第5世代の子どもたち227人（生年は20世紀末以降）

2. 氾濫原のなかの村

　トイライ行政村は，旧カントー省オーモン県南西部の14集落（アップ）と集落の結節点であるトイライ町から構成される。トイライ村のあたりは，かつては雨季になるとメコン川の増水で川筋から大量の水が流れ込み，土地は1mを越す湛水状態となった。仏領期に掘削された運河はその排水機能を発揮し，氾濫原のなかに新しい村を誕生させた。

　調査時の村の民族構成は，クメール人世帯が全体の3％で，ほとんどがベトナム人世帯だ。ハウ（旧バサック）川からオーモン川を遡ると，村の中心にトイライ町があり，そこを起点に，フランス時代に掘削された3本の運河がデルタの奥地に向かって放射状に走る。14集落のうち，自然河川の流域は祖先が開拓して自作農家となった例が多いのに対して，新しい運河沿いの払い下げ地は仏領期に不在地主の土地をタディエンが開発した。

　ベトナム戦争終了後は，フランス時代の幹線運河の他に，網の目のように第二次・第三次の水路が掘られて稲の二期作，三期作の集約農業化が進み，現在は全国有数の穀倉地帯となった。

　1997年のカントー省の平均的な米生産は，1ha当たり，冬春米5.8t，夏秋米4.5t，秋冬米3.8tであった。

＊＊＊＊＊

（生年の順に掲載）

(1)　P・V・G（1903年／94歳／ベトナム人男性／トイヒエップ）

　ヤムディン川に沿って初めてこの土地を開墾したのは，トゥクァンさんとディンさんと私の祖父のファン・ヴァン・フィーの3人でした。

　子どものころ，姉と一緒に運河が掘られるのを見に行ったことがありました。12歳か13歳のころです。くるくる廻る機械を使っていました。オーモン運河ができたあとに，ティドイ運河が掘られたと思います。ドゥン運河は人力で掘られました。自然の川だったので浅く，舟は引っ張られて進みました。乾季には水がなくなってしまいました。

　私に教育を受けさせるために，親はトイライまで勉強に行かせました。私は漢字を習いましたが，コックング（ベトナム語）やフランス語も習いました。

　ヤムディンに40コン（このあたりは，1コン=1300 m^2），今でいえば50コ

ン（1コン＝1000 m² で換算）の土地を相続しました。トイビンにはさらに200コンの土地を購入して，所有地を拡大しました。

　妻はトイティン村のフオンカー（村の最高位の役職者）の娘でした。私自身も，フランス時代にトイライ村のフオンカーでした。日本軍進駐期に村長だった私は，村にやってきた「吉井」という人物に会いました。その人は，2-3日のあいだ村にいて，帰っていきました。

　村のディン（亭）は，現在の郵便局があるそばにありました。「本境城皇」と掲げていました。半分に仕切って，村役場の事務所と警察署とを兼ねていました。私の仕事は地簿を管理することでした。また人頭税の徴収もしていました。赤い用紙が金持ち用（3ドン），青い用紙が貧乏人用（1.5ドン）の領収証を発行しました。3種類の印鑑も保管していました。地税は三種類でした。特級田，第1級田，第2級田です。村には特級田はなく，第2級田が多かったです。

　フランス人の土地の土地税は，集めませんでした。またトイライ村に土地を持つ人で別の村に住む地主（不在地主）は，自分で役場に地税を支払いに来ました。フランス人の地主はマレン，のちにはブオン……もいました。

　フオンカーの役職は世襲の時もありましたが，それは金持ちだからです。フランス時代にはアップ（集落）の代表として，アップチュオンという役職もありました。アップにも12人の役職が決まっていました。村（サー）と同じ代表の職が置かれていたのです。村びとが選挙で選びました。

　インドシナ戦争が始まると，私は村から逃げました。ジェムやチュー政権の時代の郷職たち（村の役職のある名士たち）は，フランス時代と同様に納税総額の何％かを報酬としてもらいました。このような制度は，解放前までつづいていました。

　ジェムの時代には，トイライはフォンディン，コードーはフォンフーというように地名が変わりました。昔，コードーあたりは原生林に覆われていたと，年寄りに聞いていました。それはジェム時代にオーモンの郡長だったグエン・ゴック・トの話でした。

(2)　T・V・T（1910年 / 88歳 / ベトナム人男性 / ドンフォック）

　私の父は，ミトーで亡くなりました。母と一緒にここに入植しました。兄弟はトットノットに住んでいます。私は13-14歳までに，3ないし4年間，仮設の学校に通いました。

　私は40歳のころに再婚し，**フランス人の大地主マレンの所有地のタディエン**として働きました。当時は**50コン**借りていました。私の妻の兄はフンディエンでしたから，**地代は1コン当たり1ザーにしてもらっていました。ベトナム人地主の小作料は3ザー**といわれていましたので，ずいぶん安かったと思います。チュン

フンという浮稲の品種の米を栽培し，よい時で**1コン当たり15ザー収穫**できました。浮稲とルアムア（雨季稲）は異なります。浮稲は直播きでした。水牛は**地主のマラン**から借りました。

水田には，最高2mくらい水が上がりました。指導者がきて，ドゥン運河の奥1kmのところに，運河と平行な水路を，タディエンたちに掘らせました。この水路とドゥン運河を結ぶ小水路も掘られました。私の耕作地は，マレンの土地の一番端になります。1kmごとに水路がありました。それはコードーまでつづいていたのです。

地主のマランを見たことがあります。ハンサムで，私より10歳ほど年上のように見えました。フランス人の妻がいました。バダムと呼んだのです。コードーの町の水路は，みなこのマレン氏がつくったものです。ドゥン運河も彼がつくったのです。カイ長のフランス人もいました。

義理の兄もフンディエンとして信用され，ドゥン運河と支流の交わるあたりに住んでいました。タディエンを監督し，水牛などを小作人に貸すのを仲介しました。**家族が10人以上の場合は，100コン借りるタディエンもいました。**

私の家族は5-6人でした。田植えや刈り取りは，タディエン同士で互いに助け合いました。

ホアハオ教……私が信徒になったのは1946年ころです。兄弟のなかには，カトリックもカオダイも仏教も，いろいろいますよ。みな別々です。私の妻は大乗仏教徒です。

私が改宗したのは，奇跡を起こすのを集会で見たからです。ホアハオ教の本山にいた人です。このあたりは，もう教徒は少なくなりました。

修行は，1ヶ月に4回精進料理を食べること，韻を踏んだお経（教本）を唱えることなどで，信徒同士がお互いに教え合います。マランの小作人たちのなかにはカトリック教徒の人たちも多かったです。

抗仏戦争……沼地のハスの下に隠れたりして生きのびました。水田がつくれず苦労しました。ホアハオ団の兵隊だったこともあります。**1954年に戦争が終わると，20-30コンに土地は減りました。**昔の人たちが戻ってきて，ふたたび自由に開墾しました。**現在は5コン**しかありません。

ベトナム戦争中ですか？　すぐに逃げられるように，いつも舟のなかで暮らしましたよ。

(3)　D・T・N（1910年／87歳／ベトナム人女性／トイロック）

オーモン川からニャトー川を遡ると，トイライ教会です。その裏が私の家です。

私の両親はヴィンロンのアンヒエップという名の村に住んでいましたが，土地な

し農民でした。私が4歳から5歳のころに，一家でここに移住しました。両親ともキリスト教徒です。

両親は**教会の土地を50コン**借りて生活しました。地代は決められておらず，作柄によって変動しました。トイライ教会はヤシでつくられた教会でしたけれど，フランス時代に煉瓦づくりになりました。2回修復されました。このへんではコードー村にも教会がありました。

私は精米所の近くに住む人と結婚しました。彼もクリスチャンで，**教会の土地を夫婦で20コン**借りて生活しました。娘6人を育てました。教会の神父様は，いつもベトナム人でした。ソム神父が一番長くいてくれたように思います。

インドシナ戦争中は，ヴィンロンの故郷に帰って，5-6年間の避難生活を送りました。戻った時，ここにはまだ誰もいませんでした。初めは**2-3コンの土地から再開発を開始**しました。

私の兄弟たちはサイゴンに近いところに行ってしまいました。このあたりは土が硬くて米の収量が低いのです。**1コン当たり2-3ザー**しか籾米が収穫できない年もありました。

農繁期に助け合う労働交換は，よくやっていました。食べ物は不足していましたが，教会が私たちの面倒をみてくれたというわけではありません。

トイホア村は，1975年にはトイロック，トイビン，トイヒエップ，トイホアなどの集落に分かれました。そんなふうに，最近の集落名は1975年以降に付けられたものなのです。

(4) P・V・U (1913年／84歳／ベトナム人男性／トイホア)

ヤムディン川を遡ると左岸にあるのが，私の家です。子ども9人のうち，1人は死んでしまいました。私は一族の4代目です。祖先は100年くらい前にここに住みつきました。

学校ですか？　私はトイライ村の初等小学校に行きましたが，中学はオーモンの町に通学しました。父は**200コン（26 ha）の土地を所有**していました。8人の子どもに分けたので，**1人分は25コンほど（3.25 ha）**になりました。家族で経営していましたが，農繁期には農業労働者も雇いました。

このあたりの昔の大地主といえば，**120-125 haもの土地を持っていたナゥさん**でしょう。さらに川の奥は大地主のものでした。ナゥさんは隣のトイティン村に住んでいました。

私はトイティン村から嫁をもらい，初めは父と一緒に住んでいました。その父もインドシナ戦争中に亡くなりました。

フランスの時代には，収穫した籾をベトナム人が舟で買いに来ました。オーモン

川沿いは，華人が所有し経営する精米所と倉庫でにぎわっていました。このへんでとれたほとんどの籾米は，そこにつぎつぎと集められました。

そういえば，私は農業相互信用会社（SICAM）にお金を預けたのですが，戦後それは無くなって，お金は手元に戻ってきませんでした。

インドシナ戦争の間，1947年ころだったと思いますが，人びとはみなトイライの町やカントーの町に避難していました。1954年に戻ってきました。**チュー政権の時代には 3 ha の土地が分配されて，たくさんの人が自作農になりました。それで土地を持っていない農民は少なくなりました。**

1975年以前の稲作は，フランス時代と同じ雨季の一期作でした。**川の近くの土地は，豊作の時で 30 ザー／コンの収量がありましたが，上流部の土地は 20 ザー／コンと少なかったのです。**また，できるだけ川に沿った土地のほうが，川岸から離れた土地よりも，一般には肥沃です。

陰暦の3月に播種，4月に田植えしました。2ヶ月後にもう一度の田植えをしました（2回移植田）。苗床は田んぼのなかにつくります。家族だけでは不足する農業労働力は，近隣の農家と労働交換で済ますことができました。現金の支払いの慣習はなく，食事を2回ふるまうだけでした。

残念に思っていることなのですが，私は1975年の解放後，ソンハウ農場の建設のために，**100 コンにまで増やした土地の半分を収用されてしまいました。**

(5)　N・V・T（1915年／82歳／ベトナム人男性／トイトゥアン）

ここは，オーモン運河沿いのカオダイ教寺院です。ベトナムでのカオダイ教創設（公式には1926年）の2年後に，この寺も創建されました。インドシナ戦争で被害を受けて，1954年に再建されました。

私はこの寺の4代目の教主で，もう引退しました。私の出身は，隣のチュオンスアン村です。現在は5代目の住職で，たった今，葬式に出たばかりで留守です。住職の任期は通常5年ですが，次のなり手がいないので，つづけてもらっています。再建された当時は，信者は3000人ほどいたのですが，現在は10分の1に減少しています。

私の家は，父の代からカオダイ教に改宗しました。当時はタイニンの本山から半月に一度，説教のために僧侶が来てくれました。村のカオダイ教徒は，とくにどこの集落に多いというのではなく，個人的です。

この村にカオダイ教の地主はいませんでしたが，近くのチュオンティン村にはツゥ・ティ・マオという地主の信者がいました。教徒の大半は農民でした。私の父は小作人でしたが，1947年に亡くなりました。

インドシナ戦争中は，カントーの町に避難していました。**カントーでは，地主の**

タン・ルオン・バオ，タン・ルオン・ヒゥいう名の大地主の信者がいたのを覚えています。彼らは金持ちでした。

戦争中に私は，フランス側の兵士として1年間，戦いました。そのころ村のカオダイ教徒は，私のようにカントーに行って，カオダイ教徒の家に世話になりながら，兵士となりました。

戦争が終わると，政府の許可証をもらって，トイライの中心の町から**1 km以内**のところに住みました。たくさんの人がそうしました。私は**50**コンの土地をドゥン運河沿いにもらいました。土地証書は旧政権から**1972年**に取得しました。

その土地は，**1972年**以前はチュン・ヴァン・ガーという大地主のものだったのです。彼はたぶん千数百コンの土地の所有者でした。カントーには，そうした村の不在地主たちが住んでいました。彼らの土地は，今は息子たちが相続しているものもあります。

雨季稲は当時，豊作の年で**17-18ザー/コン**程度の収量でした。田植えを2回していました。機械が入るようになって，田植えは1回ですむようになりました。機械の借り賃は，**8ドン/コン**を支払ったと思います。1958-1962年ころのことです。

寺の祭壇に，カオダイ教の「球体」は置いてはいません。天井をみてください。梁に「土普期三道大」の文字を掲げています。

(6) **N・V・B**（1915年/82歳/ベトナム人男性/トイホア）

私はニャトー川沿いの農家です。今のトイライ村の主席アンの父ですよ。

トイロック集落（昔はトイビン集落）で生まれました。1945年から戦争中はずっと避難していて，1952年ころに，ふたたびここに住みつきました。昔から両親の家のあった場所です。

じつはこの土地は，隣村のトイタィンに住むマンさんのものでした。**17**コンを彼から買い取りました。マンさんは周辺にも**100**コンほどの土地を持っていたようです。

私の両親は，初めは土地なし農民だったので，トイタィン村のファン・タィン・ドイという名の地主から**20**コンの土地を借りて小作人をしていました。

当時の収量は，**20ザー/コン**が最高の収量でした。地代は**3ザー/コン**支払っていました。不作時は地主に交渉して地代をまけてもらいました。ドイさんは**100**コンも土地を持って，4-5人の小作人に耕作させていました。この他，ルオンユォン川沿いにも大・中規模の地主が土地を占有していました。

両親が耕作していた田んぼのあった昔のトイビンには，カトリック教会があり，教会が所有した土地もありました。そのあたりも2回移植を行っていました。陰暦

の4月に播種，5月に田植えをしていました。さらに2ヶ月後にも田植えしました。12月から1月に収穫しました。

藁を焼いて4月になるまでの間，トウモロコシやサツマイモなどをつくりました。舟で行商の人が買いにきました。**20 コンの小作地は家族で耕作していました。**トイビン集落では，ゲリラ活動が活発でしたよ。

(7)　N・T・T（1915年／82歳／ベトナム人男性／トイタン）

祖父の代からここに住んでいます。昔は，このあたりはチュオンタン村チュオンホア集落でした。私の祖父は，**ベトナム人地主のヴァントイさんとその息子さんの土地の小作人**だったそうです。

地主はこのあたりに800コンほどの土地を所有していました。オーモンに住む地主でした。新式のボートを持っていて，珍しいので人が見物に出かけるほどだったそうです。

父はここで生まれましたが，母はトットノットの生まれです。父も小作人でしたが，**地主に200-300コンの土地をまかされたタディエンでした。牛を6頭所有していました。**農繁期は1日20セント（0.2ピアストル）の現金で労働者も雇っていました。労働者は簡単に見つけることができました。

稲作は，陰暦の4-5月ころの播種から始まりました。穴をあけながら，種籾を握った片方の手から，1回に3つずつの穴に，落としていきました。1ヶ月後には第1回目の田植えです。苗を3本ずつくらい束にして植えました。その2ヶ月後に2回目の田植えをします。田んぼの水は，そのころにはくるぶしから上に20cmはありました。**1コンの土地に育てた苗を，10コンの本田に植え替えました。**

旧正月の前後に刈り取りました。**豊作時には18-20ザー，不作で最低の時は7ザーくらい収穫**しました。平均すれば，**12-13ザーくらい**でしょうか。

わたしはオーモンの学校に通いました。親類の従兄弟の家に下宿させてもらいました。フランス語やベトナム語を学びました。オーモンの学校に進学する人は，そんなふうに親類縁者に下宿をさせてもらうのでした。

卒業後には，バダムの町の学校教師になりました。バダム運河の交叉するあたりは，フランス人の所有地のあるところでした。私は父の家から朝歩いて学校に行き，昼に戻り，また午後には職場に戻って夕方まで働きました。4kmの道でした。

抗仏戦争のころは，オーモン市場の近くに避難していました。1954年に戻ってきました。その時には，私の元の地主さんの土地は，別の農民にすでに占拠されていました。

(8)　T・S（1916年／81歳／クメール人男性／リエンタップドアン）

私の祖父はベトナム人で，チャウドックのタンチャウで商売をしていましたが，クメール人女性と結婚して，オーモン県ディンモン村で家族を持ちました。それで父はディンモン村で生まれました。父は同じ村のクメール人女性と結婚しまして，私が生まれたわけです。

　子どものころ，私はオーモンの町のオーモン寺でクメール語とフランス語の読み書きを学びました。兄はフランス軍に所属していました。兄の紹介で，一家はラックザーへ移住することになりました。ディンモン村のクメール人村長が，村びとを集めてラックザー省タンライへの開拓者を募っていたのです。その村長はサタックという人でした。

　ベトナム人もクメール人も一緒に出かけました。私が10歳のころでした。父は祖父も連れて，一家（祖父母，両親，兄弟7人）で移住したのです。

　入植地はベトナム人の農園会社でした。**農園主のチャン地主はラックザーの町に住んでいました。チャンの兄のバ・ラン・チョンとともに一族で金持ちでした。私の一家は100コンを借りて，小作人になりました。**タンライ村の近くにはタンフン，ヴィエンフン等の村々があり，クメール人が多く住んでいました。タンライ村にはクメール寺がつくられました。サタックの名が付いた運河も掘られました。私は21歳の時に，同じディンモン村から入植した女性と結婚しました。

　開拓期には地代は2ザー／コン，のちに6ザー／コンになりました。収量は豊作の年は15ザー／コン，普通は12-13ザー／コンくらいでした。播種から1ヶ月後に田植えをして，また1ヶ月後に2回目の田植えをしました。水田に1m以上，水が上がるほどの水田でした。

　1943-1945年ころには，私の家族は牛を17頭持っていました。毎年2-3頭仔牛を育てて売っては，収益を得るまでになりました。1頭は15ドンくらいしました。

　インドシナ戦争が始まると，コードーに避難しました。戦争が激しくなると，フランス軍はタディエンの家や田を焼いて，農民をコードーに連れて行きました。タディエンのなかに，ベトミンになった人たちもいたからです。タンライ，タンホア，タンフンなどにいた人びとは，みなコードーに避難させられました。そこに仮の住居をつくって住みました。300軒はあったと思います。まわりに壕をつくって戦闘から身を守りました。若い者は兵士になって戦いました。田んぼもつくって，できた米はみなで分けました。

　コードーには教会もありました。1km先には，ベトナム人の寺だったサオルオ寺もありました。クメール寺もつくられました。こうして3年間はコードーで暮らしました。

　コードーでの稲作は，収量は10-15ザー／コン。小作料は収穫物を4対6に分けて，小作人は4を取りました。豊作なら3対7となり，3を取りました。食べ

る分の米を確保して，手元に残ればよしとされました。それでも食糧は不足しました。

　コードーの地主はマレというフランス人で，監督者はシェフ，シゲールと呼ばれました。フランス人は6人住んでいました。マレはふだんはサイゴンに住んで，収穫のころに月2-3回，見にやってきました。コードーには小さな飛行場もあり，彼らは洋館のヴィラを使っていました。

　私はその後，コードーからトイライに移りましたが (1950年)，フランス軍と一緒でした。わずかに私の一家と，もう一つの家族の二家族だけでした。他のクメール人は，コードーに残るか，ディンモン村に帰る人もいました。コードーから先3kmのところのトイドン村，ドンライ村には，70家族くらいのクメール人が住みつきました。

　旧ゴンティエン村のディン（亭）は，そのころつくられました。元はドンヒエップ村ドンホア集落でした。1992年からリエンタップドアン集落と名前が変わりました。

　私は妻を3人持ちましたが，最初の妻はプノンペンで亡くなりました。家族は17人もいたのに，カンボジアに行ったまま，亡くなった者たちも多いです。息子たちは9年間，寺で修行したあと，さらにプノンペンに勉強しに行ったのですが。

　トイライ村で私は20コンの水田を持つことができました。ドゥン運河は，当時は人が歩けるほどに浅くて，向こう側には誰もいませんでした。

　あとに娶った妻も2人とも亡くなりました。子どもは合計9人です。チャヴィンのカウガンにある寺に2人，ソクチャンの寺にも修行に出しました。その後，彼らはプノンペンに行ったはずですが，やはり帰ってきません。昔は，年に2-3回はカンボジアに出かけたものですが。

　シアヌーク時代には，コンポンソムに土地を10コン持ったこともあります。ラックザーからハティエンに行き，カンポートからプノンペンに3日で行くことができました。

(9)　**D・C**（1917年／75歳／クメール人男性／リエンタップドアン）

　祖父はカントーの町の対岸（ハウ川の左岸）の**カイヨン**の出身です。祖父と父は，そこからキエンザン（ラックザー）のヨンリエンに移住しました。フランス人の土地の小作人になりました。**50コン**借りていたようです。初めはサトゥック運河一つしかなくて排水が思うにまかせず，水が深いところでは1mもあったそうです。

　私はそこで生まれましたが，クメール人ですから出家しなければなりません。ヴィンロンの寺で8年間，読み書きや仏教のおつとめを習って修行しました。16歳から23歳までのことです。

その後すぐに，フランス植民地軍に入隊しました。インドシナ戦争が始まると，パルチザンも増えましたが，クメール人が多く入隊しました。

戦争中は当初はコードーにいました。コードーではマレーの土地を，シゲールとルネ・マレーが守っていました。トイライの町はフランス時代，フランス軍の駐屯地でもあったので，私もやがてこちらに移りました。20人の兵隊をまとめて移動させました。

戦争が終わっても，フランスの軍をジェム政権が引き継ぎましたので，私は軍人のままでした。私の妻が人を雇って30コンの土地を耕作させました。2回も田植えを行うのに，7，8ザーから10ザーほどしか籾米は生産できない土地でした。この土地は，1959年にインド人から借りたものでした。

1957年には私は40歳になり，軍の定年を迎えました。ジェム政権の軍隊にはベトナム人も増えていきました。フランス植民地軍時代の長い一発銃は，ジェム時代でも使われました。そのうちにアメリカ製の連発ピストルが使われるようになりました。

長男も旧政権の軍に入隊しました。3年間兵士を勤めました。解放後は政治教育キャンプに入れられました。でも無事に帰ってきました。

1975年以降には，ここには人がいっぱい移住し，また戻ってきた人もいました。ドゥン運河の対岸（ソンハウ農場そば）は，新経済区として外部からの人をたくさん受け入れました。水路を掘ったり，再開発が試みられました。しかし生活が苦しくて，人びとはいつの間にかいなくなってしまいました。

たとえば，1975年までインド人の所有地だったようなところ，旧政府軍の駐屯基地だったようなところなどには，入植がつぎつぎに斡旋されました。このようなところが，リエンタップドアン集落なのです。

私の土地は子どもに相続させました。今では5コンになってしまいましたが，そのうちの4コンは抵当に入っています。1コンしか耕していません。抵当に入った土地を耕しているのは，トイライから来た同じクメール人です。

> **解説**
>
> 語りにしばしば登場する「インド人」とは，19世紀末以降にコーチシナではすでに足跡を残すチェティー（南インドからの商人）のことだ。彼らは，地方の町に開業した小店で布や貴金属を売りながら，実際は高利の金貸し業を営んでいた。1930年の恐慌時に，農民負債の実態を調査した植民地政府は，デルタの開発資金の提供者としてのチェティーの存在の大きさと，その金融問題の深刻さを明ら

> かにした。1950年代のトイライ村では，2人のインド人が取得していた大規模な農地が，政府による土地の有償収用の対象となった。

⑽　N・V・D（1918年／80歳／ベトナム人男性／トイトゥアン）

　ドゥン運河とニャトー川を結ぶ，コンチェン川の近くに生まれました。父はラップヴォ（ロンスウェンとサデックの間の運河）の町で生まれました。仕事を探してトイライにやってきたそうです。

　母の父はレ・ヴァン・チュといい，オーモン県のトイティン村に住んでいて，2人の妻を実家のトイティンと開墾先のトイライにそれぞれに住まわせていました。**祖父は，村長をつとめた村の名主でした。両村に合計200 haの土地を所有し，**とりわけトイライ村に多く持っていたようです。

　父は祖父の下で働くうちに祖父に気に入られ，祖父の娘（つまり母）と結婚させてもらったというわけです。

　祖父は，旧トイフエ集落の土地**50 ha**と，オーモン運河に沿ってトイライの中心から2 kmほど離れたところにある**150 haの土地**を，子ども5人に平等に分けたそうです。トイフエ集落の土地は，祖父の代に開拓した土地でした。オーモン運河が掘削され，払い下げによって**150 ha**の区画を取得したそうです。

　私の両親は，先の2ヶ所の土地を合わせて，祖父の土地を**40 ha相続**しました。トイフエにある土地のほうが，川の水が運ぶ土の養分で肥沃でしたから，当時平均**10ザー／コン**の収量がありました。

　私の兄弟は4人です。家族と労働者を雇用して**40 ha**を経営しました。父は水牛2頭を所有していました。

　フランス時代のトイライには，フランス植民地政府の警察所があって，フランス人が駐在していました。クレディ・フランセーズ（銀行）の支所もありました。

　私はトイライ村で初等学校に3年，その後，オーモンの学校に3年間通いました。

　1939年，21歳の時に，トイティン村の女性と結婚しました。嫁は結婚後3年間は夫の両親と一緒に夫の家に住むという慣習を守り，トイフエの家に暮らしました。

　私は**10 ha**を両親からもらって独立しました。オーモン運河に沿った土地でしたから，トイフエの実家の土地は次男が継ぎ，先祖の墓を守っています。私の子どもは5人です。

　昔のことで覚えているのは，階級のことです。大地主の下にはシェフ・カップランという介在者が実際の土地を耕すタディエンを管理していました。普通の地主の

場合は，ディエン・チュウ・マン，フンディエン，タディエンの3級構成でした。さらに下の階級の土地なしの農民は，フンディエンに小作地や手間仕事をもらいに行きました。

地主とタディエンの間を取り持つ仲介者は，地主の親類だったり，地主が信用するタディエンであったりする時もありました。カップランの意味は，フランス語からきているのです。軍隊の用語でしょう。

⑾　V・V・P（1918年／74歳／ベトナム人男性／トイヒエップ）

私の祖父はトイライの開拓者の1人です。出身地がどこだか知りません。祖母の故郷も知りません。**祖父は20コン所有していたようです。**

祖父には5人の子どもがいました。私の父は長男でしたが，父は，祖父の兄弟（父の叔父）がラクソイ運河沿いのカイサンに土地を取得したので手伝いに行き，そこで亡くなってしまいました。私は祖父と一緒に暮らしました。祖父の20コンを相続しました。

インドシナ戦争のころ，私はラックザーのベトミン解放区にいました。省境の付近です。戦争後の1954年に戻ってきて，教会の所有地の荒れ地を開墾しました。**教会の土地**は荒れ果てたまま誰も耕作していませんでした。ニャトー川を遡り，上流のバドット川沿いの左岸です。今のトイホア集落のあたりです。

20コンの再開墾をするのに3年かかりました。しかし土地証書は，チュー時代にはもらわなかったです。現政権になって初めてもらうことができました。**10年間は地代を教会に払いました。**そんな人は他にも大勢いました。戦時中は，このあたりは解放政府側にも税金を払いました。きびしい地区だったのです。

バドット川の左岸には入植者がいますが，右岸には少ないのです。上流に行くほど開墾の時期は遅いのです。水は，上がってくると150 cmほどにもなります。窪地なので，それほどの大地主はいませんでしたよ。

生産量は，**1コン当たり15ザー**がやっとというところ。人力だけで2回の田植えを行い，直播きはしませんでした。今もその土地を守っていますが，住むのにはトイヒエップ集落のほうがやはり便利です。

二期作は1985-1986年ころから始まりました。集団化が始まって，水路がつくられるようになったおかげです。今では冬春米30-40ザー，夏秋米20ザー弱の収量があり，また秋冬米も15ザーとれる時があります。

トイヒエップには果樹園も1コンやっています。

> **解説**
>
> 　トイヒエップ集落の覚華寺は一部分を修築中だったが，入口の前に，竜の背に乗った真新しい観音像が置かれていた。近くに住む宗徒がホーチミン市で購入し，寄進したそうだ。
> 　尼僧のチュン・タンさんに話を聞いた。タンさんはオーモン生まれ，インドシナ戦争後にここへ来て，仏様へのつとめを果たしている。フランス植民地の時代にはフィン・ヴァン・サムという僧侶が寺を守っていたが，1925年に亡くなった。荒れ果てたままのフオック・ディン・トゥ寺を再建したのは，1952年にオーモンからやってきたティック・フエ・クアンという僧だった。トイライ村にはベトナム人の寺がここしかなかったからである。鐘はトットノットの人が寄付した。
> 　その後，ベトナム戦争で寺は破壊され，しばらくはニッパヤシの建材で囲ったままだったが，この村の出身で戦後に外国に逃げた女性が，亡くなった両親のために1500ドルを寄付して供養を依頼した。その寄付金で寺の一部を修築した。タックディ川のあたりに住んでいた村人だという。この地方ではオーモンから難民となって海外脱出した人びとが多いと聞いた。

⑿　P・V・V（1919年／78歳／ベトナム人男性／トイトゥアン）

　私の祖父は，ハウ川を越えてカントーに渡ってきました。祖父は，夫婦でこの地に入植したといいました。19世紀のことでしょう。未開拓地があると聞いてきたのです。祖父は開墾や買い取りによって**220コンから230コン（28.6-29.9 ha）**の土地を所有するまでになりました。祖父はトイライ村の郷職にもなりました。

　祖父は5人の子どもがいたので，1人当たり40-50コンずつ相続させました。私の父は，もらった土地に**50コン**を買い足しました。トイタィン村のグエン・ドゥイ・ブンさんから購入したのです。**1919年に書かれた土地証文には10 ha**所有していたと書かれています。牛を6頭と水牛を持っていました。

　昔は，1コン当たり15ザーくらいしか米はとれませんでした。村の倉庫まで直接売りに行けば高く売れましたが，仲介者が入ればその分，低い価格になりました。当時は，オーモンやカントーの人びとが村のなかにも倉庫を持っていて，商売をしていました。父は1946年に亡くなってしまいました。そのころのコードー地区にはフランス人の農園があって，小作人のタディエンが耕作していました。5-7万コンもの面積があったでしょうか。

　私は，子どものころにオーモンの学校で学びました。姉妹は3人いましたが，オーモンの学校に行ったのは私だけです。当時のオーモン市場には，ほんとうに黒い門がありました。クメール人はチュオンラック村やチュオンティン村にもたくさ

ん住んでいたものです。現在は少なくなりました。

　フランスの時代には，人頭税を村役場に自分で支払いに行きました。**17歳になると役場に登録し，18歳から税を納めたのです。土地のある者は5ピアストル，土地のない者は4ピアストル**でした。

　人頭税を払えない人はたくさんいて，彼らは逃亡しました。コードーだけでなく，村には土地なしの農民が多かったのです。8割くらいはそうだったと思います。

　地主はたいていトイライには住んでいませんでした。そこで小作地の管理はディエン・チュウ・マンが担当しました。そうした仲介地主の名で覚えているのは，チャン・バ・ニェン，グエン・フウ・チュエン，これらの人たちは村に在住していました。

　一方，ラ・ユ・オック，ツウ・チュー，グエン・フィン・チンなどは不在の地主でした。フランス時代には地主に借金をすることがよくありましたが，カントーの町にいるインド人のチェティーからも借りていました。チュー政権の時代には分配された **3 ha** の土地を担保に，政府の銀行から借金もできるようになりましたよ。この時代に土地の分配を受けた人はかなりいます。

　1946年にインドシナ戦争が始まると，私はベトミンに参加してチュオンスアン地区に入りました。土地を持たない農民たちのゲリラ活動に加わったのです。解放区では軍票が流通していました。解放区の指導者には，メコンデルタの外部から来た者たちが加わっていました。私が戦後に村に帰ったのは，20年以上もたった1969年でした。

　稲作の生産は **1960年代には10ザー/コンにまで落ち込みました（1コンは＝1290 m^2）**が，戦後は1976年ころから少しずつ二期作が進められました。また肥料や農薬を使うようになってきました。費用もかかるようになって，1年間米だけつくっていても，食べていくことができなくなっています。

　集団化ですか？　1983年からは生産集団隊が結成されるようになりましたが，4-5年で終了してしまいました。

　このあたりなら，だいたい20コンあれば，一家族は何とか食べていけます。息子は現在，養豚も始めています。豚4-5頭，鶏は20-30羽を飼い，果物畑6コンも試みています。米以外の多種の生産にも力を入れているのです。

　戦前，このあたりはトイフエといったのですが，1975年以降はトイフォンと地名が変わりましたよ。

> **解説**
> 半年後に私はVさんの息子さんの家を訪問した。次は，そのトックさんの話。
> 「家の裏手に広がる水田は，手前が父の土地で，左が兄の土地です。その右隣は親類から買った私の土地です。政府の命令で，増水時に浸水しないように畦を高くして，田を囲っています。……
> 　このマム（独特の味噌のようなもの）は，自家製です。新鮮な小魚やエビがたくさんとれたら，塩漬けにして発酵させてつくります。きょうの昼の食事のために，田んぼで捕獲したネズミの肉を下ごしらえしています。コンロの横に並べた調味料は，ニョクマム，塩，砂糖，味の素，ネギ，唐辛子，油などです」

⒀　N・P・G（1919年／78歳／ベトナム人男性／トイトゥアン）

　ドゥン運河をトイライの中心から2.8 km進み，左側の岸を上がったところに私の家はあります。

　両親は，私が幼いころにヴィンロンからラックザーのカドックというところに入植しました。父は，そこでタディエンとして働いていました。

　インドシナ戦争が終わると，私は家族を連れてここに移ってきました。私は34歳になっていました。妻はラックザー出身でした。運河に沿った土地15コンをディエン・チュ・マンのバメさんから現金で買い取りました。地主はオーモンに行く途中の村に住んでいて，多分全部で200-300コンもの土地を持っていたかもしれません。

　土地は買いましたが，子ども9人を育てるのはとてもたいへんでした。

　手があくと，日雇いの仕事を求めて，デルタの田んぼをまわりました。収穫作業をやらせてもらうために，家族で舟に乗って移動生活をくり返しました。たとえば，ソクチャン，バクリュウ，ロンスウェン，バテ運河の向こうのサム山の近くにも行きました。

　毎年，たいていは同じ場所に家族で出かけました。1975年ころまでつづけていました。労賃は1コン当たり籾米20 kgを現金換算して支払われました。陰暦の11月に刈り取りをすませてからの1ヶ月，テトに戻ってそれからまた数ヶ月，合わせて1年に3ヶ月ほどは移動労働者として働いて収入を確保しました。それは，両親の時代からそうでした。

　1990年ころに，わが家はさらに土地12コンを買いました。ここから6 km先のドントゥアン集落にあります。合計27コンになりました。末息子に相続させるつもりです。他の子どもたちは，8人とも別のところで独立していますから。

　1993年以降，米作はたいへんうまくいっています。米価が高騰した2-3年前か

ら，貯めた資金で家も新しくできました。借金は今までしたことはないのですが，息子は最近，土地を担保にして，900万ドンも銀行から借り入れました。1年間の利子は1.5％と低く，3ヶ月ごとに利子と元金を返済し，4回払いで支払う予定です。

伝統種の雨季稲は，ここでもラックザーでも年一期作で，2回耕起し，2回田植えをやっていました。稲の新しい品種「神農（タンノン）」が導入された時，初めの3年くらいは失敗ばかりしていました。土が硬かったためです。

解放後に新品種が入った時も，1978-1980年ころまで失敗つづきでした。78年には大きな洪水がきて，たいへんな時代でした。1980年ころからの2-3年は，生産隊の集団化もありましたが，やはりうまくいかなかったのです。

ベトナム戦争中は，トイライは政府軍の拠点が置かれ，現在のリエンタップドアン集落にはアメリカ軍の駐屯地がありました。戦後に華人の人びとは村から逃げ出しました。

⒁ N・V・T（1920年／77歳／ベトナム人男性／ドンフォック）

父は初めトイライ教会のあたりに住んでいましたが，当時，このへんは誰もいない未開拓地だったので，父は開墾しながら魚をとって暮らしていたようです。まだドゥン運河もなかったころです。他の人が払い下げの制度で先に土地権を取得したので，父は小作人になってしまったそうです。

私が4歳か5歳のころだったと思うのですが，ドゥン運河の掘削工事が始まりました。フランスの機械で掘り進んでいき，ベトナム人の労働者が働いていたのをみました。このあたりには誰も住んでいなかったので，よそから連れてこられた人たちだったでしょう。それから土地の開発が始まりました。

私の家の**地主**は，サノ地域にある農園主でした。その農園主の土地は，**4400コン**はあったと思います。管理は**コップラン**が行いました。その人は土地の人でした。

父の小作地は，初めは**5-10コン**で，のちに**40コン**，さらに最大**50コン**まで拡大しました。私が17-18歳のころです。収量は**10ザー／コン**ほどでした。**地代は2ザー／コン**。良田も不良田も関係ありませんでした。小作地の場所は，ドゥン運河より奥2kmの，ドンファップ運河の先です。**土地の形は，縦30m，奥行き2km**の区画でした。

子どものころ，5年間学校に行きました。学校といっても仮の学習場で，集落に先生が来て，子どもたちに文字を教えてくれました。集落によっては無いところもありました。コップランの子どもも通ってきました。フンディエンの子どもなら，正規の学校に通いました。1ヶ月の学費は数ドンだったので，誰もが行けたわけで

はないのです。

　地主は小作人が出稼ぎに行くのを禁じてはいませんでしたので，農閑期にはあちこちに出かけました。ラックザー，ヨンリエン，バクリュウ，ソクチャンなどです。1日から2日半かければ，小舟ですぐに行けました。水路で魚を捕ってもいいのですが，売ることは許されない，雌の子持ちの魚を獲ることは禁じられていました。

　稲作は，このあたりは2回田植えをしました。播種から20日後に第1回，その後は2ヶ月後（50日）の7月に第2回目。水田の浸水は30-40 cmで，最高時は1 mほどになりました。

　疫病はほとんどありません。マラリヤがたまにありました。トットノットで1944年頃にコレラが流行ったことがありました。

　私は1942年ころに27歳で結婚しました。父は亡くなったので，母をかかえて**父の小作地50コンを引き継いで借地しました。**その時，妻も27歳でした。5人の子どもを育てました。現在，末っ子（35歳）と一緒に暮らしています。

　インドシナ戦争……運河沿いの木は全部切り取られました。もちろんフランス時代も許可がないと樹木は植えてはいけなかったのですが。手入れや栽培の知識もないから，バナナなど簡単なものしか植えられなかったのです。私はベトミン側に行って戦いました。ドゥン運河は1ヶ所，トイフウあたりで埋められていた時もありました。

⒂　T・V・H（1920年／76歳／ベトナム人男性／トイクアン）

　私の祖父が，昔，トイライ村の精米所近くに住んでいました。祖父が亡くなったので，父は兄弟8人と一緒にここに入植し，力を合わせて森を開墾しました。当時はまだ入植者も少なく，イノシシや虎が出ていたそうです。あたりには原生林がそのままあったようです。

　父は，今生きていたら100歳を超えると思います。青年時代に家族で**100コンの土地を開墾した**といいました。兄弟のうち一番年上の兄の名義で土地権を登録しました。父たちの成功をみて，あとにつづく人たちが出てきたそうです。

　開墾は，木を伐採し草を刈り，そして田をつくりました。全部が人力，手作業でした。稲作は，田植えを2回行うものですが，1回目と2回目の田植えには2ヶ月あいだが空きました。**豊作なら15ザー／コン，不作になれば7ザー**のこともありました。稲が赤くなってしまう病気があって苦心しました。

　父は，ティドイ運河はオーモン運河より先に掘られたといっていたと思います。父たちが開墾した土地は，オーモン運河で二分されてしまいました。トイライの中心地を背にして，右側に父の開墾地がありました。そのあとでドゥン運河も掘られました。セオサオ水路は住民たちが人力で掘ったと聞いています。

フランス時代には，オーモン運河の先，バダム運河との交叉地点にバダムの町があり，フランス人の夫婦が住んでいたそうです。夫のほうはオン・タイ，妻をバ・ダムとみなが呼んでいたようです。彼らはチュオンスアン村一帯の土地を所有していましたが，のちにファンドさんに土地を手放しました。父の友達からそう聞いたことがあります。

　オーモン運河の先のバダム運河の右岸はカイ，マンといった管理人たちが管理している，カントーの不在地主の土地がありました。

　私が子どものころ（1920年代-1930年代）は，水路に沿って200-500mの間隔をおいて農家がありました。1941年，21歳の時に結婚しました。父の土地50コンを分けてもらいました。この時も，まだ農家の間隔は300mくらいは離れていたと思いますよ。

　開拓は水路に沿って，トイライの町から奥地に進むほど新しいものでした。少しずつしか進みませんでした。自然の川が流れているトイホアのほうが，もっと開拓は古いでしょう。

　私の土地は，**水路に沿って幅32m，奥行き130mの一枚の水田**でした。農事暦ですが，旧暦の4月10日に播種，5月10日に田植え，7月10日に2回目の田植えをしました（1コンに植えた苗を，15コンの本田に植え替え）。この時，田には水が50cmほど溜まっていました。

　苗は舟に乗せて運び，田のなかに立つ人が手で植えていきました。8月から9月には草刈りで忙しく働きました。稲より高く生える草を刈るのです。2月に収穫。翌年の田起こしまでに，盛り土をしてサツマイモを栽培しました。赤いイモは3ヶ月，白イモは2ヶ月半で収穫できました。**籾なら，1コン当たりの収穫は2-3ドンで売れました。イモならば，1コンで5ドンの収益**でした。自家用でしたけれど，時には市場に持っていく時もありました。

　自家用にトウモロコシも植えました。でも**トウモロコシよりイモのほうが儲かりました**。野菜には毎日，水路の水をじょうろで汲んで育てました。

　田植えの時は，近隣で労働交換しました。それをザンコンといいました。雇用の場合は，1日2ドン，朝昼2回の食事付きでした。労働者は，村内や村外から簡単に雇うことができました。

　抗仏戦争の時は，トイライの町に避難しました。舟のなかに住んで，時どき田んぼを見に行きました。当時，オーモン運河は800m先は埋められてしまいました。それから先は，ベトミンの解放区となったのです。1947-1949年までとくに戦闘が激しく，米はつくれなくなりました。

　私はラックザーのヨンリエンに刈り取りの出稼ぎに行きました。オーモン運河からティドイ運河を使って進みました。妻と幼い子どもたちは残して，舟に乗ってみ

んなで出かけました。当時は，生活に困ると，そうやってしのぎました。**1ヶ月に15-20日ほど働き，1コン当たり100 kgの籾米をもらうことができました。**食べるものがなくなりそうになると，また出かけていったものです。差配人に頼らずに，自分で仕事を探したのです。

ベトナム戦争ですか？　その時も政府軍とゲリラの戦闘は激しかったです。1973年と75年には，家が2回とも焼かれました。米が燃えてしまったこともあります。ずっとニッパヤシの家のままでした。

それでも，今年はこうして新築しました。トラクターも所有していますよ。将来は明るいと考えています。私は，学校へは行けませんでした。でも，息子たちには中学校まで行かせました。今は，末息子と住んでいます。

⒃　T・V・T（1924年／74歳／ベトナム人男性／トイロック）
　ニャトー川をトイライ教会から左折して，クンドン川に進み右岸に上がると，私の家があります。ここに入植したのは私の祖父が初めてだったと聞いています。

父はコ・バイ・サムさんに土地をまかされて小作をしていました。サムさんは数百コンを所有した中規模の地主だったそうです。当時は，400コン前後の土地持ちをディエン・チュウ・マンと呼んだのです。

父は300コン近くの水田の耕作を地主から任されて，管理人をしていました。父は水牛20頭を所有していました。初めは地主に借りていましたが，次第に所有頭数を増やしました。水牛はカンボジアから連れてこられました。チャウドックの仲売り人が水牛を連れて取引に来ていました。

フランス時代は一期作で，浮稲を栽培していました。川の水は，毎年最高で1m以上も田んぼに上がってきました。

2–3月ころから，雨を待って土地の田起こしの仕事が始まります。田植えは1回しかしませんでしたが，**収量は豊作の年で12ザー／コンくらいでした。小作料は3ザー／コン**で，地主のサムさんのところに直接払いに行きました。手元に残った籾は自家用で，余れば村のなかで売りました。

精米も自分で済ませました。1954年ころには，ここからトイライの中心地までの間に，一軒だけ精米所がありました。

乾季の暇な時には，チャウドックへ出稼ぎに行きました。昔は乾季には野菜栽培もできなかったのです。マンゴーがとれるくらいでした。魚をとってトイライの市場やオーモンに，時にはカントーまでも，妻と一緒に売りに出かけました。妻と結婚したのは1946年ですよ。

地主が魚の捕獲を禁じることはありませんでした。カロック（雷魚）や，カーサックなどがよくとれました。午後に出発し，夜中にカントーに着き，早朝に売って，

家に戻りました。セオサオ水路を通ってカントー川を下り，町に着きました。**魚の売買では，市場で毎日 20-30 ドンも儲かったものです。**

インドシナ戦争中，地主のサムさんは地代を強くは要求できなくなりました。クンドン川の対岸は，1945年からは戦闘が激しさを増したために管理できなくなったのです。このあたりの50コンほどを耕作するだけとなりました。

現在は次男と同居し，全部で15コンを耕しています。残りは6人の子どもに分けました。

二期作（HYV）は解放後に政府の指導で始めましたが，当初はうまくいきませんでした。1979年から集団化の時代になり，82-83年に達成されましたが，86年には終了してしまいました。当時はまだ浮稲のほうが良かったのですが，政府が伝統種をやめさせようとしていました。

生産現場の混乱で，人びとは村から逃げてカントー川で船上生活をつづけていました。たくさんの人が川で生活をしていて，川面は舟でいっぱいでした。

1986年からはグエン・ヴァン・リンの時代となって安定してきました。二期作化もうまく普及してきました。

⒄　P・N・S（1924年／84歳／ベトナム人男性）

私の生まれた村は，カントー省チャウタンアー県タンフー村です。今でも親族が同じ村のなかで暮らしています。家は農家でしたし，子どもの時から今もずっと農民です。小さな川のそばに家があります。

私の一族の先祖は，ベトナム中部のフエ地方からメコンデルタに移住しました。親族の系譜（『家譜』）は私がまとめました。漢字とチュノム（漢字をもとにつくられたベトナム人の民族語）で書かれた先祖の土地文書もあります。フランス時代の証書ですが，まだ保存しています。

名前のわかる一族で最も古い人物は，19世紀前半にフエから移住したフィン・ヴァン・チョンという人で，2人の妻をもち，娘2人と息子1人がいました。その息子のフィン・ヴァン・ランが生まれたころに，ベトナムはフランスの植民地になってしまいました。ランは私の祖父になります。

祖父には9人の子どもが1882-1905年ころまでの間に生まれました。3番目が私の父フィン・ヴァン・ヤックです。父は1892年生まれです。

私の家族は，両親と兄弟8人でした。兄さん2人，姉さん1人，妹3人，弟1人です。私は4番目の子どもです。村の学校に3年間通ってベトナム語を学び，またフランス語もベトナム人の先生から学びました。

村にはその学校が一つだけあって，ある程度の暮らしをしている家族の子どもしか通っていませんでした。男女一緒に学びました。学費は払うことはなく，帳面も

鉛筆も支給されました。歴史，地理，算数なども勉強しました。

結婚した時に，父から3 haを分けてもらいました。27歳で最初の子どもが生まれました（1951年）。全部で子どもは8人育てました。

昔は，米は年に1回だけつくりました。**1コン当たり25ザー**くらい収穫できました。この地方では，1コンは1200 m²，1ザーは籾米の重さなら20 kgほどでした（ふつう，1コンは10アール，1ザーは籾40リットル。ただし，地域によって差がある）。

野菜やいろいろな果物もつくり，魚も獲りました。**野菜はトウモロコシ，キュウリ，スイカ，冬瓜などを栽培して売りました。農作業は家族だけで行いましたが，農繁期には近くの家同士，手伝い合いました。**

このあたりの田んぼは，田植えを2回しました（2回移植田）。収穫した籾は，カントーの町に住む華人に売りました。ドゥンさんという人でした。

当時，私の家は自作農でしたが，村にはグエン・ハウ・トーという地主がいました。**1000 ha以上の土地を所有していました。その一方で，村には土地を持っていない農民もたくさんいました。**タディエン（小作人）の子どもは，学校に行くことができませんでした。

地主は，たいていが県の行政にたずさわる勢力のある者たちでした。村長選挙といってもほとんど世襲で，実際には選挙もせずに決まっていました。

村には政を行うディン（亭）がありました。そこで年2回（4月15日，11月15日）の政務を執り行いました。結婚式も行いました。みなで助け合いました。

村の人びとは，みな一つの家族のような気持ちをもっていたといえるでしょう。村のなかに商売をしている華人もいたし，タディエンのクメール人も住んでいました。その人たちは，それぞれ別に暮らしていたような気もします。

1941年から3年間，カントーの町に日本人が来ました。フランス人を追い出してくれました。日本軍に入れてもらいたくて，頭を剃ったベトナム人もいました。

日本人はパーティのあとの残り物も持って帰っていくので，私は驚きました。フランス人だって，ベトナム人だって，そんなことはしなかったですから。その節約ぶりには感心して，今でも覚えています。村にあったゴム工場を日本軍は接収しました。

フランス植民地からの独立のために戦った1946-1954年の戦争では，私も軍隊に入りました。そのあとのベトナム戦争の時もたいへんでした。なにしろ，家のなかに爆弾が落ちてきたんですから。

隣に住んでいた私の弟は，1983年に51歳で亡くなってしまいましたが，この時に受けたケガがもとでした。家を建てて，たった3年後に死んでしまいました。

⒅ N・V・H（1924年／73歳／ベトナム人男性／トイクアン）

　私の祖父はドンタップから入植しました。ドンタップの**大地主グエン・ヴィエト・ルックさんがタディエンをここに移住させた**のです。オーモン運河ができると，ルックさんは**運河沿いの土地を取得し**，タディエンを連れてきて開墾させました。祖父は家族を連れて（私の父も一緒に），一家全員でここに移住しました。200コンを耕作したそうです。

　旧暦の3月に播種，1ヶ月後に田植えをし，さらにもう1回田植えをしました。田んぼの水の上がる高さは50 cm。3月に収穫しました。**8-10ザー／コンの収量**しかありませんでした。**小作料は5ザー**です。収穫の3分の2から2分の1に達したと思います。

　地主は月に一度，田んぼを見にやってきました。地主の船で，麻袋に入れた籾を，ハウ川を渡ってドンタップまで届けました。**小作の管理人として，集落内にはフンディエンが住んでいました**。2 kmに1人の割合で配置されていました。またドンタップに住んでいるのですが，収穫時だけ見回りにくる**カップラン**という管理者もいました。

　人頭税は，各自が昔はトイライの町にあったディンに払いに行きました。郷職のメンバーはオーモン県の政府が選ぶので，村びととは関係がありませんでした。

　1940年になってフランス軍は潰されたことを知りました。日本の軍人が，通訳を連れて村を見にやってきました。私が18歳の時でした。日本軍が敗退してからは，集落ごとに一つの自治組織がつくられました。集落長のもとに，3人の役職を住民が選びました。

　1945年から54年の間も，ずっとここで農業をしていました。ベトミンの人たちは逃げましたが，見つからないように居つづけた人もいました。

　チュー政権時代には，革命側であることが知られたら，つかまってしまいました。かつての小作人たちは解放されて自作農になりました。土地は余っていて，自分で耕作できる分だけを確保しました。父がまだ生きていたころは，耕していた200コンをそのまま持っていました。

　1968年に私は革命軍に参加してキエンザンに1人で逃亡しましたが，**家では土地の名義を8人に分けて25コンずつの所有**ということにしました。妻の名義で土地証書も得ました。地主に地代を払う必要もなくなりました。

　1975年以降は二期作を始めました。政府の命令で水路をつくったからです。運河沿いから奥に500 mごとに運河と平行に水路を掘り進み，1 km間隔で運河と直角になるように掘って水を引き込もうとしました。しかし，初めはうまくいかず，運河の水を人力で揚水していました。洪水の年のあとに，各自が自分の田にムオン（小水路）を掘るようになりました。

このムオン以外は，政府が動員した労働者が義務労働として働きました。1年に15日の労働を割り当てられました。私もカンボジア国境近くまで動員されて，運河を掘りました。
　5年前からはポンプを自前で持てるようになりました。それまでは人力で揚水していたのです。ポンプの借り賃は1時間1万5000ドンでした。3年ほど前からは，誰もがポンプを持てるようになりました。
　昔をふり返ると，**フランス時代から運河と運河の間は，全部誰かの所有地**になっていました。米をつくっていなくても，土地権はありました。
　川のそばは肥沃な土地ですが，奥のほうは，あまり良くありません。4-5年くらい前から，そんな場所にはユーカリを植えるようになりました。7年育てて1本18万ドンで売れるようにもなりました。水をかぶっても生育に問題はありません。何といっても，商品になります。ミカンの栽培もできますが，昨年は洪水の被害がありました。チュンフー集落あたりまで，盛り土をすればミカン栽培もできます。
　土地は次第に細分化してきていますね。**30コンの土地でも8人の子どもに分けましたので，今では4コンだけ**となりました。ふつう，4人家族で5-7コンあればなんとかやっていけるだろうと思います。食べ物に困れば借金することになりますが，豊作の年には返すこともできるでしょう。
　1コン当たり，冬春米は45-60ザー，春夏米は20ザー，夏秋米なら25-30ザーの収穫が見込めます。ただし三期作は，めったにうまくはいきません。肥料代もかかります。1コン当たり1.5袋（一袋50kg）も使うのです。
　チュー政権時代が，最もみなが苦しかった時代でした。政府軍と革命側の両方に税を払いました。土地を買い集める者など，いませんでした。
　現政権は，学校に行けない貧しい者たちに，革命側であったのなら支援金を出してくれます。私が家を建てる時も，助けてもらいました。

⒆　T・V・B（1924年／73歳／ベトナム人男性／トイクアン）
　オンディン運河を奥に進むと，わが家です。**祖父はトットノットに近いバックヨンに住み，父はそこで生まれました**。祖父も父も，グエン・フウ・フックというベトナム人地主のタディエンでした。**地主はオーモンあたりに住んでいました。**
　この地主はインド人に借金をして，ついに土地を一部取られてしまいました。私の父が借りていた土地もそのインド人の所有する土地になりました。2-3年に一度，地主は田んぼを見に来ました。**フランス時代の地代は，5ザー／コン**でした。父は**20コンの小作地**を借りていました。当時の田んぼの収量については，覚えていません。
　インドシナ戦争が終わると，私は道路工事の仕事についたり，フンディエンの差

配のもとで他人の田の犂耕作などの日雇い労働をして，働きました。戦後に父は亡くなりました。

やっと自分で9コンを耕すようになりましたが，土地証書は持っていません。今，この土地を担保に，金5チーの借金をしているからです。土地を4コンと5コンに分けて，借りました。家族が病気したので，どうしても現金が必要になったためです。

水牛を2頭持っていたこともありますが，1975年以降に売ってしまいました。

現在，ハスの茎を7-8本にまとめて束にし，1束500ドンで売って生活の足しにしています。それを行商しています。まだ集落のなかの隣組組織トーは残っています。

トイクアンの地名は，1975年から新しく決まりました。この集落には，10トーがあります。

⒇　D・T・L（1924年／73歳／ベトナム人女性／リエンタップドアン）

私の両親はトイクアン集落に住み，フランス人の所有地でタディエンをしていました。ドンファップ運河の向こう側です。トイライ村の中心から1 kmくらいのところです。

私は1945年に，トイティン村生まれの夫と結婚しました。出稼ぎ労働をあちこちでやっている人でした。1950年に一家でここ（リエンタップドアン）に入植し，3人の子どもを産みました。

1955年からは20コンを開墾し，隣の人の地所を20コン買い足しました。隣のその人はトイライの中心部に住んでいましたが，耕作はうまくいってなかったのです。1コン4万ドンで買いました。ドゥン運河のソンハウ農場そばの土地で，夫婦と息子2人で合計40コンを耕作しました。

地主のゴックランさんはカントーのビントゥーイ通りに住んでいました。地代（1コン当たり一タウ，つまり10 kgの籾米）は，わざわざそこまで届けに行くのでした。チュー政権時代に土地の証書をもらいました。**私たちの土地の隣はインド人の所有地**でした。

1958年ころに，トットノットの人が土地を買いにきました。20-30コンの土地を欲しがりました。そのうちに戦略村ができると，田んぼを運河の右側に残したまま，対岸の「保護された」地域に移って住みました。2-3年で終わりましたが，そのままそこに住みつづけました。解放後にようやくこちらに移ってきました。

戦後は直播きになりました。1コン当たり15-17ザーの収量です。二期作は，1978年から水路が完成したあとに，成功しました。冬春米40ザー／コン，夏秋米は25ザー／コンで，秋冬米はできません。

子どもたちが結婚した時に土地を分けましたから，今は10コンを耕作しています。

サトウキビ栽培は2年前に全部やめてしまいました。最も水が高くなる時で，120cmにも達してしまうからです。

昨年，夫が心臓病で亡くなったので，今は結婚した息子と一緒に暮らしています。

⑴　L・S（1925年／72歳／クメール人男性／トイトゥアン）

私の家は，トイライのクメール寺院裏手の路地を入ったところです。両親は，タックディ川の流域に住んでいました。川沿いに **60コン（約 7.8 ha）** の土地を所有していました（この地域では，**1コン = 1300 m²**）。

昔は，そのあたりはディンモン村（1985年に地名復活）といい，90％はクメール人が占め，ベトナム人の地区とは離れていたものです。当時のディンモン村には**未開拓の土地があり，大地主もいませんでした。**

1946年に戦争が激しくなって，私はトイトゥアン地域に移りました。このへんはフランスの支配地域だったので，安心でした。父母は，この時の戦争で亡くなりました。

父が所有していたトイトゥアン集落の土地を相続しましたが，タックディにあった父の土地は，どうなったかわかりません。父が売ってしまったのかもしれません。**トイトゥアンに避難していたクメール人は，農業をつづけることができず，結局は土地を失った人が多いのです。**生活に困って，村長に借金する人もいました。

トイライ村のクメール寺は，私が移り住むようになる以前からあったようです。4人の僧侶がいました。私は子どもの時に，オーモンのクメール寺で出家して修行を積みました。クメール人は，祖先崇拝はしません。骨は寺にあずけ，墓にお参りすることも少ないです。1日1回，家で夕方にお線香をあげます。月に4回，お寺にお参りします。そのうち2回は，お供え物や食べ物を持参します。お金を持って行くことはありません。

1950年代のトイトゥアンには，フランス人の土地はありませんでしたが，**ベトナム人の女性でチャウという中規模の地主**がいました。政府に土地を取られて，今その息子はカントーの町に住んでいます。公務員をしていると聞いています。

私は21歳で結婚しました（1946年）。子どもは8人です（男4人，女4人）。そのうち1人はベトナム戦争の時に戦死しました。どの子もクメール人と結婚しています。女の子はみなトイトゥアンに住んでいます。ただ，1人はベトナム人と結婚しましたが，離婚しました。

私の土地は，現在，7コンです。稲作は昨年三期作できましたが，今年は水位が高く，米価も下がったので，2回しかつくりません。二期作は1979年から始まり

ました。政府が水路の改善運動を推進したからです。1983年から三期作が始まりました。最近は，肥料が値上がりしている一方で，米価は下がってきています。冬春米の収量は，1コン当たり45-50ザー，夏秋米は25ザー，秋冬米は20ザーくらいです。

家にある電化製品は，扇風機，蛍光灯，ラジオの3つです。

⑫ B・V・H（1925年／72歳／ベトナム人男性／トイホア）

私は，セオラン川とニャトー川が交わるところに住んでいます。祖父の代からここに住んでいます。私は3代目になります。

妻はトイライ村の生まれで，トイロックに土地を2.5 ha相続して持っていました。ウットさんの親戚ですが，このあたりはまるで親戚だらけです。

私たちの子どもは11人（うち男は6人）いまして，そのうち4人はトイホア集落に住んでいます。その他の7人は別のところに移っていきました。

私たち夫婦は1948年に結婚し，母の実家のトイロックで母と一緒に暮らしましたが，1976年にはソンハウ農場に土地を取られてしまいました。**この土地は1966年から67年に母の兄から買い取りました**。土地代は籾米1000ザー分でした。

別の人（グェン・ヴァン・ヴィンさん）からも土地を買い足しました。資金は当時の未耕地を開墾して収穫物を売りに行き，豊作時は貯蓄をして調達しました。

インドシナ戦争中は，1947年ころからだったでしょうか，人びとは避難し，1954年に元の村に戻りました。民間人は村からほとんどいなくなったものですが，みんな54年に戻ってきました。

オーモン川に面したカオダイ教会は，そのころにできたと思います。戦争中のオーモン県は，トイロン，トイアン，フォックトイ等の村で，ホアハオ教団の力が強かったですよ。ベトミンは沼地へ逃げましたが，ホアハオ教徒と共産主義者との仲はとても悪かったのです。このあたりは，**トイロン村やトイタィン村に住む人たちが大地主**で，土地を所有していたのです。

私の現在の使用地は2.5 haで，うち水田は1.5 ha，ミカン園1 haです。ミカンは4年ものの樹で，昨年（2006年）からようやく実が付いて，年1回の収穫が始まりました。今年は本格的な収穫が期待できるので，4500万ドンの収入を見込んでいます。今はキンカンほどの大きさの実が付いているだけですが。

今，トイホア集落には土地を持っていない農家が24世帯あるとのことです。1-2コン程度の零細土地所有者も26世帯あるそうです。普通程度の暮らしをする農家は，だいたいは1-3 haの土地使用権者といえるでしょう。

⑳　V・T・L（1925年／72歳／ベトナム人男性／トイビン）

　わが家はバドット川の左岸にありますが，農地はトイホア集落に持っています。祖父の代からここに住んでいます。**祖父の故郷はサデック**です。

　祖父が入植したころ，このあたりは未開の原生林で覆われていたそうです。しかも，1年のうち4ヶ月間は土が見えないくらいまで浸水するような沼地だったと聞いていました。今でも，田んぼの水が上がると120cmくらいになります（湛水の深さ）。

　祖父は，19世紀末から20世紀初めでしょうね，家族を連れてこの地に移り住んで，開墾を始めたのです。祖父の代には，同じように開拓者たちが多く土地に入植していたと聞いています。

　私の父は，この土地の出身の女性と結婚しました。まわりは親戚だらけです。

　私の小さいころ，このあたりの稲作といえば，旧暦の3-4月に直播きをして，翌年の2月に刈り取りを行いました。**豊作なら14-15ザー／コン，不作の年は6-7ザーの収量**でした。

　また，次の稲作開始までの短い間に，**イモとトウモロコシ**も生産しました。それで家族は出稼ぎには行きませんでした。まわりの人で出かける人はいましたよ。30％ほどの人は出かけていたでしょう。

　1975年以降に，政府の命令で二期作のための水路建設が始まりました。排水と灌漑用です。主な水路が公共用として掘られ，そこから人びとは個人の小水路をつくりました。みな手作業で，人力のみで行いました。

　建設計画は政府が作成し，勧農局が農民を指導しました。1ヶ月で完成しました。村役場が集めた農民たちに掘らせたのです。18歳から50歳の人は誰でも義務として働き，一家族で最大2人分の労力を提供しました。いつでも政府の命令があれば，やらなくてはなりません。1人分を9万ドン（1年分）のお金で払うこともできました。払えない人は，村のなかの義務労働を担いました。

　私は三期作も試しましたが，うまくいきませんでした。つくっても，儲けはまったくありません。

　現在，冬春米は排水した田んぼに9月から10月に直播きをして，収穫は翌年2月です。収量は35-40ザー／コンです。3月からは夏秋米の開始です。ポンプで田に水を入れてふたたび直播きします。7月に刈り取ります。

　水利税は払いません。土地の等級は第5級です。土地税は18kg／コンを籾で払います。私の家では水田5コン，サトウキビを5コン栽培しています。

> **解説**
>
> 　トイビン集落はトイライ村の村境にある。世帯数は179戸，総人口1082。集落長の話によると，集落で最大規模の土地保有者は40-52コンとかなりの規模だが，土地を持たない農民は65％に達している。
> 　村の中心部から離れたこのような土地は，昔は，中心に近い現トイホア集落やトイライの町に住む人が所有者である場合が多かった。インド人の所有地もこのあたりに存在したという。1944年から54年までつづいたフランスからの独立戦争が終わると，以前の住民の7割は戻ってきたが，3割は戻らず，その代わり新しい人たちが入植してきた。
> 　ジェム政権の時代には，トイビン一帯はサイゴン政府とベトミン革命勢力の両方に税を払わなければならない地域だった。チュー政権の時代に土地分配を受けた人もいない。
> 　1960年代には，トイライ教会からトイライ村の中心地まで，「戦略村」（敵味方が判別しない状況を排除するために，アメリカ軍の指導の下で，鉄条網の内側に村人を1ヶ所に集住させてつくった村）があったという。
> 　川岸から1km以内の場所に家がつくられ，まわりには堀が築かれた。しかし，革命側の攻勢によって，それらは1964年にはなくなった。1967-1968年には，トイビン集落のまんなかに解放区ができたそうだ。その1年前に，トイホア集落の中心にも解放区ができたという。
> 　1969年ころ，政府側は，トイライの町とその他の4つの集落の中心部に，1つずつの軍事拠点しか置くことができなかった。ただし，ドゥン運河沿いは，コードーまでの1kmごとに，政府軍の監視塔が立てられていた。同様にティディ運河に沿った場所も，政府軍が優勢だった。要するに，政府側は点と線を押さえていたに過ぎない。一帯はほぼ革命勢力の支配地域となっていたのである。
> 　これに対してトイライ村の隣のトイティン村は，ほぼ政府側が統治していたという。

(24)　T・N・N（1926年／71歳／ベトナム人男性／チュンフー）

　祖父の代からここに住んでいます。故郷は知りません。祖父も父もタディエンでした。**地主は，グエン・トゥオンと娘婿のチン・ヒエンという名で，当時オーモンの郡長をしていた人です。トイティン村の出身でした。オーモン運河沿いの土地をたくさん所有していました。このあたりは，フランス人の土地ではありません。**

　私の家の小作地は**60コン**。地代は**1コン当たり4.5ザー**でした。作付けの稲は，雨季稲（伝統種ルアムア）です。

雨を待って田んぼを2回耕しました。旧暦の4月に播種，5月に田植えします。6月半ばから7月にもう一度田植えをしました。水深は20cm，やがて最高で90cm（1m以下）くらいまで，水位は上昇しました。2月半のテト後に刈り取りを終えました。収穫がテト前になる品種は，ボンズア，チャイボン，チャンフオックなどです。

出稼ぎにも行きましたよ。ヨンリエンやカイベ，ラックザー，ティエンヤンなどに出かけました。今生き残っている親戚は誰もいません。みな病気で亡くなりました。でも，このあたりで疫病がはやったことはありませんよ。

日常生活で覚えていることですか？

たとえば，フランス時代にこの集落からカントーの町に買い物に行ったことがあります。まず，トイライの村まで歩きました。そこからオーモンまでバスに乗りました。10セントでしたよ。小舟は使いませんでした。さらに，オーモンからカントーまでバス。こちらは20セントかかりました。地主に頼まれた品物，本，農具，麻袋などを買いました。そのころ，籾米1ザー当たりは1ピアストル。日本人もいました。銃口を通行人に向けて立っていました。

私の一家が**60コン**もの土地を借りることができたのは，両親が近所で評判の働き者だったからです。父は1日に2コンの田んぼの草取りができたし（普通の人の2倍も働くことができるという意味），母もそうでした。不作で地代を払えない時には，次の年に払うことになっていましたが，不作がつづけば帳消しにしてもらえました。しかし，時どき刈り取った籾を隠す小作人もいて，見つかると追い出されました。現金を貸してくれることはありません。いつも籾だけ貸してくれました。

地主から布を正月に買い，籾のツケで支払いました。農繁期には，同じ地主の所有地の小作人たちで，お互いに農作業を手伝い合いました。別の人を賃雇用することはありませんでした。

昔のお祭り……「神農」の廟が集落のなかにあり，3月にはお祭りがありました。地主の土地の端にみんなでお金を出し合ってつくりました。1年に一度，10コンごとに1ザーずつ籾を出し合いました。フンディエンが集金して世話しました。獅子舞がくることもありました。時には娯楽として，お祭りの2晩は移動劇団が呼ばれて演じるのを見たこともあります。無料でした。それは，もともと神様に捧げるものだからです。

税金……人頭税は村役場に各自で支払いに行きました。毎年1回，旧暦の1月，2月のうちに払いました。遅れて3月になると罰せられました。未納者は逮捕されました。

抗仏戦争が始まると，岸辺に生えていた樹木はみな切り払われました。1kmごとに兵隊が監視に立っていました。バダム運河の方から，大砲の弾が飛んでくるこ

ともありました。町に逃げる人は政府側の人，沼地に逃げる人は解放勢力側の人，ということになりました。

　私は，沼地に行きました。ベトミンの平民として暮らしました。共産主義を学ぶということはありませんでした。若者は志願して作戦に参加しました。このあたりのタディエンは，ほとんど町の方に逃げたと思います。3分の1ほどの人がベトミン区に行ったと思いますよ。

　戦争が終わって帰還し，みなで土地を分けました。私は10コンをもらいましたが，お互いに争うようなことはありませんでした。8年間も荒れ地になっていたので，草が多く生えていました。生産が回復するのに3年くらいかかりました。ジュネーヴ協定後に北部へ行った人たちは，10人中3人くらいではなかったでしょうか？　集落内では2人が行きましたが，亡くなったと聞いています。

　チュー政権の時代に農業機械が導入されて生産を行いました。耕作中は兵隊が農民を守って監視していました。しかし夜になると，町に行って寝ることが多くありました。

　ベトナム戦争は，1970年代の初めが最もひどかったと思います。爆弾が落ちてきました。解放区の方には革命の学校もできて，教育をするようになりました。南の人が指導していたと思います。75年にやっと戦争が終わり，運河沿いに樹木や椰子の苗を植え始めたのです。

㉕　L・N・N（1925年／70歳／ベトナム人男性／ドンティン）

　私の祖父の墓はサデック（ティエン・ザン右岸）にありますが，**父はゴックチュックのフランス人が所有する水田の小作人となって，ラックザーに入植しました。先祖はドンタップのモックホア**（現在は，カンボジア国境に近いロンアン省の町）**です**。今も親戚はそこに住んでいます。私は，父の入植先のゴックチュック（ヨンリエンとラックザーの間）で生まれ，ラックザー出身の女性と結婚しました。

　ベトミン軍に入って戦いましたが，1954年にゴックチュックからここに移りました。

　戦争が終わった時，私は北部に集結するつもりはありませんでした。脱退して名前を変え，無主地となった元フランス人マレのコードー農園の土地を再開発して，住みつきました。

　当時は草ばかり生え，木はほとんどありませんでした。50コン開墾したあと，家族を呼び寄せました。妻の兄弟も移住してきました。もともといた小作人はいなくなっていて，外からやってくる人がたくさんでした。

　このあたりは，トイライ村のなかでは運河が浅くて田んぼに入る水は深く，また乾季には土が乾いて堅くなり過ぎるのですが，**ラックザーよりもここのほうが多く**

米がとれました。一期作のころ，**豊作なら 10 ザー / コン収穫**できました。ゴックチュックでは 7-8 ザーしかとれませんでした。

　旧暦の 3 月半ばに播種，45 日目に第 1 回目の田植えを行いました。その 1 ヶ月後に，2 回目の田植えをします。水田にそのころはまだ 20 cm ほどの水が入っています。田んぼの水は最高 80 cm まであがりました。テトのころに収穫しました。3 月にはまた，田起こしに取りかかりました。

　1960 年ころまでは田植えは 2 回行っていましたが，このころに機械の使用が始まり，田を耕すのが楽になって，直播きが可能になりました。それ以前でも水牛の犁を利用できる人は，直播きでもよかったのです。それができなかったので 2 回の田植えをしなくてはならなかったのです。

　自作農になっても 1 年分の食料を確保するのは容易ではありませんでした。時どき 1 年に 1-2 ヶ月間，食料が不足する時がありました。別の仕事を探したり，借金をしたりすることもありました。

　チュー政権の時代は，このあたりはゴンティエン村チュオンティンアー集落といいました。めったに金持ちはいませんでした。せいぜい 20 ザー，30 ザーが余る程度でしょう。ベトナム戦争中は逃げることが多くて，農業は安定しませんでした。政府軍側に入ったほうが，水田を維持しやすかったこともあり，私は今のリエンタップドアン集落に移り住みました。ドゥン運河の側が安全だったからです。

　解放後は，1982 年から息子や娘たちがソンハウ農場で働いていたこともあって，60 コン借地するようになりました。集団化で土地を取られましたが，解散後に取り戻しました。今は子どもに相続し，私自身は 18 コン持っています。

　生産量……1 コン当たり冬春米 40-45 ザー，夏秋米 30 ザー，両方の合計の平均は 80 ザー / コンです。

　ソンハウ農場での生産量はだいたい同じで，それに地代・肥料代・種籾代・機械の借り賃として，5 ザー / コン支払います。紹介状がなければ，借りられないのです。

　私の生活は，ここ数年来大きく向上しています。1987 年からは肥料を使うようになりました。89 年，90 年には耕耘機を買いました。「神農」も導入して，1992・93 年からは二期作です。90 年に脱穀機も購入できました。300 万ドンでしたが，金 6 チー，全部自己資金です。この機械を他人に貸して 1 ザー / コンもらいます。息子が運転して，他の人の土地の耕作を請け負うことで，収入を増すことができるようになりました。

　3 年前から，2 コンの土地にミカンを栽培しはじめました。洪水で失敗もしましたが，今年は初めての収穫を迎えます。末息子は 4 コンの田をつくっています。父の墓もここにあって，守っていますよ。

⒆ N・V・T（1928年／69歳／ベトナム人男性／トイロック）

　キリスト教徒だった私の父は，20歳の時に，**ロンスウェンとチャウドックの間にあるナン・グウというところから**，移住したそうです。ここには教会の未耕地がまだあると聞いたからです。

　私はここで生まれました。兄弟は，男3人，女2人の5人です。

　両親は教会から1-2 km離れた場所に，**50コンの土地を借りて開拓**しはじめました。土地は硬いので，草を刈り，水牛2頭立ての犁で耕作しました。はじめは水牛も借りていましたが，兄弟でのちに協力して水牛を飼いました。**豊作の時は1コン当たり10-12ザー収穫**がありました。

　水浸しにはならない高い土地には，サツマイモをつくりました。**農民は6割近くサツマイモを栽培した**と思います。

　1948年に独立して所帯を持った時も，50コンの農地を教会に借りて水田をつくりました。当時は**1コン当たり18ザー**くらいの収量でした。

　フランス時代の人頭税は各自で村役場に支払いに行きました。払えない人は罰せられました。インドシナ戦争が始まると，ここから40 km先のラックザー省のヨンリエンに行き，親類に土地を借りて農業をやっていました。

　そのころ，ここではフランス軍が教会を守っていました。教会の周辺では，昼と夜で異なる勢力が支配権を交互に握っていました。

　ジェム政権時代は平和だったと思います。チュー政権時代にも，教会の土地は周囲1-2 kmに3800コン（約494 ha）は残っていたと思います。農業の近代化が進められていました。機械の使用によって直播きに変わりました。

　1965年からは他に先駆けて，先進的に二期作が導入されました。ネズミの害をさけるために，土にビニールをかぶせる工夫もされました。うまくいった年には，冬春米は30ザー／コン，夏秋米は20ザー／コンを収穫できました。1971年にはチュー政権が，「神農」の新品種の栽培を奨励しました。

　チュー政権の時代に，私は政府から25コンの土地分配を受けました。ここの土地の人たちは，多くがこの時代に土地所有者となりました。私の土地の元の地主の周辺には中規模の地主の土地もありました。当時の村名は，トイホアだったと思います。

　でも現政権の時代になると，1977年にソンハウ農場の建設のために土地を接収されました。チューの時代に取得した土地は無くなりました。それで，私はまた教会から50コン借りつづけています。

⒇ N・V・B（1929年／68歳／ベトナム人男性／トイタン）

　私はトイライ生まれですが，当時はトイクフォン集落といって市場の近くでし

た。1950年ころにここに来ました。母の実家があったからです。このあたりは解放区でした。私はベトミンの兵士になって戦いました。20コンの土地を革命政府からもらいました。

その後のベトナム戦争中も，このあたりは爆撃が最も激しいところになりました。私はトイホアの奥地に潜んで闘いつづけました。枯れ葉剤の散布も受けましたよ。アメリカ軍と戦うのはたいへんなことでした。

1976年にふたたびここに戻りました。20コンは子どもたちに分け与えました。解放後は，合作社も生産集団も試みられませんでした。集団化されたところは，旧地主の土地の地区が多かったのです。

サトウキビの栽培が，1978-1979年ころは儲かりました。当時，サトウキビ栽培は1コン当たり，籾の3倍も収益が上がったのです。サトウキビ工場が原料を農家から買い取りに来ました。

でも最近はミカン栽培に人気が出て，始める人が増えました。私も4年前からミカンの木を100本育てています。

この2-3年で，家計が上向いて新しい家を建てる人も増えはじめました。トイタン集落の土地使用権規模は最大農家で20コン，平均では7-8コンといったところです。

一方で，土地を持たない農家は全体の20％になっています。貧しい人たちには政府が低利の融資をしています。政府の融資には1ヶ月に0.7％の利子を払います。1人当たり100万-250万ドン融資してくれます。

私の祖父母は，中国福建省生まれの華人でした。オーモンに移住して万屋を経営していました。私の父ニャン・ヴァン・ビンは**純粋の華人**というわけですが，ベトナム人と結婚しました。父は，私の母の実家のあったトイライ村の旧トイクフォン集落（現在のトイホア集落）にある**水田を7コンで購入**したそうです。

祖父母と父の墓はトイクフォンにあります。現在は，私の弟が墓の土地を管理しています。トイクフォンには昔からあまり大きな所有地を持つ地主はおらず，土地なし農民もいませんでした。それでも**ディエン・チュウ・マン**として私が覚えているのは，**P・V・U**さん（農民番号(4)）くらいです。今も集落に住んでいます。

トイライの水田は深さ1m浸水します。けれどミカン，バナナ，養魚，野菜（池で栽培している空芯菜）など，多角経営をする菜園が増えてきました。

> **解説**
>
> 　天然の川のある地区では，めったに煉瓦づくりの新築の農家にお目にかかれない。三本の運河沿いと比べると，違いがある。
> 　セオサオ水路で，機械を積んだ船による川底の浚渫作業が行われていた。運河は定期的な浚渫が不可欠だ。新たに盛られた泥の土手に，すぐさまバナナやニッパヤシの苗木が植えられる。

㉘　D・V・B（1930年／67歳／ベトナム人男性／チュンフー）

　オーモン運河の一番奥に，チュンフー集落はあります。**祖父はドンタップの出身**です。**祖母はフンヒエップ**から入植しました。2人は同じ大地主の小作人をしていて，知り合って結婚したそうです。

　地主の名は，ファン・ロン・ヒエン，ファン・ロン・バという名でした。この人たちは，バダム，チュオンティン，トイライなどの**土地を1000 haも所有する**ような人で，ヴィンロンに住んでいました。

　私の家は代々小作人でしたが，借地の規模は2 haくらい。今も私はその土地を耕作しています。父の土地を弟と半分ずつ分けましたので，1 ha所有しています。別の2人の兄弟は，ここを出てトットノットの医師になり，もう1人はドンナイ地方に住んでいます。私の子どもは8人です。

　祖父も父も**出稼ぎ**によく出かけました。ソクチャンなどに毎年，農業労働者の仕事を見つけに，集落の働き手たちはよく出かけていました。家に残されたのは子どもや女たちでした。

　旧暦の4月に播種，20日後に田植えを行いました。また6月から7月に，田植えをしていました。田にはそのころ50 cmは水が入ってきました。8月から9月が，水深80 cmのピークとなりました。2月のテト前に刈り取りしました。刈り取りの前と翌年の4月以前までが，出稼ぎに行く時期でした。**当時は10-17ザー，平均すると15ザー/コンの収量**でした。**地代は3ザー/コンを支払わされ**ました。

　誰でも小作人になれるというのではありませんよ。集落のなかの人に紹介してもらわなければだめなのです。地主の代理人が小作農の家まで籾を引き取りに来ていました。米以外の生産は地主に禁じられていました。

　また小作人は誰でも，地主に籾米で借金しました。借金だらけで，籾は少しも残らなかったのです。正フンディエンと副フンディエンと呼ばれる管理人，そして，その下に**カップラン**がいて，タディエンたちをとりまとめていました。コップランがタディエンの耕作能力をみて，借地の広さを決めました。最大で4 haの者もいました。**水牛2頭付きの犂を借りると，1年間に3ザー/コン支払**いました。種

籾は 1.5 ザー/コン支払いました。

　苦しい時には1日に1食しか食べられませんでした。昼だけ食べました。夜にはイモがあれば食べました。魚をとることは禁じられていたのです。バナナやココヤシを植えることもできませんでした。

　植える時は，コップランの許可が必要でした。果物が採れたら，まずコップランに差し出さなければ，機嫌をそこねてしまいました。

　今のように運河沿いに樹木があるという風景は，昔はほとんどありませんでした。家は小屋のようなニッパヤシでした。そのニッパは売りにくる人から買っていました。衣類はお正月に新調しましたが，**地主の出店**が出て，籾米払いのツケで買いました。現金がないので，そこで買うしかないのです。乾季の飲み水は明礬を入れて，上澄み液を使っていました。井戸もありませんでした。

　インドシナ戦争のころは，誰もが，どこにでも逃げていきました。私は沼地の方に逃げました。フランス軍がベトミンを探しにきました。私は一家で逃げていましたが，時どきベトミン兵をみることがありました。軍事訓練を木製の鉄砲で行っていました。

　このへんはベトミン区でした。兵器は町のフランス軍から奪ったものを使いました。カオダイ団とベトミンはここでは一緒に練習していました。ホアハオ団はいませんでした。ホアハオが多いのは，オーモン県のハウ川沿いにあるトイアン村でしょう。

　ベトミン区のなかでは，村外から入ってきた共産党員が，デモの仕方を教え，フランス植民地支配や地主の悪徳を説きました。ホー・チ・ミン主席の小さな写真も印刷されていました。

　1954年に戦争が終わってここに戻ってきました。元の人は3分の2ほどになっていました。残りの3分の1は，その人たちの親戚知人で埋まりました。みなは，元いたところに戻りました。他人の場所には行けないし，占拠地を拡大することはできませんでした。

　占拠地の土地証書は，1971年ころから発行されました。それ以前には，元の地主の権利が残っていて証明できないからでした。私の土地は1 ha分だけ，証明されました。

　1975年以降には，政府は土地所有を平均化するために土地を分配し直しました。二期作化は，1978年の洪水のあと，1981年ころからできるようになりました。いつも農法が変わる時は混乱が起こり，失敗がつきものです。また水路づくりで土地を失う場合があり，生産が安定しませんでした。その間は，効果を上げることはできませんでした。

　三期作ができるようになったのは，1986年からです。この集落のなかでは，私

が最も早く転換できました。他の人が私の水田を見にやってきました。収量は，冬春米は 50 ザー / コン，春夏米は 32 ザー / コン，夏秋米は 25 ザー / コンです。3 年前にカラーテレビを購入しました。今では，子どもたちは孫に教育を受けさせることもできます。

㉙ N・V・K（1931 年 / 66 歳 / ベトナム人男性 / ドンフォック）

祖父はカントーのカサオというところの出身です。父はこの村に生まれ，母はティドイ運河の近くに実家がありました。私の家は，トイドン村との村境から 500 m くらいのところにあります。トイライからくると，ドゥン運河の左側の地区。この運河は，昔は小さな川でした。**祖父は開墾者ですが，土地は在村地主タイ・トゥ・チョン**のものでした。

チョンの家族は現在，サイゴンで商売をしているそうです。**地主は村に籾倉庫を持って**いました。今でもそのコンクリートの土台は残っています。精米所はなかったと思います。**地主の所有地は，運河沿いに 2000 コン**はありました。

祖父も父も小作人でした。私が子どものころの家族は 60 コンを耕作していましたが，1954 年以降，結婚してからは 30 コンの田を耕しました。その土地も，ベトナム戦争が終わってから 10 人の子どもたちに分けました。**昔の一般的な家族の小作地の規模は 20–30 コンでしたので，子どものころの私の家の 60 コンというのは，タディエンとはいっても，中規模の広さだったと思います。**

地代は 4–5 ザー / コン，生産量は通常 20 ザー / コンでした。借金すると，1 ザー借りていたものが，返却の時には 2 ザーになりました。借りが返せなくなる不作の時は猶予されますが，翌年はまとめて支払わなければなりませんでした。

子どものころには，5 年制の初等学校がコードーにありましたから，毎日通いました。歩いて 7 km もありました。朝行き，昼には帰宅しました。

当時は雨季稲をつくっていました。3 月に播種，20 日後に田植えしました。2 ヶ月後の 6 月にもう一度田植えをしました。この時田んぼには 30 cm の水がありました。2 月に刈り取り。水田の浸水は，秋には最高 90 cm となりました。1 m まではありませんが，8 月中には 50–60 cm くらいだったでしょうか。このあたりは，ティドイ運河の周辺より土地は高いと思います。チュオンスアン村のあたりはもっと低いです。コードーの土地は，ここと同じほどの高さです。

直播き……1954 年以後には直播きになりました。ジェム政権時代です。その後にチュー政権時代も肥料などは撒きませんが，戦争中でしたので，収量も 15–16 ザーくらいになりました。現在は，冬春米は悪くても 40 ザー/コン，豊作なら 50 ザーはできます。肥料は 20 年くらい前から使っています。農薬も使っています。「神農」の高収量品種を使います。

毎日田んぼを見回っていますので，2-3日出かけるような用事があっても，心配ですぐにも帰ってきます。雨季稲のルアムア（在来種）は，稲の芯が空洞になる病気になりやすかったのですが，大したことはありませんでした。ネズミの害を防ぐには，籾や蟹に毒薬を混ぜて，畔の近くに置いていました。**毒薬は華人が売っていました。**

インドシナ戦争……9年間は沼の方へ逃げていました。そのまま帰ってこない人もいますよ。小作をしていた土地に戻ると，新しい入植者も入ってきました。20コンずつみなで分けました。家族で耕せるだけを力量に応じて配分しました。実力があれば，もっと多い人もいると思います。

4-5年たってやっと元の生産にもどりました。みなで競って頑張りました。チュー政権の時代は，フランス時代よりよくなったのですが，今はもっとよくなりました。

ベトナム戦争……1968-1971，72年ころが最もひどかった。米作はつづけましたが，逃げてばかりいました。戦争終了後は，75年から78年の生産がまたひどかったのです。二期作の導入がうまくいかず，経験がないから苦労しました。78年にはひどい洪水がありました。その後，78年以降に「神農」の栽培が始まりました。それまでは，ずっとルアムアだったのです。

⑶0 L・V・B（1932年／65歳／ベトナム人男性／トイトゥアン）

私は，**ベトナム中部から移住した先祖の6代目**になります。先祖の話をしましょう。

まず，グエン王朝の時代に軍人であった1代目の先祖が南部で行方不明になったことから，奥さんは子どもを連れて，夫を捜すために南に移住してきたそうです。**ドンタップのカイタウトゥオン（サデックとヴィンロンの間）に落ち着いたといわれています。**

トイライ村に2代目の先祖が入植してきたころは，まだこの地域に象や虎も生息していて，時折，出没したということです。3代目のおばあさん（曾祖母）はこの村で亡くなりました。

私が祖父母から聞いた話では，セオサオ水路というのは，チュオンティン村の川の上流をトイライに向かって，村びとが数百mも掘り進んでつくったそうですよ。今の3つの運河（ティドイ，オーモン，ドゥンの3幹線運河）より先に掘られたわけです。

ドゥン運河は父の時代に掘られて，そこに魚釣りなどにも出かけたと聞きました。昔は，ニャトー川をヤムディン川と呼んでいました。

私の祖父の兄は，トイライ村のフオンカー（村の役職の最高位）をつとめました。

ホイナンという名でした。ホイナンおじいさんの息子も，フォンカーでした。だいたい昔なら，土地を 200-300 コン以上持つ家から郷職になる人が出たのだと思います。私の祖父の代には，一族は全部で 400 コン（52 ha）くらい所有していました。

祖父の代から改宗して，わが家はその後ずっとホアハオ教徒です。父はレ・ヴァン・クという名で（1910 年生まれ，1947 年死亡），生きていたら現在，100 歳かそれ以上だろうと思いますよ。

父は 9 人兄弟でしたが，祖父の土地を 1 ha だけしか相続できず，12 ha をインド人のチェティーに借金して購入したようです。トイライの土地をフランス時代に多く所有していたのは，ロンスウェンの地主と聞いていました。

私の記憶では，フランス時代の村境は，タックディ川ではなくてオーモン川のそばだったと思います。クメール人は，フランス時代には，タックディ川のあたりにまだ多く住んでいたのです。インドシナ戦争中に，フランス人の保護を求めてトイライの町に移ってきたようです。

インドシナ戦争中ですか？

私はオーモンに避難していました。そこに 9 年間いて，1954 年に帰ってきたのです。ジェム時代は，このあたりはトイライ村トイフォンアー集落といいました。トイトゥアン集落となったのは，1975 年以降です。

私の両親の所有地は，1978 年につくられた道路と脇の水路によって，分断されてしまいました。私はオーモン川の側の土地を，私の兄はタックディ川そばの土地を相続しました。

解放後にその土地は収用されてしまいましたが，1991 年から 92 年にかけてのグエン・ヴァン・リンの時代に，1 コン当たり籾で 19 ザーの割合で，50 コン（6.5 ha）分の代金を支払ってくれました。

しかしまだ残りの 7 ha 分は返してもらっていません。それらの土地はソンハウ農場に含められてしまいました。現在，私は，6 コン（0.78 ha）の土地しか持っていません。

昔は，忙しい時に農業労働者も雇っていました。労働者は村のなかの人の場合もあったし，村外の人も雇っていました。収穫は，穂先を手鎌で刈って，足で脱穀しました。その後, 牛に踏ませるようになりました。籾は華人が経営する精米場に持って行って売りました。広東人が多かったですが，今はベトナム人の個人商店です。

解放後の生産隊の組織は，1979 年から 89 年ころまでありました。家族単位に 400-500 戸ごと，または 100 ha ごとに編成されました。ポンプは共同所有，共同使用しました。

以前には，サトウキビ栽培がはやったことがあります。そのころサトウキビの収

益は，1ha 当たり，米の 4 倍になりました。1986 年ころでした。今は値段が下がって，つくる人もいなくなりました。

最近はミカン栽培が盛んになっています。11 月から 12 月に収穫しますが，今年は 480 万ドン（約 3200 円）の収入を見込んでいます。収穫物を仲買い人が買い取りに来てくれます。値段は，その時の交渉次第です。

政府が発行した私の土地使用権証書はこれです。2 つ折りで，左の頁には，私の戸籍上の生年月日や地番，地片面積が記入され，カントー省土地局の証明印と人民委員会主席のサインがあります。

右の頁には，地片の形が 5000 分の 1 の縮尺で描かれ，測量者名がタイプ打ちされています。

最後の頁には，土地の使用権証書の発行後に生じた変更事項を記入する欄が設けてあります。この証書は，農民銀行からの借り入れの際などに提出する必要があるのです。

(31) V・H・M（1932 年 / 65 歳 / ベトナム人男性 / ドンホア）

私の祖父は，オーモン県トイロン村の出身です。両親は結婚して家族を持ちましたが，故郷に土地を持つことができなかったのでここに移住してきました。**フランス人の土地で小作人になりました。**

地主の名はマレです。彼らはコードーに住んでいました。**小作地は 50 コンの面積で**ティドイ運河の南側，川沿いから 1km 奥に入った場所でした。**土地を管理していたのはフエンカイ（仲介人）。**彼のもとで小作人のまとめ役をナム・ティエットという人がやっていました。

毎年，小作料として集めた籾を，今の集落長の家の対岸あたりにあった**倉庫**に運んでいました。それをだれに売っていたのかは知りません。このティドイ運河の両岸は全部フランス人の土地でした。昔の地名はチュンファット集落。もちろん，今のように集落長もいました。

昔は 2 回田植えをしていました。**収穫時は日雇い労働者**も雇いました。労働者たちはみな，このあたり以外のところから来た人たちでした。小作人も自分で賃金を支払って人を雇わなければなりませんでした。

雨季稲の収量は 1 コン当たり 7-14 ザーでした。ここから，あらかじめ決められた小作料を，籾米で渡しました。不作の時にはまけてくれました。水牛 2 頭引きの犂をフランス人の地主から借りました。フランス人地主は水牛をたくさん持っていました。

インドシナ戦争が起こると，田んぼを捨てて避難していましたが，戦争が終わって戻った時，土地には草が生えていました。このあたりの人たちは，みな帰ってき

ました。フランス人はいなくなっていたので，私は家族と20数コンを耕して生活を始めました。避難先で妻も得て，子どももできていました。両親も一緒に，全部で30数コンを耕作しました。戦争で荒れ果てた土地を耕作すれば，入植者は1957年の法令で土地を確保できるようになったのです。それからずっと私はこの土地を守ってきました。

㉜　N・V・G（1933年/63歳/ベトナム人男性/トイフック）

　ティドイ運河沿いの農家は全部で336あります。私の家もそこですが，今日はちょうど私の家のミカンの収穫日です。果樹園からとってきたミカンをこうして池で洗っています。買い取り人が大きさを区別しながら引取量を計るのです。1kgは1000ドンです。

　ミカン栽培の資金は，すべて自己資金でした。私はティドイ運河の向こう岸に水田を，こちら側にミカン畑を所有しています。ミカンの収穫は今年が初めてです。

　祖父母も両親もトイライ村のトイビン集落に住んでいましたが，1956年にフランスから解放されたあと，ここに入植しました。元はフランス人の土地だったところです。インドシナ戦争中は，ティドイ運河に土を入れて浅くし，ベトミン区にしました。その後，運河をふたたび掘り上げ，草だらけになった荒れ地を開拓しました。

　1957年には20コンの土地を再開発しました。この一帯には，いろんなところから人が入ってきています。自分の耕作能力に応じて，所有地の規模も決まりました。

　米づくりは，まず旧暦の4月，苗床に播種，田んぼを1回耕して5月に田植えを行いました。この時は，まだ低い土地に少しだけ水がある程度です。草取りをして，7月に第2回目の田植えを行います。水田には10 cmほどの水が入っています。水はやがて最高1 mまで上がってきます。稲が水面上に20-30 cmほども生長しました。2月末に刈り取り，来年の種籾用に籾を保存します。収量は，1コン当たり20ザーでした（このあたりは，1コン=1300 m^2で換算）。

　農閑期には水路沿いの土地でトウモロコシやイモ，野菜をつくりました。

　直播きの米づくりは，1958年ころから始まりました。フランス人の地主の土地を耕していた老人から，教えてもらいました。**フランス人の大地主の名は，マレです。川向こうは彼の土地**でした。

　直播きの時は，まず降雨を待って3回土地を耕しました。以前の雨季稲と同じ，伝統種を直播きです。1日に50コンは播き終えることができましたよ。水の上がりに応じて稲の生長が早い品種でした。テトのころに収穫しました。収量は18-20ザー/コンありました。

　1958年ころはまだ水牛を使っていましたが，1960年になると，機械が入るよう

になりました。ジェム政権のころ，政府は村に24台の機械を導入させました。1コン当たり30ドンで借りることができるようになりました。次第に機械を購入する者も現われました。1963年から64年ころだったと思います。まあ，100人いれば，そのうちの1割はよい暮らしをしているというものです。

私の家は，現在ではポンプを3台所有しています。家は1982年に建てました。耕作機械は1コン当たり4万5000ドンで借りることができます。耕起作業は年に2回行わなくてはいけません。

アメリカとの戦争時代も農業を継続はできましたが，チュー政権時代は，昼と夜で支配者が変化して，ほんとうにたいへんな時代でした。

解放後，1977年から政府の命令で二期作化が始まりました。個人で自分の土地に小水路を掘るようにと指導がありました。自分の土地のなかで小水路（ムオン）を運河と反対の端から掘り進めました。幅2m，深さ1-1.2mの大きさのものです。隣と水路を共有することはありません。そのようにする人もいるようですが，私はそうしません……。

旧暦の10月に，冬春米（神農品種）を直播きし，2月に収穫します。3月初めに夏秋米を直播きし，6月に収穫します。どちらも必要な水はポンプで揚水します。冬春米の収量は平均40ザー/コン，夏秋米は30ザー/コン。5年くらい前から三期作もできるようになりました。私は収穫した籾はほとんど売って，食用は新たに購入します。1ザーは3万1000ドン。一家は，月に8ザーの米を食べます。一袋には2ザーが入っています。

1978-1987年の間に，集落の農家は，20軒に1台のポンプを所有するようになりました。今では，ポンプのない農家は全体の15％くらいでしょう。借り賃は，1ha当たり1万ドンです。

集落のなかに，20-30戸世帯をまとめた住民組織トー（To）が編成されました。トイフック集落には，7つのトーが集団化のころからあります。

㉝　V・V・N（1935年/62歳/ベトナム人男性/ドンホア）

このあたり（ティドイ運河の北側一帯）は，昔は全部がフランス人の所有地でした。私の父はさらに西の奥のトイドン村に住むタディエンでした。地主たちはコードーの町に住んでいました。この地域は，のちにいったんはトイライ村に組み入れられ，また1985年にはドントゥアン村の一部になったことがあります。

父の小作地は100コンの広さでしたが，それは当時としては，普通の小作地の規模でした。200-300コンの小作人もいました。家族の人数や，耕作能力のある人は多く貸してもらうことができました。

タディエンもいろいろでした。小作契約は毎年更新しました。**100コンは両親**

と兄弟3人で力を合わせて耕作しました。水牛2頭を3年払いの200ザーで購入したこともあります。

1コンの収量は15-18ザーほどで，不作で12ザーくらいしかない時もありました。地代は3.5ザー/コン。種籾を1コン当たり7ザーで借りましたが，撒くのは3ザーだけで，あとは食用にしていました。

当時は陰暦4月に耕しはじめました。1回目，2回目とも水牛で1日3コンずつ行いました。降雨を待ち，櫛のような農具を水牛につけて土を平らにします。このやり方で，1日7コンも済ませることができました。この農具はフランス人地主に借りていました。1つ5ザーで借りますが，返す時はその倍の10ザーも支払わされました。

5月になると少しだけ雨が降り，初めてそこで直播きしました。そのあとは8月に草刈りをしますが，田んぼの世話はそれほど必要ありませんでした。時どき，水路で魚をとって食べました。

1月になると収穫作業の日雇い労働者がやってきました。何人使用するのか，小作人の雇用予定をフンディエンに連絡しました。小作地の管理をするカイの下に，**管理長1人，隊長カップラン3人，世話人フンディエン4人**という上下の組織があったわけです。

田んぼの水位が最高になるのは9月から10月で，80cmにも達しました。乾季は土が硬くなって，何もつくることはできませんでした。でも，そんな農閑期にでも，**フランス人の土地の小作人タディエンは，田を離れることはできませんでした。米以外の作物を栽培したい時は，地主の許可が必要でした。そんな申し出をすることはほとんどありません。バナナだって勝手に植えてはいけませんでした。**

インドシナ戦争が始まると，両親と一緒に逃げました。1945年にはフランス人はいなくなっていました。日本軍もカントーやサイゴンにいたのです。ここ一帯はベトミンが管理していました。トイドン村はベトミン側とフランス側に分かれていたので，それぞれのなかにいれば安全でした。でもトイライ村は両者が混在し，明確には分離されていなかったために，戦闘が起こり，たいへんな危険地帯となっていました。

私はベトミン側で働きました。解放区では主要な水路を埋めて，フランス植民地軍が通行不能となるような作戦に関わっていました。ティドイ運河もオーモン運河も同様に，あちこちで寸断されてしまい，船を進めることはできなくなりました。そこはベトミン地区となり，フランス軍の侵攻を防いだのです。

1954年には両親とともに，現在のドンホア集落に移ることにしました。隣同士手伝って，荒れた土地35コンを再開発しました。ティドイ運河の水路も，政府が地雷を使って復活させたので，また元どおりになりました。

もともと小作をしていたトイドン村ではなく、ドンホア集落に移住したのは、ここのほうが、ティドイ運河に接する便利なところで、土壌や交通の便などの生活条件が良かったからです。

私は21歳の時に結婚し、チュー時代には土地証書ももらいました。35コンの土地はずっと守りつづけましたが、ベトナム戦争が激しくなると、爆弾が落ちて怪我をしたこともあります。今でも、その時の傷が手に残っています。

2人の兄弟が、革命軍に入って闘って戦死しました。母は「革命の母」の賞状を現政権から送られました。35コンは、その後もう1人の兄弟と分けました（**1コン＝1300 m^2**）。

㉞ N・V・K（1936年／61歳／ベトナム人男性／トイトゥアン）

トイライ市場のあたりからドゥン運河を1.3 kmほど進んで、左岸に上がると私の家です。私は移住してきた**先祖から数えて4代目**です。私は両親と一緒にインドシナ戦争中はベトミン解放区にいまして、ようやく1959年ころに戻ってきました。

祖父は少ししか土地を所有しておらず、父はほとんど相続していませんでしたから、初めはとにかく**土地なし農民**でした。**地主のラム・ティ・ドゥンから65コン**（**1コン＝1290 m^2**）**を借りて小作人になりましたが、ドゥンさんは村には住まず**、地代を村に徴収にきていました。ジェムの時代だったと思いますが、彼女はよその**土地も多く持っている大地主**でした。

父はドゥンさんの土地をついに購入しました。私たち兄弟は5人でしたが、一家7人、65コンの土地から1000ザーの米がとれ、何とか暮らし向きもよくなっていきました。

結婚しましたが、妻はホアハオ教徒です。妻は相続した10コンを持っていました。私たちはこれに1977年に私が相続した10数コンの土地と合わせて、全部で30コンを確保して10人の子どもを育てたのです。

私はベトナム戦争中に、今度は旧政権の兵隊として働きましたが、解放後は政治キャンプにも行かず、戻ってくることができました。

今、私の土地は、冬春米50ザー／コン、夏秋米30ザー／コンの収量がありますが、昨年は秋冬米もできました（25ザー／コン）。今年はネズミの害が広がり、二期の総収量は少し減少しました。

家にはテレビや扇風機、ラジオを備えています。

㉟ P・V・T（1937年／60歳／ベトナム人男性／トイフック）

私は現在のトイホア集落に生まれました。**祖父はトイライ村の隣のトイティン村**

に住んでいました。トイライ教会を200m遡ったクンドン川沿いに，100コンの土地を人から購入しました。

父は9人兄弟でしたので，その一部の10コンを相続しました。祖父は，私が24歳の時に亡くなりました。その時の祖父の年齢は，70歳くらいだっただろうと思います。

トイホアでの稲作は，水牛や牛を使って，直播きでした。田んぼはここよりも深く浸水しました。今でもあちらは土地が低いために，浸水して，米の質も良くない。**隣村のトイティンの土地はやや高く，人が多くて土地が足りない**と聞いていました。それで，**トイホアやここに土地を取得する人がいた**わけです。

ティドイ運河の向こう側の土地は，フランス人の農園でした。コードーに住むマレのものでした。父はトイライ村で教師をしながら稲作もしていました。オーモンの学校を卒業したので，フランス語も話すことができました。インドシナ戦争が始まると，父は相続した土地を捨ててラックザーのゴックチュックの解放区に入りました。

戦後になって，1954年以降，ここに入植しました。誰も他に人はおらず，家族で30コンを再開発しました。ここは昔，**ヒエンルックさんという不在地主の土地**でした。一度だけ昔の地主がやってきたことがあります。

元の管理人は，ここから300mのところに住む人でした。インドシナ戦争後に昔の小作人タディエンが戻ってくることもあったようですが，そんな例は少ないと思います。

現在，私の土地は20コンになってしまいました。土地証書は現政権からもらいました。この土地には，水が80-100cmほど上がってきます。初めは1回だけの田植えをしていましたが，2-3年後には直播きに変えました。

㊱ N・V・D (1939年 / 58歳 / ベトナム人男性 / トイロック)

私は**先祖から4代目**です。私も両親もこの村で生まれました。祖父の父，つまり**曾祖父はサデックの人**です。初代の先祖と祖父がここに入植した**開拓者**です (19世紀末-20世紀初めころ)。

当時はまだこのあたりに原生林も残っていたそうです。虎もまだいたそうです。

樹木を切り倒して開墾したと聞いています。祖父が開拓した土地50コンを両親は相続しました。家族経営の自作農です。農繁期は労働交換をしていました。牛もいませんから，すべて人力でたいへんだったでしょう。

父の時代に，家族はホアハオ教の信者になりました。家族や親族みなホアハオ教徒です。

このあたりに大地主の人はいませんでした。父の土地は，8人の子どものうち男

4人が11コンずつ相続しました。川沿いに，4つに縦に分けました。

インドシナ戦争中は，10年間，ヴィンロンで避難生活を過ごしました。1955-1956年ころに，ここに戻りました。ホアハオ教徒は十数軒しかいなくなってしまいました。

父の時代には，月に4回は教祖の教えどおりに精進料理を食べました。時には肉を食べることもありますが。昔は教主のところに教えを請いに行っていましたが，10年くらい前から，もう行くこともなくなりました。お祭りの規模も小さくなりました。

チュー時代は，一家は土地持ちでしたから，とくに土地の分配は受けませんでした。

現在は，冬春米の収量が35ザー/コン，夏秋米が20ザー/コンあります。果樹も1.5コンの土地で栽培しています。

昔の稲作のやり方は，まず土を2回耕起しました。6月ころから田植えをしましたが，2回目は田んぼに雨水が10-15cmくらい溜まるまで待ちました。初めに田植えした稲は，そのころにはもう50-60cmくらい育っています。その先の方を切って植えることもありました。

一番いい時で20ザー/コンの収量でした。普通はそれ以下で，15ザーあれば，まあまあというところでした。川のそばが良田で，奥に入ると不良土でした。

ベトナム戦争中は，村の民兵をしていました。戦後のことはあまり話す気になれません。

(37) L・T・T（1940年/58歳/ベトナム人女性/ドンティン）

ティドイ運河からドンファップ運河を進み，左側2本目の水路であるディエンホア運河に入るところに私の家があります。

この水路は，フランス植民地期に掘削されていました。両岸はトウモロコシなどの換金作物栽培をしています。

私の祖父母はトイフォン集落に住んでいました。父と母の土地はトイフォンにありまして，現在は子ども（トゥさんの兄弟）に相続させました。

私はトイフォン集落の人と1961年に結婚しました。最近は18歳から結婚できるようになって，女性の結婚年齢は早くなったようです。十数年前にわが家はここに入植しました。遠いところに住む人から購入しました。昔は一期作のみで，草刈りは男，田植えは女の仕事と決まっていました。**刈り取りは農業労働者に頼みました。**脱穀も男の仕事です。畑ですか？　雨季に少しだけつくりました（空芯菜，キュウリ，白菜，大根など）。乾季にはできませんでした。**12コンの土地を，6コンずつ2人の子どもに分けました。**

このあたりはまだ電気もきていないのです。炊事は1日2回だけ，つまり昼と夜に食事します。米つくりの季節には，早朝から田んぼの仕事をするので，朝にも食事します。魚はよくとります。雨季には田んぼに魚が入ってきました。田んぼの水位は，ふだんは50-60 cmほどですが，最高で1 m以上の高さまでになります。

　小魚がたくさんとれたら，マムをつくります。また，干し魚にしても食べます。もっととれれば，売ることもあります。おかず用には魚の甘辛煮をつくったり，野菜を塩で少し漬けます。

　8人家族で，**米は1日約1.5 kg**くらい**食べます**。豚肉は購入しますが，1 kg当たり2万5000ドンほどしますから，300グラムを買うのがやっとです。アヒルを飼っていて，これも食べます。

　二期作は1988年ころから普及したと思います。冬春米（陰暦10月に播種。2月に収穫。収量は40-45ザー/コン）と夏秋米です。三期行うサチューイは，4-5年前から始まりました。

　2月から3ヶ月間で収穫します。4-5月の初めには刈り取ります。30ザーがふつうですが，豊作時は40ザー/コンになります。そのあとすぐに田起こしをして，秋冬米の耕作を始めます。その収量は安定しません。20ザー/コンであったり，最大30ザーとれることもありますが。冬春米と夏秋米は，ポンプ揚水ができるようになって，始まりました。ポンプの所有は農家の90％に達したそうです。

　昔よりも田んぼに水が多く入るようになりました。1978年の洪水はひどかったのですが，その後も少しずつ水位が上昇しているように思います。乾季は逆に水路の水は少なくなり，浚渫が行われなければ，水は入ってきません。最近では政府が2年前に浚渫しましたが，その年でも小さな舟しか乾季は通れませんでした。

　水利税は1コン当たり籾30 kg，農業税額はカントー省の管轄で決まっています。

㊳　L・D（1940年／57歳／クメール人男性／トイトゥアン）

　タックディ川を遡っていくと，左岸にわが家があります。10人家族です（夫婦と，子どもは男4人，女4人）。

　先祖がどこから来たのか知りません。このあたりには，1975年以前には，ベトナム人はほとんどいませんでした。ベトナム人の入植は，セオサオ水路とタックディ川のぶつかるあたりから始まったのだと思います。

　私はタックディ地区全体の世話をしていますが，住民の60-70％は土地を持っていません。18歳以上の人口は456人，男301人，女156人です。

　インドシナ戦争中にはトイライの町に避難していました。父はベトミンに殺されました。父の土地は**7 ha**でしたので，中程度の地主といえるでしょう。当時の地主では，ベトナム人のキム・ティ・カックという人のことを覚えています。

私は16歳から22歳まで出家して，トイライ（プロマニコンサ）寺で修行を積みました。寺はそのころに建立されました。1956-1962年ころだったでしょう。1968年から70年まではカンボジアにいました。ロン・ノルの時代になって戻ってきました。ベトナム戦争中はトイライ村に住んで，タックディへ田んぼ仕事に出かけました。その後，水田は抵当に入ってしまったこともあります。
　旧政権の治安隊長を3年間つとめていましたので，解放後は半年間，政治教育のキャンプに入れられました。1977年に土地を返還されました。
　解放前には田んぼは一期作でしたが，1979年から80年ころに二期作が始まりました。ポンプで水を入れ，冬春米なら12月に播種（直播き），3月に収穫します。夏秋米は，冬春米の収穫後にすぐ始めます。耕起しないで，田んぼに火入れをして準備します。ポンプで水路から田んぼに揚水します。秋冬米は，耕したあと直播きです。ポンプの所有者は，はじめ珍しかったのですが，借り賃は1時間当たり1万ドンでした。
　1981年からは三期作が始まりました。果物は栽培していません。農作業の手間賃を稼ぎ，また大工をして稼ぐ時もあります。今，私の経営する土地は15コン（1.95 ha）で，姉も同様に15コンを持っています。
　昨年（1996年）は，このへんも洪水に襲われ，家のなかが15 cmくらいまで浸水しました。そんなことは30年来のことです。村に電気がきたのは昨年です。テレビやラジカセ，扇風機を持っています。
　子どものうち，男子はクメール人女性と結婚しました。集落を出て移住してゆく人はめったにいません。村に入ってくる人は増えています。

㊴　P・V・T（1943年／54歳／ベトナム人男性／トイロック）
　私の故郷は，ベトナム北部ナムディン省のハイハウです。1954年に移住してきました。バクリュウのヴィンロイ村に，ハイハウの人びとと入植しました。ここトイライ教会に赴任したのは2年前のことです。その前には，ロンミー県のルオントン村の教会でした。
　トイライ教会の歴史をお話ししましょう。1880年当時，このあたりにはニッパヤシでつくられた3つの小さな教会があったそうです。1910年に統合されてトイライ教会が創建されました。カントー教区に属します。カントー市の教会にはフランス人神父がいましたが，それ以外の支部はみなベトナム人でした。
　ここで改宗する人はいませんが，毎年20人ずつほどが外からやってきて住みつきます。信者としての生活を送るのです。土曜の午後には婦人300人が，日曜日の午前中のミサには大人たち200-300人，子どもたち500人，青年層200人が集まってきます。ミサは4回行っています。信徒は教会のまわりを中心に，400家族2600

人にのぼります。

　400家族のうち100家族は土地を所有していません。近年二期作ができるようになったのに，農業資金が足りずに困っている人もいます。銀行の貸付，農業融資の金額に不満を述べる人たちもいます。

　1975年以前の教会所有地は180haでした。解放後にはその土地は無くなりました。とりわけ，ソンハウ農場用に接収されました。また，各農家に使用権を戻すようにしています。

　信者の寄付は，1年1家族で2万ドンです。教会の維持運営に不足する分は，神父が個人的に努力して集めます。現在，新しい学校を建設しています。職人を5人雇用していますが，もちろん信者の奉仕活動も受け入れています。

　カトリック団体の全体組織について……毎月カントー市に会議に出かけます。26人出席します。毎年1回，カントー教区の合同会議があり（カントー，ソクチャン，バクリュウ，カマウ），122人が参加します。全国の司教大会にはメコンデルタからミトー2名，ヴィンロン2名，カントー1名，ロンスウェン2名の7司教が参加するのです。

　ハノイ，フエ，ホーチミンの各都市には，それぞれ1名の大司教がいて，北部，中部，南部の大司教区を管轄します。ハノイの大司教は枢機卿と呼ばれ，ベトナムのキリスト教会を代表します。現在（1997年），ホーチミン市の大司教職のポストは空席のままです。

⑷⓪　T・T・T（1946年／52歳／ベトナム人女性／ドンティン）

　ディエンホア運河を進んで右の岸に上がると，サツマイモ畑があったでしょう。水路の土手にはユーカリの植林もしています。7年前に私たちはトイタイン村から入植してきたのです。

　田んぼはもっていません。日雇いの農業労働と，このサツマイモ栽培で暮らしています。私たちが入植する前から，地主さんはここでサツマイモの栽培をしていたのです。親類のおばあさんからイモづくりの仕事を教えてもらいました。

　3コンを借地しています。サツマイモを1回つくるたびに，20万ドン／コンの地代を払います。米はつくらないのです。つくれば，その分の借地代も支払わなければならないからです。地主はティドイ運河に住んでいます。

　サツマイモの収量は7-8t／コンでした。昨年は500-600万ドンの収益がありました。豊作の時は700-800万ドンも儲かります。

　1コン当たり肥料は20kg，2回に分けて入れます。農薬も使います。種イモはそのつど購入しています。陰暦の6月に収穫したイモを，仲買人が買い取りに来ます。どこで売っても同じ値段だと思います。

テレビやラジカセも持っています。子どもは10人産みました。みな病院で出産しました。孫も6人いるんですよ。いちばん年上の子どもは32歳です。いちばん下の子どもは10歳です。

私はチュオンティン村で生まれました。子どものころ，生活はとても苦しかったです。服は買えず，自分でパパイヤの葉の繊維をとって，それでズボンをつくって着ていました。1964年に，18歳の時に結婚しました。オーモン市で働きながら，子どもを産み育てました。子どものうち8人は学校に行っていません。下の2人だけ学校に行かせることができました。

(41)　L・V・H（1952年／44歳／ベトナム人男性／トイトゥアン）

私の父，父方の祖父母ともに，この地で生まれました。母はハウ川に面したオーモン県トイアン村の生まれです。父の兄弟は9人でした。父が相続した土地は2haです。私には弟が1人いますので，父の土地を半分ずつ相続しました。

現在，私の水田は5.5コン（0.715ha），果樹園を2コン（0.26ha）経営しています。10年前に，父から資金を借りて，脱穀機を購入しました（600万ドン）。少しずつ返済して，今では借金はなくなりました。

父から独立したのは1977年でした。ベトナム戦争が終わると村から出て行った人もいますが，私は5週間から7週間目に家に戻りました。

冬春米は40ザー／コンの収量，夏秋米は25-30ザー／コン，秋冬米は良い年で25ザー，最も低い年では十数ザー／コンほどです。昨年の浸水は，今までで最もひどいものでした。

肥料はDAP3種混合を使用しています。一期に3回50kg／コン使用します。まずは種播きから7日後に5kg／コン，10-20日後に2回目を15kg／コン，30日目と45日目にも使用します。農薬は一度撒くと，約1週間の効果しかありません。稲が若いうちは2回散布します。その後は，必要に応じて散布する必要があります。二期作化で使用料は急に増えました。農薬，肥料は個人農家で購入できます。このところ農薬の値段は上がってきています。

砂の微高地に暮らす人びと（チャヴィン省）

解説

この後半には，チャヴィン省における44人の記録をまとめた。チャヴィン省は，バサック川左岸の河口に位置している。コチエン川とバサック川の間の大きな中

洲をヴィンロンから南に下ると，実り豊かな海岸平野が広がる。つづいて樹木に覆われた筋状の砂丘（砂の微高地）をいくつも越えてゆくと，小1時間でチャヴィンの町に到着する。

同省には，フランス時代から今にいたるまで，たくさんのクメール人が暮らしている。ベトナム領に住むクメール人は，「Khmer」あるいは「コーム Khome」というエスニック範疇で括られる（ベトナム人は自称キン Kinh [京＝みやこびとの意] で，華人はホア Hoa である）。19世紀末のチャヴィン省のクメール人人口は，全体の過半数を超えていたが，20世紀初頭の比率は4割ほどに減少し，現在では，当時と少し省境は変わったものの，約30％（29万人）に減少した。

チャヴィン省にはカントー省のようなフランス時代の幹線運河は掘削されなかった。輸出を目的とする米の単作栽培や払い下げ地の大農園もみかけない。一般にチャヴィンの村は，商業的農業に立ち後れ，生産性の低い農村社会とみなされてきた。調査地に決めた村も，1996年当時，灌漑用運河の掘削が進まず，水田の8割が戦前と同じ雨季稲の一期作のままであった。しかし文献によれば，20世紀初頭のチャヴィン地方はデルタのなかでは人口規模も水田面積も首位に近く，相対的には豊かな地方であった。そのことは余り知られていない。

1. 砂地の林とクメール人の伝統

この地方の地形は，海岸平野，砂丘と砂丘列の間のラグーン，沿岸部のマングローブ帯などから構成される。低地には，水路や地下から浸透圧で浸入する海水のために塩分土壌の問題がある。しかし，この地方の農業には複雑な地形に対応した多くの工夫がある。潮水の入り込む低地の水田は畦を高く築いて天水が充分に溜まるのを待ち，土壌の塩害を弱めた後に早稲の大きな苗を移植した。川沿いの水田には，潮汐の満ち引きを利用して真水だけを取り込み，時には魚やエビが田のなかで育つ。砂地の微高地では，溜め池や地下水を利用した畑作や水田がみられる。

省内を車で走ると，こんもりとした森のなかに，先住民族クメール人の上座仏教寺院を見かけることが多い。調査時のチャヴィンには151のクメール寺院があった。かつて人びとは一生のうちに一度は出家して寺で修行し，文字や経典を習った。彼らの精神生活は，信仰と深い関わりがあり，日常生活では殺傷を禁じる。

クメール人の村（「スロック」あるいは「ソック」）は，寺院を中心にして「プム」と呼ばれる複数の親族集団から構成されていた。彼らの寺院や住居は，砂の微高地（「ダッ・ヨン」，もしくは「ダッ・カオ・カッ」）上にある。雨季のスコールや川の氾濫によって低地が水浸しになっても，ダッ・カオ・カッは浸水を免れる。

2. ホアトゥアン村のクメール人とベトナム人，華人

　ホアトゥアン村は，チャヴィン省の省都チャヴィン市の東に隣接している。徐々に都市化も進んでいる。いわゆる海岸複合地形上の狭く細長い微高地上に，人びとの居住区がある。第5章第2節で論じた現地調査の村である。19世紀までは先住クメール人が多数派を構成していたが，植民地末期にはベトナム人を中心とする行政村に変化した。ここにも大地主・小作関係が顕著にみられた。人びとの語りのなかに出てくる当時の生産関係や土地集積の物語に興味を惹かれる。歴史の襞に隠された諸民族間の確執や関係史も，何気ない会話に表れている時がある。文献資料にはなかなかみることのない史実や人びとの感情といったものに気づかされる。

　調査地域のクメール人とベトナム人は，もともと住み分けていたのだが，フランス時代に地方行政制度が整えられていくうちに，元のスロックは寸断され，増大するベトナム人の集住域に統合されて，変容を被った。しかし聞き取りをしたクメール人老人たちのなかには，その土地のスロックやプムの領域概念をそのまま持ちつづけていた人もいる。

　村内には，13世紀に建立されたクメール寺が存在する。村は10集落から構成され，そのうち南の7集落の名前は，19世紀グエン王朝の地簿史料のなかに村名として漢字表記で登場する。現在でもクメール人が多く居住するのは，こうした村の南に位置する集落だ。これに対して，ベトナム人は北のチャヴィン水路や東側のコチエン川沿いから砂丘の上に進出した。文献によれば，1841年にキラ村では，両民族の間の軍事的な衝突が起きた。

　県道に沿ったホアトゥアン村の共同墓地には，華人と思われる墓がいくつも見受けられる。20世紀初頭に書かれたチャヴィンの地誌には，クメール人とベトナム人の通婚はめったにないこと，華人はクメール人よりベトナム人を娶るとある。エスニック・グループ間の関係は今でも少しデリケートな面がある。現代史のなかの両民族は必ずしも友好的な時ばかりではなかった。

　語りのなかで，この地のクメール人のカンボジアとの関係を考えさせる例がしばしば聞かれた。20世紀末のカンボジア史の厳しい政変が，この村のクメール人の身近な不幸を引き起こしていた現実を知った時は衝撃を受けた。

＊＊＊＊＊

(生年の順に掲載)

⑷2　V・T・K（1900年／96歳／ベトナム人男性／キラ）
　私，私の両親，そして父方母方の祖父母たちは，すべてキラ村の出身です。
　キラ村のヤック・カン寺の建立にまつわる話について，私は詳しいですよ。なぜ

なら，私はその寺で若いころに修行して，僧侶をつとめた経験もあるからです。

昔，その寺のある土地にはクメール人の寺がありました。しかし，それは別のところに移って行ってしまいました。ある時ベトナム人の僧侶がここに来て，寺を建てることを提案したのです。

私は28歳の時に集落で**最年少の郷職**になりました（1928年）。その役職は，**正録簿（村びとの名簿）**の管理です。日々の生死を記録し，登録民を把握するのが仕事でした。村の支配層，12位の一つですね。それは任命によって決まっていました。

村のことを話し合うディン（亭）のあった場所は，現在学校が建っているところでしたよ。

私の両親は，土地はたいして所有してはいませんでした。私は**10コン**を相続して，自分で**60コン**を買い足して所有地を拡大しました。

漢字，ベトナム語，フランス語を修得しました。

昔のキラ村の**大地主**といえば，カー・ティエップ（フックハオ村のベトナム人で，キラ村の最大規模の土地所有者），カー・スオイ（クメール人で，ソン・ゴック・タンの兄），サー・スオット（後出のサー・チンと同一人物）の3人です。

集落のほとんどの土地をこれらの大地主が持っていて，たくさんの人がその小作人だったのです。クメール人地主のベトナム人小作人，あるいはベトナム人地主のクメール人小作人もいました。

これらの大地主は親の代からの大土地所有者で，フランス時代には**フランス国籍**を取り，フランスの力を借りてさらに大地主になったのです。親戚がフランス植民地政府の役人だった場合もあります。だから，**1954年以降には逃げた人が多い**です。

郷職はみな，ほぼ20コン以上の土地は保有していたと思います。

一つの村に，それぞれ**郷職会**がありました。キラ村の郷職会のメンバーは，クメール人とベトナム人の半数ずつから構成され，両方の言語を使っていました。

人頭税は，**有産者は5ドン**で，**無産者は2.5ドン**でした。二重帳簿があったわけではありません。人頭税の払えない人は，徴税の時期には村から逃げ出したのですが，土地所有者であれば，その際土地は没収されることになっていました。

乾季に出稼ぎに行く者は，郷職に申し出て，帰郷の意志と行き先を書面に記しました。この証書は，村を出た時の**身分証明書**としても使いました。

私の知る限り，これまでキラ村に飢饉があったことはないと思います。ただ，**1940年代の全国の飢饉はこのあたりでも影響を被りました。**

そのころ，日本軍の飛行機が赤トンボのように上空を飛来していたことがあり，カンボジアのバッタンバンやタイなどに逃げた人もいました。小作人や農業労働者は地主を頼り，仕事や食料をもらいに行きました。

⑷3　T・L（1906年／93歳／クメール人男性／クイノン）

　私は昔から長身といわれます。身長は1m75cm，体重は53kgですよ。

　クイノン出身です。父もこの村の生まれで，市場のすぐ裏に家がありました。ここに50年近く住んでいます。砂丘の東側に生まれましたが，米，塩，果物などの商売の関係でここに住むようになりました。

　父は農業をしていました。地主のバチンさんに土地を20コン借りていた小作人です。地主はチャヴィンの町に住んでいました。コチエン川の南東側はバチンの所有した土地が多くあり，また砂丘の西側にはラム・バ・チュオンの土地がたくさんあったことを覚えています。

　父が借りていた土地はチフォン村との境のあたりです。平均7-8もしくは10ザー／コンの収量しかありませんでした。地代は5ザー／コンです。

　私は，砂丘の東のほうがいい水田だと思います。なぜなら，エビ，ウナギ，雷魚やナマズ，小魚なども捕れるからです。砂丘の西は天水しか頼れず，米しか生産できません。

　砂丘の東側は，陽暦の11月には海水が入らないように水路を閉じて，6月から10月ころまで開放します。これは「トゥオンディエン（田を上げる）」「ハーディエン（田をおろす）」と表現しますよ。

　20-21歳のころ，クイノン寺に出家して5年間修行しました。当時も50-60人が寺で暮らしていました。クイノン寺で修行した僧侶が，キラ寺の僧になることもありました。私が修行したころから，寺は今のように煉瓦づくりでした。父の時も煉瓦だったと聞いています。

　20歳ころまで父の小作地を手伝っていましたが，30歳になるころ，クイノン村の女性と結婚しました。妻の父は華人でした。その後は50歳か60歳ころまで，水牛の売買取引や，アヒルやいろいろなものを扱って商売をしました。クイノン市場は，もとは芝居小屋を兼ねていました。

　村の周辺……クイノン村はダホア村より人がたくさん住んでいました。隣のバンダ村（フックハオ村のこと）にはクメール人は少なく，ベトナム人のためのカトリック教会ができました。ベトナム人が多かったのです。

　子どものころ，コチエン川沿いには原生林が残り，イノシシが一度に100頭以上出るなど，危なかったです。低地の田んぼは，時どきイノシシたちに荒らされました。県道が通っている砂丘も，人が2人でも手を回せないほどの大木や竹林が生い茂り，真っ直ぐの道などなかったものです。道といっても，砂は深くて，牛車を動かす時は車がめり込んでたいへんでした。4-5mくらいの幅だったかなと思います。

　人びとが集住しているところに村があり，その中心に寺がつくられていました。小さな村と村の間は離れていて，まわりは森でした。村のまわりに田んぼがつくら

史料　371

れていました。**田んぼは低い土地にあるのが普通**でした。低地には木がなくて，草が生えているだけだったからです。

　砂丘の上の高い土地には畑がつくられ，溜め池も昔からありました。新たに畑をつくる時には，溜め池のような井戸を掘らされました。1日50セント（0.5ピアストル）をもらって，とりわけ乾季には同じ井戸を深く何回も掘りました。

　村のクメール人たちは，プノンペンに出かけることがよくありました。汽船でチャヴィンから24-25時間かかったと思います。朝早く出航する船が定期的に出ていたんです。

⑷　T・M（1910年/86歳/クメール人男性/ダホア）

　私はこのダホア村で生まれました。私の父母もダホア生まれです。私の兄弟は3人とも全員がダホア村に住んでいます。

　父の名はタック・ウムといい，**10 haを所有する地主**でした。**2-3 haは家族で耕し，残りは小作に出していました**。政府の接収によって8 haの土地はとられ，直接耕作していた2-3 haのみが手元に残りました。フランス植民地時代（**19世紀末と1920年代**）の古い**土地証書と土地の売買文書**は，今でも大切にとってありますよ。

　子どものころには，近くのクメール寺でクメール語を学びました。私はベトナム語を話すことはできません。必要があれば，こうして娘婿が通訳してくれます。

　若いころに7年間，出家して寺で修行を積み，27歳の時に（1937年）ダホア村のクメール人女性と結婚しました。結婚すると父から**7 haを相続**し，**地主として暮らしました**が，妻は1984年に74歳で亡くなりました。

　昔，村の男子は，13歳になったら全員が**出家**して，寺に行かされたものです。最短で3日間という人もありますが，当人の自由な意志にまかせて，修行期間は自由に決めていました。

　日本軍がベトナムにきた1940年代，ダホア村で日本人をみることはありませんでした。ただ，カントーには，やってきたようです。このあたりの人は，インドシナ戦争の時には，ベトミン軍とフランス植民地政府の両方に税を支払いました。

　残った私の土地3 haは，コチエン川寄りの砂丘斜面にあります。昔は年1回だけ耕作していました。しかし2年前から二期作ができるようになりました。砂丘の東側に水路ができたおかげです。

　いま，収穫した籾米を家の前の庭に干しているところです。陰暦の3月ころ始めて7月に収穫する夏秋米ですが，1 ha当たり2.4 tくらいの収量があります。

　伝統種は，低地の水田のなかに，盛り土をして苗を育てます。その在来種の稲は雨季の天水でつくります。畦の高さは**20-30 cm**以上です。陰暦の8月から12月

にかけて栽培し，1 ha 当たり 3t は収穫できます。こちらが高値で売れます。家族の食料以外の余った米は村内で売っています。

生産費として，0.1 ha（コン）当たりトラクターの借り賃 1900 ドン，肥料代 1100 ドン（6 年前から使用しています），ポンプ代などを含めて全部で 29 万 1000 ドンの経費がかかります。家の新築費を支払っていますから，楽ではありません。しかも最近，米の売値は下がってきているのです。農繁期の雇用労働は，1 日当たり 1 万 5000 ドン（食事付き），2 万ドン（食事なし）支払います。近くの人を雇っています。

乾季になると，娘婿は音楽バンドを結成してチャヴィンの町で稼いでいます。農閑期の 12 月から 3 月の間は，楽器演奏を人に教えたり，結婚式のパーティで演奏したりします。その収入は米 2t ほどにもなります。現代演奏だけでなく，カンボジアの伝統楽器クム（23 琴）の演奏もできますよ。

集落の人は，葬式には必ず 750 グラムの白米と 500 ドンを喪主に寄付します。クメール人は火葬にします。

⑷⑸ T・G（1912 年 / 84 歳 / クメール人男性 / クイノン）

私の父は旧ホアロイ村クイノン生まれ，祖父もクイノン出身です。祖母はカンロン県フォンタン村出身ですが，母はクイノン生まれです。私は 1912 年にクイノンで生まれました。一族はクメール人です。

父母の土地は 26 ha でした。そのうち畑は**約 4 ha** で，残りは水田でした。3 人兄弟でしたが，兄 2 人は亡くなってしまいました。私は末っ子です。

16 歳のころ（1928 年）ホアトゥアンの学校で 2 年間ベトナム語を学びました。その後 4 年間は出家して，クメール寺でクメール語と僧侶になる修行を積みました。

1936 年に結婚しました。妻はダホア村の生まれです。妻の父母は旧バンソンのダロック村の出身でした。

私たち夫婦は 7 人の子をもうけましたが，子どもたち 5 人は 1956 年から順々にカンボジアへ勉強に行き，ポル・ポト時代から音沙汰がないままとなりました。長女は，現在生きていれば 57 歳，長男が 42 歳，次男は 35 歳……。

3 人のうち 2 人は教師をしていました。末っ子は 1965 年生まれです。1986 年には妻も亡くなってしまいました。現在は末子の夫婦と一緒に住んでいます。

結婚したころ，私は父から **6.9 ha**（4 ヶ所ですが，どれもクイノンの土地）を，また妻は親から **15 ha**（クイノンに **3.5 ha**，ダホアに **10 ha**，フンミー村に **1.5 ha**）を相続しました。これらの土地を私たちは小作人に貸していました。

その他畑も **3.7 ha** はありました。**10-15 コン**ずつ小作地にしていましたが，小作人にまかせる時は，注意深くしっかりした人物にしか貸しませんでした。

小作料は，収量のいい田んぼで **1 コン**当たり **100 kg**，低いところで同じく

80 kg，白米で払ってもらいました。小作契約はいつも口約束でして，契約書を交わしたわけではありません。**人頭税は小作人が自分で支払っていました。**

フランス時代とくらべて，**村の水田面積は増えてはいないと思います。**

植民地時代のクイノン村役場は，現在の市場のある場所にありました。村長の名をビンといったと思います。フランス語が少しできて，またベトナム語もできました。土地をたくさん持っていたわけではありませんが，フランス植民地政府に任命されていました。

当時，米は一期作でした。野菜の栽培は，今のようには盛んではありませんでした。乾季になったからといって，出稼ぎなどには行かず，家にいましたよ。精米した米は，クイノン村にやってきたベトナム語のできる華人商人にいつも売っていました。彼らはチョロンやサイゴンからやってきたようです。そのころは，20 kgが1ドンだったと覚えています。

妻の祖父は，ダホア村のキム・プラックといい，1600-1700 コン（160-170 ha）の大土地所有者でした。自分で土地を買い集めて大地主となりました。

またクイノンの大地主で有名なのは，ラム・チュオンというチャヴィン在住の人物でした。彼の祖先は華人だったと思います。800 コンの土地をクイノンに持っていて，チュオンの妻の妹が，管理人として君臨していました。彼女の名はクー・トゥだったと思います。馬に乗って，時どき視察にやってきました。私が15か16歳のころ（1927年から28年）のことです。チュオンは，クイノンのクメール人の**土地を買い集めて，大地主となったのです。**

フランス時代の思い出のうちとくに鮮明なのは，1942年ころの不景気の時代，織物品その他がほとんどなくなった時のことです。米価が暴落し，困窮者が村にあふれていました。貧者は米袋を衣服の代わりにまとったのです。でも飢えて亡くなる人はいませんでした。

クメール寺は民衆から寄付をもらうだけで，福祉を行ってくれることはありませんよ。フランス時代に改築されたのでフランス様式ですが，それ以前は木造でした。

戦後のクイノンでは，1979年から1983年まで農業の集団化が実施されました。その後に請負地（使用権を与えられた土地）は30コンと決められました。今ではそれらを娘に14コン，末子には16コン与えました。国家に土地も返還しました。現在，私は土地を1.9 haもっています。87年に7コン，89年に5コン，1991年に5コンというように，少しずつ末の子どもが私の昔の所有地を買い戻してくれたのです。

(46) T・T・H (1912 年 / 84 歳 / ベトナム人女性 / チャンマット)

父はチャンマット出身，母はクイノン生まれで，ともに**ベトナム人**です。でも**父方の祖父は華人**でした。

私が 1 歳の時に父が亡くなり，母と 2 人で生活しました。チャヴィンの町まで米菓子やジュースを売りに行って生計を立てていましたが，精米の過程で捨てられる屑米を煮て塩をふって食べるような，貧しい子ども時代を過ごしました。

町で行商していた人たちは，当時，ベトナム人ばかりでした。クメール人はいなかったと思います。町のなかでフランス人と会うのは怖かったものです。

そのころ，フランス人とクメール人の関係は良くて，クメール人がベトナム人を殺すというので怖かったと記憶しています。クメール人兵が村に来たこともありました。チャヴィンの町に行くと，そこにはベトナム兵もいたと思いますけれど。

1931 年に 19 歳で結婚しました。**夫は**チャンマットの人で，**祖先は華人**と聞いていました。幸運なことに，フランス政府のもとで働いていた母の弟から，チャンマットにある 8 コンの土地をもらうことができました。その叔父の名はナムといいました。

この他に屋敷地が 3 コンありました。もらった田は，以前は小作人にまかせていたものです。**1 コン当たり 300 kg の米がとれました。年に 1 回**しかつくりません。

乾季にはトウモロコシ，落花生の他に，ザウムオン（空芯菜）などの野菜も栽培していました。田んぼや畑の肥料は，1960 年代ころから使ったと思います。

現在では，息子がこの土地を相続して農業を営んでいます (0.8 ha)。農業税は，1 コン当たり 80 kg。農作業はすべて家族だけで行っています。

チャンマットのナムという名の叔父さんは，土地を 5–6 ha 持っていました。またチャンマットの土地を持つ大地主には，チフォンの人もいました。解放後にその土地は政府に取り上げられました。

集落で共同して行う祭りや集まりは，とくにありません。リエン・カン寺やカン・タィン寺には行きますが，集落に亭（ディン）はありません。結婚式などは家で行います。

(47) T・V・A (1913 年 / 83 歳 / ベトナム人男性 / ヴィンバオ)

父母も私も，チャヴィン水路対岸のヴィンイェン村の生まれです。代々，**漁業に従事**しています。

1920 年代から，私の一家は**カオダイ教の信徒**になりました。土地は持っていません。

インドシナ戦争中に，両親と 5 人の兄弟はヴィンイェンで亡くなりました。戦禍を逃れて私は対岸のヴィンバオに移住しました。当時はベトミンとフランス側の戦

闘は激しくて，あちこちから来たベトミンたちが活動していました。

　はじめは親戚の人の船に乗せてもらっていましたが，やがて貯めたお金で自分の船を手に入れました。10人乗りほどの船でした。

　とれた魚は，チャヴィンの市場で売りました。早朝に出発しますが，漁場は海です。10日間操業して戻ってくると，魚市でせり売りし，家に戻る時には次の操業に必要な物資を調達し，網の修理を済ませました。これには2-3日はかかりました。

　総売り上げから燃料や氷などの必要な物資の調達費用を差し引いた純益は，かなりあります。純益は船主が一番多くとって，残りを平等に分けるやり方です。今では親戚以外の人も船に乗っています。1回の操業で数百万ドンの収益となります。

　操業中の危険は，台風と海底の岩場に船が当たった時でしょう。乾季より雨季の収量が多いですが，いっそう危ないです。

　またベトナム戦争中もたいへんでした。アメリカ軍は漁船も共産主義者とみて攻撃してきましたので，隠れなければなりませんでした。

　1975年に戦争が終わって，集団化の時代にも苦労しました。とれた魚は政府の会社にしか売ってはならなかったからで，買い取り価格が低かったのです。

　ガソリンと氷は，国営会社から捕獲した魚と交換にもらうことができました。1992年から自由に売れるようになったと思います。

　漁船の数はそれからずいぶん増えました。昔は数十艘というところでしたが，今では100艘以上あるでしょうね。人口が増えて，土地がないために漁民になる人も増えたからです。

　1回の漁に，ガソリン代は300万ドン，氷は70万ドンかかります。水産税を100万ドン支払う必要がある他，保険税，輸出税など省，県，国にそれぞれ要求されます。

　時どき警察に罰金をとられることもあります。たいていは言いがかりに近い難癖を付けられるので，かないません。

　漁業の将来について……乱獲により，最近は収穫量が減ってきたようです。大きい，値の張る魚がとれなくなりました。目の小さい網がよく使われるようになったからだと思います。

　政府の規制があって，一定の大きさの間隔の網を政府系の会社から買わなければならないのですが，みんな自由市場でもっと低価格で，こうした網を手に入れているのが現状です。

　私のところに政府の役人4人と日本の援助団体の人が来て，大きな船を提供してくれたことがあります。その船で遠洋に出て20 kg以上もある魚をとってくれば，1 kg当たり700USドルで買い取るといわれました。しかし私は，遠洋漁業は危険

が伴うために，あまりやりたくないと思っています。

　銀行から借金をして漁業を始めても，うまくいかずにローンを払えなくて破産した人もいます。水揚げ量が減少した現状をみていると，将来はとくに心配です。

　子どものうちで男の子4人はすべて船に乗っています。私は現在，8艘の船主です。

　4階建てのこの家をチャヴィン水路の入口に建てたのは，数年前のことです。屋上からはコチエン川の大きな流れが一望に見渡せますよ。

　家を建てた土地は，チュ・チャウさん（かつてのベトナム人大土地所有者）から借りていたものです。1975年には政府が接収し，私は使用権を最近正式に与えられました。オートバイの他，車庫には車もありますよ。

　引退した私ですが，今でも無線で操業を指導しています。

　今は，網元である私の家族が，貧しい人たちのために提供する米の袋詰め作業をしています。若い婦人たちや子どもたちの明るい笑い声が聞こえるでしょう。

> **解説**
>
> 　ホアトゥアンの南の村境の先は，フックハオ村だ。フランス時代の史料に大土地所有者の名前を見つけたので，私は調査の終わりに，フックハオ村に足を伸ばした。
>
> 　村に着くと，役場として使用されていた建物は，フランス時代に大地主だったチャン・ヴァン・イーさんの自宅だった。彼は1984年に亡くなったが，その親族で同様の大土地所有者だった家族の館が残っているというので，私はその一族の老人に面会を求めた。
>
> 　フックハオ村の人口は，1万2000人（8集落），民族別構成は，ベトナム人80％，クメール人20％。仏教寺が3つ，カオダイ教の寺院が1つ，カトリック教会が1つ存在する。
>
> 　100年以上前の建造とされる亭（ディン）は，最近新しくなった。
>
> 　水田面積は1680 ha。二期作化は遅れ，ようやく50％達成したところだそうだ（1998年3月）。

⑷8　B・K・P（1915年／81歳／華人女性／チャンマット）

　私の父は潮州系の華人で，チフォンに住んでいました。元は船員でした。名はバィン・フといいます。チャンマットやチフォンに合計**14 ha**の土地を買い集めたと聞きました。

　母はチャンマットのベトナム人ですが，母方の祖父もチャンマットに住む華人でした。**祖母はベトナム人**です。

父が買い集めた14 haの土地は，父が亡くなった1946年に**7人の子どもに分けました**。父は，私財を投じて1926年に，チャンマット集落のカン・ティン寺を建立しました。私が11歳の時です。
　私は18歳の時（1933年）に，チャクーからきた**潮州系華人**のラム・ポル・オル（またの名をチャン・ニエム）と結婚しました。彼は革命運動が起きたチャクーからチャヴィン市に移っていたのですが，結婚後はチフォンに住み，3年ほどの間，チャヴィンで食物屋の商売や船荷の仕事をしてお金を貯めていました。
　私たち夫婦は父の土地を相続したあと，1950年にチャンマットに移りました。10年前に夫は亡くなりましたが，親戚はチャクー県のタップソン村に今も住んでいます。彼らは**中国語だけで会話**をしていますよ。
　私たち夫婦は子どもを7人育てました。この集落の周辺に住むのは4人だけで，長女はサイゴンに住んで船の機械工と一緒になって暮らしています。
　次女は14年前に，2人の子どもを連れて難民としてアメリカに渡りました。カントー出身の華人と結婚していたのですが，今はチャクー出身のベトナム人と再婚しています。
　私が相続した**20コンの土地**は，末息子に相続させました。でも今，息子は肥料の商売をしているので，その土地は他人に貸しています。
　昔のチャンマットにいた地主のことですか？　覚えているのは，サー・ティンという人の名前だけです。
　私の家にはこのように，冷蔵庫も電話も扇風機もあります。おかげさまで私はまだ元気で，毎月，娘に会いにサイゴンに出かけます。それを楽しみに暮らしています。

(49)　N・V・B（1916年／80歳／ベトナム人男性／ヴィンロイ）

　私の一族は，スアンタン村の出身です。私は1975年のサイゴン解放後に，革命運動をともに戦ってきた妻を亡くしました。当時10歳だった子どもを連れて，たった2人でヴィンロイ集落に入植しました。
　土地は，解放前にスアンタンに住む地主から購入していたものです。スアンタン村のディン（亭）の近くにあった家と土地は，今息子が相続しています。親戚は今でもスアンタンに多くいます。
　最初の妻とは1936年に結婚し，子どもは2人できたのですが，離婚しました。
　1973年（57歳）に再婚して，子どもが3人生まれました。フランスの時代からずっと私は革命運動に参加し，チャヴィンの監獄に1年間以上，サイゴンの監獄にも1年間近く入れられていました。
　1954年から56年にはハノイにいました。56年に戻って，昼間は農民として田ん

ぼで働き，午後は革命運動に命をかけました。

1950年代から60年代にかけて，故郷のスアンタン集落で秘密活動をしていました。私を指導したのは，カンロン県の革命家でした。

ヴィンロイの10コンの土地はチャン・バン・スアさん，グエン・ティ・サーさん夫婦から1万ドンで購入しました。ヴィンロイには当時，廟のあったあたりにフランス軍のキャンプがあって，激しい戦闘がくり返されました。

10コンのうち，6-5コンは水田としてスアさん夫婦の小作人が耕していたもので，ココナッツ林を含んでいました。**籾米の収量は1コン当たり6-7ザー。**このあたりは，乾季には何もすることがなくなります。

集団化の時代には，頼まれて村びとの指導役をつとめました（63歳のころ）。村がまとまって取り組みました。

しかし労働点数がみな同じに付けられて，個人の仕事ぶりが分配に反映されないことに不満をもつ人もいました。女性にはそれまで田畑で働かなかった人もいて，みんな同じように働くことに適応できなかったことも，集団化の失敗の理由でした。

いろいろな規模の土地所有者や土地なし農民が，集落全体で170家族，数千コンの土地になりましたが，2つの生産隊にまとめられました。

指導者たちはチャウタン県の役所に集められて，そのための教育を受けました。県の外の人が指導にくることはなかったと思います。

先妻の子どもの1人はビエンホア省に，もう1人はスアンタン村に住んでいます。後妻の子どもたちは，スアンタン集落とヴィンロイ集落に住んでいます。

⑸⓪　P・K・H（1918年／80歳／ベトナム人男性／フックハオ村）

私はファン一族の5代目です。初代はグエン・ヴァン・ニョンという名で，中部から移住した人という話です。このフックハオ村（ホアトゥアン村の南隣）で亡くなりました。初代の祖先の墓もあります。

2代目の時代に，開拓地を拡大したとされています。当時は，まだ村もなかったらしいのです。ファン・タイン・ザンの生きていた時代（19世紀半ば）から記された一族の家譜があります。

それによれば，昔，この村には「火葬場」（おそらくクメール寺のことだと思われる）があって，バンダソックと呼ばれていたといいます。

19世紀のベトナム王の命令に従い，**開墾地では25家族を単位に申請すれば，新村を創設できました。いろいろな民族の人たちを寄せ集めて25家族とし，村が**できたそうです。しかしクメール人は，あとになると別の村をつくってよそに移って行ってしまったといいます。

村の最も古い中心に，ディン（亭）が建てられました。**ライ（高い土地）に住居を，低地に水田をつくったのです。**

村を流れるコチエン川の支流から，11-3月には潮水が浸入します。この期間は，稲作はできません。昔，ライに3-4mくらいの深さの溜め池を掘れば，1年じゅう真水を確保できたそうです。これは昔からのやり方のようです。雨季には溜め池いっぱいに水があったそうです。

私が若いころは，井戸を10mも掘っても，乾季になれば水は湧き出ませんでした。それで，雨季に溜めた雨水を大切に瓶に入れてとっておいたものです。私の家は金持ちでしたから，100個以上の大瓶を使っていました。

私とトン（390頁（60）の農民）の2人は，兄弟です。私たち兄弟は，**父の土地を20haずつ相続しました。父は土地を200ha所有し，フックハオ村の郷職**でした。役職はサチュオン（村長）です。

祖父は，1000ha以上の所有地を持っていたそうです。

曾祖父は，ファン・タイン・ザンの近衛兵の隊長だったのです。ファン・タイン・ザンが自殺したあと，解散して田舎に戻りました。

一族の2代目である曾祖父は大変な働き者で，その名をグエン・ヴォといいました。ヴォは1日3コンの田を耕せるほどの働き者だったそうです。ふつうの人の三倍は働くことができたわけです。相当の力持ちだったという伝説の人です。

フランス時代に入ると，すでに開拓の時代は終わり，土地は相続などによって，細分されるばかりとなりました。

父（ファン・ヴァン・ファット）は阿片常習者になってしまい，土地を親戚に売っては財産を減らしました。ジェム時代，チュー時代にも土地を没収されて失いました。**この村の大地主は6-7家族で**，みな同じ親族の者でした。

所有地は砂の微高地で，この村の他にも，フンミー村，ヒエップホア村，タンミー村，ホアトゥアン村，ダロック村などにもありました。

小作契約……一族の土地1000haは，クメール人，ベトナム人のタディアンに貸していましたが，小作地の規模や小作料の支払いなど，直接交渉で決めていました。

収量は8-12ザー/コンで，土地に応じて決まりますが，ほぼ小作料は4ザー/コンだったと思います。家族の者が小作料を取り立てに行きました。チャヴィン市に住むなじみの華人が米を買いにきましたが，その人はそれを，そのままチョロンに舟で運んで行きました。

村にはカトリック教会が建てられました。フランス人の神父がいて，ベトナム人に対して布教活動を行っていました。教会のまわりに信徒が住みました。**フランス植民地政府も地主の土地を取り上げては，教会への寄進を進めたのです。**

私は兄弟の4番目でした。フックハオ村で2年学んだあとに，チャヴィンの町で4年間勉強しました。そして，サイゴンとチョロンの間にあったポール・ドゥメール学校で3年間学び，村に帰ってきました。

⑸1 K・I（1917年／79歳／クメール人男性／キラ）

私はクイノン村の生まれですが，キラ村の**大地主の家に婿養子**に入りました。祖先は3-4世代まで遡ることができます。

母の生まれはキラ村。母方の祖父母は，クイノン集落（旧ダホア村）の出身です。

父は1000コンの大地主でした。**クイノン以外にも，キラに30 ha，チフォン村，ティウカン県やカウガン県にも土地を所有していました。購入によって少しずつ土地を増やした**と聞きました。

私は5人兄弟の長男です。若いころはプノンペンの学校で勉強しました。

婿養子に入ったキラの大地主の家は，ソン・ゴック・タンの生家です。私の妻はソン・ゴック・タンの姪です。義父はキラの富豪，オンカー（村の長老）でした。義母はバセ（ルオンホア村）出身です。

義父は，**17人の子どもに1000コンずつ土地を分け与えました。私たち夫婦は，相続した100 haをクメール人，ベトナム人のタディアンに借地**して，経営しました。

小作料は2.5ザー／コンを平均に，毎年交渉によって決めました。小作人は地主の家にきて，小作料や小作面積について母や妻と直接交渉しました。**4人家族で10コン程度借地**させるのが普通でした。もちろん，家族数によって異なりました。**小作料は，フランス時代は籾米で，1962年ころからは現金でもらっていました**。

当時，キラに未耕地はもう残っていませんでした。高い砂丘の土地は畑地のみです。サツマイモやカポック，棉などを栽培しました。

棉の栽培は，1935—1936年ころにフランスの命令で始めました。3-4年間くらいつづきました。種を政府から供給してもらって，収穫した綿花をフランスの紡績会社に供給していました。大きな木の下や，空いた土地に植えさせたのです。紡績会社で生産された綿布は売りつけられました。それは村の事務所で販売されていました。

私たち夫婦の土地は，グエン・バン・チュー大統領時代の1973年に，ただで取り上げられてしまいました。タディエンが，そのまま自分のものにしたのです。

建物は70年ほど前に建てられたものです。客間の調度品は，当時の大地主の生活を思い出させるほどのものではありません。祭壇に飾られたオンカーの大きな肖像画は，アオザイ姿です。またその右に飾られた写真は，フランス風建物のバルコニーに立つ勲章をいっぱい付けた義祖父を写したものです。一族はソクチャンの大

地主と姻戚関係もありました。

(52) S・S（1918年／78歳／クメール人男性／ダカン）

　両親，また両方の祖父母たちも，ダカンの出身です。私の一族は，100年以上前からダカンに住んでいます。私はベトナム語がわかりません。

　家は30年前に建てました。ゆったりと大きく，煉瓦づくりです。

　私は17歳の時から10年間（1935年から1945年まで），村のクメール寺院で修行し僧侶になりました。

　父母の土地は5コンでしたが，1人っ子の私が宅地とともに相続しました。ダカン村の水田は，宅地が増え，水路が通ったために，昔より面積が少なくなったようです。

　砂丘の土地で，雨季に畑と米をつくっています。低地はもっぱら水田です。昔は，**砂丘の田んぼは1コン当たり7ザー**，現在は10ザーくらい収穫できます。

　野菜の種類は大根，イモなど。陰暦の10月に雨季が終わったら，大根をつくりはじめます。イモは別の土地につくります。野菜の種はチャヴィンの市場で買います。低地の水田はもっと収量がよくて，15ザーはあります。米もチャヴィンに売りに行きますが，昔は華人と取り引きしていました。

　フランス時代には，村で土地を持っていない農民がたくさんいました。ほとんどの人がそうでした。30コンも持っていたら，金持ちのほうでした。ダカンには5人くらいいたと思います。

　また，**チャヴィンの町に住む華人のチュオンさんがダカンに土地を所有し**，そのために5人ほどの**中間地主がその土地の管理を依頼**されていました。彼らは50コンずつの土地を管理し，経営していました。でもそれらの土地は，1970年の農業改革で政府に収用されてしまったようです。

　乾季には竹細工（漁用のいろいろな籠つくりなど）に励んでいたので，出稼ぎはしたことがありません。

　私は，1958年ころからクメール人の土地を買って所有地を増やし，16.5コンの所有地を持っていました。先妻が亡くなった時に，義母の土地を買い取りました。

　2人目の妻は，チャウタン県ルオンホア村の出身です。子どもは11人ですが，生きているのは5人だけです。そのうちの1人はダカン寺のお坊さんになりました。現在は，末の子の家族と一緒に暮らしています。子どもたちは，ほとんどが周辺の集落かダカンに住んでいます。

　ベトナム人は，1975年以降に土地を取得しながら集落に住みつくようになってきました。土地の値段が安くて，米も生産できるからでしょう。でもこの集落のクメール人の30％くらいの人たちは，ベトナム語がわかりません。それは，とくに

老人が多いです。

　1979年のたいへんな食糧難のころに，それを何とか乗り切れたのは，旧ソ連の援助のおかげでした。飢饉で死んだ人の話は，まだ聞いたことがありません。

> **解説**
> 　ダカン集落の西側の水田を見に行く。砂丘の斜面から1mほどの段差で，はるかに水田が見渡せた。チャヴィン水路の川縁の樹木が遠くに地平線を描いている。収穫後の田んぼには牛が放たれている。新しい水路が建設中で，そこから農民はポンプで水を取って，水田や畑に利用する計画である。
> 　低地の水田のすぐ隣で，農民が稲わらを焼いた灰に空芯菜の種を混ぜて畑地に播く作業をしている。今は乾季のただなかだが，水の豊かなダカンでは，砂丘の斜面に掘られた溜め池には，まだ水が残っていた。

⑬　D・P・M（1918年／78歳／ベトナム人男性／ヴィンバオ）
　このあたりは，昔はヴィンチュオン村と呼ばれていました。その後，ヴィントゥアン村，そしてホアトゥアン村と呼ばれるように変わっていきました。ただ邑（アップ）の名のヴィンバオというのは変わりません。
　私の父母は，ヴィンバオに水田を11ha所有していました。
　フランス時代は，フランス兵がクメール人兵を連れて見回りに来ていました。両親は戦争中，**ベトミンに土地80コンをとられてしまいました。**
　その後もいろいろあって，**30コンの土地しか残っていませんでしたが，私はそのうちの10コンを相続しました。**父がはじめに持っていた**11haの土地**は，ヴィンバオに土地を持っていた華人から買い取ったと聞いています。
　その華人は，華人の父とベトナム人の母をもち，ここで生まれた人だったのです。
　当時，**ヴィンバオには華人が7家族いて，商売をしていました。**ヴィンバオの**金持ち6人のうちの3人は華人でした。あとの3人はベトナム人です。**みんな土地をたくさん所有していました。
　私の両親は水田を家族で耕作していましたが，農繁期には村の人たちを労働者として雇っていました。そのころは土地なし農民も多かったんです。彼らは同時に漁民でした。
　1年に米は一期だけ生産していました。**5-11月（陰暦）に雨季稲をつくっていました。**雨不足は時どき不作をもたらしましたが，虫害や戦争の被害も大きかったです。乾季の12月から4月にかけては，土地なしの人は家づくりの仕事，井戸掘り，

史料　383

池掘りなど，また漁業などの仕事もして稼ぎました。昔の水田では約 **1 コン当たり 15 ザー（30 kg）**の収量ですが，現在では 20 ザー（40 kg）に上昇したようです。

ヴィンバオ全体をみても，**水田総面積はフランス時代とあまり変わらない**と思います。むしろ**水路の建設で田んぼの土地面積は狭くなった**と思います。

私は小学校に 5 年間通い，ベトナム語とフランス語を学びましたが，フランス語は学んでも使うことはなかったように思います。新聞や教科書は，すべてベトナム語で書かれていました。

1937 年に 19 歳の時，結婚しました。

子どもは 9 人。死亡した 1 人を除けば，子どもたちはヴィンバオとスアンタンに住んでいます。アメリカに渡った子どももいます。1992 年に出国した私の子どもは，サイゴン政府の時代に新聞社に勤めていました。彼の送金のおかげで家を新築することができました。

家のなかの部屋を仕切っている木製の透かし彫りの衝立は見事なものでしょう。80 年前の物だといいます。戦争中の爆撃で部分的に壊れてしまったので，曇りガラスを細長くはめ込んでいます。

これはヤシのジュースですよ。召し上がってください。私の息子は，チャヴィン市の赤十字病院で働く医師です。

(54) T・L（1920 年 / 76 歳 / クメール人男性 / クイノン）

わが家の敷地は，ゆったりとして 0.5 ha ほどあります。家の前のこのブースア（ミルクフルーツ）の木は 58 年前に植樹したものですよ。

私は 1920 年にこのクイノンで生まれましたが，私の両親も，父方と母方それぞれの祖父母も，みんなこの村の出身です。妻の親族もクイノンが故郷です。

私の 2 人の兄弟のうち 1 人は，この地域ではたいへん稀なことですが，自分の村ではなく隣のチャンマット集落のクメール人と結婚しました。

両親は 3 ha の土地所有者でした。家族で経営しましたが，**農繁期には労働者を雇い，賃金を支払いました**。水田は砂丘の西側，ダロック村方面の家から 2 km くらい先にあります。

フランスの時代には，米は年 1 回だけ収穫できました。昔から今まで，村全体の田んぼの面積は変わらないと思います。

当時の**地税は 1 コン（0.1 ha）当たり 20 kg**。また人頭税も **1 人 90 kg** は徴収されました。土地を持っていない人びとは，道路建設などの政府の仕事をもらってしのぐか，収税の時期に林に隠れて逃げようとしました。**収税は村長やクイノン村の役人の仕事**でした。

この村にはタック・ゴンという**大地主**がいまして，その一族は **50-60 ha** もの

土地を所有していました。

昔はみな自分の力で農作業をやっていましたが，近ごろは政府がいろいろ支援してくれます。乾季に出稼ぎに行くことはありません。これまで畑作をすることは多く，なかでもトウモロコシが一番儲かりました。作物はチャヴィンの町まで自分で売りに行きました。市場の税金もきちんと納めました。

フランスの時代，私はチャヴィンの中学校に通いましたが，中学校に行ける子どもは，村ではとても少なかったと思います。

学校ではフランス語とクメール語を習いました。朝 7 時から 11 時，午後は 1 時から 5 時まで行きました。お昼は家に戻りました。私が通学したのはたったの 1 年だけでした。フランス語は役に立ちませんでしたが，クメール語の新聞を少しは読むことができるようになりました。ベトナム語は聞いたことの大体は理解しますが，自分から話すことはありません。

25 歳の時結婚しました（1945 年）。当時，村での戦争はそれほどひどくはなくて，コミュニストもいませんでした。

(55) K・X（1922 年 / 76 歳 / クメール人男性 / チャンマット）

私も，私の父も祖父も，みな旧チャンマット村のクメール人です。**父はフランス時代にはサチュオン**（村長）だったこともあります。**祖父もチャンマット村の郷職**を勤めました。

フランス時代は，ここにまだ**今ほどベトナム人はいなかった**と思います。**村の東側にベトナム人たちはまとまって暮らしていました。**

隣村の**フンミーにある土地を，地主のラム・バ・チュオングから 30 コン借りて，耕作**していました。当時の収量は，**15–20 ザー / コン**（1 コン = 1300 m^2）。**地代は 1 ザー / コン**。

地主の住むチャヴィン市まで小作料を届けに行きました。**地主のチュオンは村境の土地をたくさん所有**していました。

その**妹のバ・トゥン・ガも大地主**でした。彼女は生涯独身で，植民地政府の役人を友達に持っていました。馬に乗って自分の土地の小作地を見にやってきました。

チュオンと小作の仲介は，サイゴンに弁護士事務所を開くチュオンの娘婿の使用人（秘書）でした。収穫の時期になると，秘書を村に派遣して，収穫状況を調べさせていました。私の父は，チュオンの乗る馬の世話係をしていました。

30 コンの借地は，農業労働者を雇用して耕作しました。低地には潮水が入るために，**砂丘の斜面で，陰暦の 6 月まで雨を待って，田づくりを開始**していました。そして **11 月には収穫**したように思います。

田植えは，周辺の人との労働交換によって済ませていました。**苗を抜くのは男，**

田植えは女と決まっていました。刈り取りは男女で行いました。

　昔は人口が少なかったので，土地は余っており，**砂丘上で野菜を栽培**しました。**溜め池の水は，乾季でも真水を採る**ことができました。祖父の代から砂丘に持っていた土地で，サトウキビやサツマイモなどをつくってチャヴィンに売りに行きました。

(56)　B・K・X（1920年／76歳／華人男性／チフォン）

　私の父は華人です。兄弟3人でベトナムにきて，ティウカンに住んでいましたが，その後チャヴィンの町に出てきたそうです。

　母はチャンマットの出身。母方の祖父もチャンマットの華人で，ここのベトナム人女性，祖母と一緒になりました。私の身体には4分の3以上華人の血が流れているというわけです。

　父は商売によって資金をつくり，チフォンとチャンマットに土地を購入しました。宅地3コン，**畑5-6コン，水田200コン**です。何人ものクメール人の水田を買い占めたそうです。小作地にしないで，チフォンの**労働者たちを雇って，父は直接に経営**していました。**農繁期には臨時の労働者**も使っていました。

　私は7人兄弟の末っ子でした。兄弟の2人はチャンマットに，それ以外の兄たちはチフォンとダロックに住んでいます。私は，チャヴィンの町に4年間通い，ベトナム語とフランス語を学びました。中国語もわかります。兄弟はみんな教育を受けました。父の土地は子ども**7**人に平等に**30**コンずつ分けられました。父は子どもが独立するごとに，**生前から相続**させていました。

　私は20歳の時に結婚（1940年）しました。妻はティウカンの生まれでした。叔父を訪ねた時に知り合ったのです。7人の子を持ちましたが，その妻は40歳で死んでしまったので，2番目の妻をもらい，彼女との間にも2人の子供ができました。**相続した30コンの土地の他に，20コン借地して生計を立てました**。その土地はチフォンのクメール人の土地でした。毎年，米は全部で20t近く生産できました。**1コン当たり400kg**ということになります。フランス時代には畑はあまりつくらなかったのですが，1960年代にはイモ，メロン，サトウキビなどの商品作物をつくるようになり，収益は米の2倍になる時もありました。

　私は1975年以降に，30コンの土地を，子どもに5から6コンずつ分与しました。1970年代末の集団化の時代には，商品作物栽培であった畑作はふるわなくなりました。現在，米は，農業省の指導員が村を訪れてくれるおかげで，1年間に3ないし4回もつくることができます。また収入を増やすことができる作物の栽培を奨励してくれます。

　集団化の時代は，このあたりでは第二集団（タップ・ドァン・ハイ）に編成され

ていました。1978年の開始から5年後には解散しました。1つの集団は6つのトー（地区の隣組組織）がまとまったもので，45戸程度が総戸数でした。働いた時間を記録しておいて，それに応じて収穫物を分配しました。村のなかの指導者がリードしました。チフォンの土地は狭く，規模を拡大することはとても難しかったのです。

　インドシナ戦争のころ……1954年に戦争が終了した時に，私はチフォンにいました。部落に爆弾が落ちることもあり，危険でした。人びとは逃げることで精いっぱいでした。フランス側，ベトミン側双方が，激戦をくり返していました。チャヴィンの町も荒れ果てました。華人とフランス人が避難して，家に入ってくることもありました。

　まわりのベトナム人はたいてい反仏派でした。華人系の家は，中立であることを示すための目印を，玄関に掲げていました。基本的にクメール人は，フランス側についたのです。じつは1945年ころ，日本兵も，村に入ってきたことがありました。日本兵は強かったですよ。ごくまれにベトミンが入ってきて，米などを持っていくこともありました。

　チフォンの村には**土地を持たない農業労働者**がたくさんいましたが，フランスとの戦争の混乱のなかで，どこかに逃げて行ってしまい，その後は戻ってきませんでした。きっと，ロンハイやプノンペンに行ってしまったのだろうと思います。

　チフォンというところは，もともと人の移動は少ないところです。ここで生まれて成人し，そのまま住んでいるのはごく当たり前のことです。同じ村のなかか，もしくは親戚の居住先に嫁いだりする場合も多いです。私の子どもたちのうち，チャンマットに住むのは2人です。このうち長男は華人と，7番目はクメール人と結婚しました。チフォンには5人の子どもが住み，そのうちの1人はトー長（隣組長）をつとめています。残りはチャクーや，近くのキラの村に住んでいます。

　同じ集落の人たちが，お祭りなど一同に会する機会はほとんどありません。集団化の時代には意図的にそのような会合がよく開かれましたが，今では元に戻ってしまったようです。ベトナム人とクメール人が家族で交流することも時どきはあります。結婚式や葬式，法事をいっしょに執り行うのです。

⑸7　K・T（1922年／76歳／クメール人男性／ダカン）

　私はチフォン村生まれですが，妻の実家のあるダカンに住んでいます。実父，父方の祖父ともに，チフォン村に土地を**20コン**ほど持っていました。私の曾祖父は華人です。

　私は実父から10コンを，また妻の父は100コンをダカンに所有していて，妻も妻の父から40コン相続しましたので，夫婦で合計50コンを所有して生活を営み

ました。

　相続した土地は低地の水田 50 コンですが，のちに購入した砂丘上の畑地は **15 コン**ありました。そこではトウモロコシ，冬瓜，その他，自家用・換金用の野菜を栽培しました。

　生活用水について……ベトナム語で「ヨエン」，あるいはクメール語で「アンドン」とは，浅い井戸のことをいいます。1 m の土管を 3 個から 4 個埋めて，使用しています（つまり地下 3-4 m）。**乾季でも水が涸れたことはありません。金持ちは，こうした自家用の井戸を持っていました。飲料水として使うことができます。ダカンの井戸はほとんど，1 年じゅう真水なのです。**キラには一部，乾季に潮水の混じる井戸もあると聞いています。

　畑作のための溜め池について……「トロパン」といいます。普通，乾季には畑作はできません。土を掘っても水は出ず，ねずみが出るばかりですよ。雨季にトウモロコシやサツマイモをつくるくらいでしょう。しかし，水の豊富なダカンでは，チャヴィンの町に売りに行く野菜を乾季でも生産できるのです。**カボチャ，マメ，キュウリ，なす，うりなどをつくることができます。フランス時代にも水のあるところでは，畑をやっていました。**ダカンのクメール寺の後ろの土地は，ホアトゥアン村でも有数の畑作地です。

　普通，**貧乏人は村を出て，出稼ぎの労働者として働きに行きました。**魚獲りはあまりしなかったと思います。塩魚を買って食べるだけです。

　低地の水田では，夏秋米が 20-25 ザー／コン，秋冬米が 20 ザー／コン収穫できます。

　最近，水路の建設によって真水が得られるようになった低地では，養魚やヤシの植林を試みている人もいるようです。

⑱　L・M・T（1923 年／75 歳／ベトナム人男性／チフォン）

　現在，私の家はチフォン集落で最も裕福な農家の一つでしょう。**土地は 40 コン**使用しています。父も祖父もチフォン村に住んでいましたが，先祖がどこから来たか定かではありません。父や祖父は今のチフォンの精米所あたりに住んで，労働者でした。土地は持っていませんでした。

　私の母方の祖父は華人でした。また妻の祖父は潮州人です。その人もチフォン村に住んで，ベトナム人と結婚しました。私は妻と結婚した時（1945 年），**義父から土地をもらって家を建てました。**その後少しずつ土地を増やしました。チャヴィンの町で働いたり，1 年じゅう，畑作をしたりして行商しました。

　畑では，雨季には落花生やトウモロコシ，イモ，キャッサバなどをつくり，乾季には人参や香草やトウガラシ，キャッサバ，トウモロコシなどをつくって，夜中の

うちにチャヴィンの町に運んだものです。**行商で儲けて蓄財のもとをつくったのです。**

　昔から，溜め池を灌水に使っていました。最近でも溜め池を使って，野菜づくりに精を出しています。チフォンというところは，東側は年じゅう真水が湧き出ますが，西側の土地は，乾季は潮水が入り込みます。雨季ですら真水と潮水が混じっているありさまです。畑の水としては，雨季だけしか利用できないのです。

　砂丘の上で水田を1回，乾季に畑というふうにはしていません。**畑を1年じゅうつくって売るほうが，収入がいいのです。**2-3倍にもなります。タバコなども栽培しています。

　それでも**低地の田で米をつくる場合は，陰暦5月に苗床に播種，2ヶ月後に田植えをします。苗床から苗を抜くのは男，田植えするのは女**というように分業しています。田んぼの水深は，最高40-50 cmになります。刈り取りは11月なので，**7ヶ月間で収穫**するというわけです。**1コンの土地で12—13ザーほどの収量**でした。

　チフォン集落には，昔は**200-300コンの土地を所有する在地地主**が，2-3人いたようです。地主の名とおおよその所有地の大きさは，バン・ミー100コン，タック・ケオ100コン，タック・チャン100コン，ラム・ホォン等です。

　精米所は集落に2ヶ所あります。クメール人が経営しています。昔は**手押しの精米臼をもつ工場が2-3ヶ所あり，白米にしていました。**

　華人商人が県道沿いで籾を買っていきました。みなは食べるだけの生産だったので，籾を売る人は少なかったと思います。

　生活用水について……金持ちは雨水を家のなかの水槽に溜めて，1年間大切にそれを飲料水にします。私の家にもコンクリート製の大きな水槽をしつらえています。屋根から雨水を引き込み，普段は重いふたを閉じて保管します。利用する時は，水槽の下方に付いた蛇口から給水します。

　貧しい人びとは，チャンマットの共用の井戸水をもらいにいきます。私も，自転車の後ろに棒を渡し両方に水桶を下げて運びますよ。家で乾季の間に飲料用の水槽の水が切れそうになると，煮焚き用にはその水を使わず，共用の井戸まで水をもらいに行くのです。

　チフォンの人びとは，最近建設された水路沿いに（サン運河），2-3年前から果樹の栽培地をつくり始めています。盛土してロンガンやマンゴー，サブチェなどの木を育てているようです。

　昔は，それはなかったのです。**林は竹だけ，バナナが少しあるだけでした。**ブスア（ミルクフルーツ）も売れないので，とくにつくる農家はありませんでした。

　私の子どもたちは，サイゴンに2人，バセ村に3人，チャヴィンの町に2人，タンミーに1人，プノンペンに1人住んでいます。現在，私たち夫婦は末娘とともに

住んでいます。

(59) S・S（1923年／75歳／クメール人男性／ダカン）

　私は昔，土地なしの農民でした。借地して畑作を行い，生産物をチャヴィンの町に売りに行く仕事をしていました。

　フランス時代にはビッチ村に住んでいました。抗仏戦争のころ，1947年に戦火を避けてダカンに移りました。

　現在は2コンの土地をヤンさんから借りて，大根づくりを主にやっています。深さ30cmくらいまで土を耕して，町で買った大根の種を播いて育てます。**砂丘の土地は，30-40cm下は，とても堅いんです。**

　その他，里芋，キャッサバなども栽培しています。最近は野菜の値が下がってきていますよ。大根だけで1回の収穫から100万ドンほどの利益がありますが，年ごとの降雨量によって，収量が前後するのはやむをえません。溜め池の水をジョウロで灌水します。

　地代は1コン当たり，1年で25万ドンを支払っています。1950年代は3万ドンだったのですが……。

　子どもは3人です。土地は欲しいけれど，持つことができないでいます。妻と娘は，日雇いの労働者として働いています。

> **解説**
> 　ホアトゥアン村の人民委員会の建物の裏手に，華人の墓があった。墓を守っている若者に話を聞いた。祖父と祖母は華人。祖母の墓には漢字の墓碑銘がある。存命中の祖父が記したのだという。祖父の墓碑は，漢字を学んだことのない子孫が，つたない漢字で記している。父母の墓の方はベトナム語で記されている。ホアトゥアン村の華人の子孫はベトナム化していて，見かけ上は区別がつかない。ただし時どき，それは，富裕度や精神的な誇りとして外側に表出することがある。

(60) P・V・T（1923年／75歳／ベトナム人男性／フックハオ）

　ホイ兄さん（50）につづいて，私は，村の人民委員会の建物の元の持ち主だったチャン・ヴァン・イー（私の従兄弟）のことを話したいと思います。

　イーは，1914年か15年生まれです。500haを所有していました。

　父親のチャン・ヴァン・ティップは，3000haを所有したと思います。6人の子どもに分割しましたが，所有地はフンミー村やロンホア村（コチエン川の中洲）に多くありました。

フンミー村の土地は，チャヴィンの町に住むインド人から買い取ったと聞いています。ティエップ叔父の妻，つまり私の叔母は，キラ村のスオイ家の一族です。
　Ｉさんの兄はフランスに留学して建築家となり，現在役場となっているＩさんのあの家を建てました。
　私の兄弟のうち，4人はベトミン運動に参加しました。ホイ兄さんもその1人です。グエン・アン・ニン（フランス時代の有名な南部の反仏運動家）が家に来たこともあります。
　私は1945年から2年間，チャヴィンの刑務所に入れられていました。釈放後，解放区に逃げ込み，1954年にこの村に戻ってきました。
　私はホイ兄さんとは違って，チャヴィンの町の学校に行ったあと，サイゴンには行かずに，華人の家庭教師をつけられて，漢字を学びました。

解説

　私は1929年に建てられたという，ホイさん・トンさん兄弟の実家の建物を，1998年3月に2人の案内で見せてもらった。館の設計はサイゴンの建築会社に頼み，大工はフックハオ村の人。土台づくりに1年，木材の乾燥に1年，建てるのに3年をかけたそうだ。
　アプローチのステップを上がると，タイルを敷いた外廊下があった。廊下の奥に，樋で集めた雨水を溜める貯水庫のふたが見える。家の地下に貯水庫のある，仏領期の大金持ちの館の構造である。庭に面してフレンチ窓風のドアが大きく3つ配され，平屋の家のなかは開放感のある3つの部分からなっていた。
　中央にベトナム風の祭壇が置かれ，その奥は二つのプライベート・スペースだった。天井は模様の描かれた美しいタイル，部屋の柱のつくりと飾りは，凝ったネオ・クラシック様式。屋敷地は庭を含めて1ha。腹違いの兄弟も含めて，21人の子どもがこの家で育った。しかし生き残ったのは9人と，トンさんに伺った。
　館は兄弟の末っ子（1937年生まれ）が相続していた。ベトナム戦争が終わったあと，彼はフロリダに移住した。2008年3月にこの館を再訪した折，偶然にも帰国していたその人に会うことができた。彼は，1945年の8月革命の時に（当時8歳），チャヴィンのフランス人たちが一時この家に避難していたことがあると語ってくれた。
　残念なことに，ホイさんはすでに亡くなられ，トンさんも病床にあった。館はホイさんの息子が修復し，一族の廟として管理していた。

⑹ T・C（1925 年 / 73 歳 / クメール人男性 / チフォン）

　私の住む集落は，最近ではサン運河村と呼ぶようになりました。一族がここに入植して，私で 4 代目です。祖母は華人（曾祖父も華人）です。

　父は 250 コンの土地を数ヶ所に所有していました。父ははじめ父方の親族から 10 コン，また母方の親族から 10 コンを相続しましたが，腕のいい大工だったので，資金を蓄えてさらに 230 コンの広さに土地を増やしました。

　この地域のクメール人は，冠婚葬祭に現金が必要になったりすると土地を担保として質入れし，借金をしました。その後，取り戻すことができずに土地を手放すことがよくありました。

　父は 250 コンのうち，自分の家族で 100 コンを耕作し，残りは 1 年契約の小作地ないしは労働者を雇って経営していました。地代は良い土地で 5 ザー / コン，不良地で 2 から 3 ザー / コンでした。

　土地の平均的収量は，だいたいダット・オーで 5 ザー，ダット・カオで 2-3 ザー，ダット・チエンで 5 ザーくらいでした。それにくらべると，畑の地代は安かったです。

　小作地の規模は家族によってさまざまでした。地代の支払いは，遠くの人は刈り取りの日を地主に連絡して，直接運んできました。地主が雇用人を使って，地代を取り立てにくる場合もありました。そんな時には，年雇いの 4-5 人が使われました。未婚の男性が常雇いで地主の家に使用されていました。結婚の時期に独立し，その地主の小作人となりました。

　1945 年に，ホアトゥアン地域では，革命側が権力を握ったわけではないのです。カウガン県では，ベトミンが権力を掌握しました。チャヴィン市そのものも，まだフランス植民地政府が居座っていました。

　私は抗仏戦争時には，1947 年から 54 年まで，ベトミンに入って活動していました。でも 54 年から 2 年間，チャヴィン市の刑務所に入れられていました。周辺では 48 年ころから，小作人は地代を地主に払わなくなっていました。戦争が終わっても，父の土地は，父のものではあっても，小作人は小作料を払ったり払わなかったりの状態でした。56 年に刑を解かれ，クメール寺で 2 年間出家しました。

　その後，1958 年に 33 歳でキラ村の女性と結婚しました。結婚時に 5 人兄弟でしたから，父の土地を 50 コンもらいました。

　妻の実家は，ソン・ゴック・タンの一族の親戚でした。妻も実父が所有した 250 コンのうち，クイノンにある土地を 50 コンもらいました。合計で夫婦は 100 コンの土地持ちになりましたが，名目だけの話です。相続したことにはなっていましたが，名目だけです。

　実際には，結婚後は夫婦でカンボジアに行き，カーテン屋として 10 年間暮らし

ていたのですが，ロン・ノルのクーデタが起こり，1971年に故郷のチフォンに戻ってきました。しかし，相続していたはずの土地および父の土地は，チュー政権の時代に人手に渡ってしまっていました。

　そこで，知り合いに頼んで20コンを確保し，生活を立て直しました。子どもは6人です。20コンを6人の子どもに分けたので，1人4.5コンずつくらいに分けてやりました。

　水田耕作について……二期作が始まったのは，解放後の政府命令によって水路が完成してからです。夏秋米を5-8月に，雨季稲を8-1月につくっています。

⑫　T・T・S（1923年／73歳／クメール人女性／ビッチ）
　私の父母は両方ともこの村の出身です。私は1人っ子でした。両親の10コンの土地を相続しました。夫はチャウタン県ルオンホア村の出身ですが，1969年に亡くなりました。

　3人の子どもをもうけました。そのうちの娘2人はまだ独身です。私と一緒に暮らしています。

　長男はクメール人女性と結婚し，これも一緒に住んでいます。嫁もビッチ村の生まれです。激しい戦争の間もここに住みつづけました。食事中に爆弾が家のなかに落ちてきて，真っ黒になったこともあります。

　私はベトナム語とクメール語がわかります。

　ビッチのベトナム人は，1968年ころから人数が増えてきました。とくに以前はコチエン川に注ぐ自然河川沿いに住む人が多かったのですが。

　［注］質問の仕方が悪かったのか，スオルさんはこのあと何も語ってくれなかった。娘さんに頼んで，台所や炊事道具など，クメール人家族の日常生活の一端を実際に見せていただいた。

⑬　K・G・D（1926年／72歳／クメール人男性／ダホア）
　私の父はダホア村で生まれました。祖父から父が相続した土地は20コンでした。父の7人の兄弟のうち5人はカンボジアで亡くなり，2人だけとなったそうですが，父は商売人になりました。

　お金を貯めて買い集めた土地は，ダホア，ホアトゥアン，フックハオの村々にありました。これらは，フックハオ村の大地主から購入したものです。父は合計**1000コン**の所有者になりましたが，元の地主のチャン・カン・トックさんは，フックハオ村の郷職（昔の村政の役職者）の1人でした。この人は無主地を開拓して所有者となったそうですが，開拓に必要な資金の借金が返せなくなって，私の父に土地を担保にお金を借りたそうです。

その後，土地は父のものになりました。父はダホア村の郷職を12年間勤めました。

私は1949年に結婚しました。妻は，カウガン県ヒエップホア村の1000コンの地主の娘でした。妻の両親も，フランス時代に土地を買い集めて，金持ちになったのです。嫁入り道具の立派な家具は，今も残っていますよ。漆塗りで貝の埋め込み細工の祭壇，上の板が剥げてしまいましたが，この優雅な丸テーブルなどです。

兄弟は7人で，それぞれ200コンずつ相続しました。当時の地代は1.5ザー／コンでした。地主の父や家族の者が，小作料を集めに行きました。

ダホアにはディエン・チュウ・マンである300-400コンの土地所有者は多くいました。私の土地は，チュー政権時代に100コンを残してみな没収されてしまいました。

砂丘の西をダットカン，これに対して砂丘はダッヨといいます。

ダホア村には畑作地をする砂丘は多くありません。この村では**低地の窪地は1コン当たり最大10ザーしか収穫できないのです。雨が多いと，収量は5-4ザー**しかない時もありました。

これにくらべて，**西側の水田は収穫がもっと期待できます。20ザー／コン**くらいでしょう。最近，いち早くそこは二期作ができるようになりました。私の父の土地は西側に多かったのです。

父は1969年に82歳で亡くなってしまいました。1887年生まれでしたよ。

私の家の外壁の円い窓，壁飾りをみてください。フランス時代に建設した部分が残っているのです。子どもの時は，クイノン寺でクメール語を，その他ベトナム語，フランス語も習いました。寺の僧侶はフランス語も教えてくれたのです。その後，フックハオ村にあるベトナム人向けの学校で，ベトナム人の先生からフランス語も習いました。その学校にはクメール人とベトナム人の子どもたちが半々ずつ学んでいました。私はこうやってパイプでタバコを吸うのが好きです。

(64) D・V・P（1926年／72歳／ベトナム人男性／チャンマット）

県道沿いのこの家は，建てたばかりですよ。私の父，祖父ともにチャンマットの出身です。**祖母はゴコンの出身**です。祖父母はゴコンで結婚し，チャンマットに戻りました。

父は地主のラム・チュオンから20コンの土地を借りていました。4人家族で，**当時の収量は10—20ザー／コンくらい，地代は3-4ザー／コン**でしたので，60ザーの籾を舟で地主の倉庫に運びました。

田んぼからコチエン川に出て，チャヴィン水路を通って行きました。舟の借り賃は自分で払いました。砂丘の上の屋敷地は，父の土地でした。家のそばで少しの野菜を自家用につくっていました。たくさんできたら売りにも行きました（大根，サ

ラダ菜，スイカなど）。

　田のなかで魚やウナギ，エビがよくとれました。それらもチャヴィンの町や道端で行商しました。借りていた田はズア川に近かったので，50 cm ほどの深さまで水が溜まりました。潮の満ち引きで水が流れて変わるので，きれいでした。雨季にはコチエン川から真水だけが入ってきました。雨水も溜まりました。乾季にはズア川やバチャム川から入ってくる水はせき止めました。川から潮水が田んぼに浸入するのを防ぐためです。水止めの土手を壊すと，地主が犯人を捕まえにきました。乾季に潮が入ってくるのは，これらの二つの川だけです。川の両岸は水田に水が注ぎ込まないように，土手の泥を高く積み上げました。

　乾季の田には何もできず，放牧するだけです。乾季はニッパヤシの壁材をつくって売るのがせいぜいでした。フンミー村の人びとは，夜のうちにコチエン川に魚をとりに出かけていました。また出稼ぎも一般的でした。私はセロイの運転手をしていました。当時は自転車で引っ張ったんです。

　私は1954年以後（ジュネーヴ協定後）に結婚しました。1963年に初めて，地主のチュオンの土地を小作人たちが分配しました。父はこの年に亡くなりました。結局私は，土地はもらわなかったんです。それ以後，土地を耕すのはやめました。

　娘婿は，サトウキビを農家から買って砂糖会社に持ち込む仲買・仲売りを商売にしています。チャクーやカウケーまで買いにいくのです。畑で農家と直接交渉します。十数年前からこの仕事を始めました。舟やトラックを借りて，どこにでも出かけます。

　婿はダロック村に実家がありましたが，道路の拡張工事で土地を提供させられました。それでここに住むことにしたんです。もともとは酒粕を集めて，豚の餌として売る仕事から始めたようです。

⑯　P・V・B（1925年／71歳／ベトナム人男性／ヴィンロイ）

　私，私の両親，祖父母ともにゴコン省のロンズックの生まれです。

　私は，妹を頼って1976年に，コチエン川を渡って家族でこのヴィンロイに入村しました。そのころ集落には，まだあまり人はいませんでした。故郷のロンズック村の川が氾濫したので，村びとはいろいろなところに移住したのです。

　私たち夫婦は，子ども4人と移住しました。その時の私は51歳。ヴィンロイは妹の夫の故郷でした。

　入村後，持参した金で，妹の土地を購入しました。1コン当たり金5チーだったのですが，集団化の時代が終わってから，合わせて6コンに買い足しました。

　現在の宅地を含む3コンは，はじめは水田にしていました。6コンの土地は在来種の稲作をやっていました。収量は20ザー／コンでした。120ザーは自家用に当

てました。

　この他に養豚，養鶏をやっており，生産物はチャヴィンに売りに行きました。

　経費はまず農薬が1万5000ドン，肥料3万ドン，水牛・鍬の借り賃が12万ドン，種籾は2万ドンの2倍，農繁期の労働者は1コン当たり2万ドンを請負いの人に払います。全部で20万5000ドン／コンの生産コストがかかります。

　乾季は，集落のなかで営業している小店の経営と養豚・養鶏に専念しています。田んぼには潮水が入ってくるために，米はつくれないのです。水路が完成すれば，灌漑をして，稲作もできるようになるのですが，このあたりは米の二期作はたいへん難しいです。昨年はサトウキビの畑も被害に遭いました。火事になったのです。

　稲作は，陰暦の5-6月ころに，できるだけ高い土地に苗代をつくることから始めます。苗代は，6コンの水田用に，1コンの土地につくります。8月に田植えをして，12月に収穫します。

　私の記憶では，ヴィンロイ村の水田面積は，入村した当時と変わりません。

　このへんの人びとで，土地を持ってない人はあまりいませんが，乾季には漁業をする人も多いです。漁師は，コチエン川から海にまで出て漁をします。

　女性は漁の網づくりをします。材料はチャヴィンの町で仕入れてきます。またヴィンロンやドンタップに出稼ぎに行く人もいます。

　ヴィンロイ村には電気がきていません。電化製品（テレビ，ラジカセなど）があっても，ほとんどバッテリー頼みです。

　子どもたちのこと……長男はベトナム戦争で戦死しました。長女はキラ村で結婚して，あちらに住んでいます。次男は土地をキラ村に買って結婚しました。次女は，同じチャウタン県のロンホア村で教員をしています。末息子は，私と暮らしています。

⑥　P・V・I（1926年／70歳／ベトナム人男性／チフォン）

　私も私の父もチフォン村で生まれました。**父方の祖父は華人，祖母はベトナム人**ですが，2人はチャヴィンで知り合ってチフォン村に住みました。

　一族は100年以上ここに暮らしています。母はスアンタン村の出身です。私の8人兄弟のうち6人はチフォン，2人はダカンとソンロックに住んでいます。

　父は昔，ソンダウという名の男から水田6コンを購入しました。フランス時代の貨幣で**1コン当たり1000ドン**だったそうです。

　父の土地は砂丘上に10コンの畑があったのですが，兄弟で順番に**香火田**として使っています。宅地とお墓もそこにあります。

　昔は，収穫した籾は，村に来る華人やベトナム人商人に売っていました。華人は1100ドン／ザー（40リットル），ベトナム人は1000ドン／ザーで取り引きしてい

ました。華人が少し高値で買ってくれました。

　妻はフンミー村の出身です。妻の家族はフンミーでアヒルの養殖を生業にしていました。妻の父と私の父は知り合いだったのです。

　私たちは 1954 年ころ（28 歳），土地を購入して経営の規模拡大をはかりました。農業だけで熱心に稼いで，10 ha を所有するまでになりました。ベトナム人，クメール人，華人の土地を買い集めました。

　買って集めたのは低地の田んぼでした。その後，6 人の子どもたちに土地を分割して相続させました。といっても，カウガン，ヴィンロン，チャウタン県の別の村に住む 3 人の子どもは，相続した土地をチフォンに住む 2 人に貸しています。実際には刈り取りを手伝いにきて，収穫物を分けているのです。

　私は現在，末っ子と一緒に住んでおり，法律上使用権のある土地は 2.5 ha となりました。息子は 1 ha を持っています。

　夏秋米の収量は 400 kg/コンです。雨季稲も同程度です。

　トラクターも昨年購入しました。銀行から資金を借りましたが，支払いは済みました。そのトラクターは末っ子に譲る予定です。

　乾季には砂丘上の高い土地にイモや野菜をつくり，チャヴィンに売りに行くことも多くあります。

⑹7　N・V・T（1927 年／69 歳／ベトナム人男性／スアンタン）

　私の父はスアンタンに生まれ育ちましたが，**父方の祖父はフエの出身で，祖母がスアンタンの人です。母方の祖父母はもともとベンチェで生まれ，墓は今もベンチェにあります。**

　父は土地なし農民でした。フランス時代に，スアンタンの大地主だったバイ・タムという人の小作人をしていました。**地主のタムは，土地を買い集めて所有地を拡大した人です。**

　地代は，1 コン当たり 7-8 ザーでした（140-160 kg。1 ザー＝ 20 kg で換算）。

　田んぼはコチエン川沿いの低地で，**1 コン当たり 12 ザーの籾米が収穫できました。不作の時も，決まった量の小作料を要求されました。鋤や水牛も地主に借りて**いました。

　1970 年の農地改革は，私が 43 歳の時でしたが，10 コンの土地分配を受けました。無償でした。現在のコチエン川側の水田です。この時は家族の男性数に応じて配分されたので，2-3 コンの農家も，10 コン受け取った農家もさまざまいました。農業資金の提供はありませんでした。農薬や肥料を使う場合，お金は親戚や近所から借りて調達しました。

　私の兄弟は 3 人ですが，一番上は亡くなり，妹と 2 人残っています。父の土地を

4コン相続しました。父母は 13-15 年ほど前に亡くなりました。

　私の子どもは 10 人です。ヴィンロイに 3 人いますが，父から相続したヴィンロイの土地を分けてやりました。私の父が小作をしていた土地です。さっき述べた 1970 年に分配された土地です。

　昔は，スアンタンとヴィンロイは同じ村だったのです。今のように村境がいつ引かれたか，よく覚えていません。そういうわけで，スアンタン村の人がヴィンロイの土地の所有者だったことが多いのです。ヴィンロイ集落は，戦後に革命家の人たちがつくったところです。

　残り 7 人の子どもたちは，スアンタン周辺に住んでいます。昔も今も交通費を払って遠くに働きに行く人は少ないです。カントー市やよそに行くのは，教育を受けた例外的な人たちです。集落に 1 人か 2 人くらいしかいないでしょう。

　下の 2 人の子どもたちは，私と一緒に暮らしています。家族 3 人で 4 コンの土地を持っていますが，26 歳の息子は労働者として集落内で働き，41 歳の長女は網つくりをして働いています。

　集落全体のこと……水田総面積は昔から増えていないと思います。むしろ宅地の増加で，水田面積は減少しています。

　集団化の時代，集落は 5 つの集団に組織されました。農家が 30 戸くらいずつまとまりました（1 トーはふつう，15 戸が平均）。私は集団農業の集団長をつとめていました。

　集落のディン（亭）は，外国に難民として出た人たちが送金するようになると修復されて，祭りも盛んになってきました。この集落から，たくさんの難民が出たのです。私の親戚にはいませんが。

　スアンタンには，クメール人はほとんどいません。クメール村に行ったことはありません。キラ集落にはいるようですが，10 戸くらいではないですか？　昔からこの集落には，クメール人はいませんでした。

　子どもの時は，小学校も行けませんでした。家の近くの人から字を習っただけです。私の子どもたちにも自分の力で立派になってほしいと思っています。

　北部の人は知りませんが，南の集落の人たちは，1 人独立して行動することのほうが多いと思います。村の決まりごとなどに縛られることはありません。自分の土地が大事なだけです。

解説

　1930年代から40年代には，ヴィンロイ集落はスアンタン集落の一部で，そこは不在地主の新開地だったのだろう。こうした地域は，ベトミンの解放区となる危険があるために，フランス軍のキャンプが置かれた可能性がある。村人のいう両者の激戦区で，農業条件は悪い上に，ベトナム戦争中は枯れ葉剤がまかれた。しかし戦後は村の外からの入植者を多く受け入れた。一方，母村のスアンタン集落からは，ベトナム戦争後に多くの難民が出た。1996年当時は，彼らの送金がこの集落にもたらされ始めていた。

　　＊スアンタン集落の土地保有規模別状況
　　　3 ha 以上……………………2-3戸
　　　1 から 2 ha…………………なし
　　　1 ha 以下……………………108戸
　　　貧しくて減税される農家……15戸

⑻　T・H（1928年 / 68歳 / クメール人男性 / ビッチ）

　私，私の父母，そして両方の祖父母たちも，みんなビッチ村で生まれました。100年以上前から，私の一族はこの村に住んでいます。6歳のころから近くの寺や村の知識人から字を教わりました。**チャヴィンの小学校に行き，ベトナム語とフランス語を学びました。**その学校にはクメール人は少なく，ベトナム人が多数でした。学校ではベトナム人の友達もたくさんいました。

　1953年，25歳の時に結婚しました。1967年から教師になり，91年に退職しました。1967年以前にはダカンのクメール寺で僧侶をつとめ，出家者に教えていました。

　子どものころ，父と母はそれぞれ5コンの土地を相続し，母はさらに親戚から10コンを相続したので，家族は20コンの土地持ちでした。

　私は，両親の土地を10コン相続して，教師生活のかたわら，午後には田を耕しました。昔は1コン当たり8-9ザーの籾を収穫していましたが，今は15ザーの収穫があるようですね。

　昔も今も，私の田んぼは一期作です。砂丘の東，コチエン川側の水田ですが，10コンのうちロック川近くの土地1.5コンだけは野菜，イモ，パパイヤ，バナナなどを植えています。畑作物の種類を最近は増やしました。ネギなどもつくって，チャヴィンに売りに行きます。**ビッチ村では昔から砂丘の土地には米をつくらないのです。**

　昔，フランス時代ですが，**土地を所有していない農民はたくさんいました。労働者として働く人，村の外に働きに行く人もいました。**短期の出稼ぎがふつうで，家

族は村に残っていました。

　農作業の他に，村のなかで井戸掘りや家の建築などの仕事をしていたようです。**ヴィンロン，ソクチャン，ドンタップ，カマウにも，働きに行った**と思います。行く時には，**バスや船**を使いました。フランス時代でもヴィンロンまでバスが走っていましたよ。

　ビッチ村に限らず，周辺の村にも**乾季の出稼ぎ者は多かった**です。土地を持っている人でさえ，郷職に証明書を書いてもらって出かけていました。

　ビッチ村にも **2-3 人の大地主**はいましたが，名前は忘れてしまいました。1954年のあとは，まだ彼らの土地はそのままだったのですが，1970 年の農地改革の時には分配されました。

　村の土地は狭いので，最大の所有者でもせいぜいその規模は 25 コンくらいだろうと思います。みな同程度の生活だったと思うのです。しかし，最近は外国に出た人からの送金がある家が豊かになり，格差が広がってきたようです。

　戦争の影響は，もちろん大きかったです。地下トンネルをつくり，砂土を竹で支えて崩れないように工夫していました。トンネルのなかで寝ることもありました。村人の死者も多数でした。**村からカンボジアや他の土地に家族ごと逃げる人**もいました。とくに周辺では，**クイノン村の人たちが多く移住しました**。はじめに村の誰かが脱出すると，その人を頼ってつぎつぎに逃げていきました。

　1975 年に戦争が終わると，それまでは少なかったベトナム人がたくさん入村してきました。クメール人の土地を買って住みつく人が増えました。チャヴィン以外の人でも，故郷の土地を売り，移住してきました。わずかですが，北部の人で戦後に土地の女性と結婚して，道路沿いに家を建てて住んでいる人もいます。このへんの集落は，チャヴィンの町に出やすいので，住むには便利です。商売もしやすいでしょう。**昔のベトナム人は，土地を持ってない人が多かった**のですが。

　飢饉……1979 年の飢饉の時は，ほんとうに食べ物はなくなり，お粥しか食べられなかったですよ。布や服も不足していました。カンボジアでの戦争と集団化のころです。雨不足の天候不順も災いしました。

　家族……妻は 5 年前に亡くなりましたが，子どもは 8 人います。キラ，チャンマットなどの近隣集落と，ビッチ集落に住んでいます。

　4 人の子どもはまだ結婚しておらず，私と暮らしています。家族が現金を必要とするのはとりわけ食費ですが，その他の出費を入れると，だいたい 1 日合計 1 万5000 ドンくらいです。

⑹⑼　K・T・K（1929 年 / 67 歳 / クメール人女性 / チフォン）

　私の母はチフォン出身の人でした。母は 21 歳のころ，チフォンの寺に出家して

修行に来ていたチャクーの人と知り合って，結婚しました。それが私の父ですが，1954 年に死んでしまいました。

私は**小学校 1-2 年のころに，クイノンの学校でベトナム語を学んだ**ことがあります。勉学意欲があったので，父に頼んで，11 歳から 12 歳のころにおじいさんに連れられて村の学校にも通いました。

学校の生徒は，クメール人の子どもは少なく，ほとんどベトナム人だったと覚えています。私はクメール人ですからクメール語は話すことができますが，書いたり読んだりはできません。

父の所有地 10 コンは，5 人の兄弟で均分に相続しました。みんな 2 コンずつもらいました。1 人はフオックハオ村にいるので，その 2 コンの土地は妹に貸しています。あとの兄弟は，みなチフォンに住んでいます。

結婚して家族を持つと，私は父から相続した 2 コンの水田と，**兄弟が毎年交代で耕す香火田**（祖先を供養するための一族の共有地）**の 0.5 ha**にたよって耕作していましたが，**チャクーに住む地主から 5-6 コンの田んぼも借地**しました。名前は忘れましたが，彼はチフォン村に土地を持っていました。地代もここまで受け取りにきました。**1 コン当たり 60 kg の米で支払っ**ていたと思います。

子どもは男 4 人，女 2 人をもうけました。そのうちの 1 人は結婚して，今はフックハオに住んでいます。子どものうち，現在 3 人は所帯をもって自立し，私は家で下の息子 2 人と一緒に住んでいます。子どもの 1 人はカンボジア戦争で戦死しました。毎月政府から 7 万ドンが遺族年金として支給されています。

夫は 1980 年に病死しました。私が 51 歳の時でした。独立した子どもたちには，私の生活をみる余裕はありません。30 歳と 28 歳の息子たちは，家の 2 コンの田んぼを耕してくれますが，日雇い労働者としても働いています。1 日の給料は 1 万 5000 ドン，クメール人の田んぼで働いています。

水田の耕作経費は，1 コン当たり肥料 3000-4000 ドン，農薬 1 万 3000 ドン，計 3 万 6000 ドン。2 コンの田んぼで 240 kg（1 ha 当たり 1.2 t）の米を収穫します。

農業税は免除されています。でも一方でそのために農業銀行から融資を受けられません。養豚して稼ぎたいのですが。農業銀行は，1 コン当たり 15 万ドンを，金利 1.7%で土地を担保に貸してくれます。チフォンで融資を受けている人は多いと思いますよ。

第 2 トーの半数の人びとが，農業労働者だと思います。多くの人は小学校すら行ったことがないのです。解放後に，トーや集落の人びとが集められて，国家計画や家族計画について指導されました。でも，最近はそのようなことの回数は少なくなりました。

私は気管支炎の持病があるので，病院はチャヴィンにしかありませんから，保健

婦さんに家を訪ねてもらっています。

　毎月2回，チフォンの寺（コンチャイ寺）にお参りにも出かけます。朝に近くの人と行くのが楽しみの一つです。500ドン布施をし，食べ物を持参します。人びとは寄進しますが，お寺が人びとに施しをすることはないと思います。ただ私は，仏様に祈ることで心を癒しに行くのです。

> **解説**
>
> ＊チフォン集落の土地保有規模別状況（村役場での聞き取り／1996年現在）
>
> | 保有する規模（ha） | 世帯数 | 割合 |
> |---|---|---|
> | 3以上 | 1戸 | 0.4% |
> | 2-3未満 | 9戸 | 3.5% |
> | 1-2未満 | 14戸 | 5.4% |
> | 0.1-1未満 | 152戸 | 58.9% |
> | 0.05-0.1未満 | 7戸 | 2.7% |
> | 0-0.05未満 | 75戸 | 29.1% |
> | 計 | 258戸 | (100%) |

(70) K・D（1932年／66歳／クメール人男性／ビッチ）

　私の父と祖父はティウカン県の人でした。母の実家はビッチでした。父はティウカンに祖父の土地を相続しましたが，3人兄弟のまんなかだったので，お兄さんに権利を譲ったそうです。父の墓はビッチにあります。

　私は抗仏戦争の時，フランス側の兵士として徴兵されていました。ディエンビエンフーの戦いで負けて帰ってきました。

　1959年，27歳の時にビッチで結婚しました。**妻の実家から土地を10**コンもらうことができました。妻の両親は芝居小屋の旅芸人でしたが，早くに義父が死んだので，妻の家を守って暮らしました。水田10コン，畑1.5コンです。

　田植えや刈り取りの時に頼む日雇い労働者の賃金は，1日2ドンか20リットルの籾米（0.5ザー）で支払いました。1日に20人ほど雇いました。

　7月に播種，2ヶ月後に田植えを行いました。9月から10月には，田んぼの水が最高の水深，20-30cmになりました。刈り取りはテト前後です。

　砂丘の田んぼでつくられる米の作期は2種類ありました。早稲は3ヶ月で収穫します。12ザー／コンの平均収量です。晩生稲は6ヶ月で収穫にこぎつけ，平均収量は15ザー／コンくらいでした。早稲米のほうが美味なので，収穫は良くないが，これをつくることが多かったです。

低地は刈り取りを終えると潮水が入るので、そのままに放置しました。潮水が入らなければ、乾いてひび割れ状態になりました。
　最近の水路建設で、土地を水路に1コン取られて残念です。しかし水路のおかげで、うまくいくと年に3回、米がつくれるようになるかもしれないと期待しています。
　昔からビッチやダカンは水が年じゅうあり、枯れる心配がなかったのです。砂丘や砂丘斜面に土を掘れば、水が湧き出ました。湧水の量に多少の違いはあっても、どこも水がたまる土地でした。
　ホアトゥアン村は昔、「ダゥボ」といって「**水が湧き出る端の土地**」という意味でした。チャヴィンの町に、1980年にいたるまで水を供給してきた村なのです。水売りの商売に従事する人が、ダカンやビッチにいました。
　飲料水を採る井戸は、家の近くにコンクリート製の土管を埋めて確保していました。最近オーストラリアが、チャヴィン市から十数kmの郊外に大きな井戸をつくっています。市民の水を確保するためです。
　ビッチの畑作について……フランス時代もチャヴィンの町に売りに行く青野菜は、少しはつくられていたと思います。今は市場が拡大して、畑作が増大しています。以前は、砂丘の畑はサツマイモや大根をつくっていた程度でした。
　乾季にはキャッサバ（4ヶ月で収穫可）や、サツマイモ（2ヶ月半から3ヶ月で収穫）くらいをつくっていたのですが、今は花、ウリ、里芋、冬瓜、空芯菜、サトウキビ、トウガラシ、シソ等をつくっています。
　畑の池トロパンは、乾季のただなかは2m以上の深さに掘られます。 すり鉢状の大きなトロパンの階段を下って、**女性や子どもがじょうろ（トゥオン）で底にたまった水を汲み**、ふたたび階段をのぼって畑に灌水します。大きな樹木の下には、必ずトロパンの大穴が掘られています。いよいよここが枯れても、**浅井戸アンドンの水を利用して灌水を行います。**
　砂丘の土は、さらさらしたこまかな土で、風に舞い上がります。竹林、カシューナッツの木陰を通って歩くと涼しいでしょう？
　最近は県道に薄いビニールの袋が捨てられ、ゴミとなって道端に落ちているのが目立つようになりましたね。

⑺1　P・T・B（妻）　（1929年／66歳／ベトナム人女性／ヴィンロイ）
⑺2　N・V・D（夫）　（1930年／65歳／ベトナム人男性／ヴィンロイ）
　ドイ（夫）父母と祖父母はティウカン県の出身で、一族の墓も同県ロントイ村キンフー集落にあります。私もそこで生まれました。
　22歳の時に妻ビンと結婚して、ここに住みました（1952年）。当時このあたりは、

ラックトム（エビ川の意味）集落と呼ばれていました。

　妻の父は，ヴィンロイに **100 コン**の土地を持っていました。この義父は自分で土地を手に入れ，面積の拡大に成功した人です。2 人の娘に **50 コン**ずつ相続させました。義父の兄弟が，まだフックハオ村に住んでいます。昔 100 コンも土地を持っている人は，ディエンマイと呼ばれていました。妻はチャヴィンの小学校に通った特別の女性です。

　私たち夫婦は陰暦の 5 月に苗代づくりから始め，8 月に田植え，12 月の収穫というふうに，毎年 1 回の米づくりをしていました。昔は，**1 コン当たり 10 ザー（約 200 kg）**の収量しかありませんでした。50 コンの土地から 10 t の籾を生産しました。今では 1 コン当たり 18-20 ザーに土地の生産量は倍増しましたよ。水路ができたら，二期作もできるようになると聞いて期待しています。

　このあたりの水田面積自体は，昔と変化はありません。集団化の時代に入る前に，6 コンの土地を親戚に売りました。

　生産経費の内訳は次の通りです。苗 1 ザー，犂・水牛 1.5 ザー，田植えの労働 1 ザー（最近上昇していて，労賃は 1 日 2 万ドンとのこと），肥料と農薬 2 ザー，収穫時の労働 2 ザー。

　田植えも収穫も，手間（労働力）はいずれもヴィンロイの人に頼みます。合計すると，1 コン当たり 7.5 ザーの経費支出となります。

　乾季にはアヒルや鶏を飼い，池で魚をとって生活します。これは自家用です。

　子どもは 10 人です。そのうち 2 人は一緒に住んでいます。ヴィンロイには，独立した子どもが 4 人います。他の 4 人のうち，スアンタンには 2 人住み，ベンチェ省とチャヴィン省カウケー県に住んでいます。

　44 コンの土地は 3.5 コンずつ分け，ヴィンロイ以外に住んでいる子どもたちは，兄弟にそれぞれ貸しています。

　ベトナム戦争中，このあたりは枯れ葉剤の散布で林は消失しました。戦場になったので，人びとは砂丘の道路沿いに避難して移り住みました。爆弾が家に落ちた話は多いですよ。村が平和になって戻ってきた人びとが，家の周囲にヤシなどをたくさん植樹しました。20 年くらい前のことです。

　戦後の入植といっても，昔からこのへんに住んでいた人のほうが多いと思います。入植者は親戚を頼って移ってきた人たちです。とくに第 1 トー（トーは集団化時代の隣組　最小の生産集団）の 30 家族はそうです。集落には祭りなどありません。

⑺³　K・S（1931 年 / 65 歳 / クメール人男性 / チャンマット）

　私はこの村で生まれましたが，私の父も 1903 年にチャンマットで生まれたクメー

ル人でした。父方の祖父はビッチ，そして祖母はダカン出身の人です。
　母はチフォンで生まれましたが，**母方の祖父はチャヴィンに住んだ広東人で，祖母はチャヴィンのクメール人です。父はフランス時代にチャヴィンの植民地政府の機関で働いていました。**
　若いころに10年間以上もフランス人のもとで育った経歴があったからです。父は町で勤めていたので，祖父の土地を相続しませんでした。父はインドシナ戦争末期にベトミン側に拷問を受けて亡くなりました。
　私の兄弟は4人でしたが，他の3人は亡くなりました。父の持っていたチャンマットの土地6.7コンは私が相続しました。土地は宅地として他人に貸す場合は無償ということですが，今の私は収入もわずかですので，借料をもらっています。
　私は子どものころ3年間，チャヴィンの町の小学校に通って，フランス語とベトナム語を学びました。クメール人ですが，出家の経験はありません。19歳で結婚し，その後はフランスの軍隊に入隊してダナンで6年間過ごしました。その間に父親は死亡しました（私が23歳の時でした）。
　1956年からは南ベトナム政府の軍人養成学校のあったカムランで，アメリカ軍の指導のもと，クメール人兵士たちの訓練士として働いていました。
　1975年にベトナム戦争が終わると，私は政治教育キャンプに収容されて，1年半を過ごしました。ようやく故郷の村に戻ることができた時は，46歳になっていました。その後も3年間は村の役場に通わされ，監視されつづけました。
　1979年に母も亡くなりました。4人の子どものうち2人は，現在，軍隊に入ってブンタオ，ロンハイ近くに住んでいます。カンボジアとの戦争にも参加しました。孫は12人です。でも一族のほとんどは土地を持っていません。みな農業労働者として働いています。
　現在，妻は半身不随の病に苦しんでいます。

(74)　S・P（1931年／65歳／クメール人男性／ダカン）
　ダカンの畑はよく耕されています。樹齢200年以上といわれる大木も，村のなかに見かけます。ゆったりとした広さの土地に農家の住居があります。
　私の肩にかける布（クロマー）は，いろいろな用途があります。カンボジアから売りにくるのを購入しますよ。
　私の両親は米作と畑作の両方をしていました。畑作物は，最近，外国の種が入ってきたようです。今は，わが家でも大根やカリフラワーをつくって売っています。
　私が相続した土地の広さは20コンでした。宅地が4コンと農地16コンです。水田は低い土地，砂丘上の土地では野菜づくりをしています。田んぼは昔，**1コン当たり10ザーほどの収穫でしたが，今は15ザーに増えています。**田んぼの土に

は昔から，牛と豚の糞を小さくして鍬で混ぜ込んだり，人によってさまざまな工夫をしていました。

最近行われている水路建設のために，私の20コンの土地のうち，1コンを村に引き渡されなければならなくなりました。

畑では，雨季の池は2mほどの深さですが，乾季には3m以上深く掘って地下水を確保します。溜まった地下水をじょうろで野菜畑に灌水しています。肩に乗せた天秤棒の両先に，それぞれ四角いトゥオンを下げて，池の底と畑を往復する作業は女性には重労働です。

低地と高地（砂丘）の土の肥沃度は，低いほうが肥沃だと考えています。高い土地から雨水によって良い土が自然に流れてたまるからです。砂地の高い土地にも水田はつくりますが，収穫量は低地より少ないように思います。

ダカンの村にも，**昔は土地を持っていない農民がたくさんいました。でも，出稼ぎ者は少なかった**と思います。田んぼのできない乾季にも野菜をつくり，また他人の仕事をもらって暮らしていました。**隣のビッチ村と比較すると，ダカンのほうが，まだ農業の諸条件が良いのです。**

ビッチの水田には潮水が入るために，水田の収量は良くありません。ダカンは米がつくれない乾季でも野菜の栽培ができますから，出稼ぎが出にくいのです。

ダカンには大地主といえる農民はいなかったけれど，チャヴィンに住む地主が集落のなかに多くの土地を持っていました。その小作人をしていた人は多かったのです。それは町に近い場所の土地だったと思います。

不作の年には，農民たちは金持ちの家で働き口を得たり，田んぼの日雇い労働者となったり，また町に出稼ぎに行く人もいました。差配人の紹介でドンタップやカマウ，ソクチャンなどに出かけた人もいると思います。彼らは，毎月1-2回は帰ってきて，稼いだ金を家族に渡し，また出かけていきました。現在でも，陰暦8-9月にかけて田植えが終わると，差配人によって労働者が集められているようです。

私の子どもは，8人のうち4人は亡くなりました。残りの4人はみなダカンに住んでいます。3コンずつ分けて相続させ，私は末っ子の家族と一緒に住んでいます。

フランス時代の戦時下で，私は軍事義務を逃れてここに住んでいました。

アメリカ時代には，アメリカ側の方に居て，5-6ヶ月間，仕事をもらって生活していました。ダカンには，戦略村がつくられていたのです。

⑺ T・V・P（1931年 / 65歳 / ベトナム人男性 / スアンタン）

私の父と父方の祖父母は隣のフックハオ村の人，母はスアンタン村出身です。私もこのスアンタン村に生まれました。

母は3コンの宅地を相続しましたが，**父母はチャヴィンに住むインド人のポルム**

カから田んぼを借りて、生計を立てました。

この地主は、数千コンの大土地所有者といわれていました。毎年自分の土地を視察に来たのを覚えています。

このインド人の土地を管理したのは、チュオン・タ・リュウという人でした。父母は40コンほどをリュウさんに借りて、小作人となりました。**小作料は、籾値が高い時は現金で、安い時は籾米で支払っていました。**

水牛の借り賃は、1コン当たり2ザー、小作料は7-8ザーだったので、ほとんど純益はなかったと思います。

**インド人の地主の土地集積……ギャンブルや宝くじをやらせては、農民から巻き上げていました。インド人は村の指導者であった郷職全員、村長（サチュオン）らとも通じ合っていたのです。彼らがギャンブルをやめさせることはありませんでした。

郷職たちは、大地主らの話し合いだけで役職を互いに選び合っていました。

村にはフランス人の土地はなかったと思いますが、1954年以降に逃げたインド人の土地は、みなで分けました。私が23歳のころです。私はこの時に8-9コンの土地を手に入れることができました。

その後は自力で土地を買って増やし、16コンの所有までいきました。水牛も所有しています。私に土地を売った人は、商売を始めたり、移住したり、漁業に移ったり、また外国に去った人たちです。

戦争中は、革命側、政府側の対立で村の働き手が不足がちとなっていました。土地を耕作可能な人に貸したりすることも増えていました。

1970年の土地改革では、私は土地をとられるほうになってしまいました。でも現在、何とか元の土地を取り戻すことができました。

私の土地は、乾季には潮水の浸入でどんな農作物もできません。砂丘の上の土地でも、溜め池の水は潮水となります。そのために、ここでは伝統種の雨季稲と養鶏、養豚、養魚に精を出しています。

チャヴィン水路側の畑地だけは、乾季でも生産できます。キャッサバ、トウモロコシ、カシューナッツをつくっています。

(76) D・V・M（1931年／65歳／ベトナム人男性／スアンタン）

私も、私の両親も、そして父方母方どちらの祖父母ともに、スアンタンの生まれです。

両親は土地をたくさん所有していました。でも子どもが多かったので、私は15コンを相続しただけです。道路沿いにある宅地から300mほど東側にある水田です。

毎年一期の稲作をしています。豊作の年には、1コン当たり20ザーはとれます。

平均で15ザーくらいです。15コンで300ザー（6t）の収量となります。1kg当たり2000ドンとして，1200万ドン（約12万円）の値となります。最近は，天候不順や雨不足で収量が悪くなってきました。

　乾季は，サツマイモやキャッサバなど，**フランス時代からつくっていた作物**をつくります。しかし儲けがあるわけではないので，砂丘の土地に最近は竜眼の木を育てはじめています。砂丘の土地は米もできず，井戸を掘っても潮水しか湧き出てこないため，畑もむずかしいのです。

　昔はそれでも，田んぼだけで生活できたと思います。今は人口も増え，いろいろな仕事を皆がしています。たとえば，政府にもらったミシンで，頼まれた服を縫う商売は儲けもあります。税金もかかりません。

　スアンタン村の歴史について，私が知っているのは次のことです。

　大昔はクメール人の土地でしたが，ベトナム人との戦いに敗れて，彼らは別のところに移って行ったのです。**数百年前のことだと思います**。スアンタンのディン（亭）には，クメール人との戦いに勝利をおさめた英雄がまつられています。チャンマット村も同じですね。

(77)　T・T・B（1932年／64歳／クメール人女性／ダホア）

　私は，ベトナム語を話すことはできますが，書くことはできません。

　ダホア村で生まれました。私の父は貧しい農民でした。父は一生懸命働いてお金を貯め，そのころこの村では**大地主だったナオという人**から土地を借りました。**2-3 ha の小作地**で，田んぼは砂丘の上の道路の西側にありました。今では，その田んぼは私の家族のものです。

　私は，姉と2人姉妹でした。幼いころは田んぼの仕事を手伝いながら，チャヴィンの町の小学校に通いました。クメール語とフランス語を学びました。

　フランス語の先生はベトナム人でした。チャヴィンの町は今よりだいぶ小さく，人も少なかったのです。フランス人を見かけることもありましたが，そばで話をしたことはありませんでした。

　17歳の時（1949年）に結婚しました。夫は，チャクウ県ドンソン村生まれのクメール人です。ドンソンは，昔はドンチュウ村といいました。

　チャヴィンの町で働いていた彼と知り合い，結婚しました。結婚後1966年までは夫の両親のいるチャクウ県で暮らしていましたが，義父が亡くなったあとは，私の故郷のダホア村に一家で帰郷しました。

　ダホア村に帰ると5haの土地持ちになりましたが，子どもをプノンペンのリセに通わせた時は両親に支援してもらいました。

　その娘は，ポル・ポト時代に幹部のもとで3年間働いたあと，戦乱のなかを

1980年にやっと故郷に帰り，81年にはカナダに移住しました。同じクメール人と結婚して，向こうで暮らしています。現在44歳ですが，彼女の送金のおかげで，今年は家を新築できました。でも先月に夫が亡くなりました。今は喪に服しています。娘は父の死に目に会えませんでしたが，100日目の法事には帰国の予定です。

長男はチャンマット集落の女性と結婚して，チャンマットに住んでいます。次男はこのダホア村に住んでいます。5 ha の土地のうち，末息子に 3 ha を相続させました。一緒に暮らしています。

宅地は 0.3 ha あります。田んぼは，1 ha 当たり 3 t の米がとれます。陽暦の 5 月から始めて 7 月に収穫する夏秋米をつくります。今年から二期作ができるようになりましたから，収入は増えるでしょう。同じ村の人を雇って農作業してもらいます。女中も雇っていますよ。

私は仏教徒ですから，クメール寺には毎月 4 日，お参りに行きます。8 日，15 日，23 日，30 日と決まっています。月に一度の断食も守っています。これは昔からの習慣です。

寺に行く時は，いつも 1000-2000 ドンのお布施を持参します。特別な日にはもっとたくさんの寄付を持って行きます。

(78) S・T・U（1932年 / 64歳 / クメール人女性 / ダホア）

私はこのダホア村で生まれました。私の父母もダホア村出身です。

父はダホア村にたくさんの土地を所有したトゥ・バ・ホアさんの小作地の管理人をしていました。ホアさんはダホア村に 18 ha を所有していましたが，アメリカに逃げてしまいました。1970年に実施された土地改革の時に，父はホアさんの土地 5 ha を無償で取得しました。

私の父は，幼少のころに病弱だったので，ベトナム人の医者の家で育てられたそうです。それでベトナム語ができました。ベトナム人地主のホアさんはダホア村に住んでいなかったので，この村に所有する土地の管理を父にまかせたのです。

ホアさんはサイゴンに住んでいました。ホアさんの父親はチャウタン県フックハオ村（隣村）に住むベトナム人だったそうです。ソン・チュックというクメール人の奥さんがいました。

昔は，ベトナム人はダホア村に 2 人しかいませんでした。1 人は籾の小売り商人で，もう 1 人は食堂経営者でした。華人も 1 人住んでいました。昔は，**籾の買い付けは村人以外のベトナム人かクメール人，またチャヴィンの華人がやってきて行いました。**

私は 21 歳の時に結婚しました。夫は土地を持っていなかったので，父といっしょに土地の管理を手伝いました。私は 1 人っ子だったのです。

インドシナ戦争のころは，父の家が燃えて逃げたことを覚えています。私はベトナム語がわからないばかりか，学校にも行ったことはありません。

(79)　T・P（1933年／63歳／クメール人男性／キラ）
　私の生地はここキラです。両親，父と母の両方の祖父母，ともにキラ出身のクメール人です。
　子どものころ，**両親は100コン（11 haほど）の土地所有者**でした。それは1人っ子だった母が相続した土地でした。**私は4人兄弟なので，20コンを相続**しました。
　現在のキラ集落のベトナム人とクメール人の人口比は，2対1です。土地も，ベトナム人のほうがたくさん持っていると思います。今でも20コン以上の保有者がいるようですが，でも**以前はクメール人の大地主もいました**。
　たとえば，有名な**ソン・ゴック・タン**（カンボジアの反仏，反王制，共和派の民族主義者。ロン・ノル政権時代に第一国務相を務めた［筆者注］）の生家もキラにあります。現在，兄のソン・タック・スアン（昔のスオイ村長）一族が残っていますが，**チフォン村，ダカン村，そしてカウガン県にも土地を多く所有していました**。ポル・ポト派のイエン・サリも，チャヴィン省チャウタン県ルオンホア村が故郷でしょう。
　1975年以降に，地主の土地は30コンを上限として分けられてしまいました。私が相続した土地は，解放前の1970年にも10コン取られました。75年に戦争が終わったあと，集団化が始まる前に土地を手放したので，とうとう7コンしか残りませんでした。それでも1975年以前，キラ集落の1人当たり所有地は1.5コンくらいでしたから，私は恵まれていました。
　最近は人口が増加し，チャヴィン市の市街地に隣接するキラ集落では，水田の宅地化が進み，ますます所有地は少なくなって，1人当たり1コンまで減少しています。現金収入を求めて，村びとのなかには，乾季に集落の他に，たとえばサイゴンやタイニンなどへ働きに行く者がいます。
　低地の水田には，チャヴィン水路側で夏秋米が栽培されています。その手前には雨季稲の苗代がつくってあります。水不足のために，田植えは今も降雨を待って行います。
　砂丘の道がとぎれて低地の水田地帯に達したところに，オンタミュー（雨乞いの儀式を行う祭礼の場所）があります。砂丘のゆるやかな斜面には溜め池を掘り，空芯菜の畑をつくっています。
　私は長年，教師生活を送ってきました。チャヴィンの小学校を卒業して，サイゴンの師範学校で学んだあと，教員免許を取って故郷に戻りました（1952年）。
　1956年には，ふたたびチャヴィン市で中学校の教員資格をとるために学校に通

いました。その後，チャクー県，チャヴィン市，そしてホアトゥアン村の学校で36年間，教鞭をとりました。

現在のベトナムにおける教員生活の問題点は，給料が安すぎることです。教職のかたわら，農業をして生計を立てなければならないのです。

⑻　N・V・T（1934年／62歳／ベトナム人男性／スアンタン）

私はスアンタン出身ですが，父はロンズック村，父方の祖父はロンビン村，祖母はロンズック出身です。母はスアンタン，母方の祖父母もスアンタン出身です。妻が病気なので，私の母は現在，ヴィンバオ村の弟のところに住んでいます。

一族の墓が庭にあります（1915年，1917年，1927年生まれの人の墓）。最近亡くなった家族の墓は低く丸い墓です。家が貧しくなって，大きなお墓がつくれなくなったのです。

土地のある人は，自分の家の宅地内に墓をつくります。この集落でも最近，立派で大きな真っ白い墓が，あちらこちらの藪や畑の高い場所に目につきます。

私の土地は，宅地1コン，水田9コンです。1954年に取得しました。昔の大地主だったフランス人のアーサーさんが，**1954年以降に放棄した土地**なのです。サイゴン政府は，彼にお金を支払ったのだと思います。

チャヴィンに住んでいたフランス人のアーサーは教師でしたが，**10 ha**の土地をスアンタン村に持っていました。ディエンマイと呼ぶ中間の管理人はたったの**1人**で，私の父は彼のタディエンとして土地を耕作させてもらっていました。

昔，砂丘の北端の道路沿いの土地には小作地が多く，たくさんの人が土地を借地していたのです。**借りることができない人は労働者として働いていました**。私自身も子どもの時に労働者として働いたことがあります。

私の家は，あるタディエンに借金があったので，そのタディエンが借りている小作地で私も働くことがありました。その人の**地主は，チャヴィンに住むインド人**でした。1954年以降このインド人もいなくなってしまいました。みんなは逃げて行った人の土地を分配しました。

ベトミンの活動は，スアンタン村でも活発でした。スアンタンには土地なし農民が多かったからです。彼らの活動の出発点は，土地を持たないことでした。私は1959年に結婚しましたが（25歳），戦争はつづき，爆弾が家を直撃したこともありました。その後のベトナム戦争もひどい状況でした。朝にはアメリカ軍が活動し，夜にはコミュニストの世界となりました。

戦争中，土地なしの住人は集落を離れ，解放後に戻ってきた人も多いです。チャヴィンのなかでここがとくにひどかったわけではないと思いますが……。戦争の激しいところは他にたくさんありました。

スアンタンの人は，たとえ土地を持っていても，自作農家に土地を売り，また病気などで耕作がままならない時，土地を手放して労働者になる人もいました。
　私は子ども6人全員に，10コンの土地を約1コンずつ分けました。3人はチャヴィンの町に住み，1人はこの家の隣に，そして私自身は末子と一緒に暮らしています。4コンの土地を耕しています。この末っ子は，クイノンの市場に食堂を開いています。
　現在，妻は神経性の病気ですが，子どもからの仕送りはありません。けれど，ラジカセならありますよ。毎月，必要な現金は40万ドンほどです。米は自家用です。砂糖，塩，麺，魚肉，野菜などに困った時は，まず近隣者に相談するようにしています。

(81)　S・P（1939年／57歳／クメール人男性／チフォン）
　父母，両方の祖父母とも，みなチフォン出身です。私ももちろんここで生まれました。1960年から1年間（21-22歳）出家して，クメール寺でクメール語とベトナム語を学びました。24歳（1963年）の時に結婚しました。
　私の祖父は，低地と砂の微高地に20コンの土地を持っていたので，それを4人の子どもに分けたそうです。私の父は3コンだけ相続しました。
　私は1人っ子なので，父の土地3コン（砂地）を相続しています。結婚した妻も2コンの水田を彼女の両親から相続していたので，私たち夫婦は合わせて5コンの土地を経営し，7人の子どもを育てました。
　2コンの水田では400 kgの籾を収穫できました。畑では野菜やイモをつくって，よくできたらチャヴィンの市場に売りに行きました。米より儲かる時もありました。昔も畑作物をチャヴィンで行商していました。
　ベトナム戦争のころ，私は兵士にならずにすむように，逃げていたこともあります。
　集団化の時代（1979-1985年）には，責任者として活躍しました。このころから，二期作も始めるようになったと思います。夏秋米は陽暦の5月に播種します。直播きにする種籾は，2コンの水田に2ザーは必要で，費用は5万ドン／ザーです。刈り取りは8月末です。肥料と農薬は1コン当たり20万ドンかかります。
　夏秋米の耕作で心配な点は，収穫時に雨が多く降る場合です。夏秋米のあとに行う雨季稲は，8月末に苗を高い土地に準備しておきます。品種はタイグエン種で，チフォンの農家から購入します。田植えは8月末から9月初旬に行い，165日間ほど育てます。12月から1月末に収穫します。
　5コンのうち2コンは二期作をやっていますが，残り3コンは，雨季の間は米をつくり，乾季には野菜畑にします。野菜は雨季稲の収穫後もずっとつくり続けます。

溜め池を一つ掘って，灌水に用います（約 1 コンにつき一つの池くらいの割合です）。乾季は 2-3 m の深さまで溜め池を掘ります。雨季にはそれはそのままにしておきます。米はほとんど自家用です。

農業税は砂丘上で 28 kg，低い土地で 18 kg，それぞれ現金で支払っています。水利税は免除ですが，ふつうは 2 kg/コンです。若い人は，税の代わりに 10 日間，水利施設の建設工事を手伝うことになっています。

子ども 7 人のうち 3 人は結婚し，チフォンに住んでいます。子どもたちはクメール人と結婚しました。もう 4 人は私の家にいます。末っ子はまだ学校に通っています。現在の 5 コンを子どもたちに相続することを思うと頭が痛い。もっと土地がほしいというのが本音です。

⑧ T・L（1941 年／55 歳／クメール人男性／ダホア）

私はダホア村の出身で，私の両親，父方母方それぞれの祖父母もみなダホアで生まれました。妻と妻の両親も，すべてダホアの土地の人です。

小学校は 13 歳（1954 年）で卒業し，出家して 1 年間はクメール寺での修行に励みました。

父も母も，土地を持っていませんでした。ダホア村で**農業労働者として働き，乾季には市場やその他の土地で建設労働に従事していました**。私も，ダホア村の金持ちの家で雇われたり，水田で農作業を手伝ったりしました。

兄弟は 8 人です。4 人はダホア村に住んでいますが，1 人は亡くなり，もう 1 人は難民として出国しました。もう 1 人はヴィンロン省のヴァンリエムで暮らしています。

私は 24 歳から 29 歳まで（1965 年から 1970 年）5 年間くらい，サイゴンに出て建設労働者として働きました。故郷のダホアにもどって結婚しましたが，妻は実家の 2.2 ha の土地を相続しました。妻の祖父はダホア村に 10 ha の土地を所有していたのです。砂丘の東側の潮水の入る土地です。その 10 ha を親戚の間で分けました。

妻の土地で 1993 年までは雨季一期作の米つくりをしていましたが，94 年からは二期作ができるようになりました。政府が完成させた水路のおかげです。1 ha 当たり，夏秋米は 3 t，在来の雨季稲は 3.6 t の収量があります。

水利税は払っていません。稲作の経費は，水牛付き鋤の借り賃，肥料，農薬，苗などに必要で，0.1 ha 当たり合計で 23 万 5800 ドンかかります。農繁期に雇用する労働者には，籾米で支払います。

私たちは農閑期に出稼ぎに行くことはありません。その期間は，アヒルや豚を育ててチャヴィンに売りに行きます。籾米はダホアの仲買人に渡すか，チャヴィンの町に直接売りに行きます。

子どもは6人いますが，水田を拡大できる見通しはありません。すでに3人は成人してダホア村に住んでいます。みな小学校しか出ていません。

⑻ T・V・T（1942年／54歳／ベトナム人男性／チャンマット）
　私の父方の祖父母はチャウタン県ソンロック村の人でしたが，両親はチャンマット村で暮らし，1942年に私が生まれました。
　母方の祖父は中国の福建人です。1885年にチャヴィンの町にやってきて以来，チャンマット村で祖母と住んだそうです。この母方の祖母は，ベトナム人と華人の混血でした。
　子どものころ，私の父は**土地なし農民**でした。屋敷地は4コンだけでした。グエン・ティ・ラウさんから**2.5 ha**を借地して生計を立てていました。この人はチャヴィン市に住む地主で，**チャンマットに12 ha，クイノンに10 ha**の土地を持っていました。
　借地の仲介役は，チャンマットの人でしたが，当時は土地なし農民で小作地を求める人が多かったので，契約は**2.5 ha**でも，実際には**1.5 ha**しか借りることはできなかったのです。不服をいうと小作地は取り上げられました。他にも土地を借りたい人がたくさんいたのです。**地代は1コン当たり100 kg。地主のラウさんの家に直接届けていました**。両親は犂や鍬などの農具は自分で所有していましたが，水牛は人に借りていました。
　1960年ころにラウさんが亡くなって，その子どもが管理するようになりました。そのころ，政府が大土地所有者から土地の有償買い上げを行ったので，一族は土地を政府に売却したようでした。
　当時，私は5コンの土地を取得しました。両親が耕していた土地も無償でもらうことができました。住居の500 mほど先の水田です。
　私は，1962年に地主の家で小作料の支払いのことで争い，管理人を殺害して逃亡しました。その過程で革命運動に参加していきました。1966年（24歳）にはフンミー村出身の女性と結婚しました。革命組織から150ドンの祝い金を支給されました。1968-1975年までフーコック島の収容所に入っていました。一つの収容所には100人くらいが暮らしました。その間，妻は両親の面倒をみながら田んぼを守りつづけたのです。
　チャンマットは，ベトナム戦争中はアメリカ軍の側に押さえられていました。1975年（33歳）に，私はようやく解放されて家に戻ることができました。その後しばらくは農作業の合間に村役場の仕事も手伝いましたが，無給だったのでやめてしまいました。1984年に革命戦士の称号をもらいました。しかしゲリラとして戦いながら1968年に戦死した弟には，見舞金も支給されていないのです。

現在，5コンの土地は年1回，雨季の天水に依存した伝統種の稲作を行い，1コン当たり400kgの収量を確保しています。乾季には野菜，トウモロコシを栽培します。畑のなかに直径2mほどの井戸を掘り，灌水に用いています。

私は6人兄弟ですが，一番上の兄はチャヴィン市在住で，あとの2人はチャンマット村に，また一番下の妹はヴィンロイに住んでいます。

⑻ T・H（1953年／43歳／クメール人男性／クイノン）
⑻ K・T・X（1950年／46歳／クメール人女性／クイノン）
　ハン（夫）……私たち夫婦はどちらも同じクイノン村の出身です。
　スオン（妻）……夫の父はダロック村出身で，母はクイノン村の出身です。夫の両親は，1960年代に戦闘で危険なその村からクイノンに移り住んだそうです。
　夫は小学校でベトナム語を習ったので，ベトナム語は使うことができます。彼は11歳の時に母を亡くし，15歳で父も失いました。家族のために働かざるを得なくなり，寺には行かずに労働者となりました。17歳でやっとクメール寺に行き，1年間だけですが，仏典を読んだり，クメール語を学んだりすることができたそうです。でも夫のクメール語は名前が書ける程度ですし，もう忘れてしまったといいます。
　クイノンから働きに村外へ出る人は少ないのですが，夫は出稼ぎも経験しました。
　私たちの保有地についてですが，1975年に結婚した当初は，私は母から2.5コン，夫は1.5コンをそれぞれ相続していました。その後，1982年までに，姉のキム・ティ・ヤーから3ヶ所の土地，合わせて13コンと私の父の土地4コンを買い入れて，21コンまで規模を拡張しました。そんなわけで，それらの土地はあちこちに散らばっています。

そのうちの二期作地は15コンで，残り6コンは雨季稲と野菜畑にしています。二期作の方法をテレビやラジオを通して知り，興味を持ちました。1975年ころから実際に始めました。天水だけで夏秋米もつくっています。畑作は落花生，トウモロコシ，野菜を栽培しています。最近は1年に何回も収穫できるピーナツ，唐辛子などもつくっています。

収穫物はチャヴィンに売りに行きます。籾はここに来る仲買人（ベトナム人だったりクメール人だったりしますが）に，売っています。米の売り値は，1995年には1kg当たり2750ドンでしたが，1996年春には2000ドン，現在は1250ドンに下がりつづけています。

これに対して，肥料は雨季米用1コン当たり20kg，夏秋米用は同じく1コン当たり30kg使っています。農繁期には近くの人たちと労働交換をしています。

土地の経営規模を拡大するための資金は，隣人に借りました。また二期作導入のための資金は，チャウタン県の農業銀行のホアトゥアン村支店から借り入れること

ができました。借金は5ヶ月後には返還しました。土地が担保でした。最近はポンプとトラクターを購入するために，さらに借り入れを増やしました。

　子どもは5人です。長男は21歳になり，私たちを助けて農作業を一緒にやってくれます。土地の規模拡大は夢ですが，土地代が高すぎて夢は叶わないだろうと思っています。

【引用・参考文献一覧】

■仏語・英語・ベトナム語　文献
[植民地公文書所蔵機関（略名）]
フランス海外領土公文書館（在エクサンプロヴァンス）Centre des Archives d'Outre mer〈CAOM と略〉
ベトナム国家公文書保存センター II（在ホーチミン市）Trung tam Luu tru quoc gia II TH Ho Chi Minh〈TTLTQG II と略〉

[植民地政府官報・出版物，法令集，年鑑，統計，雑誌，書誌など]
Annuaire administratif de l'Indochine.
Annuaire de la Cochinchine.
Annuaire de l'Indochine Française, Première Partie; Cochinchine et Cambodge, Éphémérides, Saigon, 1890.
Annuaire Général de l'Indochine, Cochinchine（AGIC と略），*Éphémérides*, Saigon.
―――, "Population de la Cochinchine," *AGIC*, 1894.
―――, "Les pays de l'Union Indochinoise, Situation politique, économique et financière, au debut de l'année 1908", *AGIC*, 1908.
Annuaire Général de l'Indochine (AGI).
Annuaire statistique de l'Indochine (ASI).
Annuaire statistique du Vietnam (ASV).
Arrete concernant la reforme communale en Cochinchine, Saigon, 1928
Barrière, Leopold Pallu de la., *Histoire de l'Expedition de Cochinchine en 1861*, Paris, 1888.
Brenier, H., *Essai d'Atlas statistique de l'Indochine française,* Hanoi, 1914.
Boudet, P., *Bibliographie de l'Indochine (1930–1935)*, tome IV, Paris, 1967.
Bulletin Administratif de la Cochinchine.
Bulletin Economique de l'Indochine（BEI と略），（Indochine, Direction des services économique,）Hanoi-Haiphong: Imprimerie d'Extreme-Orient.
―――, "Situation de la colonisation européenne en Cochinchine," 1899.
―――, "La production, la consommation et l'exportation des riz en Cochinchine et au Cambodge," 1899.
―――, Bock, A. "Notes d'un colon sur différentes cultures en Cochinchine," 1899.
―――, "Frais de culture des rizières en Cochinchine," no. 25 1900.
―――, "La colonisation européenne en Indo-Chine au 31 décembre," 1900.
―――, "L'accroissement des rizières en Cochinchine," 1900.
―――, "Le canal de Cau-an-ha (Cochinchine)," 1900.
―――, "L'immigration chinoises en Cochinchine," 1900.
―――, "Le recrutement de la main d'oeuvre chinoise pour l'Indo-Chine," 1902.
―――, "Renseignements, la campagne rizicole de 1902 en Cochinchine," 1903.
―――, "Note sur le canal du Bassac au Cai-Lon (Cochinchine)," 1903.
―――, "La campagne rizicole de 1902–03; 1903–04; 1904–05; 1906–07; 1908–09; 1912–13".

———, "Travaux de dragages en Cochinchine," 1904.
———, "Essais d'introduction de la main-d'oeuvre tonkinoise en Cochinchine," 1909.
———, "La taxe d'immatriculation des rizières en Cochinchine," 1910.
———, "Développement de la colonisation en Cochinchine et ses possibilités," 1911.
———, Cornillon, "Rapport sur la navigation et le mouvement commercial de l'Indochine pendent l'année 1911," 1912.
———, "La colonisation européenne en Indochine en 1912," 1913.
———, "Navigation intérieure et hydraulique agricole en Indo-Chine," 1914.
———, Bonneau, L., "Production, consummation et transport du paddy en Cochinchine," 1915.
———, Cabanes, R., "Le commerce d'exportation des riz indochinois en 1921," tome 24, 1921.
———, Nguyen Van Tom, "L'usure et la credit agricole en Indochine," no. 116, 1924.
———, M., L., "Les sociétés de crédit agricole en Cochinchine de 1913 à 1938," 1938.
———, P., P. "Les exportations céréalaires de la Cochinchine," 1938.
Bulletin Officiel de l'Expéditon de Cochinchine (1861–1882).
Comite (Le) Agricol et Industriel de la Cochinchine, *La Cochinchine française en 1878*, Paris, 1878.
Cuc Thong Ke Can Tho, Phong Thong Ke Omon, *Tong Hop Cac Chi Tieu, Kinh Te Xa Hoi Huyen Omon*, Can Tho, Viet Nam, 1996.
Etat de la Cochinchine française.
Excursions et Reconnaissances（*ER* と略）
———, Bounoist M., "Note complémentaire sur le Kien-giang," *ER* 1 (1879).
———, Bounois, M., "Note sur la population de Rachgia et du huyen de Ca-mau," *ER* 1 (1879).
———, Brière, "Exploration par M. Benoist de la partie déserte comprise entre les inspections de Rach-gia, Can-tho et Long-xuyen Juridictions (Novembre 1871)," *ER* 1 (1879).
———, Briere, "Rapport sur la circonscription de Camau," *ER*, 1 (1879).
———, Corre, A., "Rapport sur des nouvelles recherches relatives à l'Age de la pierre polie et du bronze en Indo-Chine par le docteur A. Corre, medecin de 1er classe de la Marine," *ER* 3 (1880).
———, Denis, A., "Chambre de Commerce de Saigon," *ER* 4–12 (1882).
———, Deschaseaux, E., "Note sur les anciens Don Dien annamites dans la basse-Cochinchine," *ER* 31.
———, Labussière, A., "Rapport sur les Chams et les Malais de l'arrondissement de Chau doc," *ER* (1880).
———, Labussière, A., "Etude sur la propriété foncière rurale en Cochinchine et particulièrement dans l'inspection de Soctrang," *ER* (1880).
———, Landes, "La commune annamite," *ER* 1 (1880).
———, Moreau, P., "Rapport sur les cours d'eau de la presqu'ile de Camau," *ER* 9 (1881).
———, Renaud, J., "Etude d'un project de canal le Vaico et le Cua-Tieu," *ER* 3 (1880).
———, Renaud, J., "Etude d'un project de canal le Vinh-te et l'amelioration du port d'Hatien," *ER* 1 (1879).
———, Tran Ba Loc, "Ce que desirent les indigenes," *ER*1 (1879)
Gouvernement général de l'Indochine, *Cochinchine, La protection des minorites ethniques (Cambodgiens)* (INDO-GGI, 53650), 1930, CAOM.
Gouvernement général de l'Indochine, Inspection générale des Travaux publics, *Dragages de*

Cochinchine, Canal Rachgia-Hatien, Saigon, 1930.
Gouvernement général de l'Indochine, Résumé statistique de relatif aux année 1913 à 1940, Hanoi, 1941.
Outrey, E., *Nouveau recueil de Législation cantonale et communale annamite de Cochinchine*. Saigon: Imprimerie commerciale, 1913.
(La) Revue indochinoise juridique et économique.
Social Republic of Vietnam, *General Statisitical Yearbook*, 1999, Hanoi, 2000.
Thu Muc Dong Bang Song Cuu Long, Ho Chi Minh City, 1981.
Vu Nong Nghiep Tong Cuc Thong Ke, *So Lieu Thong Ke Nong Nghiep 35 Nam (1956–1990)*, Hanoi, 1991.

Aubaret, G., ed. and trans., *Histoire et description de la Basse Cochinchine*, by Trinh Hoai Duc, (Paris, 1863) Gia-Dinh-Thung-Chi（鄭懷德『嘉定通志』の編訳），republished in 1969 by Gregg, International Publishers Limited, England.
Brenier, H., *Essai d'Atlas statistique de l'Indochine français*, Hanoi, 1914.
Henry, Y., *Economie agricole de l'Indochine*, (Gouvernement général de l'Indochine, Inspection général de l'Agriculture, de l'Elevage et des Forets), Imprimerie d'Extreme-Orient, Hanoi, 1932（『仏領印度支那の農業経済　上・中・下』東亜研究所訳，1941-1942 年）
Services agricoles de la Cochinchine, *La Selection biologique et l'Etude général des Riz de Cochinchine, Travaux du Laboratoire de Génétique et de Selection des Semences de Saigon*, Saigon, 1924.

［研究書，論文他の文献］

Adas, Michael, *The Burma Delta: Economic Development and Social Change on an Asian Rice Frontier, 1852–1941*, Madison, 1974.
Agard, Addlphe, *L'Union indochinoise française ou Indochine orientale, Regions naturelles et Geographie économique*, Hanoi, 1935.
Alberti, J., *L'Indochine d'Autrefois et d'Aujourd'hui*, Paris, 1934.
Anderson, Benedict R. O., *Imagined Communities: Reflections on the Origin and Spread of Nationalism*, 2ed, London, 1991.
Archimbaud, Leon, "La guestion du paddy de Cochinchine," *Revue du Pacifique*, Vol. 2, no. 5, 1923.
Aumiphin, Jean Pierre, *Su Hien Dien Tai Chinh Va Kinh Te Cua Phap o Dong Duong (1859–1939)*［インドシナにおけるフランスの金融・経済のプレゼンス］，Hoi Khoa Hoc Lich Su Viet Nam Xuat Ban, Hanoi, 1994.
Ban Chap Hanh Dang Bo Huyen Gia Rai, *Lich Su Dang Bo Huyen Gia Rai, Tap 1 (1927-1975)*, Bac Lieu, 2002.
Ban Chap Hanh Dang Bo Tinh Bac Lieu, *Lich Su Dang Bo Tinh Bac Lieu, Tap 1 (1927-1975)*, Bac Lieu, 2002.
Bancel, Nicolas/Blanchard, Pascal/Verges, Francoise, *La Republique Coloniale, Essai sur une Utopie*, 2003（『植民地共和国フランス』平野千果子・菊池恵介訳，2011 年）
Barrière (de la), Leopold Pallu, *Histoire de l'Expedition de Cochinchine en 1861*, Paris, 1888.
Barrow, J., *A Voyage to Cochinchina* (London, 1806), with an Introduction by Milton Osborne, Oxford University Press, 1975.

Bassford, John, *Land Development Policy in Cochinchina under the French,* PhD. Diss., University of Hawai, 1984.

Bassino, Jean-Pascal, Giacometti, Jean-Dominique, Odaka, Konosuke eds., *Quantitative Economic History of Vietnam, 1900–1990, Institute of Economic Research,* Hitotsubashi University, 2000.

Baurac, J. C., *La Cochinchine et ses habitants (Provinces de l'Ouest),* Ouvrage orné de 120 gravures, Imprimerie Commerciale Rey, Curiol & Cie, Saigon, 1894.

———, *La Cochinchine et ses habitants, Province de l'Est,* Ouvrage orné de 129 gravures, Imprimerie Commerciale Rey, Saigon, 1899.

Beresford, Melanie, *Vietnam, Politics, Economics and Society,* Pinter Publishers, London and New York, 1988.

Bernard, Paul, *Le Problème économique indochinois,* Paris, 1934.

———, *Nouveaux aspects du problem économique indochinois,* Paris, 1937.

Biggs, David, "Problematic Progress: Reading Environmental and Social Change in the Mekong Delta," *Journal of Southeast Asian Studies* 34, No. 1, 2003.

———, *Between the Rivers and Tides: A Hydraulic History of the Mekong Delta, 1820–1975,* A dissertation submitted in partial fulfillment of the requirements for the degree of Doctor of Philosophy, University of Washington, 2004.

———, "Reclamation Nations: The U. S. Bureau of Reclamation's Role in Water Management and Nation Building in the Mekong Valley, 1945–1975," *Comparative Technology Transfer and Society* 4, No. 3, 2006.

———, *Quagmire, Nation-Building and Nature in the Mekong Delta,* University of Washington Press, Seattle and London, 2010.

Bondet, P., "La conquet de la Cochinchine par les Nguyen et le role des emigres chinois," *Bulletin de l'Ecole française d'Extrême-orient,* 1942.

Borie, J., *Le Métayage et la Colonisation agricole au Tonkin.* Paris: V. Giard & E. Briere Libraires-Editeurs, 1906.

Borie, V., *Etude sur le crédit agricole et le crédit foncier en France et a l'etranger,* 1877.

Bouault, J., *Géographie de l'Indochine, III, La Cochinchine,* Hanoi, 1930.

Bouinais, A. et Paulus A., *L'Indo-Chine française contemporaine, Cochinchine-Cambodge,* Challamel, Paris, 1885.

Bouke, J., *Economics and Economic Policy of Dual Societies as Exemplified by Indonesia,* New York, 1953.

Broucheux, P., "Grands propriétaires et fermiers dans l'Ouest de la Cochinchine pendant la période coloniale," *Revue Historique* 246, 1971.

———, "Moral Economy or Political Eonomy? The Peasants are Always Rational," *Jounal of Asian Studies* 42, no. 4 (1983).

———, *The Mekong Delta, Ecology, Economy, and Revolution, 1860–1960,* Centre for Southeast Asian Studies, University of Wisconsin-Madison, 1995.

———, *Une histoire economique du Viet nam 1850–2007, La palanche et le camion,* Les Indes Savantes, Paris, 2009.

Broucheux, P., Hemery, D., *Indochine, La Colonisation ambiguë: 1858–1954,* Éditions la découverte, Paris, 1995.

Brown, Edward, *Cochin-Chine, and My Experience of it.* (1861), reprinted by Ch'eng Wen Publishing

Company, Taipei, 1971.

Bunout, Rene, *La Main-d'oeuvre et la Législation du Travail en Indochine*, Bordeaux, 1936.

Burchett, W., *Mekong Upstream,* Hanoi, 1957.

Buttinger, Joseph, *Vietnam: A Dragon Embattled*, New York, 1977.

Cady, J., *The Roots of French Imperialism in Eastern Asia*, Ithaca, 1954.

Callison, Charles Stuart, *Land-To-The-Tiller in the Mekong Delta, Economic, Social and Political Effects of Land Reform in Four Villages of South Vietnam*, Center for South and Southeast Asia Studies, University of California, Berkeley, California, 1983.

Chaliand, Gerard, *Les Paysans du Nord-Vietnam et la Guerre, Cahiers libres 130–131*, Francois Maspero, Paris, 1968.

Chandler, David, *The Tragedy of Cambodian History: Politics, War and Revolution since 1945*. New Haven, Conn, Yale University Press, 1991.

―――, *A History of Cambodia*, 2d ed., Boulder, 1992.

Chesneaux, J., *Contribution a l'histoire de la nation vietnamienne*, Paris, 1954.

Chesneaux, J., G. Boudarel, et D. Hemery, eds, *Tradition et revolution au Vietnam*, Paris, 1971.

Chevalier, M., L'Organisation de l'agriculture colonial en Indochine et dans la Metropole, Saigon, 1918.

Colas, R. L. M., *Les relations commerciales entre la France et Indochine*, Paris, 1933.

Conklin, Alice L., *A Mission to Civilized: The Republican Idea of Empire in France and West Africa, 1895–1930*, Stanford University Press, 1997.

Conseil National Economique, *Les relations economiques entre la France et ses Colonies*, Paris, Imprimerie Nationale, 1934.

Cook, Megan, *The Constitutionalist Party in Cochinchina: The Years of Decline, 1930–1942*, Monash Papers on Southeast Asia-No. 6, 1977.

Cooke, Nora, "Water World: Chinese and Vietnamese on the Riverine Water Frontier, from Ca Mau to Tonle Sap (c. 1850–1884)," In *Water Frontier: Commerce and the Chinese in the Lower Mekong Region, 1750–1880*, edited by Nola Cooke and Li Tana, Singapore University Press, 2004.

Cooke, Nora and Li Tana, eds., *Water Frontier: Commerce and the Chinese in the Lower Mekong Region, 1750–1880*, Singapore University Press, 2004.

Coquerel, A., *Paddys et riz de Cochinchine*, Lyon, 1911.

Cultru, Prosper, *Histoire de la Cochinchine française des origins a 1883*, Paris, 1910.

Dang Bo Xa Long Dien, *Lich Su Cach Mang Xa Long Dien, Anh Hung, Tap 1 (1930–1975)*, Bac Lieu, 2006.

Dang Bo Xa Long Dien Tay, *Lich Xu Cach Mang, Dang Bo va Quan, Dan Xa Long Dien Tay, Anh Hung (1930–1975)*, So Thao, Bac Lieu, 2005.

Dang Nhiem Van, Chu Thai Son, Luu Hung, *Ethnic Minorities in Vietnam*, The Gioi Publishers, Hanoi, 1993.

Delvert, J., *Le Paysan cambodgien*, Paris and The Hague, 1963.

Devillers, Philippe, *Histoire du Viet-Nam de 1940 à 1952*, Paris, 1952.

Doumer, P., *Rapport sur la situation de l'Indochine, 1897–1901*, Hanoi, 1902.

Duiker, William J., *The Rise of Nationalism in Vietnam, 1900–1941*, Ithaca, N. Y., 1976.

Duong Quang Ham, *Lecons d'Histoire d'Annam*, 1927（『安南史講義』東亜研究所，1941 年）

Dureteste, Andre, *Cours de Droit de l'Indochine*, Paris, 1938（『佛領印度支那ノ司法組織並ニ東京安

南民法ノ概要』東亜研究所，1940 年)
Elliott, David W. P., *The Vietnamese War: Revolution and Social Changes in the Mekong Delta, 1930–1975*, 2 vols. Armonk, N Y: M. E. Sharpe, 2006.
Engelbert, Thomas, "Ideology and Reality: Nationnalitatenpolitik in Noth and South Vietnam and the First Indochina War," (in *Ethnic Minorities and Nationalism in Southeast Asia*), 2000.
Engelbert, Thomas and Andreas Schneider eds., *Ethnic Minorities and Nationalism in Southeast Asia*, Peterlang, Berlin, 2000.
Eutrope, "La situation politique et économique de la Cochinchine," *Revue du Pacifique*, Vol. 11, 1932.
Fall, Bernard, "The Political-Religious Sects of Viet-nam," *Pacific Affairs* 28, no. 3, 1955.
Farnivall, J. S., *Netherlands India, A Study of Plural Economy*, Cambridge, 1939 (『蘭印経済史』南太平洋研究會譯，1942 年)
―――, *Progress and Welfare in Southeast Asia, a Comparison of Colonial Policy and Practice*, 1941 (『南方統治政策史論』1943 年)
Forest, Alain, Tsuboi, Y., eds., *Catholicisme et Societes Asiatiques*, L'Harmattan, Sophia University, 1988.
Ganiage, Jean, *L'Expansion coloniale de la France, sou la troisième république (1871–1914)*, Paris, 1968.
Garros, G., *Les usages de la Cochinchine*, Saigon, 1905.
Giang Minh Doan, Nguyen Trung Truc, *Anh Hung Khang Chien Chong Phap*, Ho Chi Minh City, 1998.
Girault, Arthur, *The Colonial Tariff Policy of France*, Oxford, 1916.
―――, *Principes de colonisation et de législation coloniale*, Tome II, Paris, 1927.
Gonjo, Yasuo, "Le <plan Freycinet>, 1878–82: un aspect de la <grande dépression> économique en France," *Revue Historique*, juillet-septembre, 1972.
―――, *Banque colonial ou Banque d'affaires, La Banque de l'Indochine sous la IIIe Republique*, Comite pur l'Histoire économique et Financière de la France, 1993.
Goudal, A., *Problèmes du travail en Indochine*, Genève, 1937.
Gourou, P., *L'Utilisation du sol en Indochine*. Paris: Centre d'Etudes de Politique etrangère, Paris, 1936.
―――, *Le Paysan du Delta Tonkinois*, 1940.
Halberstam, David, *The Making of a Quagmire*, Random House, New York, 1964.
Hemery, D., *Revolutionnaires vietnamiens et pouvoir colonial en Indochine, communistes, trotskystes, nationalists à Saigon de 1932 à 1937*, Paris, 1975.
Hickey, G., *Village in Vietnam*, New Haven, 1964.
Ho Hai Quang, Le role des investissement français dans la creation du secteur de production capitaliste au Viet-Nam méridional, these pour le Doctorat d'Etat (Universite de Reims), juin 1982.
Ho Son Dai, "Co Mot Trung Tam Khang Chien O Nam Bo," in *Goi Nguoi dang Song: Lich Su Dong Thap Muoi*, edited by Vo Tran Nha, Ho Chi Minh City, 1993.
Hoi Khoa Hoc Lich Su TP. Ho Chi Minh, *Nam Bo Dat & Nguoi, Tap I–III*, Nha Xuat Ban Tre, Viet Nam, 2004–2005.
Huard, P., and M. Durand, *Connaissance du Vietnam*, Paris, 1955.
Hue Tam Ho Tay, *Millenarianism and Peasant Politics in Vietnam*, Cambridge, Mass., USA, 1983.

―――, *Radicalism and the Origins of the Vietnamese revolution*, Cambridge, Mass., USA, 1992.
Human Rights Watch, *On the Margins: Rights abuses of Ethnic Khmer in Vietnam's Mekong Delta*, Human Rights Watch, N. Y., 2009.
Hunt, David., *Vietnam's Southern Revolution: From Peasant Insurrection to Total war, 1959–1968*, University of Massachusetts Press, Amherst, 2009.
Huynh Lua, ed., *Lich Su Khai Pha Vung Dat Nam Bo*, Ho Chi Minh City, Viet Nam, 1991.
Huynh Minh, *Can Tho Xua*, Nha Xuat Ban Thanh Nien, Viet Nam, 2001.
Huynh Minh, Tim Hieu Danh lam Thang Tich Cac Tinh Mien Nam, *Bac Lieu Xua*, Nha Xuat Ban Thanh Nien, Ben Tre, Viet Nam, 2002.
I. L. O., *Labour Conditions in Indo-China*, Geneve, 1938.
Imprimerie du Courrier d'Haiphong, *Répertoire des principals valeurs indochinoise*, 1939（『佛印主要会社要覧』宮崎彦吉訳，東亜研究所，1942 年）
Ingram, J, C. *Economic Change in Thailand since 1850–1970*, Stanford University Press, California, 1971.
Insun, Yu, *Law and Society in Seventeenth and Eighteenth Century Vietnam*, Seoul, 1990.
Kerkvliet, Benedict J. T., and Porter, Doug J., *Vietnam's Rural Transformation*, Westview Press, Institute of Southeast Asian Studies, 1995.
Kim Khoi, "Qua trinh khai thac nong nghiep dong bang song Cuu Long," *Nghien cuu Lich su*, no. 201, 1981.
Kresser, P., *La Commune Annamite en Cochinchine, Le Recrutement des Notables*, Paris, 1935.
Lam Quang Huyen, *Cach mang ruong dat o Mien Nam Viet Nam*, Hanoi, 1997.
Lam-Thanh-Liem, *Collectivisation des terres, L'Exemple du Delta Mekong*, SEDES, Paris, 1986.
Langlet, P., Quach Thanh Tam, *Atlas historique des six provinces du sud Vietnam de milieu du XIXe au début du XXe siècle*, Les Indes Savantes, Paris, 2001.
Le Chau, *La révolution paysanne du Sud-Vietnam*, Editions d'Aujourd'hui, 1966.
Le Comite agricol et Industriel de la Cochinchine, *La Cochinchine française en 1878*, Paris 1878.
Le Mau Han, Tran Ba De, Nguyen Van Thu, *Dai Cuong, Lich Su Viet Nam, Tap III (1945–2006)*, Nha Xuat Ban Giao Duc Viet Nam, 2009.
Le Thanh Khoi, *Le Vietnam: Histoire et Civilization*, Paris, 1955.
―――, *Histoire du Vietnam des origines à 1858*, Paris, 1981.
Le Trong Cuc and Terry Rambo, A., *Too Many People, Too Little Land: The Human Ecology of a Wet Rice-Growing Village in the Red River Delta of Vietnam*, Occasional Papers No. 15, East-West Center Program on Environment, 1993.
Legarda, B. F., *Foreign Trade, Economic Change and Enterpreneurship in Nineteenth Century Philippines*, Unpublished Ph. D. Dessertation, Harvard University, 1955.
Lewis, W., Arthur ed., *Tropical Development, 1880–1913*, London, 1970.
Li Tana, "Rice Trade in the 18th and 19th Century, Mekong Delta and its Implications," Thanet Aphornsuvan ed., *Thailand and her Neighbors (II), Civilization of the Indochina Peninsula Maritime Trade in the South China Sea, Political and Economic Change in the Indochina States*, The Core University Seminar proceeding, Bankok, 1994.
―――, *Nguyen Cochinchina: Southern Vietnam in the Seventeenth and Eighteenth Centuries*, Ithaca, Southeast Asia Program Publications, NY., 1998.
―――, "The Late-Eighteenth and Early-Nineteenth-Century Mekong Delta in the Regional Trade

System," in *Water Frontier*, 2004.
Lu Van Vi, *La Propriéte foncière en Cochinchine*. Les Editions Domat Montchrestien, Paris, 1939.
Luro, E, *Cours d'Administration annamite* 1875.
―――, *Le Pays d'Annam*, 1897.
Ly-Binh-Hue, *Le Régime des Concessions domaniales en Indochine*, Paris, 1931.
Mabbet, I. and Chandler, D.,*The Khmers*, Blachwell, UK., 1995.
Malleret, Louis, "Element d'une monographie de anciennes fortifications et citadelles de Saigon," *Bulletin de la Société des Etudes indochinoise*, 10, no. 4, 1935.
―――, *L'archeologie du delta du Mekong*, 3vols, Ecole française d'Extreme-Orient, Paris, 1959.
Marr, D., *Vietnamese Anticolonialism, 1885–1925*, Berkeley, 1971.
―――, *Vietnamese Tradition on Trial, 1920–1945*, Berkeley, 1981.
Marseille, Jacques, "L'Investissement française dans l'Empire colonial, l'enquete du gouvernement de Vichy (1943)," *Revue Historique*, 512, oct–dec 1974.
Morice, Jean, *Les accords commerciaux entre l'Indochine et le Japon* (『日仏印通商史』博文館, 1942 年)
Murray, M., *The Development of Capitalism in Indo-China (1870–1940)*, California U. P., 1980.
Nadel, George H. & Curtis, Perry (ed.), *Imperialism and Colonialism*, London, 1964 (ジョージ=ネーデル, ペリ=カーティス編,『帝国主義と植民地主義』川上他訳, 御茶の水書房, 1983 年)
Ngo Vinh Long, *Before the Revolution: The Vietnamese Peasants under the French*, Cambridge, Mass., 1973.
Nguyen Cong Binh, Le Xuan Diem, Mac Duong, *Van Hoa & Cu Dan Dong Bang Song Cuu Long*, Nhaq Xuat Ban Khoa Hoc Xa Hoi, 1990.
Nguyen Dinh Dau, *Nghien Cuu Dia Ba Trieu Nguyen, An Giang*, Ho Chi Minh City, 1994.
―――, *Nghien Cuu Dia Ba Trieu Nguyen, Vinh Long* 永隆, TP Ho Chi Minh, 1994.
―――, *Tong Ket Nghien Cuu Dia Ba, Nam Ky Luc Tinh*, Ho Chi Minh City, 1994.
―――, *From Saigon to Ho Chi Minh City, 300 Year History*, Land Service, Science and Technics Publishing House, TPHCM, 1998.
Nguyen Hien Le, *Bay Ngay Trong Dong Thap Muoi: Du Ky va Bien Khao*, Long An, 1989.
Nguyen Huu Chiem, "Geo-Pedological Study of the Mekong Delta," (『東南アジア研究』京都大学東南アジア研究センター, 31 巻 2 号, 1993 年)
―――, "Former and Present Cropping Patterns in the Mekong Delta," (『東南アジア研究』京都大学東南アジア研究センター, 31 巻 4 号, 1994 年)
―――, "Studies on Agro-ecological Environment and Land Use in the Mekong Delta, Vietnam," Ph. D. diss., Kyoto University, 1994.
Nguyen Khac Vien, *Vietnam, A Long History*, Sixth edition (revised), The Gioi Publishers, Hanoi, 2004.
Nguyen Long Thanh Nam, *Hoa Hao Buddhism in the Course of Vietnam's history*, Nova Science Publishers, NY, 2003.
Nguyen Ngoc Huy & Ta Van Tai, *The Le Code, Law in Traditional Vietnam, A Comparative Sino-Vietnamese Legal Study with Historical-Juridical Analysis and Annotations*, Ohio University Press, 1987.
Nguyen Sinh Cuc, *Agriculture of Vietnam, 1945–1995*, Statistical Publishing House, Hanoi, 1995.
Nguyen Thanh Nha, *Tableau économique du Vietnam au XVII-XVIIIeme siècles*, Paris, 1972.

Nguyen The Anh, *Kinh The va Xa Hoi Viet Nam duoi cac Vua Trieu Nguyen*, Saigon, 1968.
Nguyen Thi, *A Village called Faithfulness*, Hanoi, 1976.
Nguyen Thi Dieu, *The Mekong River and the Struggle for Indochina: Water, War, and Peace*, CT: Praeger, Westport, 1999.
Nguyen Van Phong, *La Société vietnamienne de 1882 à 1902 d'aprés les ecrits des auteurs francais*, Paris, 1971.
Norindr, Panivong, "The Popular Front's Colonial Policies in Indochina: Reassessing the Popular Front's Colonisation Altruiste," In *French Colonial Empire and the Popular front: Hope and Disillusion*, edited by Tony, Chafer and Amanda Sackur, pp. 230-248, St Marin's Press, NY., 1999.
Norlund I., "The French Empire, the colonial state in Vietnam and economic policy: 1885-1940," G. D. Snooks, A. J. S. Reid and J. J. Pincus eds, *Exploring Southeast Asia's Economic Past, Australian Economic History Review* XXXI: 1, 1991.
Noury, Jean, *L'Indochine avant l'Ouragan 1900-1920*, 1984.
Osborne, M., *The French Presence in Cochinchina and Cambodia, Rule and Response (1859-1905)*. New York: Cornel University Press, 1969.
Pages, Pierre A., "La situation économique et politique de la Cochinchine," *Revue de Pacifique*, vol. 13, 1934.
Paige, J., *Agrarian Revolution: Social Movement and Expert Agriculture in the Underdeveloped World*, New York, 1975.
Paris, Pierre, "2 Anciens canaux reconnus sur photographs aeriennes dans les provinces de Tak Eo and Chau Doc," *Bulletin de l'Ecole francaise de l'Extreme-Orient* 31, 1931.
Pasquier, Pierre, *L'Annam d'autrefois: Essai sur la constitution de l'Annam avant l'intervention francaise*, Paris, 1929.
Pham Cao Duong, *Vietnamese Peasants under French Domination 1861-1945*, Monograph Series No. 24, Center for South and Southeast Asia Studies, University of California, Berkeley, California, 1985.
Phan Huy Le, Vu Minh Giang, Vu Van Quan, Phan Phuong Thao, *Dia Ba Ha Dong, He Thong Tu Lieu Dia Ba Viet Nam No. 1*, Hanoi, 1995.
Phan Trung Nghia, *Cong Tu Bac Lieu, Su That & Giai Thoai*, So Thuong mai & Du Lich Bac Lieu, 2006.
Pluvier, J. M., *South-East Asia from Colonialism to Independence*, London, 1974 (『東南アジア現代史 上・下』長井信一監訳, 東洋経済新報社, 1977年)
Popkin, L. Samuel, *The Rational Peasant, the Political Economy of Rural Society in Vietnam*, California U. P., 1972.
Purcell, V., *The Chinese in South East Asia*, 2d ed., Oxford, 1964.
Race, J., *War Comes to Long An,: Revolutionary Coflict in a Vietnamese Province*, Berkley, 1972.
Robequain, Charles, *L'évolution économique de l'Indochine francaise*, Paris, 1939 (*The Economic Development of French Indo-China*, 1944 (『仏印経済発展論』松岡孝児・岡田徳一訳, 有斐閣, 1955年), (『仏領印度支那経済発達史』浦部清治訳, 日本国際協会, 1941年)
Rolland, Louis & Pierre Lampue, *Précis de Legislation Colonial*, 2e ed., 1936 (『仏蘭西植民地提要』東亜経済調査局編訳, 1937年)
Roumasset, James, "Risk and Choice of Technique for Peasant Agriculture: Safety First and Rice

Prodduction in the Philippines," Social Systems Research Institute, University of Wisconsin, *Economic Development and International Economics*, No. 7118, August, 1971.

Sakurai, Y., "Eighteenth-Century Chinese Pioneers on the Water Frontier of Indochine," (in *Water Frontier, 2004*).

Sansom, Robert, *The Economics of Insurgency in the Mekong Delta of Vietnam*, The M. I. T. Press, 1971.

Sarraut, A., *La Mise en Valeur des Colonies Françaises*, Paris, 1923.

Schulzinger, Robert D., *A Time for War, The United States and Vietnam, 1941–1975*, Oxford University Press, 1997.

Scott, James C., *The Moral Economy of Peasant, Rebellion and Subsistence in Southeast Asia*, New Haven and London, Yale University Press, 1976 (『モーラル・エコノミー 東南アジアの農民叛乱と生存維持』高橋彰訳, 勁草書房, 1999 年)

―――, *Weapons of the Weak*, Yale Univ., Press., 1986.

―――, "Afterword to Moral Economies, State Spaces, and Categorical Violence," *American Anthropologist* 107, 2005.

Scott, James & B. Kerkvliet, *Everyday Forms of Resistance in South-East Asia*, F. Cass, B., 1986.

Shiraishi, M., "La presence japonaise en Indochine (1940–1945)," in P. Isoart, ed., *L'Indochine francaise, 1940–1945*, Paris, 1982.

Shreiner, A., *Les institutions annamites en Basse Cochinchine avant la conquet française*, 3 vols, Saigon, 1900–1902.

Simon, A., "La Colonisation europpéenne en Cochinchine," *Revue du Pacifique*, vol. 3 no. 3, 1924.

Smith, R., "The Vietnamese Elite of French Cochinchina, 1943," *Modern Asian Studies*, 1972.

―――, "Bui Quang Chieu and the Constitutionalist Party in French Cochinchina, 1917–30," *Modern Asian Studies*, Vol. 3, no. 1, 1972.

Société (La) des Etudes Indo-Chinoises, *Géographie, Physique, Economique et Historique de la Cochinchine, Xe Fascicule, Monographie de la Province de CanTho*, Saigon: Imprimerie commercial Menard & Rey, 1904.

―――, *Géographie physique, economique et historique de la Cochinchine, Monographie de la Province de My-tho*, Saigon, 1902.

―――, *Géographie physique, economique et historique de la Cochinchine, Monographie de la province de Gia-dinh*, Saigon, 1902.

―――, *Géographie physique, economique et historique de la Cochinchine, Monographie de la province de Tra-vinh*, Saigon, 1903.

―――, *Géographie physique, economique et historique de la Cochinchine. Monographie de la province de Soc-trang*. Saigon: Imprimerie commercial Menard & Rey, 1904.

―――, *Géographie physique, économique et historique de la Cochinchine, Monographie de la province de Sa-dec*, Saigon, 1903.

Sok, khin, *le Cambodge entre le Siam et le Vietnam (de 1775 à 1860)*, Ecole francaise de l'Extreme-orient, Paris, 1991.

Son Nam, *Tim hieu dat Hau Giang*, Saigon, 1959.

―――, *Nguoi Viet co Dan toc tinh khong?*, 1969.

―――, *Mien Nam dau the ky XX; Thien Dia Hoi va cuoc Minh Tan*, Saigon, 1971.

―――, *Lich Su Khan Hoang Mien Nam*, Dong Pho Xuat Ban, Saigon, 1973.

―, *Ca tinh cua Mien Nam*, Saigon, 1974.
―, *Dong Bang Song Cuu Long hay la van minh Mien vuon?*, Houston, 1976.
―, *Dong Bang Song Cuu Long*, Net Sinh Hoat Xua, HCMC, 1993.
Steinberg, D., ed., *In Search of South East Asia*, 2d ed., Sydney, 1989.
Ta Thi Thuy, *Dong Dien cua Nguoi Phap o Bac Ky, 1884–1918*, Nha Xuat Ban The Gioi, Hanoi, 1996.
―, *Viec nhuong dat, khan hoang o Bac Ky tu 1919 den 1945*, Nha Xuat Ban The Gioi, Hanoi, 2001.
Taboulet, G., (ed.), "Jean-Baptiste Eliacin Luro," *Bulletin de la Société des Etudes indochinoise de Saigon*, XVe, 1940.
Takada, Y., "Rice and Colonial Rule, A Study on Tariff Policy in French Indochina," *Institute of Environmental Studies*, No. 3, 1995.
Takaya, Kaida, and Hukui, "Natural Environment and Rice Culture of the Mekong Delta," Reprinted from *Tonan Ajia Kenkyu*, Vol. 12, No. 2, 1974.
Taylor, K., *The Birth of Vietnam*, Berkeley, 1983.
Tessan, "Le develppement de l'ouest cochinchinois," *Revue de Pacifique*, vol. 1, no. 8, 1922.
Tinh Uy, Uy Ban Nhan Dan Tinh Tra Vinh, *Lich Su Tinh Tra Vinh, Tap Mot (1732–1945)*, Ban Tu Tuong Tinh Uy Tra Vinh, 1995.
Tinh Uy-Uy Ban Nhan Dan Tinh Bac Lieu, *Lich Su Bac Lieu 30 Nam Khang Chien, 1945–1975*, Ha Noi, 2006.
Tompson, E. P., "The Making of the English Working Class Century," *Past and Present*, 50, 1971.
Touzet, A., *Le régime monetaire indochinois*, Paris, 1939.
Tran Khanh, *The Ethnic Chinese and Economic Development in Vietnam*, Institute of Southeast Asian Studies, Singapore, 1993.
Tran Thi Thu Luong, *Che Do So Huu va Canh Tac Ruong Dat o Nam Bo nua Dau The Ky XIX*, Nha Xuat Ban Thanh Pho Ho Chi Minh, 1994.
―, "Les roles du cadastre du Nam Bo (Cochinchine) pendant la période coloniale," Institut d'Histoire Comparee des Civilisations, *Ultramarines*, numero 15, 1997.
Tran Van Giau et al, *Nam Bo Xua & Nay*, Nha Xuat Ban TP. Ho Chi Minh, 1998.
Trung Tam Khoa Hoc Xa Hoi va Nhan Van Quoc Gia, Vien Su Hoc, Duong Kinh Quoc, *Viet Nam, Nhung Su Kien Lich Su, 1858–1918 (Tai ban lan the tu)*, Nha Xuat Ban Giao Duc, Ha Noi, 1999.
Truong Buu Lam, *New Lamps for Old, The Transformation of the Vietnamese Administrative Elite*, Occasional Paper No. 66, Maruzen Asia, 1982.
―, *Resistance, Rebellion, Revolution, Popular Movements in Vietnamese History*, Institute of Southeast Asian Studies, Occasional Paper, No. 75, 1984.
Tuck, Patrick J. N., *French Catholic Missionaries and the Politics of Imperialism in Viet nam, 1857–1914, A Documentary Survey*, Liverpool University Press, 1987.
Turner, Robert F., *Vietnamese Communism, Its Origins and Development*, Hoover Institution Press, Stanford University, California, USA, 1975.
Vien Khoa Hoc Xa Hoi Viet Nam, Vien Su Hoc, *Lich Su Viet Nam, Tap VIII, 1919–1930*, Nha Xuat Ban Khoa Hoc Xa Hoi, Hanoi, 2007.
Vo Tong Xuan, *Tong Ket Su Phat Trien Kinh Te Xa Hoi Huyen Omon Den Nam*, 1995.
―, and Matsui, Shigeo, *Development of Farming Systems in the Mekong Delta of Vietnam*,

Saigon, 1998.
Vo Tran Nha, ed., *Goi Nguoi dang Song: Lich su Dong Thap Muoi*, Ho Chi Minh City, 1993.
Vorapheth, Kham, *Commerce et colonisation en Indochine, 1860–1945*, Les Indes Savantes, 2004.
Vu Van Hien, "Les institutions annamites depuis l'arrivee des francaise, L'impot personnel et les corvées des 1862 à 1936," *Revue Indochinoise Juridique et Economique*, 1940.
―――, *La Propriété communale au Tonkin, Contribution à l'etude historique, juridique, et économique des Cong-dien et Cong-tho en pays d'Annam*, 1940（『仏印における公田制度の研究：村落共有地の法律的，社会的，経済的研究』中込武雄・大橋宣二訳，栗田書店，1944 年）
Wang Wen-Yuan, *Les Relation entre l'Indochine française et la Chine*, Paris, 1937.
Werner, J., *Peasant Politics and Religious Sectarianism: Peasants and Priest in the Cao Dai in Vietnam*, New Haven, 1981.
Wolters, O., W., *History, Culture, and Region in Southeast Asian Perspectives*, Ithaca, 1999.
Woodside, A., *Vietnam and the Chinese Model: A Comparative Study of Vietnamese and Chinese Gouvernment in the First Half of the 19th Century*, Cambridge, Mass., USA, 1971.
―――, *Community and Revolution in Modern Vietnam*, Boston, 1976.
Zasloff, Joseph, "Rural Resettlement in South Viet Nam: The Agroville Program," *Pacific Affairs* 35, No. 4, 1962–1963.

■日本語文献

鮎京正訓『ベトナム憲法史』日本評論社，1993 年
猪谷善一『貿易史』文化書房博文社，1968 年
池端雪浦編『変わる東南アジア史像』山川出版社，1994 年
石井米雄編『タイ国 ―― ひとつの稲作社会』東南アジア研究叢書 8，1975 年
石澤良昭『〈新〉古代カンボジア史研究』風響社，2013 年
板垣與一編『アジア研究の課題と方法』東洋経済新報社，1986 年
伊藤正子『エスニシティ〈創生〉と国民国家ベトナム　中国国境地域タイー族・ヌン族の近代』三元社，2003 年
稲子恒夫・鮎京正訓『ベトナム法の研究』日本評論社，1989 年
今村宣夫「1996 年度 8 月ベトナム調査 (1) チャヴィン省農村調査 (6) ホアトゥアン村調査報告」『メコン通信 No. 2』文部省科研補助金国際学術研究 1996 年度調査報告：メコンデルタ農業開拓の史的研究，研究代表者；高田洋子，1997 年
ヴィッカイザー＆ベネット『モンスーンアジアの米穀経済』日本評論新社，1958 年
植村泰夫『世界恐慌とジャワ農村社会』勁草書房，1997 年
内田直作『東南アジア華僑の社会と経済』千倉書房，1982 年
梅津和郎「フラン地域の植民地通貨制度」『経済論叢』第 81 巻第 1 号，京都大学，1958 年
江川英文「仏印に於ける原住民の適用法規」『法学協会雑誌』第 62 巻第 4 号，1944 年
遠藤輝明「フランス革命と帝国主義」『歴史と社会』7，リブロポート，1986 年
大内　力『日本農業論』岩波書店，1978 年
大木　昌『インドネシア社会経済史研究　植民地期ミナンカバウの経済過程と社会変化』勁草書房，1984 年
大野美紀子「フランス軍政期ベトナム南部における村落史料」『立命館東洋史学』20，1997 年
岡田昭男『フラン圏の形成と発展』早稲田大学出版部，1985 年
オドレール（フィリップ）『フランス東インド会社とポンディシェリ』羽田正編，山川出版社，

2006年
籠谷直人・脇村孝平編『帝国とアジア・ネットワーク　長期の19世紀』世界思想社，2009年
片倉　穣『ベトナム前近代法の基礎的研究 ──「国朝刑律」とその周辺』風間書房，1987年
加納啓良『現代インドネシア経済史論 ── 輸出経済と農業問題』東京大学東洋文化研究所，2003年
菊池一雅『ベトナムの農民』古今書院，1966年
菊池孝美　「両大戦間期におけるフランス資本輸出の性格」秋田経済大学・秋田短期大学『論叢』第30号，1982年
─── 『フランス対外経済関係の研究 ── 資本輸出・貿易・植民地』八朔社，1996年
菊池道樹　「植民地ヴェトナムの北部村落における地主制試論」『アジア経済』第19巻5号，1978年
─── 『ヴェトナム・カンボジア・ラオス社会経済史関係解題つき文献目録 ── 18世紀から第一次大戦まで』一橋大学細谷新治研究室，1980年
─── 「サイゴン開港の歴史的意義」『東南アジア　歴史と文化』17，東南アジア史学会，1988年
木畑洋一『イギリス帝国と帝国主義 ── 比較と関係の視座』有志舎，2008年
木村哲三郎「南ベトナムの土地改革」『東南アジアの農業・農民問題』滝川勉編所収，亜紀書房，1974年
刑部　荘「sujet という身分について」『国家学会雑誌』第57巻第8号，1943年
河野泰之・松尾信之「1998年3月水利・農業調査結果」『メコン通信 No. 5』1998年
古賀英三郎「フランス資本主義とオート・バンク」『社会学研究』6，一橋大学，1964年
─── 「第二次大戦前後期フランスの植民地貿易」佐賀大学『佐賀大学経済論集』第24巻第1号，1991年
古賀和文『近代フランス産業の史的分析』学文社，1983年
─── 『20世紀フランス経済史の研究 ── 戦間期の国家と経済』同文館，1988年
権上康男「フランス植民地帝国主義（1881-1914年）問題点と若干の回答の試み」『エコノミア』第50号，1974年
─── 「フランスの対植民地投資（1876-1940年）──『ヴィシー調査』分析」『エコノミア』第55号，1975年
─── 「両大戦間期におけるフランスの対植民地投資」『アフリカ植民地における資本と労働』山田秀雄編，アジア経済研究所，1975年
─── 「フランス帝国主義研究の動向と問題点」『社会経済史学の課題と展望』社会経済史学会編，有斐閣，1976年
─── 「第二次世界大戦後におけるフランスの対アフリカ投資（1946～1960年）── 公共投資を中心にして」『アフリカ植民地における資本と労働（続）』山田秀雄編，アジア経済研究所，1976年
─── 『フランス帝国主義とアジア ── インドシナ銀行史研究』東京大学出版会，1985年
─── 「第一次世界大戦と1920年代の経済」「1930年代大不況と経済的マルサス主義」『フランス史　3』柴田三千雄他編，山川出版社，1995年
斉藤一夫『米穀経済と経済発展 ── アジアの米作国の経済発展に関する研究』大明堂，1974年
桜井由躬雄『ベトナム村落の形成：村落共有田＝コンディエン制の史的展開』創文社，1987年
─── 『歴史地域学の試み　バックコック』東京大学大学院人文社会系研究科南・東南アジア歴史社会専門分野研究室，2006年

桜井由躬雄・石澤良昭『東南アジア現代史 III ヴェトナム・カンボジア・ラオス』山川出版社，1977年
重松伸司『国際移動の歴史社会学 —— 近代タミル移民研究』名古屋大学出版会，1999年
篠永宣孝『フランス帝国主義と中国 第一次世界大戦前の中国におけるフランスの外交・金融・商工業』春風社，2008年
白石昌也「ジェームス・スコット『農民のモラル・エコノミー』に関する覚書 —— 紹介と批判」『アジア研究』第26巻第4号，アジア政経学会，1980年
——「ベトナム復国同盟会と1940年復国軍蜂起について」『アジア経済』23-4，1982年
——『ベトナム民族運動と日本・アジア —— ファン・ボイ・チャウの革命思想と対外認識』巌南堂書店，1993年
真保潤一郎「十九世紀後半のインドシナ」『世界歴史 近代8』(岩波講座21)岩波書店，1971年
末成道男『ベトナムの祖先祭祀 潮曲の社会生活』東京大学東洋文化研究所報告，1998年
杉原薫『アジア間貿易の形成と構造』ミネルヴァ書房，1997年
杉本直治郎『東南アジア研究I』巌南堂書店，1968年
杉本淑彦『文明の帝国 —— ジュール・ヴェルヌとフランス帝国主義文化』山川出版社，1995年
鈴木康二『ベトナム民法』日本貿易振興会，1996年
鈴木中正編『千年王国的民衆運動の研究 —— 中国・東南アジアにおける』東京大学出版会，1982年
ソウル，S. B.『世界貿易の構造とイギリス経済 1870-1914』堀晋作・西村閑也訳，法政大学出版局，1974年
——『イギリス海外貿易の研究 1870-1914』久保田英夫訳，文眞堂，1980年
 (原著は Studies in British Overseas Trade 1870-1914, Liverpool University Press, 1960)
太平洋協會編『佛領印度支那 政治・経済』河出書房，1940年
高田洋子「第1次世界大戦前における『コーチシナ』の米輸出とフランスのインドシナ関税政策」津田塾大学『国際関係学研究別冊』，1979年
——「植民地コーチシナにおける国有地払下げと水田開発 —— 19世紀末までの土地政策を中心に」『国際関係学研究』津田塾大学，No. 10，1984年
——「20世紀初頭のメコン・デルタにおける国有地払下げと水田開発」『東南アジア研究』22巻3号，京都大学東南アジア研究センター，1984年
——「スコット・ポプキン論争をめぐって」『東南アジア 歴史と文化』14，東南アジア史学会，1985年
——「東南アジアの農民と植民地支配 —— モラル・エコノミー vs. ポリティカル・エコノミー論争をめぐって」『アジア政治の展開と国際関係』中村平治編，東京外国語大学アジア・アフリカ言語文化研究所，1986年
——「フランス植民地インドシナ ゴム農園における労働問題 —— 1920年代末のある契約労働者の体験を中心に」『総合研究』津田塾大学，1988年
——「日本におけるベトナム史研究の総括と展望」『アジア・アフリカ研究』Vol. 30，No3，通巻313号，1989年
——「フランス植民地期ベトナムにおける華僑政策 —— コーチシナを中心に」千葉敬愛短期大学国際教養科『国際教養論集』No. 1，1991年
——「メコン・デルタの開発」『変わる東南アジア史像』池端雪浦編，山川出版社，1994年
高田洋子編著『メコン通信』No. 1-No. 6，文部省科研費補助金国際学術研究成果報告書(課題番号07041031「メコンデルタ農業開拓の史的研究」研究代表者：高田洋子)1995-2000年

――――「1996年度8月ベトナム調査（1）チャヴィン省農村調査（6）ホアトゥアン村調査報告」『メコン通信』No. 2，1996年度調査報告，1997年

――――「オーモン県トイライ村での聞き取り調査」『メコン通信』No. 4，1997年度調査報告，1998年

――――「CanTho 省および TraVinh 省乾季補足調査」『メコン通信』No. 5，1997年度調査報告，1998年

――――「フランス植民地メコンデルタ西部の開拓：Can Tho 省 Thoi Lai 村の事例研究」『敬愛大学国際研究』創刊号，1998年

――――「房総の歴史と下総台地の開拓：メコンデルタ開拓との比較から（1）〜（3）」（千葉県成田市三里塚周辺地域の社会的・文化的特性に関する実証研究）『環境情報研究』敬愛大学国際学部環境情報研究所，No. 8 (2000年)，No. 11 (2003年)，No. 12 (2004年)

――――「インドシナ」『岩波講座　東南アジア史 6 ―― 植民地経済の繁栄と凋落』加納啓良編，岩波書店，2001年

――――「20世紀メコン・デルタの開拓 ―― 海岸複合地形における砂丘上村落の農業開拓」および「広大低地氾濫原の開拓史 ―― 植民地期トランスバサックにおける運河社会の成立」（ピエール・ブロシュと共著），2論文とも『東南アジア研究』39巻1号，京都大学東南アジア研究センター，2001年

――――「法と植民地主義 ―― ベトナムにおけるフランス近代法導入をめぐる一考察」『敬愛大学国際研究』第12号，2003年

――――「ベトナム領メコンデルタにおける民族の混淆をめぐる史的考察 ―― ソクチャンの事例から」奥山眞知他編『階層・移動と社会・文化変容』文化書房博文社，2005年

――――『メコンデルタ　フランス植民地時代の記憶』新宿書房，2009年

――――「戦争と社会変動：メコンデルタの大土地所有制崩壊に関する一考察」『アジア・アフリカ研究』第50巻第3号，2010年

――――「仏領期メコンデルタにおける大土地所有制の成立（1）（2）」『敬愛大学総合地域研究』敬愛大学総合地域研究所紀要，No. 1-2，2011年，2012年

髙津　茂「ヴェトナム南部メコン・デルタにおける五支明道（Ngu Chi Minh Dao）とカオダイ教」『星槎大学紀要　共生科学研究』No. 8，2012年

高橋　保「1920年代のインドシナにおける経済開発の特質」『アジア経済』第17巻第1・2号，1976年

高橋　塁「コーチシナ精米業における近代技術の導入と工場規模の選択―玄米輸出から精米輸出へ」『アジア経済』XLV Ⅱ-7，2006年

高谷好一『熱帯デルタの農業発展 ―― メナム・デルタの研究』東南アジア研究叢書18，創文社，1982年

滝川　勉『東南アジア農業問題論　序説的・歴史的考察』勁草書房，1994年

竹村正子遺稿編集委員会『竹村正子遺稿』凸版印刷株式会社，1981年

立川京一『第二次世界大戦とフランス領インドシナ　「日仏協力」の研究』彩流社，2000年

千葉通夫「金融資本成立期におけるフランスの貿易構造」『愛知教育大学歴史研究』19，1972年

――――「金融資本成立期におけるフランスの資本輸出」『愛知教育大学研究報告』第23輯，1974年

坪井善明『近代ヴェトナム政治社会史　阮朝嗣徳帝統治下のヴェトナム 1847-1883』東京大学出版会，1991年

デルヴェール, J.『カンボジアの農民　自然・社会・文化』石澤良昭監修・及川浩吉訳，風響社，

2002 年
東亜研究所『佛領印度支那に於ける土着民行政』資料乙第 64 號 C, 1943 年
東京大学文学部国史研究室内農村史料調査会『新田地主の研究　信州水内郡水沢平における地主制の展開』農村資料調査報告第二輯, 山川出版社, 1957 年
中木康夫『フランス政治史　上・中・下』未来社, 1975 年
永野善子『フィリピン経済史研究 —— 糖業資本と地主制』勁草書房, 1986 年
─── 『フィリピン銀行史研究　植民地体制と金融』御茶の水書房, 2003 年
─── 「フィリピンのアジア間貿易と日本 1868-1941 年」池端雪浦, リディア・N・ユー・ホセ編『近現代日本・フィリピン関係史』岩波書店, 2004 年
中山　清『近世大地主制の成立と展開』吉川弘文館, 1998 年
─── 『巨大地主経営の史的構造』岩田書院, 2001 年
中山弘正『帝政ロシアと外国資本』岩波書店, 1988 年
仁井田陞『補訂　中国法制史研究　土地法, 取引法』1960 年
西村孝夫『フランス東インド会社小史』大阪府立大学経済学部, 1977 年
日本商工会議所『仏国及仏領印度支那の関税政策』(調査資料 8), 1930 年
服部春彦「19 世紀フランス絹工業の発達と世界市場」京都大学『史林』第 54 巻第 3 号, 1971 年
─── 『フランス近代貿易の生成と展開』ミネルヴァ書房, 1992 年
原　輝史「フランス資本輸出に関する一考察 —— 1914 年以前を中心に」社会経済史学会『社会経済史学』第 43 巻第 5 号, 1978 年
原不二夫『マラヤ華僑と中国　帰属意識転換過程の研究』南山大学学術叢書, 龍渓書舎, 2001 年
廣田　功『現代フランスの史的形成 —— 両大戦間期の経済と社会』東京大学出版会, 1994 年
ファーニヴァル『蘭印経済史』南太平洋研究会議邦訳, 1942 年 (再版)
ブーヴィエ (ジャン)『フランス帝国主義研究 —— 19・20 世紀』(権上康男・中原嘉子訳) 御茶の水書房, 1974 年
深沢八郎「ヴェトナムの土地改革」『アジアの土地改革　II』大和田啓気編所収, アジア経済研究所, 1963 年
福井勇二郎「一夫多妻制に関する安南の慣行について」『法学協会雑誌』第 62 号, 第 1 号, 1944 年
─── 「仏印に於ける原住民の身分について」『法学協会雑誌』第 62 巻第 4 号, 1944 年
─── 「仏印に於ける現行原住民私法の仏蘭西化について —— 東京民法を中心に」『法学協会雑誌』第 62 巻　第 12 号, 1944 年
─── 「婚姻に関する安南人の慣行」『法学協会雑誌』第 64 巻第 9・10 号, 1944 年
藤井真理『フランス・インド会社と黒人奴隷貿易』九州大学出版会, 2001 年
藤原利一郎「阮朝治下における米の密輸出問題」『東南アジア史の研究』法蔵館, 1986 年
古島敏雄編『日本地主制史研究』岩波書店, 1976 年 (第 11 刷)
古田元夫『ベトナム人共産主義者の民族政策史 —— 革命の中のエスニシティ』大月書店, 1991 年
ベッツ, レイモンド F. 『フランスと脱植民地化』今林直樹・加茂省三訳, 晃洋書房, 2004 年
逸見重雄『佛領印度支那研究』日本評論社, 1941 年
北條　浩『明治初年　地租改正の研究』御茶の水書房, 1992 年
牧野　巽「安南の黎朝刑律にあらわれた家族制度」『支那家族研究』生活社, 1944 年
増田富壽「19 世紀中葉から第一次世界大戦までのフランスの対外投資」社会経済史学会『社会経済史学』第 21 巻第 3 号, 1955 年
松井　透・山崎利夫編『インド史における土地制度と権力構造』東京大学出版会, 1980 年 (復刊

第一刷）
松尾信之「土地台帳からみた植民地期土地政策」『ベトナムの社会と文化』ベトナム社会文化研究会編，第 2 号，風響社，2000 年
満鉄東亜経済調査局『仏領印度支那に於ける華僑』南洋華僑叢書，満鉄東亜経済研究調査局，1939 年
南塚信吾「第一次世界大戦前の東欧をめぐる資本輸出入関係 ── 数量的考察 (1)(2)」津田塾大学『国際関係学研究』第 1・2 号，1975-1976 年
宮沢千尋「ベトナム北部における女性の財産上の地位 ── 19 世紀から 1920 年代末まで」（研究ノート）『民族学研究』60 巻 4 号，1996 年
宮本謙介『インドネシア経済史研究 ── 植民地社会の成立と構造』ミネルヴァ書房，1993 年
武藤司郎『ベトナム司法省駐在体験記』信山社，2002 年
村岡ひとみ「フランス資本輸出に関する覚書」北海道武蔵女子短期大学『紀要』第 13 号，1981 年，65-90 頁
桃木史朗『中世大越国の成立と変容』大阪大学出版会，2011 年
八尾隆生『黎初ヴェトナムの政治と社会』広島大学出版会，2009 年
矢内原忠雄『帝国主義下の印度　附アイルランド問題の沿革』大同書院，1937 年
山田秀雄編著『植民地社会の変容と国際関係』アジア経済研究所，1969 年
山田秀雄「19 世紀後半の東南アジアにおけるモノカルチュア型輸出貿易の発展」『経済研究』第 28 巻第 2 号，1977 年
─────『イギリス帝国経済史研究』ミネルヴァ書房，2005 年
山本達郎「安南黎朝の婚姻法」『東方学報』東京第 8 冊，1938 年
─────「安南の不動産売買文書」『東方学報』東京第 11 冊，1940 年
─────「フランス支配時代における南部越南の土地契約文書」『市古教授退官記念論集　近代中国』1981 年
横山　信『近代フランス外交史序説』東大社会科学研究叢書，東京大学出版会，1963 年
吉沢　南『ベトナム　現代史のなかの諸民族』朝日新聞社，1982 年
吉沢静一『近代フランスの社会と経済』未来社，1975 年
李　國卿『華僑資本の生成と発展』文眞堂，1980 年
廖　赤陽『長崎華商と東アジア交易網の形成』汲古書院，2000 年
レーニン『帝国主義』宇高基輔訳，岩波文庫，1956 年
脇村孝平『飢饉・疫病・植民地統治 ── 開発の中の英領インド』名古屋大学出版会，2002 年
早稲田大学フランス商法研究会『注釈フランス会社法』成文堂，1976 年

あとがき

　本書は，2013年2月に津田塾大学大学院国際関係学研究科に提出した博士学位論文「仏領期メコンデルタにおける大土地所有制の研究」の構成を一部修正し，加筆・補正したものである。
　諸章の初出論文の一覧を以下に掲げる。

第1章　第2節：「法と植民地主義 ── ベトナムにおけるフランス近代法導入をめぐる一考察」『敬愛大学国際研究』第12号，2003年

第2章：「第一次世界大戦前における『コーチシナ』の米輸出とフランスのインドシナ関税政策」『国際関係学研究　別冊』(津田塾大学)，1979年，"The Rice Exports and Colonial Policy in the French Indochina," *Civilization of Indochina Peninsula; Maritime Trade in the South China Sea, Political and Economic Change in the Indochina States*, Thammasat University Press, 1994, "A Study on Tariff Policy of French Indochina," *Institute of Environmental Studies*, Chiba Keiai Tanki Daigaku, No. 3, 1995.

第3章　第1節：「植民地コーチシナにおける国有地払い下げと水田開発 ── 19世紀末までの土地政策を中心に」『国際関係学研究』，No. 10，1984年
第2節：「20世紀初頭のメコン・デルタにおける国有地払下げと水田開発」『東南アジア研究』22巻3号，1984年

第4章　第1節：「仏領期メコンデルタにおける大土地所有制の成立 (1)」『敬愛大学総合地域研究』No. 1，2011年
第2節：「仏領期メコンデルタにおける大土地所有制の成立 (2)」『敬愛大学総合地域研究』No. 2，2012年

第5章　第1節：「広大低地氾濫原の開拓史：植民地期トランスバサックにお

ける運河社会の成立」(ピエール・ブロシュと共著)『東南アジア研究』39巻1号，2001年
第2節：「海岸複合地形における砂丘上村落の農業開拓」『東南アジア研究』39巻1号，2001年

　本書がこのような形で出版されるまでには，多くの方のご厚情とご支援を賜わった。私の研究活動の基礎は，草創期の津田塾大学大学院国際関係学研究科での教育に遡る（1975-1981年）。学際的研究を奨励していた母校の大学院で，私はイギリス植民地経済史研究の山田秀雄先生，東欧・ハンガリー史の南塚信吾先生のゼミナールに所属し，指導を受けた。フランス史の井上幸治先生からも多くを学び，お世話になった。研究科の中心におられた百瀬宏先生はじめ諸先生方の学恩は，時が過ぎても忘れることはできない。改めて感謝の言葉を捧げたい。
　博士学位論文の審査委員であられた権上康男先生，白石昌也先生，小倉充夫先生，加納弘勝先生，杉崎京太先生にも，ご指摘や励ましのお言葉を頂いた。この場をお借りして感謝の気持ちを申し上げる。ベトナム史研究の桃木至朗先生，八尾隆生先生，嶋尾稔先生，松尾信之先生，岩井美佐紀先生をそれぞれ代表者とした科研の学術調査の組織者の一人に加えて頂いたこと，古田元夫先生のご支援も本書の成立に不可欠であった。私の科研のメンバーにご参加頂いた田中耕司先生，桜井由躬雄先生，河野泰之先生，大野美紀子氏，今村宣勝氏にも御礼申し上げたい。東南アジア研究の素晴らしい先学，先輩，同輩からの学恩と数多くのご厚意に支えられて，今日の私が存在している。
　本書をめぐって，これまでの研究過程と心に残る出会いについて書き記すことをお許し頂きたい。未だ不十分ながらも研究が一つの歴史像を結ぶまでに，多くの時間がかかった。私がベトナム研究を志したころ，ベトナムは再び長い国際紛争の泥沼に入ってしまった。情勢が安定し，ドイモイ政策の展開とプノンペンからのベトナム正規軍の撤退を経て，初めて科研の国際学術調査の道も開かれた。私は，1984年のフランスでの史料調査によって仏領期メコンデルタの地方文書はベトナム国内に残されていることを把握していたが，待望の史料をハノイとホーチミン市の両文書館で見る機会に恵まれたのは，1993年のことであった。本書第5章にある臨地調査も，1996-8年にようやく実現した。つまり，公文書館での史料収集と農村調査に着手するまでに，研究の開始から

20年以上もかかった。

　しかも現地調査にはいくつもの困難が待っていた。外国人チームによる農村調査はほとんど皮切りであったために，厳しい制限付きの調査となった。その事情については，高田洋子『メコンデルタ　フランス植民地時代の記憶』(新宿書房，2009年) に詳しく記した。とはいえ，聞き取り調査で出会った農民のみなさんとの一期一会は，その後の私の研究生活の最大のエネルギー源となった。トイライ村の調査にはピエール・ブロシュ先生が参加されたが，先生もこのときの調査を人生最良の思い出と書き送ってくださった。あの頃のメコンデルタには，フランス時代の残骸もまだ各地に散在していた。植民地支配の痕跡を最後に見ることができたことは，幸運としか言いようがない。その後の農村変化はすさまじく，21世紀に入ると，ほとんどが跡形もなく失われた。ドイモイ政策はメコンデルタに急速な社会変化をもたらした。私はその生き証人の一人である。

　ハノイの文書館での仕事は，さらに私を興奮させるものだった。空調設備のない閲覧室での作業は，蒸し暑さと停電，それに加えて文書の貸出を許可する職員スアンさん独特の「気難しさ」との"戦い"だった。それでも，ハノイに家族をつくってベトナム史の研究に取り組んでいたフランス人のフィリップ・パパンやフィリップ・ル・ファイエ，そして後に親友となるタ・ティ・トゥイーと，この文書館で出会ったのである。2000年代には，彼女と一緒に紅河デルタの農村で仏領期クーリーの募集・移民労働者析出の構造を探究する調査を行った。時間的には回り道をしたが，ベトナム北部の村をつぶさに観察した経験はメコンデルタの研究に役立ったと考えている。

　ホーチミン市の文書館には思い出が蘇る。払い下げ認可令の事例を収集するために，緑色の分厚い *BAC* 誌を机の上に何冊も積み上げて没頭していた私に，後ろから日本語で話しかける人がいた。初めて会ったヴィン・シン先生だった。先生は，グエン王朝の末裔であるご家族を革命のさなかに失われた。私の研究に対しても示唆に富む諸点を教えて頂いた。またお目にかかった日の数日後に，長いハノイでの生活から戻られたチャン・ヴァン・ザウ先生 (本書117頁) のご自宅に，私を同伴下さった。ザウ先生は，1940年代のメコンデルタで農民の組織化活動に関わったコミュニストである。私がチャヴィン調査の目的を話したとき，ザウ先生はすぐに「日本にもアイヌの人たちがいますね。」とつぶやかれた。私は一瞬心が和んだ。クメールの人びとについて考える時に，そのこと

はいつも私の問題意識の底にあったからだ。今年1月，ヴィン・シン先生の訃報に接した。先生のご冥福を心よりお祈りしたい。

　メコンデルタに関する仕事を一つにまとめる気持ちになったのは，バクリュウ関係の払い下げ史料をみていた時である。それまでの私の認識は確実に深まった。史料を提供してくれたトゥイーの好意を有り難く思う。華人の研究はいくつかの理由から非常に困難だが，避けては通れない。新世代の方々の今後の研究に広く期待したい。また本書ではメコンデルタのチャム人の足跡に触れることができなかった。タイニンやチャウドックにおける彼らの歴史が明らかにされることも，今後のメコンデルタ研究の大切な課題であると思う。

　京都大学東南アジア研究所の速水洋子先生をはじめとする地域研究叢書編集委員会と，有益なコメントとご指摘を数多く頂いた匿名の3名の査読の先生方に厚く御礼を申し上げたい。京都大学学術出版会の鈴木哲也氏，桃夭舎の高瀬桃子氏には本当にお世話になった。論文形式を残した繰り返しの多い文章をすぐさま書物の体裁に整え，写真の頁を魅力的に配置して頂いた。

　最後に，いつも遠くから子を慮ってくれる父と，日々の暮らしを共有する夫に感謝の言葉を添えて本書を贈りたい。

　本書の出版には京都大学東南アジア研究所の共同利用・共同研究拠点「東南アジア研究の国際共同研究拠点」からの助成と敬愛大学「長戸路学園研究プロジェクト平成25年度出版助成」の支援を受けた。記して感謝の意を表したい。

　　　　　　　　　　　　　　　　　　　平成26年3月　　髙田洋子

索引（事項／地名／人名）

■事項

Credit Foncier Agricole de l'Indochine（CFI インドシナ農業不動産信用銀行） 160, 329
Societes Indigenes de Credit Agricole Mutuel（SICAM 土着民農業相互信用会社） 160

愛国主義 19
アップ（Ap） 286
アップチュオン 320
アンドン（浅井戸） 388, 403
安南民法 33 →法
井戸 372
移動劇団 347
移動生活 333
稲
 雨季稲 253-254, 334, 338 →稲
  移植1回の雨季稲 253
  移植2回の雨季稲 253
  タイグエン種 412
  浮稲 253-254, 338
 晩生稲 274
 高収量品種米 267, 354
 夏秋米 274
 早生稲 274
インドシナ
 インドシナ（抗仏）戦争 295
 インドシナ銀行 18, 146
 インドシナ研究協会 15, 116
 インドシナ戦争 335
 インドシナ総督 12
 インドシナ農業不動産信用銀行（CFI）160, 329
 インドシナ米 54, 62, 84-86 →コメ
インド人地主 407
インドネシア 69, 74-75
ウーミンの森 181, 210
雨季稲 253-254, 334, 338 →稲
 移植1回の雨季稲 253
 移植2回の雨季稲 253
 浮稲 253-254, 338
疫病 347
絵図 282
塩分土壌 266, 275

大地主（dien chu） 20, 293
オーモン運河 233, 240, 248
オンカー（村の長老） 381
オンタミュー（雨乞いの儀式を行う祭礼の場所） 410

海岸複合地形 265, 369
階級 329
海峡植民地 69, 74, 76
外国宣教団（S. M. E.） 206
開拓
 開拓過程 242
 開拓集落 142
開発
 開発（mise en valeur）の時代 14, 60
 開発権 241
 開発資金 122
 開発ブーム 154, 158
解放区 332
買い戻し約款付き売買 294
カウアンハ平原 125
カオダイ教 14, 323-324, 375
華僑 62, 82
確定譲渡 149, 162, 166, 171
革命運動 295, 378
華人 95, 142, 268
 華人の墓 390
 広東人 405
 潮州人 181, 378, 388
 福建人 414
課税項目 191 →税
火葬 373
学校 334
カ（コ）ップラン（Cap Rang） 255, 352
カトリック 102, 119
家譜 293, 318
仮譲渡 149, 162, 170-171
嘉隆法典 22, 24 →法
枯れ葉剤 351, 399, 404
灌漑 267
監察官 97 →現地監察官
慣習法 31, 33 →法

関税
　　自主関税制度　37-39
　　同化関税制度　37
　　保護関税　87
　　米輸出税　38, 78-79
　　輸出税　80, 82
幹線運河　123, 142-143, 210
広東人　405 →華人
管理人（regisseur）　116, 352
　　カイ　260
　　フンディエン　252, 255-256, 340-341
関帝廟　278
機械耕作　358
帰化人→フランス帰化人
寄進　380
汽水地域　275
牛車　290, 371
教会　330
行政再編　190, 297
協同（association）政策　32
共同体　34
共有地　29, 94, 98, 101
共和国軍　252
漁業税　191 →税
巨大地主　259 →地主
キリスト教　322
近代主義　22
均分主義　23
均分相続　295 →相続
屑米　375
掘削機　240
公田・公土　27, 98
クム（23琴）　373
クメール人　95, 142, 268, 326, 343, 368
　　クメール人富裕層　297
軍政時代　284
郡長　346
刑務所　391-392
結婚式　387
原生林　249, 362
現地監察官　284
玄米　62-64, 67, 69, 79, 87 →コメ
公開競売　241
高収量品種米　267, 354 →稲，コメ
郷職（Huong Chuc）　96
洪水　364
広大低地　143, 180-181, 231, 233
耕地化率　144
耕地の等級　195

後背湿地　238
抗仏戦争　325, 347
小売業税　191 →税
コーチシナ植民地評議会　40, 149, 190
コーチシナ農園主組合　147
コードー農園　250-251, 321, 326-327, 331
コーム→クメール人
香火　23
　　香火田　396
国民化　297 →ベトナム人
　　国民化政策　296
国有地払い下げ制度　29-30, 58, 101
国有地払い下げ法　148 →法
小作契約　359
小作人（ta dien）　20, 143, 253
小作人頭　252
戸籍簿　95-96
コック・ング（ベトナム語）　19
ゴム農園　136-137, 149
コメ
　　米粉　62, 66
　　米輸出税　38, 78-79 →関税
　　インドシナ米　54, 62, 84-86
　　玄米　62-64, 67, 69, 79, 87
　　高収量品種米　267, 354
　　サイゴン米　54, 60, 63, 68-69, 80, 86-88
　　砕米　62-63, 66
　　タイ米　84-86, 88
　　夏秋米　274
　　白米　62, 66-69, 87
　　ビルマ米　84-86, 88
　　籾米　62-64, 66, 68-69, 79-80, 82, 87
　　余剰米　138 →米

サー（Xa）　286
サイゴン港　54
サイゴン商業会議所　54, 78, 82
サイゴン米　54, 60, 63, 68-69, 80, 86-88 →コメ
財産相続法　24 →法
西都　231
債務保証制度　24
債務問題　158
在村大地主　255 →地主
先取開墾権　21, 151
砂丘の田んぼ　382
作物体系　289
サチュオン（村長）　31, 380, 385
サノ運河　123, 233
差配人　406

三期作　353
酸性土壌（Phen）　238
サンパン　257
シェフ（Chef）　255
塩　364
　　　塩税　191　→税
直播き　362
自作農の育成　21, 97, 115, 150
獅子舞　347
自主関税制度　37-39　→関税
自然堤防　238
質地抵当権　25
地主
　　　大地主　291, 293
　　　巨大地主　259
　　　在村大地主　255
　　　不在地主　251, 324, 362
　　　　　　不在大地主　3, 122
資本主義　17, 21, 49
社会変動　238
ジャンク船　124, 195
収税　384　→税
集団移住　251
集団化　330, 351
出家　368
浚渫　352, 364
省議会議員　190
蒸気船　54, 124
上座仏教　368
精進料理　363
じょうろ（トゥオン）　403
植民地
　　　植民地化　10-11
　　　植民地議会　151, 284
　　　植民地行政文書　7
　　　植民地軍　251, 328
　　　植民地公債　44
　　　植民地投資　12
　　　植民地道路16号　211
　　　植民地評議会　103
初等学校　354
新経済区　328
人口推移　108, 110
人口密度　275, 276
新デルタ　91
人頭税　30, 99, 147, 191, 332　→税
神農（タンノン）　334
神父　365
水田面積　108, 111-112, 138

水門　267
水利税　364　→税
水路建設　345
ズォングゾック（山の田）　272-273
スロック（Sroc　クメールの村）　286, 368
税
　　　課税項目　191
　　　漁業税　191
　　　小売業税　191
　　　塩税　191
　　　収税　384
　　　人頭税　30, 99, 147, 191, 332
　　　水利税　364
　　　地税　99, 191, 320
　　　船税　191
　　　蜜蝋採取税　191
生活用水　389
生業　192
　　　教師　362
　　　漁業　375, 396
　　　漁民　383
　　　船員　377
　　　セロイ　395
　　　水売り　403
生前贈与　23　→相続
政府軍　346
精米　374
　　　精米所　249, 323, 335, 388
正録簿　370
世界恐慌　14, 62, 77, 158
折半小作　146
選挙人　190, 284
先住民族　5, 368
船上生活　338
戦略村　248, 342, 346, 406
送金　399-400
相続　386, 399
　　　均分相続　295
　　　生前贈与　23
ソンハウ農場　323, 342, 350
村落創設　97
村落統治　30
村有田　98

第一次サイゴン条約　93
第一次世界大戦　44, 84
大学　293
タイゲン種→雨季稲
大司教　366

大土地所有　213 →土地所有
　　大土地所有者　155, 374
　　大土地所有制　3, 122
タイ米　84-86, 88 →コメ
田植え　389
高畦　274
脱穀機　367
ダットカン（砂丘の西）　394
ダッヨ（Dat Go・登り土）　272-273, 277, 394
タディエン（ta dien　小作人）　143, 251 →小作人
溜め池（トロパン）　372, 380, 388
治安隊長　365
チェティー（南インドからの商人）　158, 328, 332
地下トンネル　400
竹林　371
地税　99, 191, 320 →税
地簿（Dia Ba）　26-27, 94, 100-101
地名群落　235, 236
チャヴィン水路　288
チャム人　93, 95, 268
虫害　383
中国　79, 80, 83-84, 86-87
　　中国語　378, 386
中土地所有　213 →土地所有
　　中土地所有者　155
潮州人　181, 378, 388 →華人
潮汐運動　238
土の肥沃度　406
常雇い　392
ディエンビエンフーの戦い　402
ディエンマンチュ　255
ティドイ運河　240, 248
堤防　289
定量小作　116, 144, 146
ディン（亭）　327
出稼ぎ　335, 337, 400
テト　349, 352
電気　365
天地会　181
トゥオンディエン（田を上げる）　371
同化関税制度　37 →関税
同化主義（assimilation）　31, 40, 49, 78, 87
同化植民地　41
動物
　　馬　385
　　ゾウ　355
　　トラ　249, 355

登録民　96
トゥロパン（Tro Pang　畑の池）　273, 403
ドゥン運河　240, 248
トー（To　隣組組織）　342, 359, 404
独立戦争（第一次インドシナ戦争）　4
土地
　　土地集積　154, 294
　　土地使用権証書　357
　　土地生産性　154, 254, 289
　　土地占拠・分配　295
　　土地登記令　99-101
　　土地なし農民　324
　　土地没収と再分配　295
土地所有　9
　　土地所有権　21
　　土地所有構造　198
　　土地所有問題　6
　　小土地所有　155, 213
　　中土地所有　213 →土地所有
　　中土地所有者　155
　　大土地所有　213
　　　　大土地所有者　155, 374
　　　　大土地所有制　3, 122
　　ラティフンディア（latifundium）　17, 20
トロツキスト　293
ドンオー（Dong O・黒い平地）　272-273
トンキン民法　33 →法
ドンチエン（Dong Trien・傾斜面）　272
ドンチャン（Dong Tran・平原）　272-273
屯田制　29
屯田村　235

夏秋米　274 →コメ
南進（ベトナム人の）　10
難民　398
二期作化　353, 359
二次水路　289
日本軍　340, 370, 372
　　日本軍の進駐　14, 44
日本人　339, 347
日本兵　387
入植　245
ネズミの害　350, 355
農園会社　326
農閑期　256
農業相互信用金庫（SICAM）　160, 323
農業労働者　143, 352
農産物　397
農地改革　257, 297

農繁期　383
ノタブル　28, 146

ハーディエン（田をおろす）　371
白米　62, 66-69, 87 →コメ
バクリュウ・ガンズア運河　210
バス　347
バティエウ運河　288
パルチザン　252, 328
氾濫原　91, 143
ピート層　180
微高地　266, 368
秘密活動　379
日雇い農業労働者　256
ビルマ米　84-86, 88 →コメ
フィリピン　69, 74-76, 86
フォンカー　320, 355
不在地主　251, 324, 362 →地主
　　不在大地主　3, 122
福建人　414 →華人
物産
　果実・果樹
　　ココヤシ　353
　　サブチェ　389
　　スイカ　339
　　バナナ　351, 389
　　ブースア　384
　　ミカン　344, 357-358
　　マンゴー　389
　　ロンガン（竜眼）　408
　野菜　339, 358, 388
　　ウリ　388
　　イモ　345, 358, 382
　　カボチャ　388
　　カポック　381
　　キャッサバ　388, 390
　　キュウリ　339, 363, 388
　　香草　388
　　ザウムオン（空芯菜）　351, 363, 375
　　サツマイモ　254, 350, 366
　　里芋　390
　　サトウキビ　345, 356
　　大根　363, 382, 390
　　トウガラシ　388, 415
　　冬瓜　339
　　トウモロコシ　254, 339, 345, 358, 375
　　ナス　388
　　人参　388
　　白菜　363

　　ピーナツ　375, 415
　　豆　388
　漁撈
　　ウナギ　395
　　エビ　395
　　魚　339, 395
　　干し魚　364
　その他
　　アヒル　397, 404
　　イノシシ　249
　　竹細工　382
　　タバコ　389
　　鶏　404
　　パパイヤの葉の繊維　367
　　マム　364
　　棉　381
仏領インドシナ　11
仏領インドシナ連邦　11, 44
仏領コーチシナ植民地　11
船税　191 →税
プム（Phum　クメールの集落）　28, 368
フランス　75
　フランス・アンナン農業開発会社　218, 220
　フランスおよびフランス植民地　75-76, 78-79, 82, 87-88
　フランス帰化人　146, 150, 206
　フランス軍　379, 405
　フランス語　384-385, 408
　フランス国籍　370
　フランス資本　17-18, 77, 158 →資本主義
　フランス商品　38-39, 43
　フランス植民地主義　5, 88
　フランス帝国　49, 78, 86
　フランス法　33
　フランス留学　391
分益小作人　116
分割統治　20
"文明化の使命"　12
フンディエン（Hung Dien　管理人）　252, 255-256, 340-341
　正フンディエン　352
　副フンディエン　352
フンヒエップ運河　233
フンヒエップ・クァンロ幹線運河　210
ベトナム
　ベトナム国民化→国民化
　ベトナム人　268
　ベトナム戦争（第二次インドシナ戦争）　4,

索引　443

349
辺境　180
ホア→華人
ホアトゥアンの大地主　291→地主
ホアハオ教　14, 321, 344, 362
法的地位　31-32
法
　安南民法　33
　嘉隆法典　22, 24
　慣習法　31, 33
　国有地払い下げ法　148
　財産相続法　24
　トンキン民法　33
　フランス法　33
保護関税　87→関税
保護主義　38-40, 42, 49
ポンプ　341

マングローブ　181
蜜蝋採取税　191→税
ミンフォン（Minh-huong　明郷）　142, 185
ムオン（小水路）　340
無主地　240, 393
無償払い下げ制度　102-104
メラルーカ林　180, 238
モノカルチャー　3, 37, 49, 87
籾集散地　235

籾倉庫　354
屋敷地　273
輸出米→コメ
　輸出米生産地域　140
　輸出米単作地帯　236
　輸出米の形態　62, 68
　輸出米の形態別種類　63
輸出税　80, 82→関税
余剰米　138→コメ

ライ（高い土地）　380
ラックロップ運河　288
ラップヴォ運河　114, 125
ラティフンディア（latifundium）　17, 20→土地所有制
リセ　293, 408
立憲党　14, 219
留学→フランス留学
流民　182
臨時的雇用　257
臨地調査　6
黎朝刑律　22
労働交換　322, 385
ロベ・ガインハウ運河　210
早生稲　274→稲
割替制　29

■地名
アンチャック村　189, 218, 220
ヴィンアン村　203
ヴィンタン村　204
ヴィンチャウ　188
ヴィンミー村　209
ヴィンロイ村　184
オーモン　234, 319, 325

カマウ区　184-185, 187
カマウ岬　180
カムポート　286
カンアン村　219-220
カントー省　130, 132, 135-136, 231
カンホア村　219
カンボジア　4, 94
クワンスウェン郡　184-185
クワンロン郡　184-185
ゴコン省　115

サデック省　98, 112, 114
サノ地域　334
ザライ　220
シェムリアップ　280
ソクチャン省　9, 130

タンアン省　115, 132, 135
タンズェット　179
タントゥアン村　219
タンフン郡　184-185
タンフン村　219-220
タンホア郡　184-185
タンロック村　218, 220
チャヴィン省　114, 268, 291
チョロン　54, 62
トイティン　246
トイライ村　136, 233-234, 236, 319
トットノット　320, 325
トランスバサック　7, 21, 231, 233, 235

444

トンキン　112
ドンコー村　188, 203

ナムディン省　365
ナン・グウ　350
バイサウ　184
バクリュウ区　184-185, 187
バクリュウ省　155, 180, 213
バクリュウ地方　179
バサック川　6, 58, 112
バッタンバン　280, 286
バンダ地域　293
ビエンホア省　136
ビントゥーイ通り　342
フーコック島　414
フエ　318, 397
フエ地方　338

フォックハオ村　294
フォンタン村　208, 219-220
フックロン　179
フンミー村　294
紅河デルタ　3, 21
ホアトゥアン村　270, 369
香港　69, 79-80, 83-84, 86-88

ミエンタイ　18
ミトー省　115-116, 118
メコン川　6
メコンデルタ　3

ラクザー省　130, 132, 136
ラックホア村　208
ロンディエン村　206, 218-220
ロントゥーイ郡　184-185

■人名────

アラガッパ・チェティ　260
アンリ，イヴ　4, 16
イエン・サリ　410
ヴー・トゥン　219, 226
ヴォン・フー・ハウ　218, 226

カオ・チュウ・ファット　226
カオ・ミン・タン　219, 226
グエン・アン・ニン　391
グエン・ヴァン・クエ　219
グエン・ヴァン・ザオ　219, 226
グエン・カオ・マウ　219
グエン・カオ・マオ　226
グエン・チ・フォン　182
グエン・ヒエン・キー　260
グエン・フック・アイン　182
グランディエール　94
ゴー・コイ　226
コクレル，A.　106

ザロン（嘉隆）帝　10
ソン・ゴック・タン　381, 392, 410

チャン・チン・チャック　219, 226
チャン・バ・ロック　99
チャン・ルー　260
チュオン・フー・タン　260

ドゥ・ヴィレ，ミル　99
ドゥ・キャリエール，ラモス　192, 195
ド・ジェヌイー，リゴール　93
ドゥ・メール，ポール　12, 44

ファン・タイン・ザン　379
ブイ・クアン・チュウ　218
フィラストル　96
フィン・タン・トゥオック　259
フィン・ティエン・トゥオック　259
ホー・チ・ミン　353

マック　181
マレ　327
ミンマン（明命）帝　95, 280

ラネッサン　123
ラム・クァン・トイ　259
ラム・ゴック・イェン　260
ランド　98
リヴォアル　161
リュロ，E.　96
レ・ヴァン・チュオック　219, 224
レ・ヴァン・トン　218, 223
レ・ヴァン・マウ　218-219, 223-224
ロン・ノル　393

索引　445

著者略歴
髙田　洋子（たかだようこ）
敬愛大学国際学部教授
専攻：ベトナム近代経済史，国際関係史
津田塾大学学芸学部国際関係学科卒，津田塾大学大学院国際関係学研究科博士課程修了。
東京外国語大学アジア・アフリカ研究所共同研究員，千葉敬愛短期大学国際教養科専任講師，敬愛大学国際学部助教授を経て，2002年より現職。
国際関係学博士（津田塾大学）。

主要著作
『メコンデルタ　フランス植民地時代の記憶』新宿書房，2009年
「戦争と社会変動：メコンデルタの大土地所有制崩壊に関する一考察」『アジア・アフリカ研究』第50巻第3号，2010年
「開発と社会変動」『地域研究の課題と方法―アジア・アフリカ社会研究入門／実証編』（共編）文化書房博文社，2006年
「インドシナ」『植民地経済の繁栄と凋落』加納啓良編（岩波講座／東南アジア史6），岩波書店，2001年
「メコン・デルタの開発」『変わる東南アジア史像』池端雪浦編，山川出版社，2001年（1994年刊3刷）ほか

メコンデルタの大土地所有
―― 無主の土地から多民族社会へ　フランス植民地主義の80年
（地域研究叢書27）　　　　　　　　　　　　© Yoko TAKADA 2014

平成26（2014）年3月31日　初版第一刷発行

著　者　　髙田洋子
発行人　　檜山爲次郎

発行所　　京都大学学術出版会
京都市左京区吉田近衛町69番地
京都大学吉田南構内（〒606-8315）
電　話（075）761-6182
FAX（075）761-6190
Home page http://www.kyoto-up.or.jp
振　替　01000-8-64677

ISBN 978-4-87698-479-4
Printed in Japan

印刷・製本　㈱クイックス
定価はカバーに表示してあります

本書のコピー，スキャン，デジタル化等の無断複製は著作権法上での例外を除き禁じられています。本書を代行業者等の第三者に依頼してスキャンやデジタル化することは，たとえ個人や家庭内での利用でも著作権法違反です。